计算机科学与技术专业实践系列教材

基于工作任务的Java程序设计

冯　君　宋　锋　刘春霞　主　编
谭业武　崔　蕾　薛　梅　副主编

清华大学出版社
北　京

内容简介

本教材侧重于培养学生使用Java语言进行面向对象程序设计的思路和技能，而并非对Java技术进行百科全书式的介绍。本教材以初学者为起点，对面向对象思想进行深入透彻的剖析。全书用16个任务作为引子，通过对任务的分析，引入相关的知识和技术，同时精选了大量的生活案例来形象地溶解知识，在学习和掌握了相关知识的基础上，通过任务实施环节来完成任务描述中提出的任务，从而达到强化技能培养的目标。为使内容通俗易懂，激发学生的学习兴趣，教材中的任务通过口语化的语言将抽象的知识形象化，增强学生对知识的理解与运用。

全书共分3篇：第1篇(第1～5章)为Java入门篇，着重介绍Java语言所涉及的基本概念、流程控制、数组等基础知识；第2篇(第6～10章)为面向对象基础篇，着重讨论面向对象的三大特征，即封装、继承、多态，以及接口、异常处理等面向对象的基础知识；第3篇(第11～16章)为Java进阶篇，着重介绍Java集合框架、图形用户界面、I/O流、多线程、网络编程、数据库编程等面向对象高级技术。

本教材的读者对象定位于高校计算机相关专业的本科生、大专生或是从事Java软件开发及相关领域的初级工程技术人员，旨在培养读者面向对象的分析问题和解决问题的能力，从而适应信息化时代的需求。

图书在版编目(CIP)数据

基于工作任务的Java程序设计/冯君等主编．—北京：清华大学出版社，2015(2023.7重印)
计算机科学与技术专业实践系列教材
ISBN 978-7-302-40894-9

Ⅰ．①基…　Ⅱ．①冯…　Ⅲ．①JAVA语言－程序设计－高等学校－教材　Ⅳ．①TP312

中国版本图书馆CIP数据核字(2015)第165918号

责任编辑：白立军
封面设计：傅瑞学
责任校对：李建庄
责任印制：朱雨萌

出版发行：清华大学出版社
网　　址：http://www.tup.com.cn，http://www.wqbook.com
地　　址：北京清华大学学研大厦A座　　**邮　　编**：100084
社 总 机：010-83470000　　**邮　　购**：010-62786544
投稿与读者服务：010-62776969，c-service@tup.tsinghua.edu.cn
质量反馈：010-62772015，zhiliang@tup.tsinghua.edu.cn
课件下载：http://www.tup.com.cn，010-83470236
印 装 者：三河市龙大印装有限公司
经　　销：全国新华书店
开　　本：185mm×260mm　　**印　　张**：28.75　　**字　　数**：716千字
版　　次：2015年8月第1版　　**印　　次**：2023年7月第9次印刷
定　　价：79.00元

产品编号：062487-03

序

当今世界，以计算机技术、通信技术和控制技术为代表的3C技术正迅猛发展，而以Internet为代表的全球范围内信息基础设施的建设成就，标志着人类社会已进入信息时代。应用型人才培养是社会发展和高等教育发展的必然要求，经济社会发展迫切需要高等学校培养出在知识、能力、素质等诸方面都适应社会需要的不同层次的应用型人才，满足信息化社会建设的需求。实施高等教育名校建设工程，对大力发展高等教育，指导高等教育特色发展，全面提高教育质量，增强高等教育的竞争力和服务经济社会能力具有重大意义。

罗伯特·加涅是美国教育心理学家，加涅将认知学习理论应用于教学过程，加涅理论中的引出作业和提供反馈是一种教学策略。从"应用型"人才培养的角度来说，学生的实践能力提升是一个重要问题，需要学校和教师采取一些有效手段来增强学生的实践能力，树立以学生为本的观念，尊重学生的个性特点，因材施教，增加学生对于课程、专业的选择空间。

本套教材(指刘启明教授参与编写的教材)是我们多年来进行"应用型人才培养教学内容、课程体系改革"的综合成果。我们提出的课程内容设置方案，目的是推进人文与自然的融合，适应学生能力、兴趣、个性、人格全面发展的需要，强化学生的实践能力和创新能力培养。实施教学方式、教学内容、考核机制的全面改革，在培养学生的信息能力和信息素养方面具有先导作用，为计算机课程教学内容、课程体系改革，设计了一个全新的框架。

本套教材以应用型、技能型人才培养为目标，以重点专业建设为平台，围绕着教育教学改革、创新人才培养、提高人才培养质量的教育发展理念展开。其中每部教材都是由应用型名校计算机专业课教师或者计算机实验教学示范中心专业教师编写完成的。

在本套教材的编写过程中，我们得到许多专家的精心指点和热情帮助。教育部计算机科学与技术教学指导委员会先后三次在我校召开计算机基础课程教学研讨会，清华大学、北京大学、中国人民大学、复旦大学、浙江大学、南京大学、中国科学技术大学等近百所高校老师的参加。专家学者对本套教材的编写提出了很多宝贵意见。

本套教材的出版得到清华大学出版社的大力支持，正是他们精益求精的工作，才使这一系统工程得以顺利完成，并得到高度评价，在此表示衷心感谢。

刘启明

2015年6月

前　言

在近期 TIOBE 最新公布的最受欢迎编程语言排行榜中，Java 语言仍然名列前茅，该排行榜是通过各方资料的汇总分析而得出的结果。Java 是一种可以撰写跨平台应用软件的面向对象的程序设计语言，是由 Sun Microsystems 公司于 1995 年 5 月推出的 Java 程序设计语言和 Java 平台(即 Java EE、Java ME、Java SE)的总称。Java 自面世后就非常流行，发展迅速，并对 C++ 语言形成有力冲击。Java 技术具有卓越的通用性、高效性、平台移植性和安全性，广泛应用于 PC、数据中心、游戏控制台、科学超级计算机、移动电话和互联网，同时拥有全球最大的开发者专业社群。在全球云计算和移动互联网的产业环境下，Java 更具备了显著优势和广阔前景。

本书内容丰富，包含 16 个任务，以任务描述→任务分析→相关知识讲解→任务实现→知识拓展→强化练习为主线，全书共分为三篇。

(1) Java 入门篇：主要针对零起点的读者，如果读者具备 C 或 C++ 的基础，该篇可以简单学习或者直接跳过。

(2) 面向对象基础篇：主要介绍类、对象、面向对象的封装性、继承性和多态性、接口、异常处理。不同于市面上的很多教材书中的例题是单纯为了讲知识而随意拼凑起来的，没有任何实际意义，并且容易误导学生，本书通过对现实生活的情节模拟，将面向对象思想进行引入，旨在让学生真正理解并能灵活地运用面向对象的思想进行程序设计。

(3) Java 进阶篇：主要介绍图形用户界面、Java 集合框架、多线程、网络编程、多线程和数据库访问方面的知识。通过该篇的学习，相信读者会受益匪浅。

本书具有如下特色。

(1) 任务驱动：基于任务驱动，围绕任务展开教学，学习目标十分明确，适合学生的学习特点，使“教与学”生动有趣，易于接受。

(2) 案例经典：教材中的案例均来源于生活和实践，以故事讲述的形式展开，构思巧妙，并配以形象逼真的图片说明，将复杂的知识简单化。

(3) 轻松易学：生动的比喻，细致深入的讲解，让读者轻松入门。

(4) 适用面广：从起点上来说，本书兼顾了零起点和有语言基础的读者；从目标上来说，本书适合 Java 程序设计基础目标和进阶目标的读者。

本书凝结了全体编者的智慧结晶，是编者结合实际的教学情况、总结教学经验，在积累多年几经修改的教案基础上执笔成稿，具体编写分工如下：

第 1 章～第 3 章、第 10 章、第 14 章由宋锋编写；第 4 章、第 5 章、第 9 章、第 11 章～第 13 章、第 15 章由冯君编写；第 6 章～第 8 章由刘春霞编写；第 16 章由崔蕾编写；谭业武主任、薛梅老师参与了 Java 进阶篇的构思、审核工作。全书由冯君总体策划、主持编写并通读全稿。

本书在编写的过程中，得到很多人的支持和鼓励，特别要感谢庄波老师和我的挚友常梅，很多案例的产生都是受到他们的启发，还要感谢背后默默支持我的家人，同时感谢所有在出版过程中给予帮助的人。

为了方便老师教学，本书配有电子课件和书中所有源代码，有需要的读者请通过 fengjunImportant@163.com 联系。本书的读者对象定位于高校计算机相关专业的本科生、大专生或是从事 Java 软件开发及相关领域的工程技术人员，旨在培养读者面向对象的技术分析和解决问题的能力，从而适应信息化时代的需求。由于编者水平有限，书中难免存在欠妥之处，恳请读者帮助指正。

作者

2015 年 6 月

目　录

第1篇　Java入门篇

第2篇　面向对象基础篇

第3篇 进 阶 篇

第 1 篇

Java 入门篇

第1章　打开Java之门

任务　跟世界打声招呼

1.1　任务描述

Java是一种功能强大的、面向对象的、大小写敏感的、强类型的程序设计语言，具有安全、跨平台、分布式等显著特点，在桌面应用、网络应用、移动应用、智能家电等领域都得到广泛的应用。在软件开发技术的演变中，它的出现可以说具有里程碑的意义。本章将带着大家使用美妙的Java语言跟世界打声招呼。

1.2　任务分析

学习任何一门新的编程语言，似乎总是从跟世界打招呼开始，这似乎已经成了程序界约定俗成的东西。而要想使用Java跟世界打声招呼，需要解决如下几个问题：用什么工具来编写程序？程序的语法是什么样的？如何输出问候语？如何编译运行程序？如何保存文件？通过本章的学习，您将迈出学习Java的第一步。

1.3　相关知识

1.3.1　Java的发展历史

1991年4月，Sun公司的James Gosling领导的绿色计划(Green Project)开始着力发展一种分布式系统结构，使其能够在各种消费性电子产品上运行。Green项目组的成员一开始使用C++语言来完成这个项目，由于Green项目组的成员都具有C++背景，所以他们首先把目光锁定了C++编译器，Gosling首先改写了C++编译器，但很快他就感到C++的很多不足，迫切需要研发一种新的语言来替代它，并将这种语言起名为Oak。17个月后，整个系统完成了，这个系统是更注重机顶盒式的操作系统，不过在当时市场不成熟的情况下，他们的项目没有获得成功，但这种新语言却得到Sun总裁McNealy的赏识。

1994年下半年，由于Internet的迅猛发展和环球信息网WWW的快速增长，第一个全球信息网络浏览器Mosaic诞生了，此时，工业界对适合在网络异构环境下使用的语言有一种非常急迫的需求，James Gosling决定改变绿色计划的发展方向，他们对Oak进行了小规模改造，就这样，Java在1995年的3月23日诞生了！Java的诞生标志着互联网时代的开始，它能够被应用在全球信息网络的平台上编写互动性极强的Applet程序，而1995年的Applet无疑能给人们无穷的视觉和脑力震撼。

Sun公司继Green项目后又经过几年的研究，终于在1995年5月23日在SunWorld'

95 上正式发布 Java 和 HotJava 浏览器。Sun 公司在 1996 年 1 月 23 日发布了 JDK 1.0。这个版本包括两部分：运行环境(即 JRE)和开发环境(即 JDK)。在运行环境中包括了核心 API、集成 API、用户界面 API、发布技术和 Java 虚拟机(JVM)5 个部分。开发环境还包括了编译 Java 程序的编译器(即 javac)。在 JDK 1.0 时代，JDK 除了 AWT(一种用于开发图形用户界面的 API)外，其他的库并不完整。

1998 年是 Java 开始迅猛发展的一年。在这一年中 Sun 公司发布了 JSP/Servlet、EJB 规范以及将 Java 分成了 J2EE、J2SE 和 J2ME，这标志着 Java 已经吹响了向企业、桌面和移动 3 个领域进军的号角。1998 年 12 月 4 日，Sun 公司发布了 Java 历史上最重要的一个 JDK 版本：JDK 1.2。这个版本标志着 Java 已经进入 Java2 时代。这个时期也是 Java 飞速发展的时期。

2002 年 2 月 13 日，Sun 公司发布了 JDK 历史上最为成熟的版本：JDK 1.4。

2004 年 10 月，Sun 公司发布了新的版本：JDK 1.5，同时，Sun 公司将 JDK 1.5 改名为 J2SE 5.0。预示着 J2SE 5.0 较以前的 J2SE 版本有着很大的改进。Sun 公司不仅为 J2SE 5.0 增加了诸如泛型、增强的 for 语句、可变数目参数、注释(Annotations)、自动拆箱(unboxing)和装箱等功能，同时，也更新了企业级规范，如通过注释等新特性改善了 EJB 的复杂性，并推出了 EJB 3.0 规范，同时还针对 JSP 的前端界面设计而推出了 JSF。

2005 年 6 月，JavaOne 大会召开，Sun 公司发布 Java SE 6。此时，Java 的各种版本已经更名，已取消其中的数字 2：J2EE 更名为 Java EE，J2SE 更名为 Java SE，J2ME 更名为 Java ME。

2006 年 12 月，Sun 公司发布 JRE 6.0 运行时环境。

2009 年 4 月 20 日，Oracle(甲骨文)公司以现金收购 Sun 公司，Java 进入甲骨文公司旗下，2009 年 12 月，甲骨文公司发布 Java EE 6。

2011 年 7 月 28 日，甲骨文公司发布 Java 7.0 的正式版，Java 7.0 对 Java 语法有少量更新，重点是在易用性和便捷性的改进。

2014 年 3 月 18 日，甲骨文公司发布 Java 8.0 的正式版，Java 8.0 最大的改进就是 Lambda 表达式，其目的是使 Java 更易于为多核处理器编写代码；其次，新加入的 Nashorn 引擎也使得 Java 程序可以和 JavaScript 代码互操作；再者，新的日期时间 API、GC 改进、并发改进也相当令人期待。

1.3.2 Java 语言的特点

Java 语言之所以流行，是由它的特点决定的，具体地来说，Java 的特点如下。

1. 面向对象

在 Java 的世界中，一切皆为对象。对象中封装了它的状态以及相应的方法，实现了模块化和信息隐藏；而类则提供了一类对象的原型，并且通过继承机制，子类可以使用父类所提供的方法，实现了代码的复用。

2. 分布性

Java 是面向网络的语言。通过它提供的类库可以处理 TCP/IP，利用 Java 语言可以方便地通过统一资源定位器(URL)在网络上访问其他对象，取得用户需要的资源。因此，Java 语言非常适合因特网和分布式环境下的编程。

3. 简单性

Java 语言是一种面向对象的语言,它通过提供最基本的方法来完成指定的任务,只需理解一些基本的概念,就可以用它编写出适合于各种情况的应用程序。Java 略去了运算符重载、多重继承等模糊的概念,并且通过实现自动垃圾收集大大简化了程序设计者的内存管理工作。

4. 鲁棒性

Java 在编译和运行程序时,都要对可能出现的问题进行检查,以消除错误的产生。它提供自动垃圾收集来进行内存管理,防止程序员在管理内存时容易产生的错误。通过集成的面向对象的异常处理机制,在编译和运行程序时,Java 对可能出现的问题进行检查,帮助程序员正确地进行选择以防止系统的崩溃。另外,Java 在编译时还可捕获类型声明中的许多常见错误,防止动态运行时不匹配问题的出现。

5. 解释执行

Java 源程序经过编译后生成类文件,类文件由字节码组成,字节码是一种虚拟的机器指令代码,不针对特定的机器。运行时,Java 解释程序(对程序员来说,可以将其简单地对应于 Java 虚拟机,Java Virtual Machine,JVM)负责将字节码解释成本地机器指令代码。

6. 可移植性

与平台无关的特性使 Java 程序可以方便地被移植到网络上的不同机器上。同时,Java 的类库也实现了与不同平台的接口,使这些类库可以移植。另外,Java 编译器是由 Java 语言实现的,Java 运行时系统由标准 C 实现,这使得 Java 系统本身也具有可移植性。

Java 解释器生成与体系结构无关的字节码指令,只要安装了 Java 运行时系统,Java 程序就可在任意的处理器上运行。这些字节码指令对应于 Java 虚拟机(JVM)中的表示,Java 解释器得到字节码后,对它进行转换,使之能够在不同的平台运行。

以上机制保证了 Java 语言的体系结构中的可移植性,从而实现软件的"一次开发,处处运行",开创了程序设计的新时代。

7. 安全性

用于网络、分布环境下的 Java 必须要防止病毒的入侵。Java 不支持指针,一切对内存的访问都必须通过对象的实例变量来实现,这样就防止程序员使用"特洛伊"木马等欺骗手段访问对象的私有成员,同时也避免了指针操作中容易产生的错误。Java 语言"沙箱"机制,使得网络和分布式环境下的 Java 程序,不会充当本地资源的病毒或其他恶意操作的传播者,确保了安全。

8. 动态性

Java 的设计使它适合于一个不断发展的环境。在类库中可以自由地加入新的方法和实例变量而不会影响用户程序的执行。Java 通过接口来支持多重继承,使之比严格的类继承具有更灵活的扩展性。运行 Java 程序时,每个类文件只有在必要时(即第一次使用这个类时)才被装载。

9. 多线程

线程是指一个程序中的可以独立运行的片段。多线程处理能使同一程序中的多个线程同时运行,也即程序并行执行。

Java 语言内建多线程机制,使应用程序能够并行执行,而且同步机制保证了对共享数据的正确操作。通过使用多线程,程序设计者可以分别用不同的线程完成特定的行为,而不需要采用全局的事件循环机制,这样就很容易地实现网络上的实时交互行为。

10. 高性能

Java 语言和其他解释执行的语言(如 BASIC、TCL)不同,Java 字节码的设计使之能很容易地直接转换成对应于特定 CPU 的机器码,从而得到较高的性能。

使用 Java 语言,可以大幅缩短软件的开发周期,与 C、C++ 语言相比,一般来说,其开发周期要缩短一半以上。

1.3.3 Java 程序的分类

目前,Java 平台有 3 个版本,它们是适用于桌面系统的 Java 平台标准版(Java Platform Standard Edition,Java SE)、适用于创建服务器应用程序和服务的 Java 平台企业版(Java Platform Enterprise Edition,Java EE)、适用于小型设备和智能卡的 Java 平台 Micro 版(Java Platform Micro Edition,Java ME)。

1. Java 平台标准版(Java SE)

Java SE 用于开发和部署桌面、服务器以及嵌入设备和实时环境中的 Java 应用程序。Java SE 包括用于开发 Java Web 服务的类库,同时,Java SE 为 Java EE 提供了基础。Java SE 是基于 JDK 和 JRE 的。

2. Java 平台企业版(Java EE)

Java EE 是一种利用 Java 平台来简化企业解决方案的开发、部署和管理相关的复杂问题的体系结构。Java EE 技术的基础就是核心 Java 平台或 Java 平台的标准版,Java EE 不仅巩固了标准版中的许多优点,例如"一次开发,处处运行"的特性、方便存取数据库的 JDBC API、CORBA 技术以及能够在 Internet 应用中保护数据的安全模式等,同时还提供对 EJB(Enterprise JavaBeans)、Java Servlets API、JSP(Java Server Pages)以及 XML 技术的全面支持。其最终目的是成为一个能够使企业开发者大幅缩短投放市场时间的体系结构。

Java EE 体系结构提供中间层集成框架用来满足无须太多费用而又需要高可用性、高可靠性和可扩展性的应用的需求。通过提供统一的开发平台,Java EE 降低了开发多层应用的费用和复杂性,同时提供对现有应用程序集成强有力支持,完全支持 EJB,有良好的向导支持打包和部署应用,添加目录支持,增强了安全机制,提高了性能。

Java EE 8 提供了一个可以从 20 多个兼容 Java EE 6 实现中进行选择、低风险和大量选项的功能丰富的企业软件平台。

3. Java 平台 Micro 版(Java ME)

Java ME 是一个技术和规范的集合,它为移动设备(包括消费类产品、嵌入式设备和高级移动设备等)提供了基于 Java 环境的开发与应用平台。Java ME 目前分为两类配置:一类是面向小型移动设备的 CLDC(Connected Limited Device Configuration);另一类是面向功能更强大的移动设备,如智能手机和机顶盒,称为 CDC(Connected Device Configuration)。

Java ME 有自己的类库,其中 CLDC 使用的是专用的 Java 虚拟机,称为 KVM。

1.3.4 Java的运行原理

1. Java虚拟机

在Java中引入了虚拟机(Java Virtual Machine,JVM)的概念,即在机器和编译程序之间加入一层抽象的虚拟的机器。这台虚拟的机器在任何平台上都提供给编译程序一个共同的接口。编译程序只需要面向虚拟机,生成虚拟机能够理解的代码,然后由解释器来将虚拟机代码转换为特定系统的机器码执行。在Java中,这种供虚拟机理解的代码称为字节码(Byte Code),它不面向任何特定的处理器,只面向虚拟机。每一种平台的解释器是不同的,但是实现的虚拟机是相同的。Java源程序经过编译器编译后变成字节码,字节码由虚拟机解释执行,虚拟机将每一条要执行的字节码送给解释器,解释器将其翻译成特定机器上的机器码,然后在特定的机器上运行。JVM的引入使得Java程序实现了跨平台。

注意

关于跨平台,这里举个方言的小例子。

在北京,一般都是讲北京话的;在上海,一般都是讲上海话的;在广东,一般都是讲广东话的……

现在有一个公文发出,要全国执行,该当如何去做?——先统一翻译成普通话,各地在将普通话版本翻译成当地的方言。

这里,北京、上海就是不同类型的操作系统平台,即Windows、Linux等。

编译(javac命令)就是将公文翻译成普通话的过程,而编译出的.class文件,就是公文的普通话版本。

在执行(java命令)的时候,各地的翻译就是JVM,负责将.class文件转换成本地能够理解的方言来执行。

虚拟机是一种通过模拟方式来实现物理计算机体系架构的软件。Java虚拟机是保障Java程序能跨平台运行的虚拟计算机。Java虚拟机规范是对异构硬件、多样OS的抽象,是一种软件层次的计算机体系架构的约定描述,读者也可以依照该规范实现自己的Java虚拟机。

通常的物理计算机体系架构是经典的冯·诺依曼体系架构,它是基于寄存器的计算架构,能执行有限的机器指令码,JVM有自己的指令系统,JVM是基于堆栈的计算架构。Java堆栈要求Java程序执行中的每个线程都有一个独立的堆栈,每个当前执行的方法是当前线程堆栈的一个片段,最终还是JVM将自己的指令翻译为物理计算机的机器指令才能去执行。

JVM的抽象架构如图1-1所示。

2. Java程序的编译与执行过程

Java编译器将Java源程序编译为JVM操作指令的Java字节码,这种指令不是机器码指令。在装有JVM的机器上,运行Java程序实际上是JVM加载编译好的Java字节码文件,然后将字节码文件中的指令翻译为机器码执行,为了加快解释的速度,还提供了即时编译器。Java程序的编译与执行过程如图1-2所示。

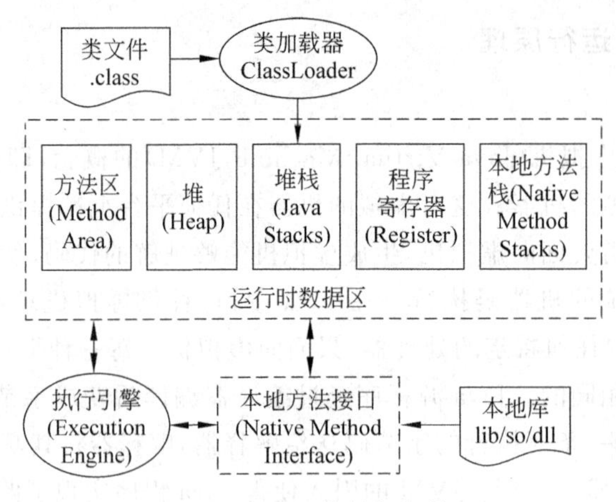

图 1-1　JVM 的抽象架构

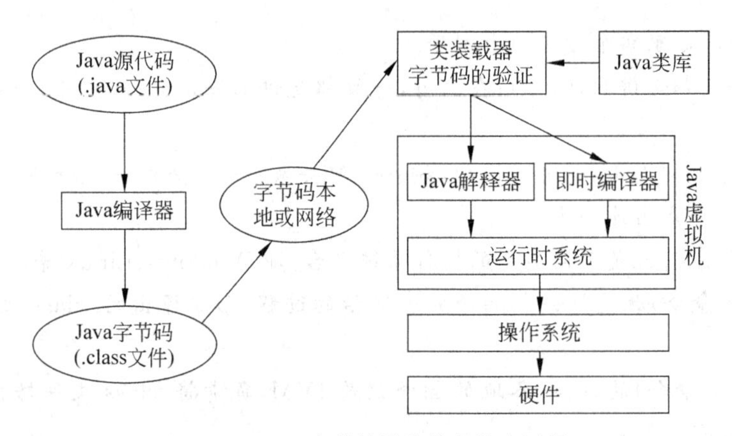

图 1-2　Java 文件编译和执行的全过程

1.3.5　Java 的开发工具

工欲善其事，必先利其器。在学习一门语言之前，首先要把相应的开发环境搭建好。要编译和执行 Java 程序，Java 开发包(Java Development Kit，JDK)是必备的，下面具体介绍下载并安装 JDK 以及配置环境变量的方法。

1. 下载 JDK

JDK 可以在 Oracle 公司的官网(http://www.oracle.com/index.html)中下载，下面以 JDK 8 Update 25 为例介绍 JDK 的下载，具体下载步骤如下。

(1) 在浏览器的地址栏中输入 http://www.oracle.com/index.htm，并按下 Enter(回车)键，进入到如图 1-3 所示的页面。

(2) 单击 Java for Developers 超链接，进入 Java 的下载页面，在该页面中提供了最近发布的不同版本的 JDK 的下载超链接，在页面中可以看到官网上提供了 JDK、Server JRE、JRE 3 个版本，在“Which Java package do I need?”中有对 3 个版本的解释。

① JDK：为 Java 程序开发者提供的带有完整的 JRE 运行时，以及开发、调试和监控 Java 程序的多个工具包。

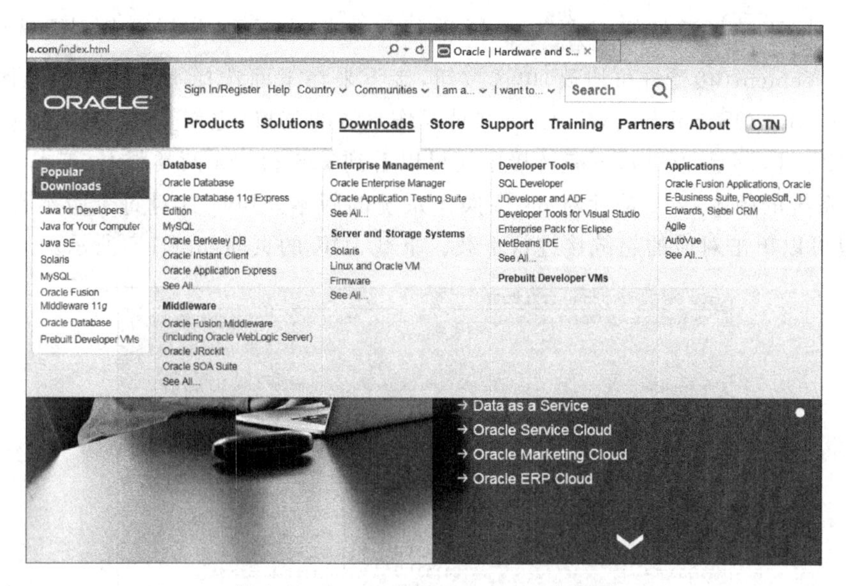

图 1-3 Oracle 公司 download 主界面

② Server JRE：服务器的 Java 运行时环境，在服务器上部署 Java 应用程序。一般包括 JVM 监控工具和服务器应用程序所需的工具，但不包括浏览器集成(Java 插件)、自动升级，也没有安装程序。

③ JRE：Java 运行时环境，能满足大多数用户的需求，包含在计算机系统上运行 Java 应用程序所必需的所有的功能。

Java 的下载页面如图 1-4 所示。

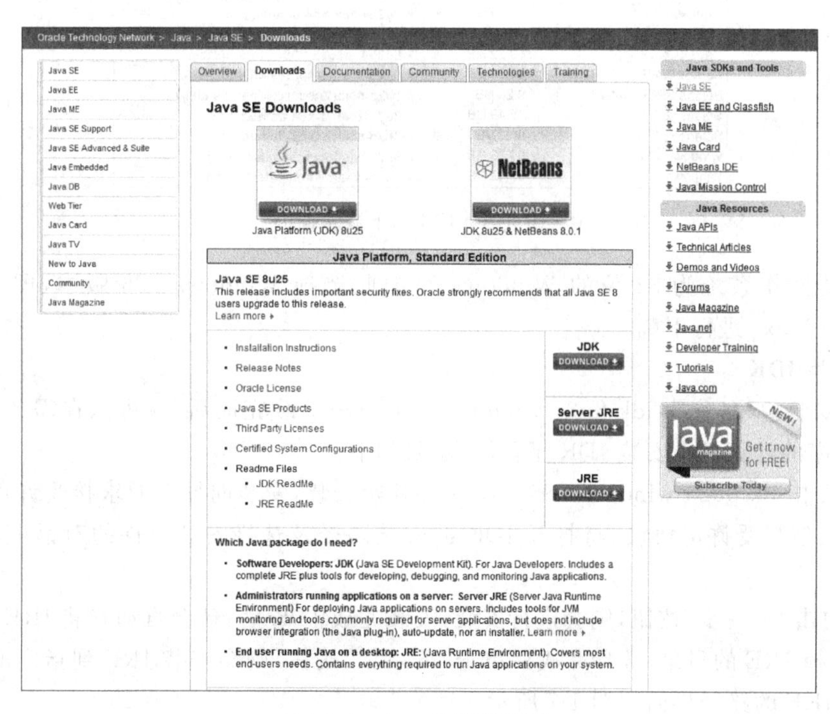

图 1-4 Java 的下载页面

(3) 单击 JDK 下载按钮 JDK DOWNLOAD，打开 JDK 的下载页面，如果下载则要选中 Accept License Agreement(接受许可协议)单选按钮，接下来在下面选择不同的版本链接，Java 提供了 Linux、Mac OS、Solaris、Windows 几种操作系统的支持(也就是说 Java 为这几类操作系统都开发了 JVM 虚拟机)，下载链接中还可以看到 x86 和 x64 两类版本，基本 x86 是针对 32 位操作系统的版本，x64 是针对 64 位操作系统的版本。Java 针对每个版本都出了对应的样例，也可以单击对应的超链接进行下载。下载 JDK 的页面如图 1-5 所示。

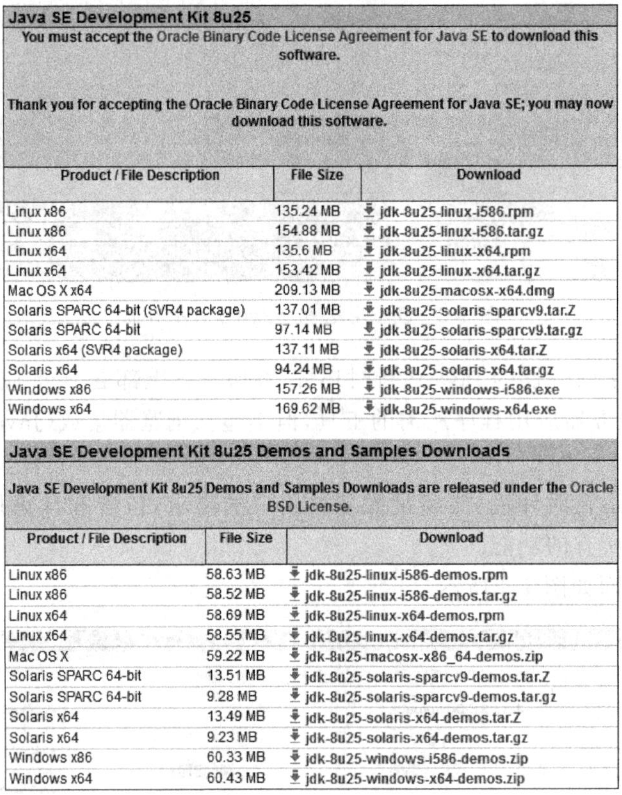

Java SE Development Kit 8u25

You must accept the Oracle Binary Code License Agreement for Java SE to download this software.

Thank you for accepting the Oracle Binary Code License Agreement for Java SE; you may now download this software.

Product / File Description	File Size	Download
Linux x86	135.24 MB	jdk-8u25-linux-i586.rpm
Linux x86	154.88 MB	jdk-8u25-linux-i586.tar.gz
Linux x64	135.6 MB	jdk-8u25-linux-x64.rpm
Linux x64	153.42 MB	jdk-8u25-linux-x64.tar.gz
Mac OS X x64	209.13 MB	jdk-8u25-macosx-x64.dmg
Solaris SPARC 64-bit (SVR4 package)	137.01 MB	jdk-8u25-solaris-sparcv9.tar.Z
Solaris SPARC 64-bit	97.14 MB	jdk-8u25-solaris-sparcv9.tar.gz
Solaris x64 (SVR4 package)	137.11 MB	jdk-8u25-solaris-x64.tar.Z
Solaris x64	94.24 MB	jdk-8u25-solaris-x64.tar.gz
Windows x86	157.26 MB	jdk-8u25-windows-i586.exe
Windows x64	169.62 MB	jdk-8u25-windows-x64.exe

Java SE Development Kit 8u25 Demos and Samples Downloads

Java SE Development Kit 8u25 Demos and Samples Downloads are released under the Oracle BSD License.

Product / File Description	File Size	Download
Linux x86	58.63 MB	jdk-8u25-linux-i586-demos.rpm
Linux x86	58.52 MB	jdk-8u25-linux-i586-demos.tar.gz
Linux x64	58.69 MB	jdk-8u25-linux-x64-demos.rpm
Linux x64	58.55 MB	jdk-8u25-linux-x64-demos.tar.gz
Mac OS X	59.22 MB	jdk-8u25-macosx-x86_64-demos.zip
Solaris SPARC 64-bit	13.51 MB	jdk-8u25-solaris-sparcv9-demos.tar.Z
Solaris SPARC 64-bit	9.28 MB	jdk-8u25-solaris-sparcv9-demos.tar.gz
Solaris x64	13.49 MB	jdk-8u25-solaris-x64-demos.tar.Z
Solaris x64	9.23 MB	jdk-8u25-solaris-x64-demos.tar.gz
Windows x86	60.33 MB	jdk-8u25-windows-i586-demos.zip
Windows x64	60.43 MB	jdk-8u25-windows-x64-demos.zip

图 1-5　JDK 的下载页面

笔者的操作系统为 32 位的 Windows 7，因此选择 Windows x86 版本，即 jdk-8u25-window-i586.exe 进行下载。

2. 安装 JDK

JDK 安装包(名称为 jdk-8u25-window-i586.exe)下载完成后，就可以在需要编译与运行 Java 程序的计算机中安装 JDK 了，具体步骤如下。

(1) 双击 jdk-8u25-window-i586.exe 文件开始安装，安装向导会要求接受许可协议，单击“接受”按钮接受许可协议，将打开 JDK 的安装路径及选择安装组件的对话框，如图 1-6 所示。

(2) 单击“下一步”按钮，则会进行安装，安装完成 JDK 后，还会自动安装 JRE 运行时环境，可以选择 JRE 的目录，选择完成后单击“下一步”按钮，则会安装 JRE 到指定的目录中，选择安装 JRE 的路径界面如图 1-7 所示。

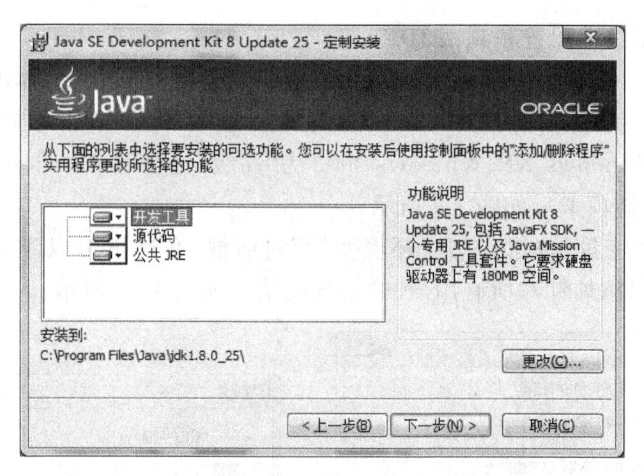

图 1-6　设置 JDK 的安装路径及选择安装组件对话框

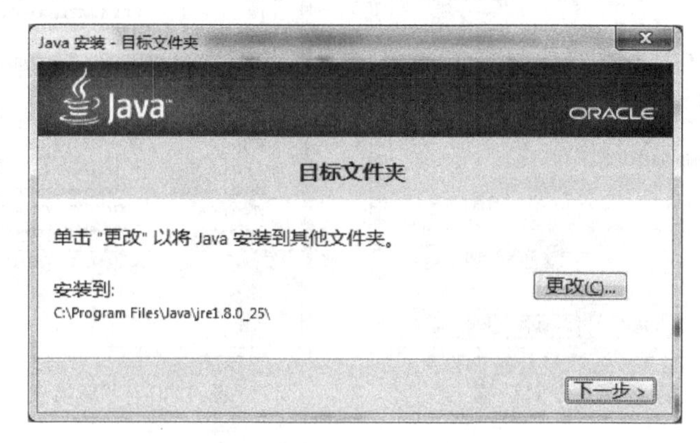

图 1-7　选择安装 JRE 的路径

(3) 单击“下一步”按钮后，进入 JRE 安装进度界面，从界面中，可以看出已经有超过 30 亿的设备安装和运行了 Java 环境，这个界面完成后，会出现安装完成的对话框，单击“完成”按钮，则完成 JDK 与 JRE 的安装，安装进度界面如图 1-8 所示。

图 1-8　安装 JRE 的进度界面

3. Windows 系统中配置和测试 JDK

安装完 JDK 后，需要设置环境变量及测试 JDK 配置是否成功，具体步骤如下。

(1) 在“我的电脑”上右击，在弹出的快捷菜单中选择“属性”，在“系统属性”对话框中单击“高级”选项卡(Windows XP、Windows 2003 为“高级”选项卡，Windows 7、Windows 8 中为“高级系统设置”选项卡)，如图 1-9 所示。

(2) 单击“环境变量”按钮，打开“环境变量”对话框，在这里可以添加针对单个用户的“用户变量”，也可以添加针对所有用户的“系统变量”，如图 1-10 所示。

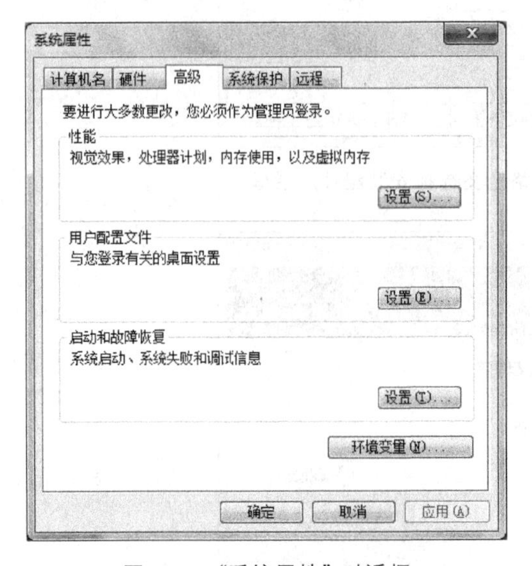

图 1-9 “系统属性”对话框

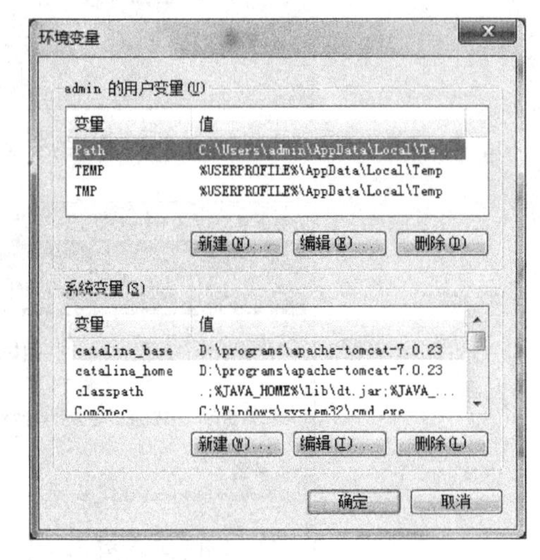

图 1-10 “环境变量”对话框

(3) 单击“系统”变量区域中的“新建”按钮，将弹出如图 1-11 所示的“新建系统变量”对话框，变量名后的输入框中输入 JAVA_HOME (不区分大小写)，变量值为安装 JDK 的根目录，设置完成后，单击“确定”按钮即可。

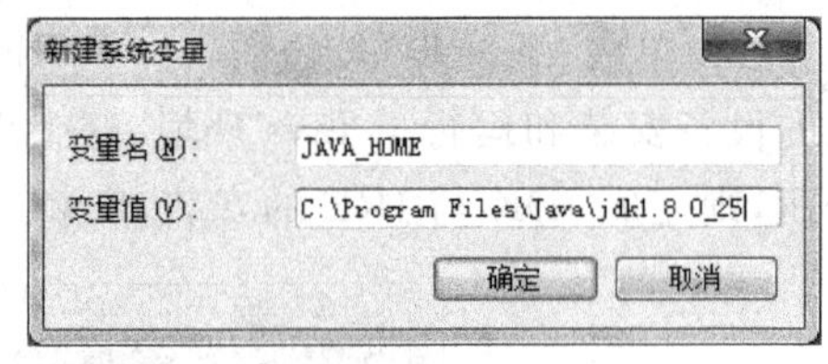

图 1-11 “新建系统变量”对话框

(4) 在图 1-10“系统变量”中查看 Path 属性，若不存在，则新建一个变量 Path(不区分大小写)，否则选中该变量，单击“编辑”按钮，打开“编辑系统变量”对话框，在对话框中的“变量值”文本框的起始位置添加如下内容：

```
%JAVA_HOME%\bin;
```

注意

不要删除 Path 系统变量中原有的变量值，将“%JAVA_HOME%\bin;”添加到原有变量的值前就可以了；不要漏掉最后的“;”(英文半角的分号)符号，该符号用于分割多个不同的变量值。

(5) 单击“确定”按钮返回到“环境变量”对话框。在“系统变量”中查看 CLASSPATH 变量，如果不存在，则新建变量 CLASSPATH(不区分大小写)，变量的值为

```
.; %JAVA_HOME%\lib\dt.jar; %JAVA_HOME%\lib\tools.jar;
```

注意

特别注意变量值开头的“.;”一定不能少，因为它代表当前路径。

(6) JDK 安装和配置完成后，可以测试 JDK 是否能够在机器上运行了。选择“所有程序”→“附件”→“命令提示符”，或在“开始”→“运行”→打开“运行”窗口，在“运行”窗口框中，使用 cmd 命令(Windows XP 系统、Windows 2003 系统)，或在“开始”→“查询”框中使用 cmd 命令，将会打开 DOS 命令环境(也称为控制台环境)，在 DOS 命令行环境中的提示符后面直接输入 javac，按下 Enter(回车)键，系统会输出 javac 的帮助信息，如图 1-12 所示。能看这个结果，说明已经成功配置 JDK，否则需要仔细检查上面各个步骤的配置是否正确。

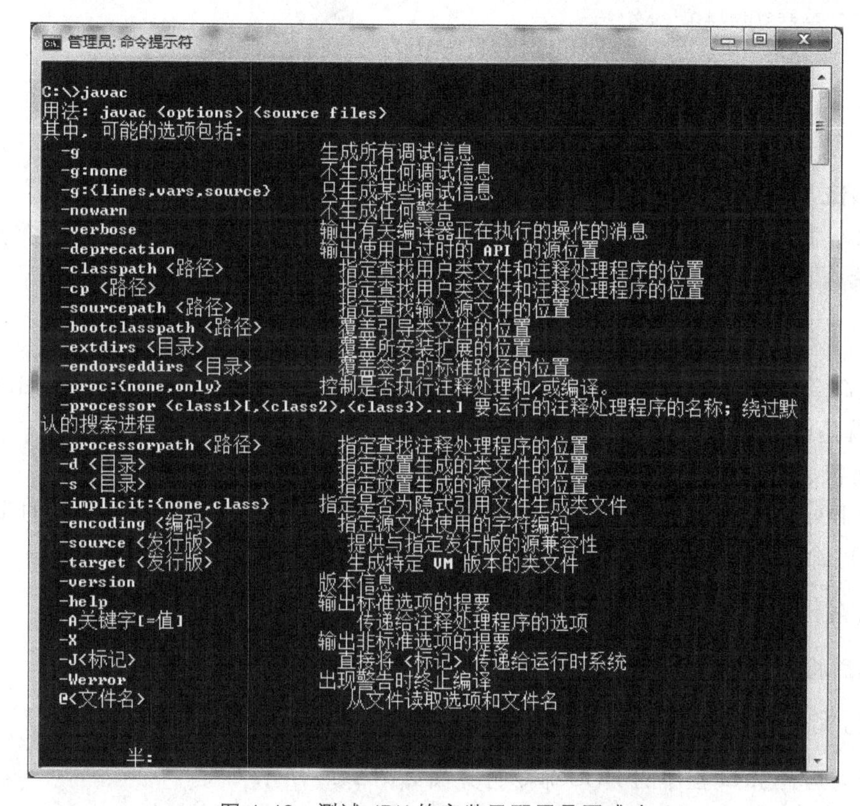

图 1-12 测试 JDK 的安装及配置是否成功

1.4 任务实现

了解了 Java 的发展历史、语言特点和运行原理，配置 JDK 的开发环境后，接下来就可以向 Java 语言世界打声招呼了。

1. 编辑 Java 程序

编辑 Java 程序可以在任意一个文本编辑器中进行，这里以记事本作为编辑器来编写一个 Java 程序。过程如下：新建一个文件，在文件中编写程序，将编辑的内容保存为以 java

为扩展名的文件(或者新建一个 * . txt 文件,把文件改名为 Hello. java,再在记事本中修改文件的内容)。在记事本中输入如下内容,如图 1-13 所示。

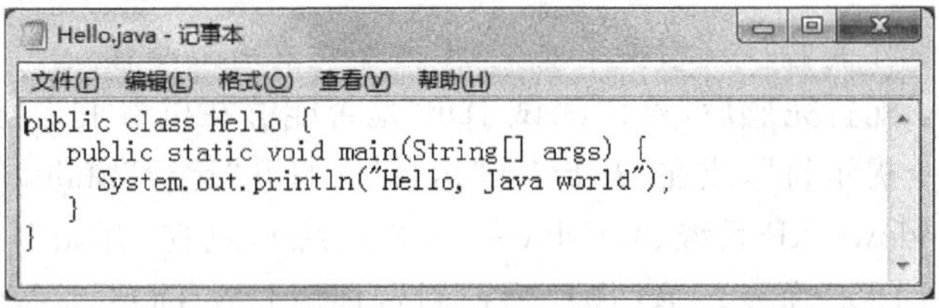

图 1-13　在记事本中编写的 Hello.java 文件内容

【程序实现】

```
public class Hello {
    public static void main(String[] args) {
        System.out.println("Hello, Java world");
    }
}
```

2. 编译 Java 程序

将 Java 源文件(扩展名为 java)编译(Compile)成 Java 字节码文件(扩展名为 class)。在 DOS 命令行(控制台)环境中编译 Hello. java 的命令如下:

```
javac Hello.java
```

输完命令,按下 Enter 键后,会发现 Hello. java 文件所在的目录下多了一个 Hello. class 文件,这就是编译后生成的字节码文件。

3. 运行 Java 程序

因为 Java 程序是在 JVM 中运行的,因此要使用命令来调用 Java 编译后的字节码程序,在 DOS 命令行(控制台)环境中运行 Hello. class 的命令如下:

```
java Hello
```

回车后将会看到如下结果:

```
Hello, Java world
```

编译与运行 Java 程序的 DOS 命令行界面如图 1-14 所示。

图 1-14　编译与运行 Java 程序的 DOS 命令行界面

1.5 知识拓展

当编写的程序比较简单,只有一个 Java 文件时,可以使用上面的这种“纯手工”方式来编写、编译和运行文件,但是当要实现的任务比较复杂,程序中所包含的 Java 文件比较多时,再用上面的这种“纯手工”方式来写程序是非常痛苦的,这时就要用到集成开发环境(Integrated Development Environment,IDE)。

Eclipse 是一个成熟的可扩展开源免费的 Java 集成开发工具,它的平台体系结构是在插件概念的基础上构建的,插件是 Eclipse 平台最具特色的特征之一,也是区别于其他开发工具特征之一,通过插件的扩展 Eclipse 可以实现 Java Web 开发、Java ME 程序开发,还可以作为 Android、PHP、C/C++ 、并行计算、报表等的开发工具。

Eclipse 是利用 Java 语言写成的,因此 Eclipse 是可以支持跨平台操作的。Eclipse 的跨平台需要 SWT(Standard Widget Toolkit)的支持,现在 Windows、Linux、Solaris 等操作系统都支持 Eclipse 的开发。

1.5.1 Eclipse 的获取与安装

1. 安装 Eclipse

安装 Eclipse 前需要先安装 JDK,关于 JDK 的安装与配置参见 1.3.5 节的内容。可以从 Eclipse 的官网下载地址中(http://www.eclipse.org/downloads/)下载最新版本的 Eclipse。本书中使用的 Eclipse 版本为 4.1。下载页面如图 1-15 所示。

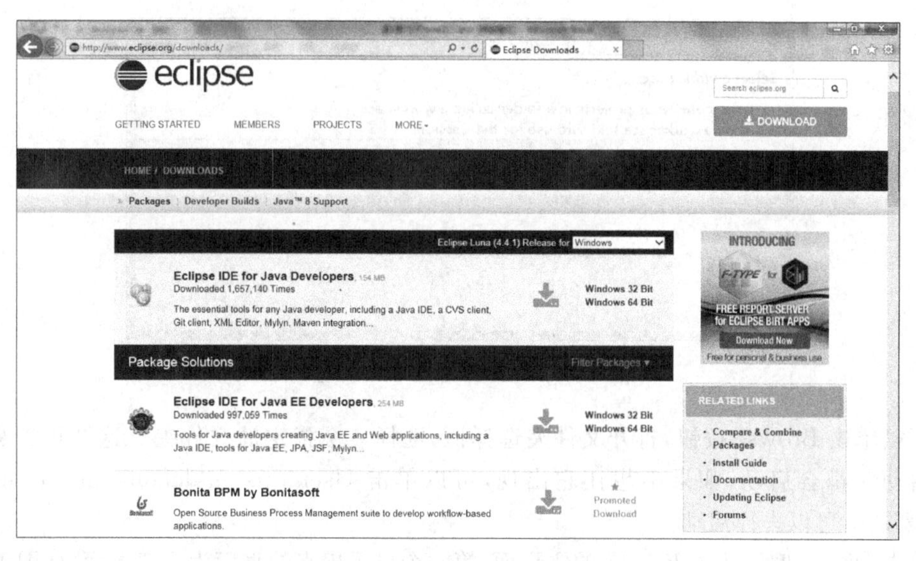

图 1-15 Eclipse 的下载页面

Eclipse 的最新版本完全支持 Java 8。Eclipse 也有 32 位和 64 位之分,读者根据自己的操作情况选择对应的版本进行下载。如果只做 Java 基础开发的话,使用 Eclipse IDE for Java Developers 版本即可,如果有其他的开发需要,可以选择其他的版本,或是自己安装其他的插件。这里选择 Eclipse IDE for Java Developers 的 Windows 32bit 超链接进行下载,单击超链接后，将会打开如图 1-16 所示的选择镜像站点进行下载的页面。

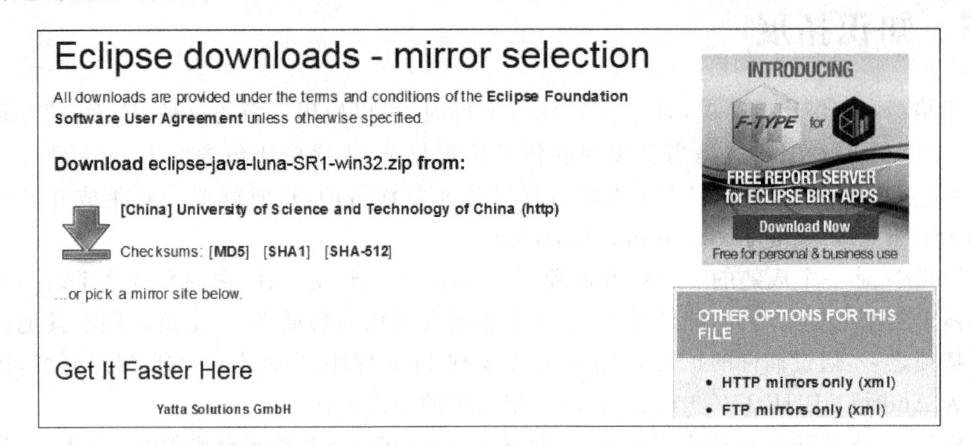

图 1-16 选择镜像站点进行下载

这里的镜像站点一般都是中国著名的大学，每次进入下载页面后，所自动匹配的站点都可能会有所不同。单击按钮后，指定要保存的文件夹即可以下载 Eclipse，下载到的这个版本文件名称为 eclipse-java-luna-SR1-win32.zip。

Eclipse 下载完成后，解压缩，即完成了安装。

2. 启动 Eclipse

在安装与配置好 Eclipse 后，就可以启动 Eclipse 了，在 Eclipse 初次启动时，需要设置工作空间，本书将工作空间设置到 D:\myprograms\eclipse4.4.1 下，如图 1-17 所示。

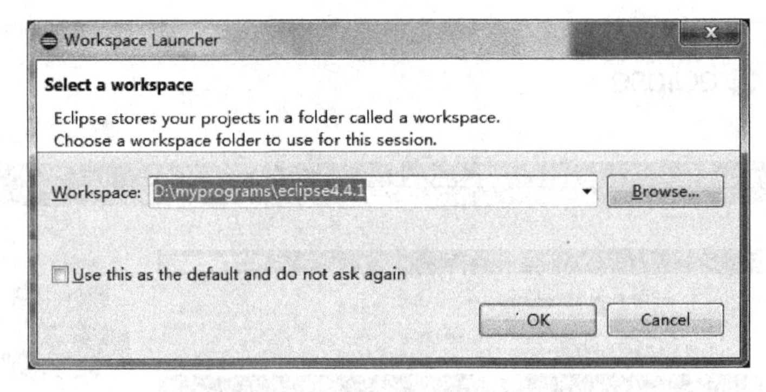

图 1-17 设置 Eclipse 的工作空间

可以单击 Browse 按钮，打开文件夹选择框，选择一个指定的文件夹。这个设置界面在每次启动时都会启动，如果不想让它出现，可以单击 User this as default and do not ask again 复选框可以去掉启动。

单击 OK 按钮后，进入 Eclipse 的主界面，第一个显示出来的页面为欢迎页面，如图 1-18 所示。

单击返回工作台按钮，则返回到 Eclipse 的工作台界面，如图 1-19 所示。

工作台窗口主要有标题栏、菜单栏、工具栏、透视图（包括了编辑区域和各个视图，每个视图就是一个窗口）组成。

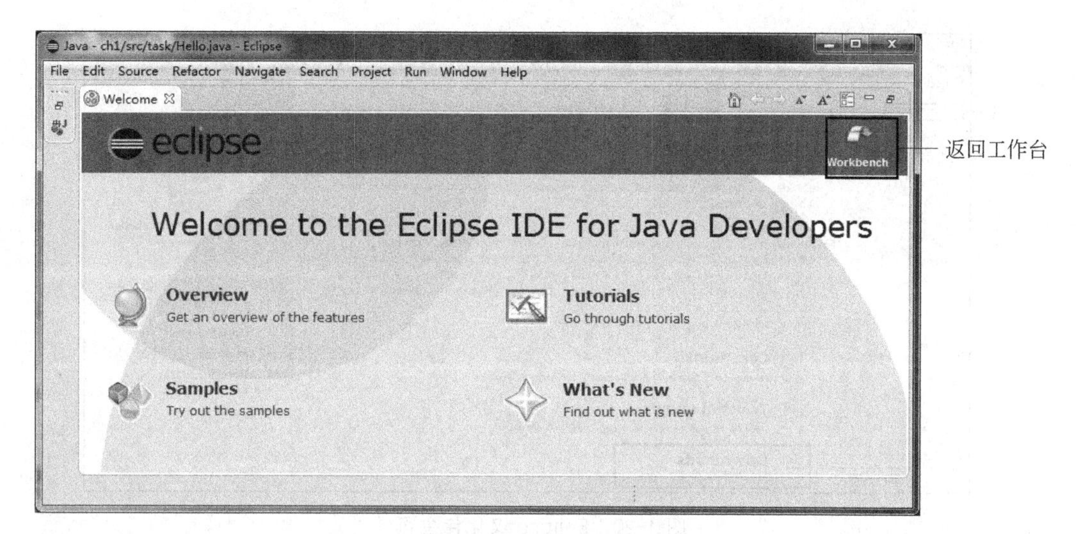

图 1-18 Eclipse 的欢迎界面

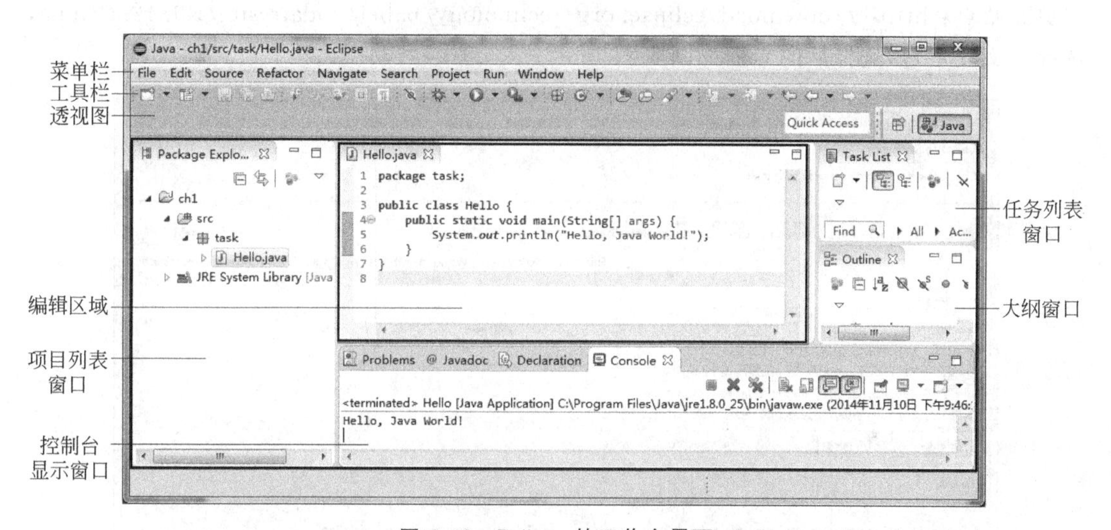

图 1-19 Eclipse 的工作台界面

3. 安装 Eclipse 中文包

通过上面的启动，可以发现直接解压完成后的 Eclipse 是英文版的，通过安装 Eclipse 的全球化多国语言包，可以实现 Eclipse 的本地化，它可以自动根据操作系统的语言环境对 Eclipse 进行本地化。Eclipse 的全球化工作不是由 Eclipse 开发团队负责的，它属于 Eclipse 旗下的项目(Project)，称为 Babel(巴别)。Eclipse 汉化包项目的官网地址为 http://www.eclipse.org/babel，在地址栏中打开网页后，看到如图 1-20 所示的汉化包主页。

单击图中 1 或 2 所对应的 Downloads 超链接，打开下载汉化包选择项页面：http://www.eclipse.org/babel/downloads.php，页面中有两种安装方法供选择：一种在线更新；另一种是下载离线安装包，下面对两种方法进行介绍。

1) 使用在线更新添加汉化包

在英文工具台界面，单击 Help→Install new software，打开 Install 界面，添加 Babel 在

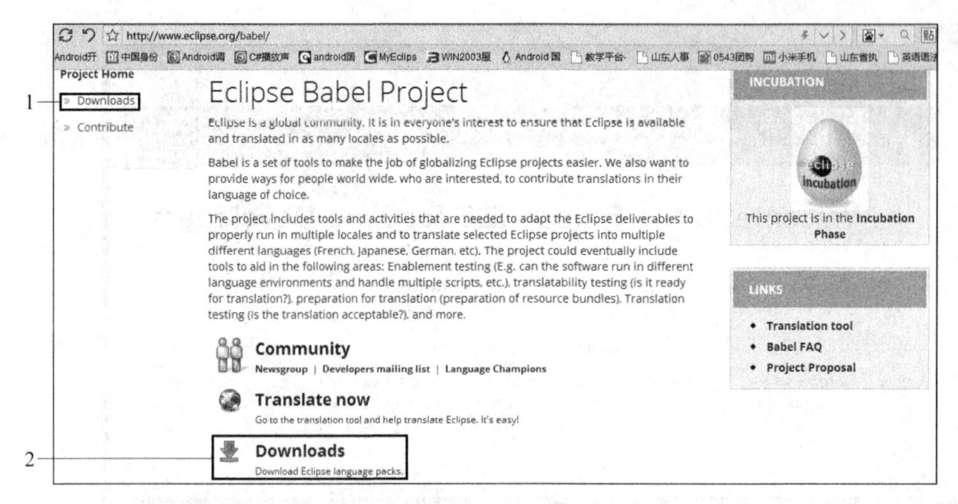

图 1-20　Eclipse 汉化包主页

线更新站点：http：//download. eclipse. org/technology/babel/update-site/R0. 12. 0/luna，选择中文安装包，选择后的界面如图 1-21 所示。

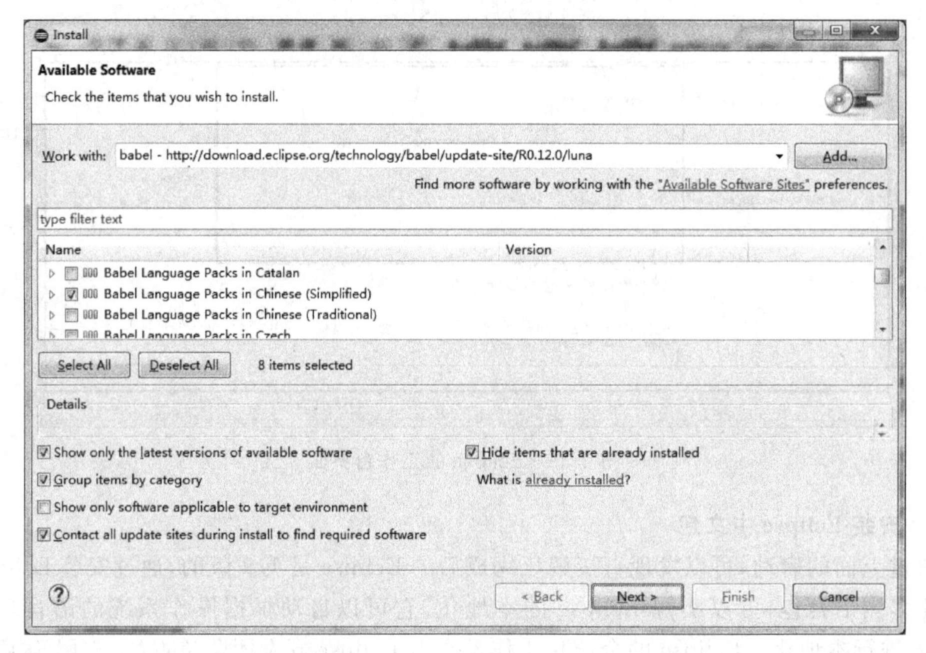

图 1-21　Eclipse 多国语言包地址的配置及中文语言包的选择

按顺序单击 Next 按钮后，再单击 Finish 按钮，即可以选定语言包的安装，安装完成后，重新启动 Eclipse 环境即可以看到更新中文包后的效果。

2）使用离线安装包添加汉化包

在汉化包安装方式选择页面 http://www. eclipse. org/babel/downloads. php 中，选择与当前 Eclipse 版本所对应的国际化包，然后单击，如图 1-22 所示。

单击 Luna 超链接后，打开语言包选择界面，如图 1-23 所示，选择所需要的汉化语言包。

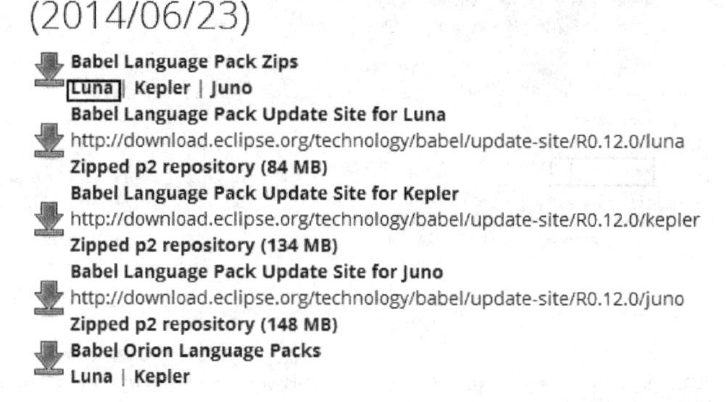

图 1-22　选择与要汉化 Eclipse 对应的版本

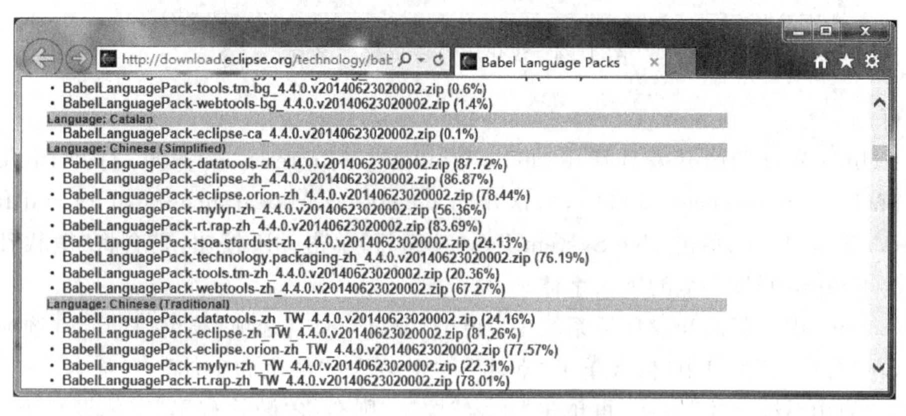

图 1-23　选择汉化语言包界面

单击对应的语言包即可以实现下载，下载的文件名称为 BabelLanguagePack-eclipse-zh_4.4.0.v20140623020002.zip。

在 Eclipse 的根目录中新建 tool 文件夹，将多国语言包解压缩到该文件夹下，解压缩后的多国语言包文件夹名称为原压缩包的名称，例如：

```
BabelLanguagePack-eclipse-zh_4.4.0.v20140623020002
```

然后，在 Eclipse 的根目录下新建 links 文件夹，在该文件夹下创建 nll.link 文件，在文件中添加如下语句：

```
Path=tool\\BabelLanguagePack-eclipse-zh_4.4.0.v20140623020002
```

然后，重新启动 Eclipse，此时即可以看到汉化的 Eclipse。

汉化后启动界面和主界面中的菜单等相关的内容都会修改为中文信息(以主界面为例)，如图 1-24 所示。

4. 关于中文字体的显示

从 Eclipse 3.6 版本以后，Eclipse 中的默认的字体显示中文会比较小，效果如图 1-24 所示，因此需要下载或设置相关的字体，比较好看的字体为“微软雅黑”，在 Windows XP 系统下还要下载与安装这类字体，在 Windows 7 中则不用安装，按下面的步骤(依次单击)进行

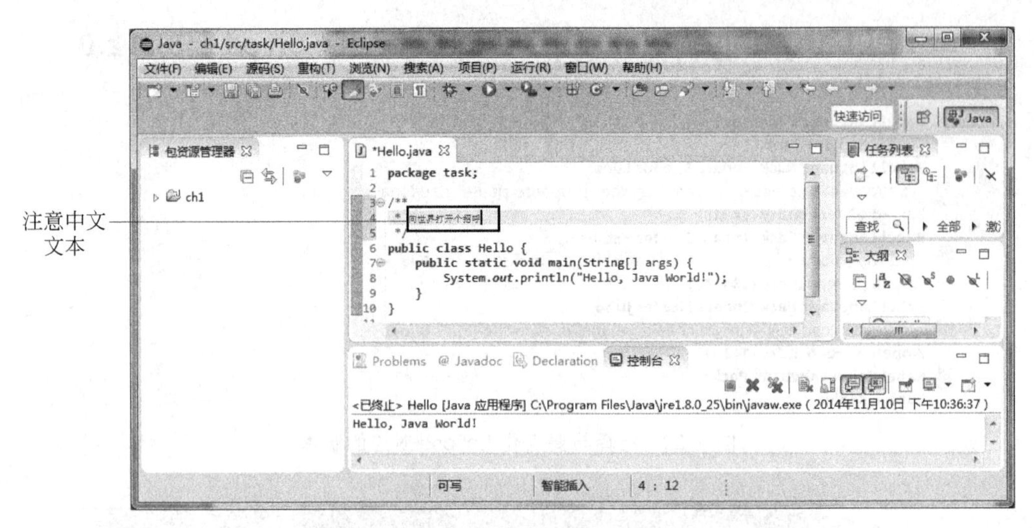

图 1-24　汉化后的 Eclipse 主界面

设计即可。

在 Eclipse 英文版的开发环境中，单击 Windows→Preferences 菜单，打开 Preferences 对话框窗口，在 Preferences 窗口中，依次单击 General→Appearance→Colors and fonts→Basic→Aa Text Font，单击 Use System Font 按钮，再单击 OK 按钮，则会将“微软雅黑”字体设置为 Eclipse 开发环境的默认字体。

在 Eclipse 中文版的开发环境系统中：单击“窗口”→“首选项”菜单，打开“首选项”对话框窗口，在“首选项”窗口中，依次单击“常规”→“外观”→“颜色和字体”→“基本”→“文本字体”，单击“使用系统字体”按钮，再单击“确定”按钮，则会将“微软雅黑”字体设置为 Eclipse 开发环境的默认字体。

1.5.2　Eclipse 的使用说明

Eclipse 编写 Java 程序的流程必须经过新建 Java 项目、新建 Java 类、编写 Java 代码和运行 4 个步骤，下面将使用英文版系统进行分别介绍。

1. 新建项目

在 Eclipse 中选择 File→New→Java Project 菜单项，打开如图 1-25 所示的“新建项目”对话框。

单击 Finish 按钮，完成项目的创建，完成新建 Java 项目后，在 Package Explorer 包资源管理器中可以看到新创建的项目，如图 1-26 所示。

2. 新建文件并进行编辑

新建完 Java 项目后，可以在项目中添加 Java 类，具体步骤如下。

在包资源管理器中，右击 ch1 中的 src 文件夹，在弹出的快捷菜单中选择 New→Class 菜单项，在弹出的新建 Java 类对话框中设置包名（这里为 task，即本章的任务）和要创建的 Java 类的名称（这里为 Hello），如图 1-27 所示。

单击 Finish 按钮，即可完成 Java 类的创建。Eclipse 会自动打开该类的源代码编辑器，在该编辑器中编写 Java 代码，如图 1-28 所示。

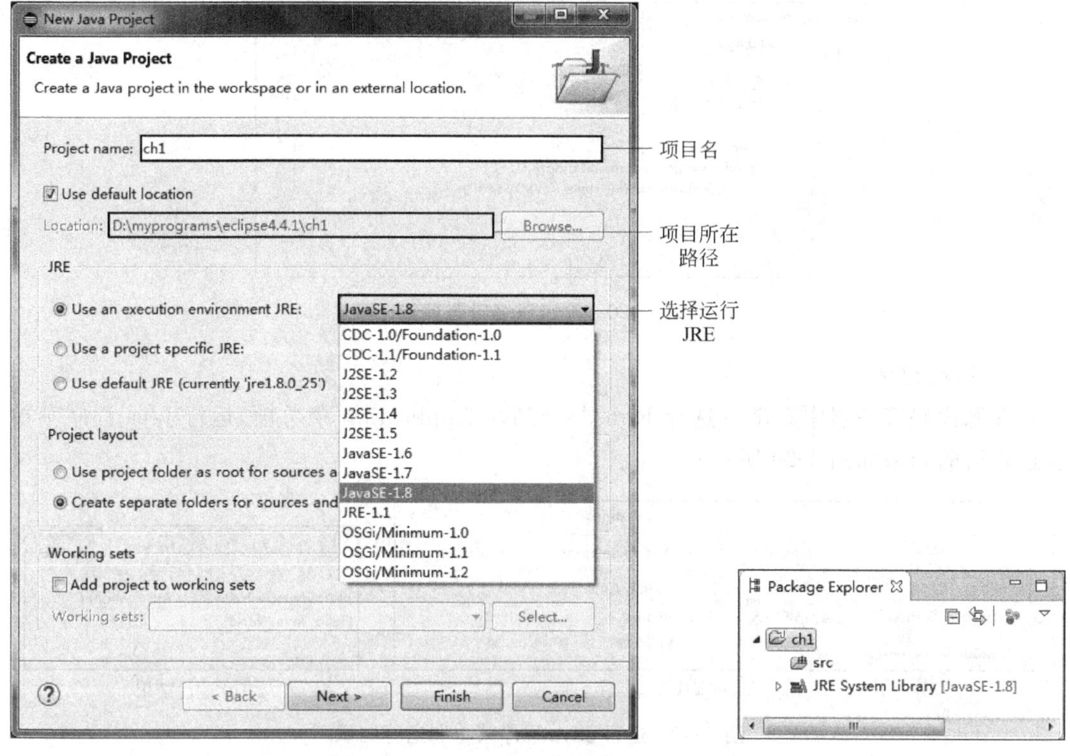

图 1-25 “新建项目”对话框

图 1-26 包资源管理器

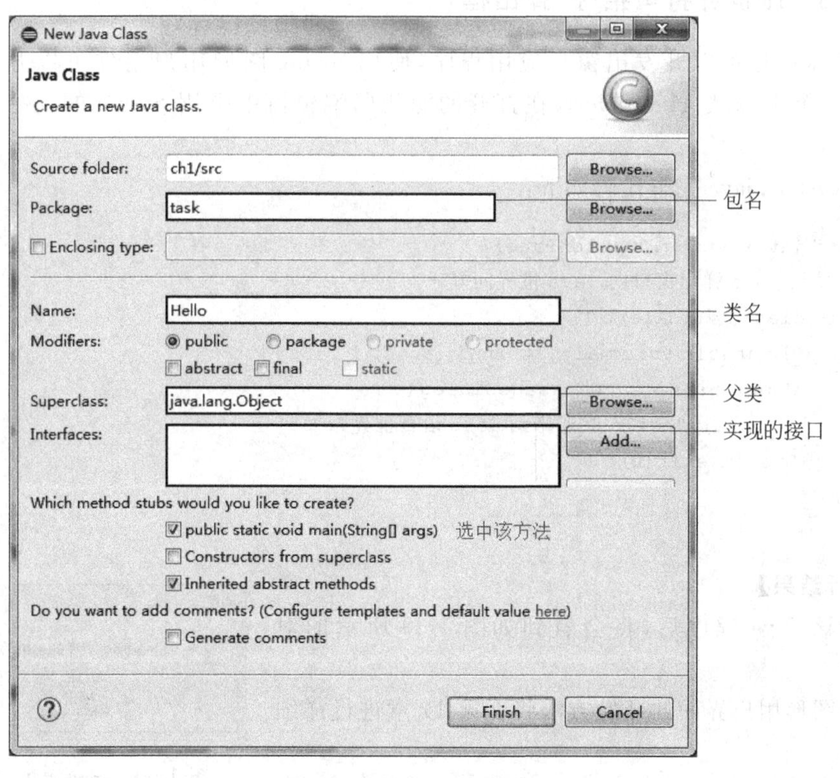

图 1-27 新建 Java 类界面

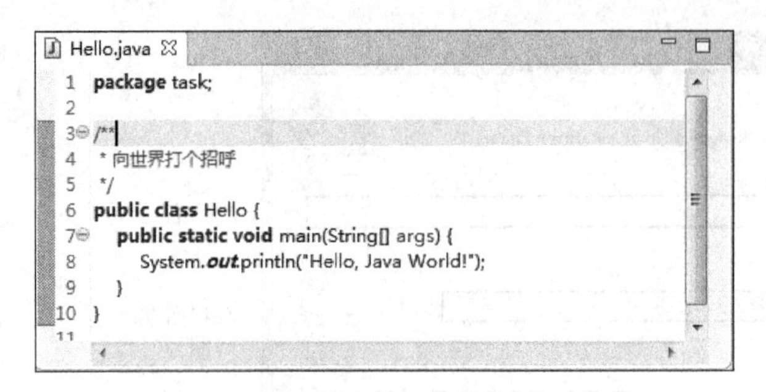

图 1-28　源代码编辑器窗口

3. 运行程序

在源代码管理器中右击→选择 Run As→Java Application 菜单项,运行 Java 程序菜单和运行后的结果如图 1-29 所示。

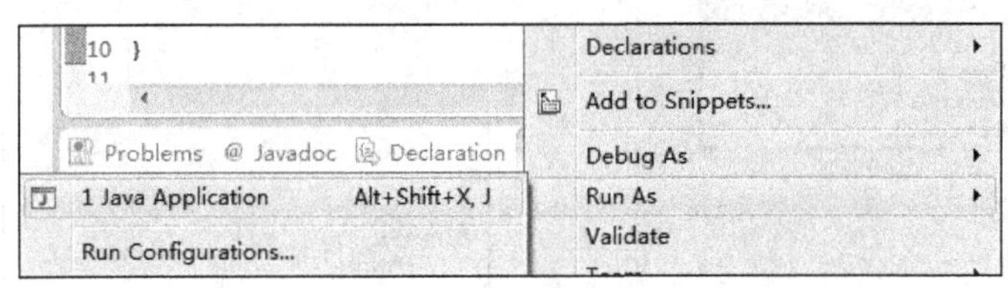

(a) 运行Java程序菜单

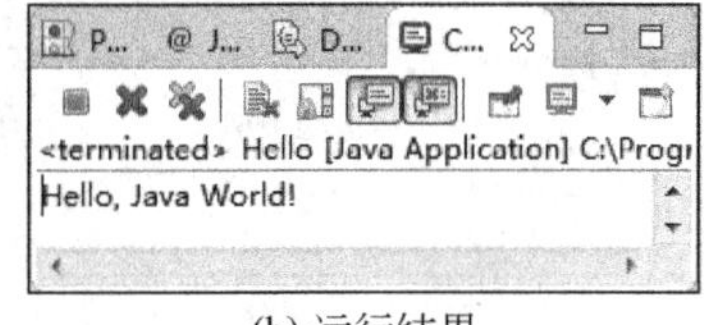

(b) 运行结果

图 1-29　运行 Java 程序菜单和运行结果

1.5.3　跟世界打声招呼(弹出框)

使用 Java 也可以开发出窗口应用程序,使用 Swing 图形用户组件可以开发图形界面,新建一个 Java 类 HelloAlert,在打开的源代码编辑器中引用 Swing 的支持编写代码即可。

HelloAlert.java 完整代码如下:

```
import javax.swing.JOptionPane;
/* * 使用 Java 弹出窗口向 Java 世界问好 * /
public class HelloAlert {
    public static void main(String[] args) {
        JOptionPane.showMessageDialog(
            null,"hello 欢迎来到 Java 语言世界!!");
        System.exit(0);
    }
}
```

【运行结果】

运行该 Java 程序后,将会看到如图 1-30 所示的对话框。

关于图形用户界面的开发方法将在第 11 章进行详细的介绍。

图 1-30　Java 弹出对话框

1.6 本章小结

本章介绍了 Java 的产品与发展历史、当前的发展状态、Java 语言的特点、Java 程序的分类、Java 的运行原理、使用 JDK 和记事本开发 Java 程序的步骤、Java 集成开发平台 Eclipse 的下载安装及使用方法等。学习本章后，读者应该掌握以下内容。

(1) Java 的 3 个不同版本的特点。

(2) Java 语言的特点。

(3) JVM 虚拟机的运行原理。

(4) JDK 的下载及安装配置方法。

(5) 使用记事本编写及运行 Java 程序的步骤。

(6) Java 集成开发平台 Eclipse 的下载、配置及开发程序的步骤。

1.7 强化练习

1.7.1 判断题

1. 任何计算机都可以直接运行 Java 程序。(　　)
2. Java 程序可以直接编译为适用于本地计算机的机器码。(　　)
3. Java 是跨平台的编程语言。(　　)
4. Java 是一种不区分大小写的编程语言。(　　)
5. Java SE 是用于企业级开发的技术。(　　)
6. Java 程序只能使用 Eclipse 来进行编辑。(　　)

1.7.2 选择题

1. Java 的特点不包括(　　)。

A. 平台无关性　　B. 分布性

C. 可移植性　　D. 面向过程

2. Java 控制台程序的运行需要(　　)。

A. JRE　　B. JDK

C. J2SE　　D. Java EE

3. Java 源程序的扩展名为(　　)。

A. jav　　B. class

C. java　　D. js

4. Java 源程序的扩展名为(　　)。

A. jav　　B. class

C. java　　D. js

1.7.3 简答题

1. 简述 Java 的 3 个版本和可以开发的程序类型。
2. 简述使用 JDK 及记事本开发 Java 程序的步骤。
3. 简述 Eclipse 编写 Java 程序的流程。

1.7.4 编程题

1. 编写控制台程序输出身高和体重。
2. 编写弹出框程序输出身高和体重。

第 2 章　Java 的基本语法

任务　身高预测

2.1　任务描述

如果你想说一口流利的英语，那么必须从最基本的音标、单词开始学起。同样，Java 语言作为一门编程语言，我们也要从熟悉它的语法开始。本章的任务将使用 Java 语言编写一个程序，通过父母的身高来预测子女的身高，在程序运行过程中，输入父亲与母亲的身高，以及孩子的性别，程序自动计算出孩子的身高。

2.2　任务分析

遗传对身高的影响在哪个国家都是不可否认的，父母身高较高，子女一般也较高，欧洲一位科学家经过研究归纳出一套预测子女身高的公式：

儿子成年身高(cm)=(父亲身高+母亲身高)×1.08÷2

女儿成年身高(cm)=(父亲身高×0.923+母亲身高)÷2

上面的计算公式(也称为计算模型)蕴含了 Java 语言中的几个要素：常量，如 1.08、2、0.923；变量，如父亲身高、母亲身高、儿子成年身高和女儿成年身高；运算符，如+、×、÷，当然 Java 中表示除法运算的符号是/而不是÷。下面一起来认识 Java 语言中的这些基本要素吧！

2.3　相关知识

2.3.1　内存和变量

变量就是其中的值会发生改变的量，那么为什么要声明变量，变量又有什么作用呢？下面以工人组装自行车为例来介绍一下内存与变量的关系。

计算机在工作过程中所产生和使用的所有数据，都是在“内存”中存储和读取的，大家可以把“内存”想象成一个工厂的仓库，数据就是这个工厂过程中要使用的“零件”。在一段程序中，有很多很多的数据(零件)，它们分别存放在内存(仓库)中的不同地方，现在要用这些零件生成一辆自行车，这需要用到“车轮”、“链条”、“车把”、“脚凳子”、“车架”、“轮盘”等各种零件，而这些零件存放在仓库(内存)的不同的位置，如果所有的操作都由工人(程序员)来完成将会非常烦琐，这时为工人找了一个机器人助理，它叫 Java，Java 这个机器人工作效率很高，但是它不知道工人要实现什么目标，怎么去实现目标，要由工人去指挥它，Java 机器人如果知道了零件(数据)存放的位置，就能快速找到零件(数据)并带回来给工人，工人想让 Java 机器人去仓库中取这些零件，就要告诉它，这些零件在几号库几号柜，比如“库 02 柜

04”存放的是链条，工人想使用链条的话，就要告诉Java机器人“去取库02柜04的零件(数据)”。在组装自行车的过程中，“库02柜04”中存放的链条是在随时变化的，这个“库02柜04”编号就是程序中所说的变量，只不过在编程中不提倡用中文，所以在程序中表示上面的关系就是$k02g04＝chain(链条)，中间的＝是赋值运算符，＝的作用就是把$k02g04这个标签“帖”到chain(链条)上。

总结上面的例子，可以发现：变量是作为Java程序寻找内存中存放的数据的一个标签，它的作用是告诉Java程序，你应该去内存中的哪个地址寻找接下来将要用到的数据。

变量中存放的数量不同，所占用的空间大小也是不同的，如“库02柜04”存放的是“链条”，而“库05柜01”存放的是“车架”，它们所占用的空间大小显然是不一样的，这种情况在程序中使用数据类型来解决。

2.3.2 基本的数据类型

数据类型指明变量所占用内存的大小，Java是强类型的编程语言，定义了丰富的数据类型，这些数据类型分为两大类：基本数据类型和引用数据类型，引用数据类型在以后的章节中进行讨论，本节只讨论基本数据类型。Java语言中的数据类型分类情况如图2-1所示。

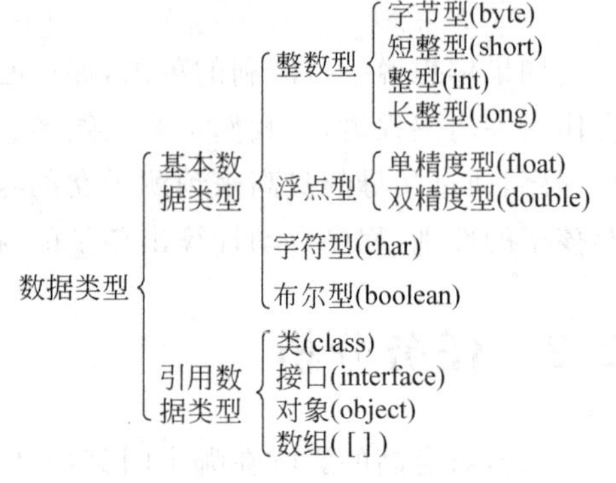

图2-1 Java中的数据类型分布情况

Java中各个数据类型所占用的内存字节数(或位数)及取值范围如表2-1所示。

表2-1 数据类型所占的内存字节数及取值范围

类 型	字节数(位数)	取值范围
boolean	0B(1b)	true, false
char	2B(16b)	\u0000～\uffff
byte	1B(8b)	$-2^8\sim2^8-1$(或－128～127)
short	2B(16b)	$-2^{16}\sim2^{16}-1$(或－32768～32767)
int	4B(32b)	$-2^{32}\sim2^{32}-1$(或－2147483648～2147483647)
long	8B(64b)	$-2^{64}\sim2^{64}-1$(或－9223372036854775808～9223372036854775807)
float	4B(32b)	－3.40282 35E38～3.4028235E38
double	8B(64b)	－1.797 693 134 862 315 7E308～1.797693134862315 7E308

表中的\u表示Unicode码，\u0000、\uffff表示十六进制的Unicode码字符。Java语言中所有基本数据类型占用的存储空间和取值范围都是固定的，与具体的平台无关，这种大小不更改性正是Java程序可移植能力强的重要因素之一。从表2-1中可以发现，Java语言中没有无符号数据类型。Java语言还为每个基本数据类型定义了相应的包装类，如表2-2所示。

表 2-2 Java 语言基本数据类型与对应的包装类

boolean	char	byte	short	int	long	float	double
Boolean	Character	Byte	Short	Integer	Long	Float	Double

2.3.3 变量的声明和使用

变量是用于保存数据的存储单元，让 Java 程序能更加方便地查找和操作数据，Java 是强类型语言，在使用一个变量前必须先对其进行声明，Java 语言中声明变量的格式如下：

```
数据类型 变量名 1[,变量名 2,…]
```

或

```
数据类型 变量名 1[= 初值][,变量名 2[= 初值],…]
```

[]中的内容为可选的内容，即为可以使用，也可以不使用的内容，而未在[]中的内容为必写的内容。变量名的命名要符合以下几个规则。

(1) 以下划线、字母、美元符号开头，如_125、abc、$ main、&cls。

(2) 后面跟下划线、字母、美元符号以及数字，如 a125 $ 、_125a。

(3) 没有长度限制(但也不能太长!)。

(4) 不能是保留字或称关键字，如不能将变量命名为 int。

(5) 对大小写敏感(意思是大小写代表不同含义)，如 abc 与 ABC 是不同的变量名。

下面是几个变量声明的例子：

```
int x;                              //声明一个存放整型数据且名称为 x 的变量
float x, y, z;                      //声明浮点型变量 x、y、z
double a=0.1, b=3.2;                //声明变量 a、b，并分别赋值为 0.1、3.2
String fatherName="foo";            //声明字符串变量 fatherName，它的值为 foo
```

【例 2-1】 定义并输出父亲的身高。

【程序实现】

```
public class FatherHeight {
    public static void main(String[] args) {
        double fatherHeight=1.76;           //定义 double 类型的身高并赋初值
        System.out.println("父的身高为: "+fatherHeight+"米");
    }
}
```

【运行结果】

在控制台显示“父的身高为：1.76 米”。

2.3.4 常量

在程序执行过程中，其值始终不发生变化的量称为常量。常量有整型、浮点型、字符型、布尔型和字符串常量等，如圆周率是一个常量。在程序设计时如果反复使用它，频繁地输入

3.14159 会比较麻烦，这时可以为圆周率定义一个常量。Java 中使用关键字 final 来定义常量。常量的定义格式如下：

```
final 数据类型 常量名=值;
```

例如：

```
final float PI=3.1415926;
```

Java 中常用的整型常量、浮点型常量说明如下。

1. 整型常量

整型常量分为十进制整数、八进制整数和十六进制整数 3 种类型。

十进制整数。如 1234、－1、0。

八进制整数。以 0 开关，如 0123 表示十进制数 83、－012 表示十进制的－10。

十六进制整数。以 0x 或 0X 开头，如 0x123 表示十进制数 291，－0x12 表示十进制数－18。

2. 浮点型常量

如 0.125、.125、125.、125.0 或 125e3、125E3(其中 e 或 E 之前必须有数字，且 e 或 E 之后的指数必须为整数)。

3. 字符型常量

用于表示单个字符，要求用半角单引号把字符括起来，如'a'、'2'。

4. 字符串常量

字符串常量用半角双引号("")括起来的由 0 个或多个字符组成的字符序列，如：""、"Java World"、"student name"。

5. 布尔型常量

布尔型常量数据只有真(true)、假(false)两种值。

注意

整型常量默认为 int 类型，占用 32 位内存，如 125、－125、027。若在整型常量的末尾添加一个小写字母 l 或大写字母 L，则为长整型常量(Long 类型)，占用 64 位内存，如 125L、－125l、027L。

为了区别单精度浮点型常量和双精度浮点常量，用 F 或 f 表示单精度浮点常量，用 D 或 d 表示双精度浮点常量。如 0.125F、125F、12.5f、－12.5f 表示单精度浮点常量；而0.125D、125D、12.5d、－12.5d 则表示双精度浮点常量。如果数值后没有标识精度的字母，则默认为双精度浮点常量，如 0.125、－12.5。

【例 2-2】 查看数值数据类型的最大值。

【程序实现】

```
public class TypeMaxValue {
    public static void main(String[] args) {
        System.out.println("最大的 byte 值是: "+Byte.MAX_VALUE);
        System.out.println("最大的 short 值是: "+Short.MAX_VALUE);
        System.out.println("最大的 int 值是: "+Integer.MAX_VALUE);
        System.out.println("最大的 long 值是: "+Long.MAX_VALUE);
```

```
        System.out.println("最大的 float 值是: "+Float.MAX_VALUE);
        System.out.println("最大的 double 值是: "+Double.MAX_VALUE);
    }
}
```

【运行结果】

```
最大的 byte 值是: 127
最大的 short 值是: 32767
最大的 int 值是: 2147483647
最大的 long 值是: 9223372036854775807
最大的 float 值是: 3.4028235E38
最大的 double 值是: 1.7976931348623157E308
```

2.3.5 运算符

运算符指明对操作数的运算方式。组成表达式的 Java 操作符有很多种。运算符按照其要求的操作数数目来分，分为单目运算符、双目运算符和三目运算符，它们分别对应于 1 个、2 个、3 个操作数。运算符按其功能来分，有算术运算符、关系运算符、逻辑运算符、位运算符、赋值运算符和其他运算符。下面将一一介绍各个运算符的使用方法。

1. 算术运算符

算术运算符分为单目运算符、双目运算符和三目运算几类。

单目运算符：+(取正)−(取负)++(自增 1)−−(自减 1)

双目运算符：+(加法运算符)、−(减法运算符)、*(乘法运算符)、/(除法运算符)、%(取余运算符)，如 9/4 的结果为 2，9.0/4 结果为 2.25，9%4 的结果为 1。

三目运算符：a>b? true：false，说明：当 a 大于 b 的时候，为 true(也就是冒号之前的值)，否则为 false；这整个运算符包括一个关系运算符(可以是>、<、!=等)，一个“?”，一个“：”，冒号前后需要有两个表达式或者是值或者是对象。

2. 关系运算符

关系运算符用于比较大小，运算结果为 boolean 类型，当关系表达式成立时，运算结果为 true；当关系表达式不成立时，运算结果为 false。Java 中的关系运算符如表 2-3 所示。

表 2-3 关系运算符及应用举例

运 算 符	功能描述	举　例	运算结果	可运算的数据类型
>	大于	4>2.2	true	整数型、浮点数型、字符型
<	小于	‘b’<‘d’	true	整数型、浮点数型、字符型
==	等于	‘A’==65	true	所有数据类型
!=	不等于	true!=true	false	所有数据类型
>=	大于或等于	5.2>=6.5	false	整数型、浮点数型、字符型
<=	小于或等于	‘P’<=65	false	整数型、浮点数型、字符型

从表 2-3 中可以看出，所有的关系运算符均可以用于整数型、浮点数型、字符型的数据

运算，其中==和!=还可以用于 boolean 型和引用类型的数据运算，即可以用于所有的数据类型。

3. 逻辑运算符

逻辑运算符用于对 boolean 型数据进行运算，运算结果仍为 boolean 型，Java 中的逻辑运算符有 &(非简洁与)、!(取反)、|(非简洁或)、^(异或)、&&(简洁与或称短路与)、||(简洁或或称短路或)。

运算符 && 和 & 均用于逻辑与运算，当运算符的两侧同时为 true 时，运算结果为 true，否则运算结果为 false，运算结果如表 2-4 所示。

表 2-4 逻辑运算符及应用举例

运算符	功能描述	举 例	应 用 描 述
&&	简洁与	x&&y	若 x、y 都为 true，结果才为 true
||	简洁或	x||y	若 x、y 都为 false，结果才为 false
!	取反(非)	!x	对 x 进行取反运算。例如，或 x 为 true，结果为 false
&	非简洁与	x&y	若 x、y 都为 true，结果才为 true
|	非简洁或	x|y	若 x、y 都为 false，结果才为 false
^	异或	x^y	运算符两侧同时为 true 或 false 时，结果为 false，否则为 true

运算符 && 为简洁与运算符，运算符 & 为非简洁运算符，它们的区别如下。

(1) 运算符 && 只有在其左侧为 true 时，才运算其右侧的逻辑表达式，否则直接返回运算结果为 false。

(2) 运算符 & 无论其左侧为 true 还是 false，都要运算其右侧的逻辑表达式，最后才返回运算结果。

【例 2-3】 编写程序查看"简洁与"与"非简洁与"的运算区别。

【程序实现】

```
public class CopareTwoWith {
    public static void main(String[] args) {
        //"简洁与"定义与使用开始
        System.out.println("简洁与运算:");
        int x=7, y=5;
        System.out.println((x<y) && (x++==y--));       //输出 false
        System.out.println("x="+x);                    //输出 7
        System.out.println("y="+y);                    //输出 5
        //"简洁与"定义与使用结束
        //"非简洁与"非定义与使用开始
        System.out.println("非简洁与运算:");
        int a=7, b=5;
        System.out.println((a<b) & (a++==b--));        //输出 false
        System.out.println("a="+a);                    //输出 8
        System.out.println("b="+b);                    //输出 4
        //"非简洁与"定义与使用结束
```

```
    }
}
```

运算符‖为简洁或，运算符|为非简洁或，这两个运算符的区别，与上面“简洁与”与“非简洁与”的区别类似。

4. 位运算符

位运算符包括逻辑位运算符和移位运算符，逻辑位运算符如下。

(1) &(按位与)：双目运算符，运算时均把运算数转换为二进制再做比较，规则：当相同的位上均为 1 时结果为 1，否则结果为 0。如 1100&1010=1000。

(2) |(按位或)：当两边操作数的位有一边为 1 时，结果为 1，否则为 0。如 1100|1010=1110。

(3) ～(按位取反)：0 变 1，1 变 0。

(4) ^(按位异或)：两边的位不同时，结果为 1，否则为 0。如 1100^1010=0110。

【例 2-4】 位运算符的运算规则。

【程序实现】

```
public class Bitwise {
    public static void main(String[] args) {
        int a=5&-3;                        //运算结果为 5,如图 2-2 所示
        System.out.println("a="+a);
        int b=3|6;                         //运算结果为 7,如图 2-3 所示
        System.out.println("b="+b);
        int c=10^4;                        //运算结果为 14,如图 2-4 所示
        System.out.println("c="+c);
        int d=~(-11);                      //运算结果为 10,如图 2-5 所示
        System.out.println("d="+d);
    }
}
```

【程序分析】

上面代码中的各表达式的运算过程如图 2-2～图 2-5 所示。

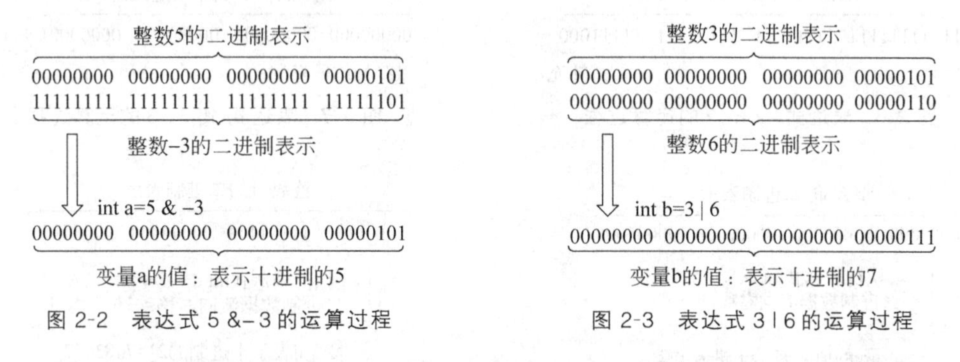

图 2-2 表达式 5 &-3 的运算过程

图 2-3 表达式 3|6 的运算过程

移位运算符包括<<(左移，低位添 0 补齐)、>>(右移，高位添符号位)和>>>(右移，高位添 0 补齐)，用来对操作数进行移位运算。

【例 2-5】 移位运算符的运算规则。

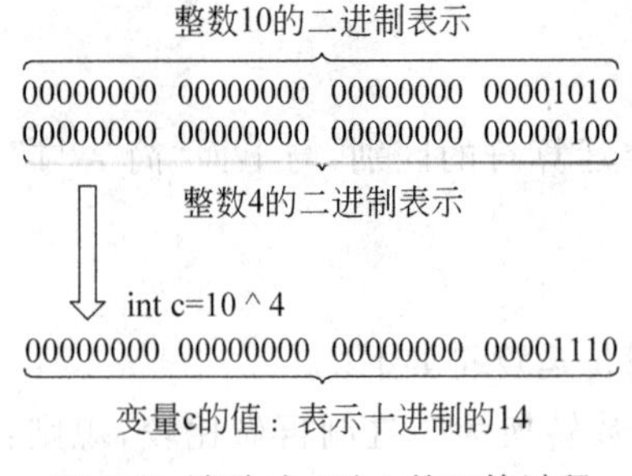

图 2-4　表达式 10^ 4 的运算过程

整数-11的二进制表示

11111111 11111111 11111111 11110101

int d=~(-11)

00000000 00000000 00000000 00001010

变量d的值：表示十进制的10

图 2-5　表达式 ~ (- 11)的运算过程

【程序实现】

```
public class Bitmove {
    public static void main(String[] args) {
        int a=-2<<2;                  //运算结果为-8,运算结果如图 2-6 所示
        System.out.println("a="+a);
        int b=15>>3;                  //运算结果为 1,运算过程如图 2-7 所示
        System.out.println("b="+b);
        int c=8>>>2;                  //运算结果为 2,运算过程如图 2-8 所示
        System.out.println("c="+c);
        int d=-1>>>1;                 //运算结果为 2147483647,运算过程如图 2-9 所示
        System.out.println("d="+d);
    }
}
```

【程序说明】

上面代码中的各表达式的运算过程如图 2-6～图 2-9 所示。

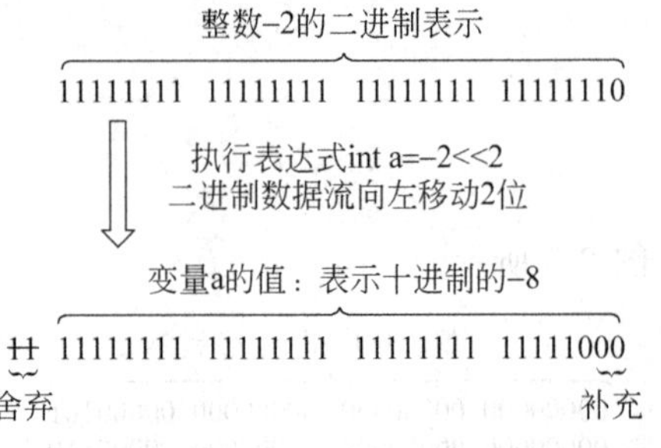

图 2-6　表达式-2 <<2 的运算过程

整数15的二进制表示

00000000 00000000 00000000 00001111

执行表达式int b=15>>3

二进制数据流向右移动3位

变量b的值：表示十进制的1

00000000 00000000 00000000 00000001 111

以符号位填充　　舍弃

图 2-7　表达式 15 >>3 的运算过程

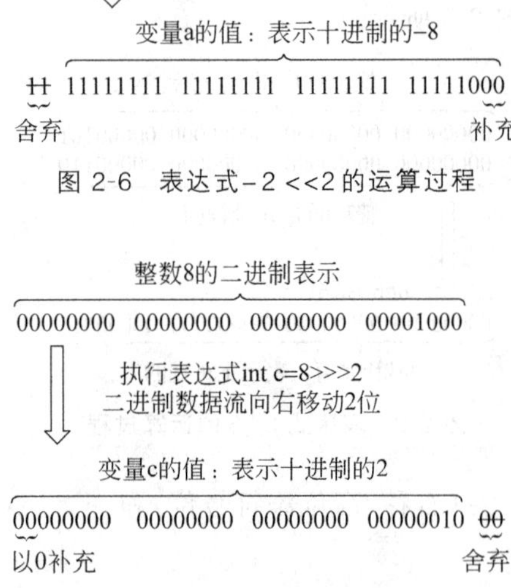

图 2-8　表达式 8 >>>2 的运算过程

整数-1的二进制表示

11111111 11111111 11111111 11111111

执行表达式int d=-1>>>1

二进制数据流向右移动1位

变量d表示十进制的2147483647

01111111 11111111 11111111 11111111 1

以0补充　　舍弃

图 2-9　表达式-1>>>1 的运算过程

5. 赋值运算符

赋值运算符用于给将数据、变量或对象赋值给相应类型的变量或对象。赋值运算符分为基本赋值运算符和复合赋值运算符两类。

基本赋值运算符的符号为=，它的作用是把右边表达式的值赋给左边的变量或对象，格式如下：

```
变量或对象=表达式;
```

如下面的代码：

```
int i=60;                          //将数据赋值给整型变量
long j=i;                          //将变量赋值给变量
Object obj=new Object();           //创建新的对象
```

赋值运算符的结合性为从右到左。例如在下面的代码中，首先计算表达式 1265+235 的值，然后再将计算结果赋值给变量 result。

```
int result=1265+235;
```

如果两个及两个以上变量的值相同，也可以采用如下的方式完成赋值操作：

```
int x, y, z;                       //声明 3 个 int 类型的变量
x=y=z=6;                           //为 3 个变量同时赋值
```

复合赋值运算符是在基本赋值运算符前面加上其他运算符后构成的赋值运算符。Java 提供的各种复合赋值运算符如表 2-5 所示。

表 2-5 复合赋值运算符

运算符	名　称	举例	作　用	运算符	名　称	举　例	作　用
+=	加赋值运算符	a+=b	a=a+b	&=	位与赋值运算符	a&=b	a=a&b
-=	减赋值运算符	a-=b	a=a-b	|=	位或赋值运算符	a|=b	a=a|b
*=	乘赋值运算符	a*=b	a=a*b	^=	位异或赋值运算符	a^=b	a=a^b
/=	除赋值运算符	a/=b	a=a/b	<<=	算术左移赋值运算符	a<<=b	a=a<<b
%=	取余赋值运算符	a%=b	a=a%b	>>=	算术右移赋值运算符	a>>=b	a=a>>b

2.3.6 基本数据类型的转换

数据类型的转换就是将变量从当前的数据类型转换为其他数据类型，在 Java 语言中，基本数据类型的转换主要有自动类型转换和强制类型转换两种方式。

1. 自动类型转换

当需要从低级类型向高级类型转换时，编程人员无须进行任何操作，会自动完成从低级类型向高级类型的转换。低级类型是指取值范围相对较小的数据类型，高级类型则指取值范围相对较大的数据类型，基本数据类型从低到高的排序如图 2-10 所示。

2. 强制类型转换

如果需要把数据类型相对较高的数据或变量赋值给数据类型相对较低的变量，就必须

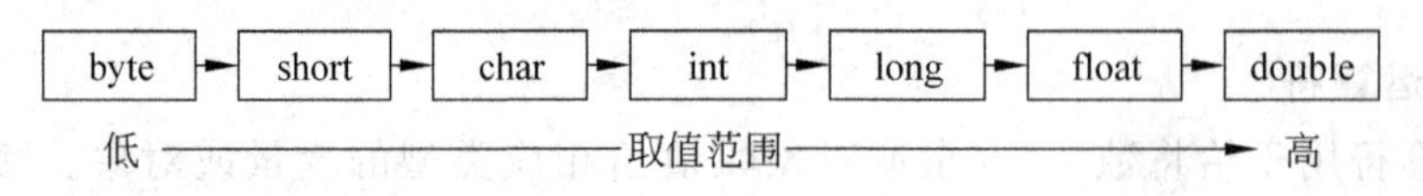

图 2-10　数据类型从低到高的排序

进行强制类型转换。使用格式如下：

```
较低的数据类型　变量名=(较低的数据类型)较高数据类型的值或表达式;
```

例如，将 Java 默认为 double 类型的数据 5.2 赋值给数据类型为 int 型变量的方式如下：

```
int i=(int)5.2;
```

注意

上面的代码，最终变量 i 的值为 5，变量的精度降低。在编程过程中，对可能导致数据溢出或精度降低的强制类型转换，要谨慎使用。

2.3.7　表达式

表达式是由操作数和运算符按一定的语法形式组成的符号序列。最简单的表达式是一个常量或一个变量，当表达式中的含有两个或两个以上的运算符时，就称为复杂的表达式。

简单的表达式：x，3.14，num1＋num2。

复杂的表达式：a＊(b＋c)＋d/e，x＞＝(y＋z)＊a，x || y&&z。

在复杂的表达式中运算是按照运算符的优先顺序从高到低进行，同级运算符从左到右进行。各类运算符的运算优先级按表 2-6 所示的顺序进行。

表 2-6　运算符的优先级

优先级别	运算符
最高优先级	括号( )
↓	＋＋和－－
	!（非）
	＊，/，%
	＋，－
	＜，＜＝，＞，＞＝
	＝＝，!＝
	^
	&&
	||
最低优先级	＝，＋＝，－＝，＊＝，/＝，%＝

2.4 任务实现

学习了 Java 的基本数据类型、变量的定义和使用方法、运算符和表达式后，就可以完成本章开头所提出的“根据父母的身高和孩子的性别来预测孩子身高”的任务了。

【问题分析】

通过前面的任务分析和所学的基础知识，使用浮点型数据来存储父母的身高，使用表达式来实现身高的计算模型(计算公式)。则可以分别计算出男孩或女孩在给定父母身高时的预测身高。

【程序实现】

```
public class BoyHeight {
        public static void main(String[] args) {
        float fatherHeight=1.72f;                      //单精度父亲的身高
        float matherHeight=1.66f;                      //单精度母亲的身高
        float boyHeight=(fatherHeight+motherHeight) * 1.08f/2;    //计算男孩的身高
        float girlHeight=(float) ((fatherHeight * 0.923+motherHeight)/2);
                                                                 //计算女孩的身高
        System.out.println("男孩的身高为: "+boyHeight+"米");
        System.out.println("女孩的身高为: "+girlHeight+"米");
    }
}
```

【运行结果】

```
男孩的身高为: 1.8252001 米
女孩的身高为: 1.62378 米
```

注意

上面的代码中，父母的身高是以米作为单位的，所以使用浮点数来存储和计算，如果使用厘米作为度量单位的话，则可以使用整数来存储和计算。

2.5 知识拓展

2.5.1 转义字符

转义字符代表一些特殊的字符，如回车、换行等。转义字符主要通过在字符前面加一个反斜杠\来实现。常用的转义字符如表 2-7 所示。

2.5.2 注释

在 Java 的编写过程中需要对一些程序进行注释，通过注释提高 Java 源程序代码的可读性；使得 Java 程序条理清晰，易于区分代码行与注释行。另外通常在程序开头加入作者、时间、版本、要实现的功能等内容注释，方便后来的维护以及程序员的交流。在程序中加入

表 2-7 转义字符

转义字符	含 义	转义字符	含 义
'\b'	退格	'\"'	双引号
'\t'	水平制表符	'\''	单引号
'\r'	回车	'\\'	反斜杠
'\n'	换行	'\a'	响铃
'\f'	换页	'\ddd'	用 3 位八进制数表示字符
'\v'	垂直制表符	'\uxxxx'	用 4 位十六进制数表示字符

注释,除了方便自己阅读,更使别人能够更好地理解自己的程序。注释不会被编译,不会占用程序的运行资源。

Java 语言支持行注释、块注释和文档注释 3 种类型,下面对这 3 种注释进行介绍。

1. 行注释

行注释也称为单行(single-line)注释或短注释,注释格式为

```
//…
```

行注释按使用方法又分为单独行注释、行头注释和行尾注释。

(1) 单独行注释:在代码中单起一行注释,注释前最好有一行空行,并与其后的代码具有一样的缩进层级。如定义身高和体重的变量说明:

```
//定义变量 height、weight 分别存储身高和体重
float height, weight;
```

(2) 行头注释:在代码行的开头进行注释。主要为了检查编程者的各个想法是否可以实现,使当前不被检查的代码行代码失去意义。注释格式:

```
//程序语句
//int height;          //整型类型的身高变量,查看浮点型数据的效果,停用整型数据
float height;          //浮点型类型的身高变量
```

(3) 行尾注释:尾端(trailing)--极短的注释,在代码行的行尾进行注释,如对身高的说明:

```
float height;          //定义身高变量
```

2. 块注释

如果单行无法完成,则应采用块注释。块(block)注释能注释若干行,通常用于提供文件、方法、数据结构等的意义与用途的说明,或者算法的描述。一般位于一个文件或者一个方法的前面,起到引导的作用,也可以根据需要放在合适的位置。这种域注释不会出现在 HTML 报告中。注释格式通常写成:

```
/*
* 注释内容,可以有多行
```

```
* 如果一行写不开的话，可以向下扩展新的注释行
*/
```

3. 文档注释

文档(javadoc)注释可以注释若干行，并写入 javadoc 文档。每个文档注释都会被置于注释定界符/**…*/之中，注释文档将用来生成 HTML 格式的代码报告，所以注释文档必须书写在类、域、构造方法、方法，以及字段(field)定义之前。注释文档由两部分组成——描述、块标记。中英文文档注释的模板格式如表 2-8 所示。

表 2-8 中英文文档注释的模板格式

中文文档注释模板	英文文档注释模板
/**	/**
* 文件名:	* CopyRright (c)2014-xxxx: <展望软件 Forsoft>
* 版权: 2014-xxxx:	* FileName: <项目文件名>
* 模块编号:	* Module ID: <(模块)类编号，可以引用系统设计中的类编号>
* 命名空间:	* Comments: <对此类的描述，可以用系统设计中的描述>
* 使用的 JDK 版本号:	* JDK version used: 使用的 JDK 版本<JDK 1.6>
* 创建人:	* Namespace: <命名空间>
* 创建日期:	* Author: <作者中文名或拼音缩写>
* 修改人:	* Create Date: <创建日期，格式: YYYY-MM-DD>
* 修改日期:	* Modified By: <修改人中文名或拼音缩写>
* 模块描述:	* Modified Date: <修改日期，格式: YYYY-MM-DD>
* 修改原因描述:	* Why & What is modified: <修改原因描述>
* 版本号:	* Version: <版本号>
*/	*/

1) javadoc 注释标签语法

@author　对类的说明，标明开发该类模块的作者

@version　对类的说明，标明该类模块的版本

@see　对类、属性、方法的说明参考转向，也就是相关主题

@param　对方法的说明，对方法中某参数的说明

@return　对方法的说明，对方法返回值的说明

@exception　对方法的说明，对方法可能抛出的异常进行说明

2) 使用 javadoc 命令生成文档注释

使用 javadoc 命令可以生成文档的注释，在 DOS 控制台窗口中进入当前要生成文档的页面所在的目录(如 D:\myprograms\eclipse4.4.1\ch2\src\p3>目录)，在 DOS 控制台窗口 D:\myprograms\eclipse4.4.1\ch2\src\p3>>目录下输入:

```
javadoc -d doc BodyHeight.java
```

这时在当前目录中将生成若干个 HTML 文档，查看这些文档可以知道源文件中类的组成结构，如是类中的变量和方法，生成过程中的 DOS 界面如图 2-11 所示，生成的文档文

件夹中的目录结构如图 2-12 所示。

3）使用 eclipse 生成 HTML 文档

可以使用 eclipse 集成平台将 javadoc 注释生成 HTML 文档，生成过程如下。

图 2-11　生成 javadoc 时的 DOS 界面

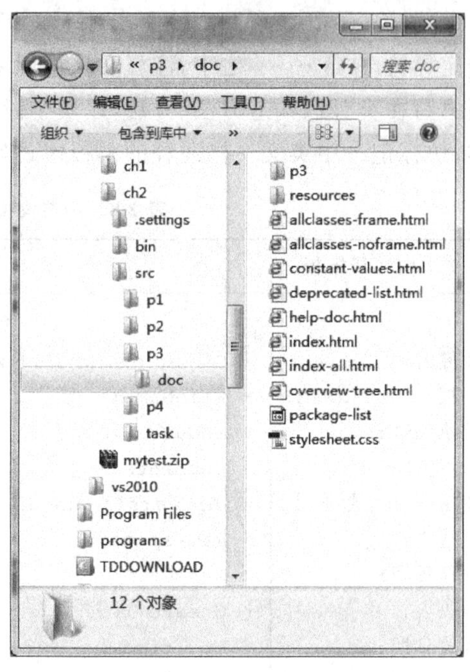

图 2-12　生成 javadoc 后的目录结构

（1）在 Package Explorer 视图中的 Java 项目上右击，在弹出的菜单中选择 Export 选项，如图 2-13 所示。

（2）选中 Export 选项之后，弹出 Export 对话框，在对话框中选择 Java→Javadoc，如图 2-14 所示。接着单击 Next 按钮，打开 Generate Javadoc 对话框，如图 2-15 所示。

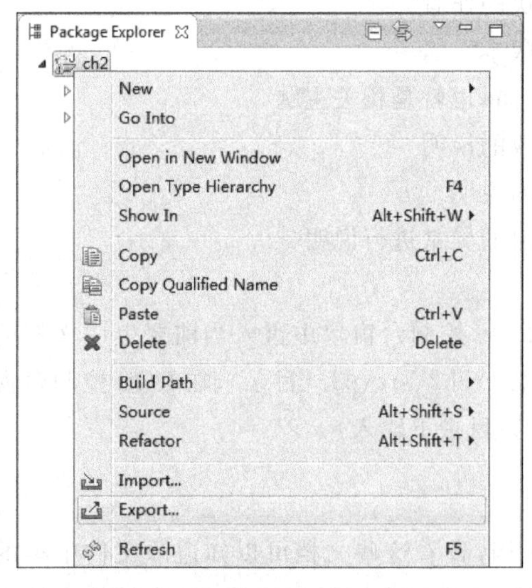

图 2-13　选择 Export 选项

图 2-14　选择导出 Javadoc 文件

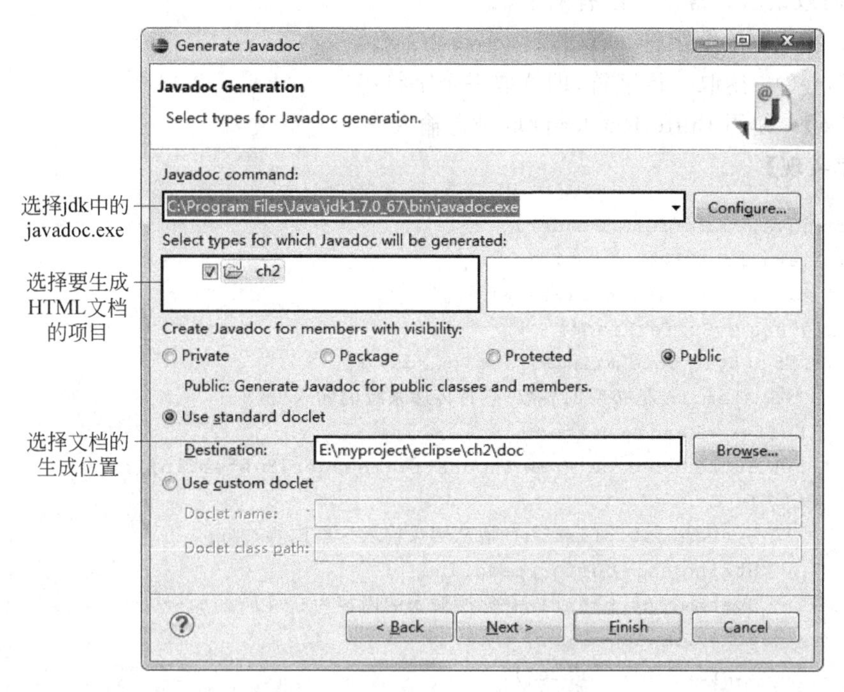

图 2-15　Generate Javadoc 对话框

在对话框中注意选择 JDK 路径中的 javadoc. exe、选择要生成的文档的项目、选择要生成的文档的位置，然后单击 Finish 按钮，即可以生成文档了，生成文档时，速度会有些慢，这里要注意控制台中的提示信息，如图 2-16 所示。

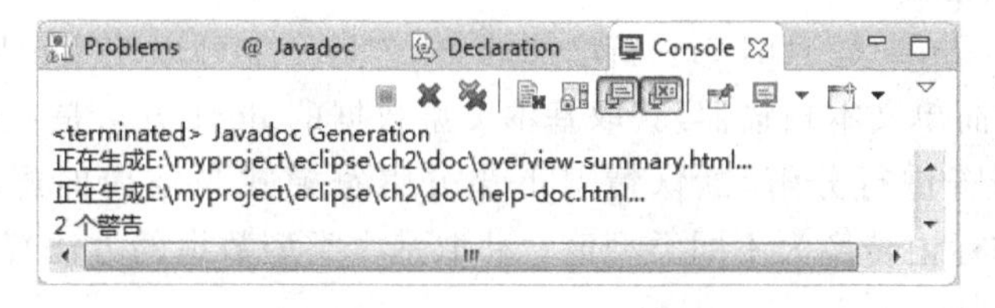

图 2-16　控制台中的信息输出

看到上面的这个结果时，文档就生成完成了，这时可以到图 2-15 所选择的文档目录 E:\myproject/eclipse/ch2/doc 中单击 index. html 去查看生成的文档。

2.5.3　键盘输入

在上面的任务实现过程中，所输入的父亲的身高、母亲的身高、孩子的性别是直接写在程序中的，这样的程序只能解决一个人的身高预测问题，如果要计算另一个人的身高，就要重新修改程序，重新编译和运行。能不能不重新编译程序，而是在运行中使用键盘输入的方式给父亲的身高和母亲的身高赋值呢？答案是肯定的，这就要用到 Java 中的键盘输入，在 Java 中不像 C 语言那么方便直接使用 scanf()，但是可以通过以下两个办法来获取键盘输入。

1. 使用字符输入流

字符输入流 BufferedReader 是从字符输入流中读取文本，缓冲各个字符，从而提供字符和行的高效读取。常用方法有两个。

read()：读取单个字符。

readLine()：读取一行字符，即读取一个字符串。

【例 2-6】 使用 BufferReader 读取键盘输入。

【程序实现】

```
import java.io.BufferedReader;
import java.io.IOException;
import java.io.InputStreamReader;
public class MyBufferReader {
    public static void main(String[] args) {
        //System.in 是必要的参数,它将传递系统的输入"流"
        BufferedReader buffer=
        new BufferedReader(new InputStreamReader(System.in));
        try {
            System.out.println("请从键盘输入一些内容：");
            String str=buffer.readLine();
            System.out.println("您所输入的内容为："+str);
        } catch (IOException e) {
            e.printStackTrace();
        }
    }
}
```

运行后，随意输入些内容，按 Enter 键后将会看到处理结果。

2. 利用文本扫描类

文本扫描类 Scanner 是 JDK 5.0 新增加的类，它是一个可以使用正则表达式来解析基本类型和字符串的简单文本扫描器，获取基本类型数据的 next 方法是：它使用分隔符模式将其输入按照分隔符进行分解，默认情况下该分隔符模式与空白匹配，然后使用不同的 next 方法将得到的标记转换为不同类型值。获取基本类型数据的方法有 4 个。

整型：nextInt()。

单精度：nextFloat()。

双精度：nextDouble()。

字符串：next()。

【例 2-7】 使用 Scanner 读取键盘输入。

【程序实现】

```
import java.util.Scanner;
public class MyScanner {
    public static void main(String[] args) {
        //System.in 是必要的参数,它将传递系统的输入"流"
         Scanner input=new Scanner(System.in);
         System.out.print("请输入一个数字：");
         int m=input.nextInt();                    //接收 int 类型
         System.out.print("请输入您的名字：");
```

```
        String name=input.next();          //接收一个 String 类型
        System.out.print("请输入您的身高(米): ");
        double d=input.nextDouble();       //以此类推
        System.out.println("您所输入的数字: "+m+",姓名: "+name+",身高: "+d);
        input.close();                     //关闭输入对象
    }
}
```

【运行结果】

```
请输入一个数字: 12
请输入您的名字: 张三
请输入您的身高(米): 1.78
您所输入的数字: 12,姓名: 张三,身高: 1.78
```

3. 任务改进

前面实现的任务,只能实现预测一个人的身高,如果想要计算其他人的身高,则要修改程序代码或编写新的程序,给实际应用带来一些麻烦,在学习键盘输入后,就可以编写出比较通用的程序了,下面是能接收键盘输入的身高预测程序。

【程序实现】

```
import java.util.Scanner;
public class ChildHeightUseScanner {
    public static void main(String[] args) {
        //定义父母身高、孩子身高的变量
          double fatherHeight, motherHeight, childHeight;
          int childGender;                    //定义孩子的性别,0 代表男,其他代表女
          String gender="男孩";               //定义要显示的孩子的性别
        //实例化键盘输入对象
          Scanner input=new Scanner(System.in);
          System.out.println("请输入父亲的身高(米): ");
          fatherHeight=input.nextDouble();
          System.out.println("请输入母亲的身高(米): ");
          motherHeight=input.nextDouble();
          System.out.println("请输入孩子的性别(0 代表男孩,其他的值代表女孩): ");
          childGender=input.nextInt();
          //下面的结果是第 3 章将要学习的内容
          if(childGender==0){                 //0 代表男孩,按男孩的计算公式
              gender="男孩";
              childHeight=(fatherHeight+motherHeight)*1.08f/2;
          }else{                              //其他的值代表女孩,按女孩的计算公式
              gender="女孩";
              childHeight=(double)((fatherHeight*0.923+motherHeight)/2);
          }
          System.out.println("要预测的是: "+gender+",预测身高为: "+childHeight+"米");
        input.close();                        //关闭输入对象
    }
}
```

【运行结果】

```
请输入父亲的身高(米): 1.76
请输入母亲的身高(米): 1.65
请输入孩子的性别(0代表男孩,其他的值代表女孩): 1
要预测的是: 女孩,预测身高为: 1.63724米
```

2.5.4 Java 标识符

Java 语言中,变量、常量、函数和语句块都有名字,称为 Java 标识符。

标识符是用来给类、对象、方法、变量、接口和自定义数据类型命名的。

标识符的命名规则与变量的命名规格相同。

2.5.5 Java 关键字

关键字(也称为保留字)具有专门的意义和用途,不能当作一般的标识符使用。Java 语言中的关键字均用小写字母表示。它们主要分为如下 8 类。

1. 访问控制

private、protected 和 public。

2. 类、方法和变量的修饰符

abstract、class、extends、final、implements、interface、native、new、static、strictfp、synchronized、transient 和 volatile。

3. 程序控制语句

break、continue、return、do、while、if、else、for、instanceof、switch、case 和 default。

4. 错误处理

catch、finally、throw、throws 和 try。

5. 包相关

import 和 package。

6. 基本类型

boolean、byte、char、double、float、int、long 和 short。

7. 变量引用

super、this 和 void。

8. 语法保留字

null、true 和 false。

注意

关键字 goto 和 const 是 C++ 保留的关键字,在 Java 中不能使用。sizeof、String、大写的 NULL 也不是 Java 中的关键字。

2.5.6 Java 的命名规范

Java 中的变量的命名规则对于初学者来说是很重要的。Java 是一种区分字母大小写(case-sensitive)的语言,为了阅读和修改程序的方便,Java 中所用到的各类元素的命名尽量

采用有意义的单词或单词组合，少采用无意义字符来命名，下面介绍 Java 语言中包、类和变量等的命名规范。

1. Package(包)的命名

Package 的名字应该都是由一个小写单词组成，如 org. myframe. dao。

2. Class(类)与 Interface(接口)的命名

Class 的名字首字母大写，通常由多个单词合成一个类名，要求每个单词的首字母也要大写，如 DataFile 或 StudentInfo。

3. 变量的命名

变量的名字可以大小写混用，但首字符应小写。词由大写字母分隔，限制用下划线，限制使用美元符($)，因为这个字符对内部类有特殊的含义，如 inputFileSize。

4. static final 变量(相当于常量)的命名

static final 变量的名字应该都大写，并且指出完整含义，如 final MAXUPLOADFILESIZE=1024。

5. 方法的命名

方法名的第一个单词应该是动词，大小写可混用，但首字母应小写。在每个方法名内，大写字母将词分隔并限制使用下划线。参数的名字必须和变量的命名规范一致。使用有意义的参数命名，如果可能的话，使用和要赋值的字段一样的名字：

```
public void setUname(String uname){
    this.uname=uname;
}
```

6. 数组的命名

数组应该总是用下面的方式来命名：

```
byte[] buffer;
```

而不是

```
byte buffer[]
(习惯性问题而已)
```

值得注意的是，命名时应尽量采用完整的英文描述符(也有特例)。此外，一般应采用小写字母，但类名、接口名以及任何非初始单词的第一个字母要大写。

总之，尽量使用完整的英文描述符、采用适用于相关领域的术语、采用大小写混合使名字可读、尽量少用缩写，但如果用了，要明智地使用，且在整个工程中统一、避免使用长的名字(小于 15 个字母是个好主意)、避免使用类似的名字，或者仅仅是大小写不同的名字、避免使用下划线(除静态常量等)。

2.6 本章小结

本章学习了内存与变量的关系、变量、常量、基本的数据类型及数据类型的转换、表达式、转义字符、注释、键盘输入及 Java 命名规范等相关的知识。学习完本章后，读者应该掌握以下内容。

(1) 掌握基本的数据类型、了解各数值数据类型的取值范围。

(2) 掌握变量的定义与使用方法。

(3) 掌握常量的定义与使用方法。

(4) 掌握数据类型的转换规则。

(5) 掌握表达式的使用方法。

(6) 掌握转义字符的使用方法。

(7) 掌握几类注释的使用方法。

(8) 掌握使用命令行和 Eclipse 集成环境生成文档注释的方法。

(9) 了解 Java 的命名规范。

2.7 强化练习

2.7.1 判断题

1. 整数类型可分为 byte 型、short 型、int 型、long 型与 char 型。(   )
2. 以 0 开头的整数(如 025)代表八进制常量。(   )
3. 以 0x 或者 0X 开头的整数(如 0x45)代表八进制整型常量。(   )
4. double 类型的数据占计算机存储的 32 位。(   )
5. 在 Java 程序中要使用一个变量,必须先对其进行声明。(   )

2.7.2 选择题

1. 下列(   )是非法的标识符名称。

   A. true　　B. square　　C. _125　　D. $ main

2. 下列符合表达式中的运算优先级的一组运算符为(   )。

   A. +、-、*　　B. *、+、||　　C. +、%、()　　D. >、++、*

3. 下列数据类型所占用的内存字符数相同的一组是(   )。

   A. 布尔类型的数据和字符类型的数据　　B. 整型数据和浮点型数据

   C. 浮点型数据和字符型数据　　D. 整型数据和单精度型数据

4. 下列选项中,(   )不属于 Java 语言的简单数据类型。

   A. 整数型　　B. 数组　　C. 字符型　　D. 浮点型

5. 下列关于基本数据类型的取值范围描述中,正确的是(   )。

   A. byte 类型范围是-128～128　　B. boolean 类型范围是真或者假

   C. char 类型范围是 0～65536　　D. short 类型范围是-32767～32767

6. 下列(   )不是 Java 语言中关键字。

   A. if　　B. sizeof　　C. private　　D. null

7. 下列关于基本数据类型的说法中,不正确的一项是(   )。

   A. boolean 是 Java 语言的内置值,值为 true 或 false

   B. float 是带符号的 32 位浮点数

C. double 是带符号的 64 位浮点数

D. char 是 8 位的 Unicode 字符

2.7.3 简答题

1. Java 中含有几类注释?

2. 如何使用命令生成文档注释?

3. 如何使用 Eclipse 集成平台生成文档注释?

4. Java 程序可以接收键盘输入吗? 如何接收?

5. 基本的数据类型有哪些? 其中数值数据类型分为哪 6 种? 每一种的值域及存储大小分别是多少?

6. 计算下列表达式的值:

(1) 21/5　　(2) 21%5　　(3) 21/5.0　　(4) 21%5.2

2.7.4 编程题

1. 编写程序显示各个数值数据类型的最小值(提示:参考例 2-2)。

2. 编写一个程序,从键盘上输入一个值作为圆的半径 r,使用公式 $S=\pi\times r^2$ 来计算圆的面积,其中 π 使用常量 PI 来定义(final double PI=3.1415926;)。

3. 从键盘输入 3 个数,求其平均数。

第3章　选择结构

任务　分时问候

3.1　任务描述

前面所编写的程序特点是按照语句出现的先后次序依次执行，每条语句都会被执行，即为顺序结构程序所具有的特点。但是在现实生活中，人们经常需要根据不同的情况选择执行不同的语句，像第 2 章身高预测程序，输入性别后，程序应该根据性别的不同来选择不同的计算公式。本章的任务将带着大家编写分时问候程序，即能够根据操作系统当前的时间，给出不同的问候语。

3.2　任务分析

按照人们的生活习惯，一般粗略地把一天分为如表 3-1 所示几个时间段。

表 3-1　一天中的几个时间段

时间段	[0,6)	[6,9)	[9,12)	[12,14)	[14,17)	[17,19)	[19,22)	[22,24)
含义	凌晨	早晨	上午	中午	下午	傍晚	晚上	深夜

通过上面的时间段划分，可以发现，在不同的时间运行程序，程序所处的时间段不同，所要给出的问候也不同，也就是存在多种选择或是分支情况，因此只使用顺序结构的程序方式是不能完成任务的。在 Java 语言中，可以使用 if 结构、if-else 结构、多重 if-else 结构、嵌套 if-else 结构或 switch 结构来实现选择(分支)程序。

3.3　相关知识

选择结构又称为分支结构，意为“如果…则…”，根据条件的成立与否，再决定执行哪些语句的一种程序结构，选择(分支)结构分为简单 if 结构、if-else 结构、if-else if 多重结构等，下面对几类分支结构一一进行介绍。

3.3.1　简单 if 结构

基本 if 选择结构是单分支结构，是对某种条件做出相应的处理，表现含义为“如果…那么…”，if 结构的语法格式如下：

```
if(判断条件){
```

```
    [代码块]
}
```

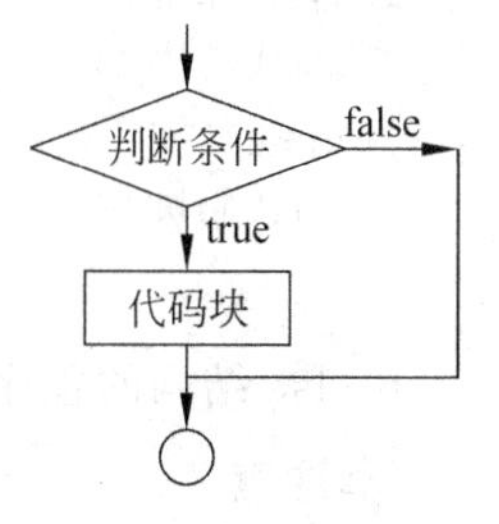

图 3-1　简单 if 结构

简单 if 结构如图 3-1 所示。

判断条件必须是一个布尔表达式，一旦条件中的值为 true 就执行代码块。

注意

代码块是可以是一条语句，也可以是多条语句。

代码块是可选参数。当判断条件为 true 时执行代码块。当代码块省略时，可以保留大括号，也可以省略大括号，并在 if 语句的末尾添加分号“;”，如果该语句块只有一条语句，大括号也可以省略不写，但是在编写程序过程中，为了增强程序的可读性和可维护性最好不要省略。下面的代码都是正确的。

(1) if(时间在 6 点前);

(2) if(时间在 6 点前)
```
    问候早晨好;
```

(3) if(时间在 6 点前){
```
    问候早晨好;
    }
```

注意

代码(3)是较好的程序，读者在学习和编写程序时要注意一个原则：程序是人编写来操作计算机的，要让程序正常运行，就要遵循程序的语法，但是程序不可能只运行一次，在使用过程中要进行维护，维护人可能是自己、也可能是别人，因此所编写的程序也要让人能快速清晰看懂，要遵循和养成良好的编程习惯。

【例 3-1】 比较两个整数的大小，并输出比较结果。

【程序实现】

```
public class CompareTwoIntegers {
    public static void main(String[] args) {
        int num1=10,num2=11;                //定义两个整数并赋值
        if(num1<num2){                      //比较两个值的大小
            System.out.println("num1 小于 num2");
        }
    }
}
```

【运行结果】

```
num1 小于 num2
```

3.3.2 if-else 结构

if-else 结构是条件语句的一种最通用的形式，else 是可选的。表现的含义为“如果…那么…，否则…”，if-else 结构的语法格式如下：

```
if(判断条件){
    [代码块 1]
}else{
    [代码块 2]
}
```

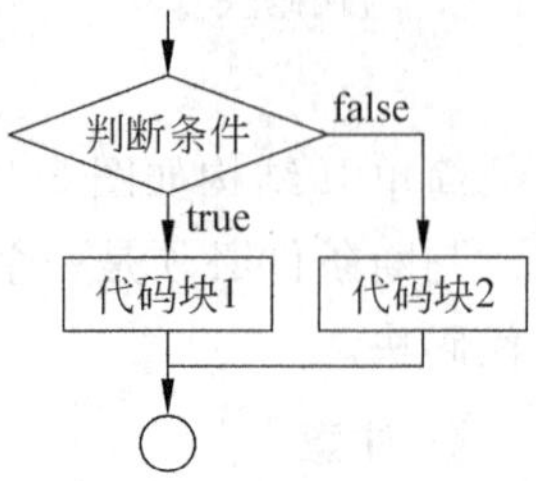

if-else 结构的程序结构如图 3-2 所示。

判断条件 false true 代码块1 代码块2

图 3-2　if-else 结构

注意

语法格式中的[代码块 1],[]中的内容为可选参数。

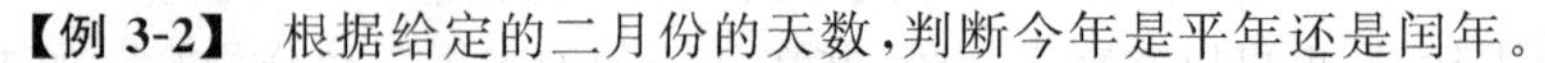

【例 3-2】 根据给定的二月份的天数,判断今年是平年还是闰年。

【问题分析】

按平年与闰年的定义,平年的二月份有 28 天,闰年的二月份有 29 天,因此若给定的二月份的天数为 29 天,则为闰年,其他则认为是平年。

【程序实现】

```
import java.util.Scanner;
public class LeapOrNotByFebDays {
    public static void main(String[] args) {
        System.out.println("请输入二月份的天数(29 天【是闰年】或其他值【认为是平年】):");
        Scanner input=new Scanner(System.in);
        int FebDays=input.nextInt();              //从键盘读取二月份的天数
        if(FebDays==29){
            System.out.println("您所输入的月份所在的年份为闰年");
        }else{
            System.out.println("您所输入的月份所在的年份为平年");
        }
        input.close();
    }
}
```

【运行结果】

根据二月份的天数判断是闰年还是平年程序的运行结果如图 3-3 所示。

```
Problems  @ Javadoc  Declaration  Console
<terminated> LeapOrNotByFebDays [Java Application] C:\Progran
请输入二月份的天数(29天【是闰年】或其他值【认为是平年】):
29
您所输入的月份所在的年份为闰年
```

图 3-3　根据二月份的天数判断是闰年还是平年程序的运行结果

3.3.3　多重 if-else 结构

多重 if-else 结构用于针对某一个事件的多种情况进行处理。表现的含义为“如果…那么…,否则如果…”,多重 if-else 结构的语法格式如下:

```
if(判断条件 1){
    [代码块 1]
}else if(判断条件 2){
    [代码块 2]
} …
else if(判断条件 n){
    [代码块 n]
}else{
    [代码块 n+1]
}
```

多重 if-else 结构的流程图如图 3-4 所示。

【例 3-3】 输入一个年份,判断是平年还是闰年。

【问题分析】

闰年产生的根本的原因是:地球绕太阳运行周期为 365 天 5 小时 48 分 46 秒(合 365.24219 天),即一回归年(tropical year)。公历的平年只有 365 日,比回归年短约 0.2422 日,所余下的时间约为四年累计一天,故四年在 2 月加 1 天,使当年的天数为 366 天,这一年就为闰年。现行公历中每 400 年有 97 个闰年。按照每四年一个闰年计算,平均每年就要多算出 0.0078 天,这样经过四百年就会多算出大约 3 天来。因此每四百年中要减少三个闰年。所以公历规定:年份是整百数时,必须是 400 的倍数才是闰年;不是 400 的倍数的年份,即使是 4 的倍数也是平年。这就是通常所说的:四年一闰,百年不闰,四百年再闰。例如,2000 年是闰年,1900 年则是平年。

判断闰年程序的流程图如图 3-5 所示。

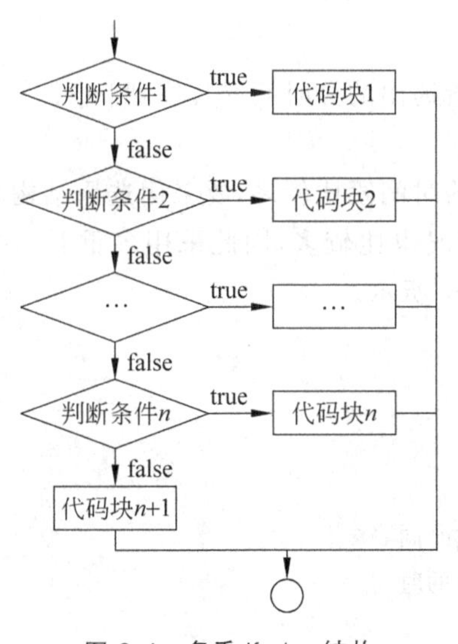

图 3-4 多重 if-else 结构

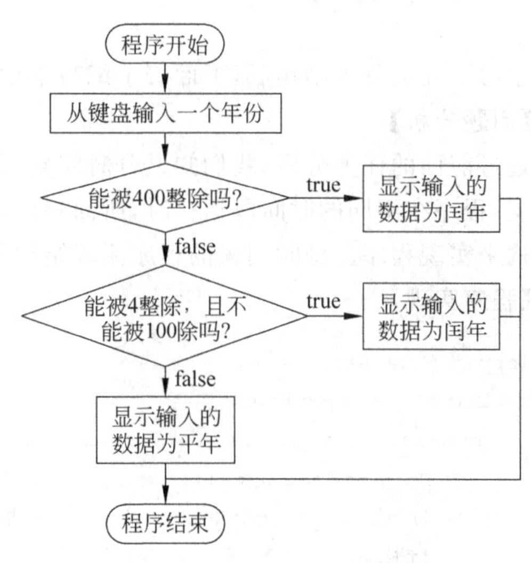

图 3-5 判断闰年程序的流程图

【程序实现】

```
import java.util.Scanner;
public class LeapYear {
```

```
    public static void main(String[] args) {
        System.out.println("请输入一个年份:");
        Scanner input=new Scanner(System.in);
        int year=input.nextInt();                    //从键盘读取一个年份
        if(year %400==0){
            System.out.println("您所输入的年份是闰年");
        }else if(year %4==0 && year %100!=0){
            System.out.println("您所输入的年份是闰年");
        }else{
            System.out.println("您所输入的年份是平年");
        }
    }
}
```

【运行结果】

运行程序时,输入一个数据,则会给出所输入的数据是闰年还是平年的判断,图 3-6 是在 Eclipse 控制台中运行 4 次程序后的结果。

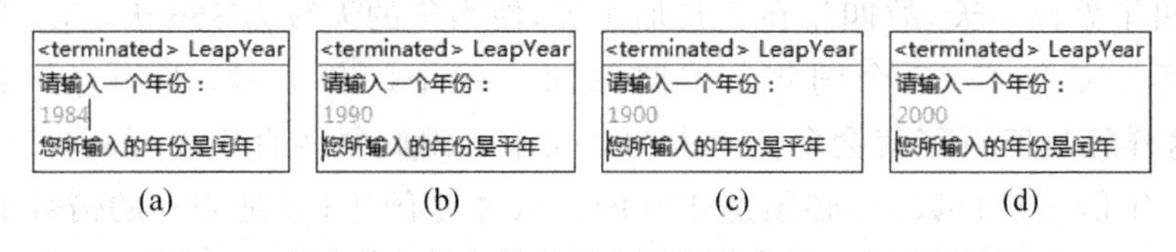

图 3-6　检查输入的年份是否为闰年程序的 4 次运行结果

3.4　任务实现

学习了几类分支结构后,下面着手编写本章开头所提出的分时问候程序吧!

【问题分析】

通过前面的任务分析,我们知道分时问候所涉及的时间段比较多,要采用选择结构来处理分支,程序在不同的时间段运行时,所面临的选择情况也比较多,因此采用多重 if-else 分支结构来实现程序。分时问候的程序流程结构如图 3-7 所示。

【程序实现】

```
import java.util.Date;
public class TipByHour {
    public static void main(String[] args) {
        Date dt=new Date();                //生成日期时间对象
        int hour=dt.getHours();            //取出当前的时间
        if(hour<6){
            System.out.println("主人,凌晨好,您起的真早啊。");
        }else if(hour<9){
            System.out.println("主人,早晨好,新的一天开始了。");
        }else if(hour<12){
            System.out.println("主人,上午好,祝您工作愉快。");
```

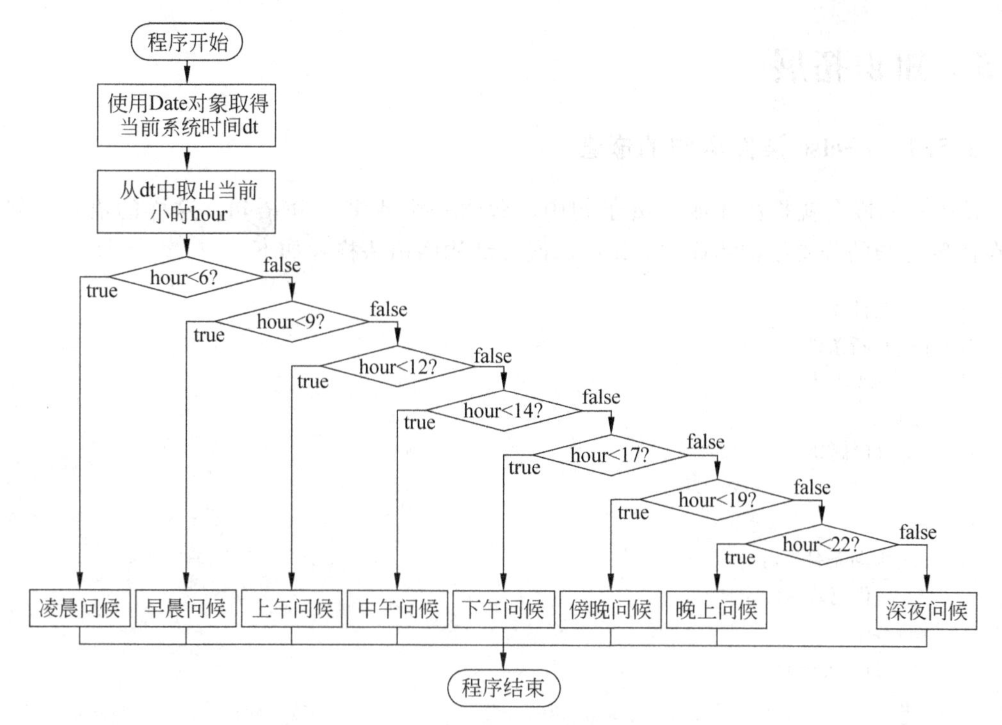

图 3-7 分时问候程序流程图

```
        }else if(hour<14){
            System.out.println("主人,中午好,要适当休息一下啊。");
        }else if(hour<17){
            System.out.println("主人,下午好,要打起精神来工作啊。");
        }else if(hour<19){
            System.out.println("主人,傍晚好,到了吃晚饭的时间了。");
        }else if(hour<22){
            System.out.println("主人,晚上好,该休息放松一下了。");
        }else{
            System.out.println("主人,到深夜了,小二在这里提醒您:该休息了!");
        }
    }
}
```

【运行结果】

运行程序,该程序会按当前的操作系统时间给出对应的问候语,图 3-8 是在 Eclipse 控制台中的 3 个时间段分别运行程序后的结果。

<terminated> TipByHour [Ja	<terminated> TipByHour [Java A	<terminated> TipByHour [Java Application] C
主人,上午好,祝您工作愉快。	主人,中午好,要适当休息一下啊。	主人,到深夜了,小二在这里提醒您:该休息了!
(a) [9,12)时间段的运行效果	(b) [12,14)点前的运行效果	(c) [22,24)时间段的运行效果

图 3-8 在 3 个不同的时间段运行分时问候程序的效果

3.5 知识拓展

3.5.1 if-else 条件语句的嵌套

if 语句的嵌套就是在 if 或 else 子句中又包含一个或多个 if 语句。这样的语句一般都用在比较复杂的分支结构程序中。if-else 嵌套结构的语法格式如下：

```
if(判断条件 1){
    if(判断条件 2){
        [代码块 1]
    }else{
        [代码块 2]
    }
}else{
    if(判断条件 3){
        [代码块 3]
    }else{
        [代码块 4]
    }
}
```

if-else 条件语句的嵌套结构的程序流程图如图 3-9 所示。

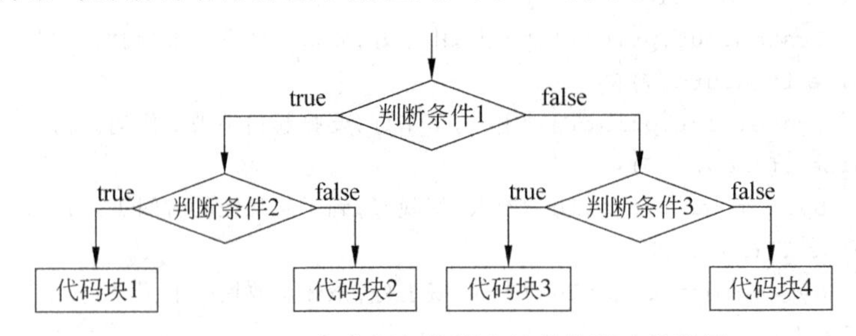

图 3-9　if-else 条件语句的嵌套结构的程序流程图

注意

代码块中的代码如果只有一行时，上述语法格式中的大括号也可以去掉，else 子句与同一代码块中离得最近的 if 子句相匹配。代码如下：

```
public class MyAge {
    public static void main(String[] args) {
        int age=10;                    //定义一个年龄变量
        if(age>=10)
            if(age>10)
                System.out.println("大于 10 岁");
            else
                System.out.println("等于 10 岁");
        else
```

```
            System.out.println("小于 10 岁");
        }
    }
```

大家在阅读这段代码时，会有些吃力，因为不能快速地找到 if 程序块的开头和结尾，另外在编写程序的过程中，程序可能会需要改动，一行的代码会变成多行，变成多行后，上面的程序就会出错，而带有括号的程序能让人清楚地了解每个程序段的开头和结尾，一行修改为多行后也不易出错、更容易阅读、也更容易修改和维护，因此在实际应用中，if-else 各类结构代码中的大括号都不要省略，以免造成视觉的错误与程序的混乱。

【例 3-4】 假设某航空公司规定，乘客可以免费托运质量不超过 40kg 的行李。当行李质量超过 40 千克时，对头等舱的国内乘客超重部分每千克收费 3 元，对其他舱的国内乘客超重部分每千克收费 5 元，对外国乘客超重部分每千克的收费比国内乘客多一倍，对残疾乘客超重部分每千元收费比正常乘客少一半。编写一个程序，能根据乘客行李质量、乘客的国别和是否为残疾情况计算出托运行李要支付的费用。

【问题分析】

通过上面的描述，可以发现这是一个非常复杂的选择分支结构程序，分析后发现，影响托运费用的因素有行李质量、乘客国别、舱位级别、是否为残疾人几个要素，根据各个要素的关系，得到程序的流程图如图 3-10 所示。

【程序实现】

```
import java.util.Scanner;
public class ShippingRates {
    public static void main(String[] args) {
        double weight, money;                          //双精度的质量、运费
        String strShow="该乘客为：";                   //最终要显示的信息
        Scanner input=new Scanner(System.in);          //输入设置
        System.out.println("请输入行李质量(单位：kg)：");
        weight=input.nextDouble();                     //从键盘输入质量的值
        if(weight<=40){                                //小于 40kg 时，没有托运费
            money=0;
        }else{
            //先定义和取得关键信息
            System.out.println("是国内乘客吗(1：是，其他值：不是)?");
            int iInner=input.nextInt();                //从键盘输入是否为国内乘客
            System.out.println("是头等舱吗(1：是，其他值：不是)?");
            int iHead=input.nextInt();                 //从键盘输入是否为头等舱
            System.out.println("是残疾人吗(1：是，其他值：不是)?");
            int iDefomity=input.nextInt();             //从键盘输入是否为残疾人

            //根据几个关键信息计算运算
            if(iInner==1){                             //国内乘客
                strShow +="来自国内的一位乘坐";
                if(iHead==1){                          //头等舱
                    strShow +="头等舱";
```

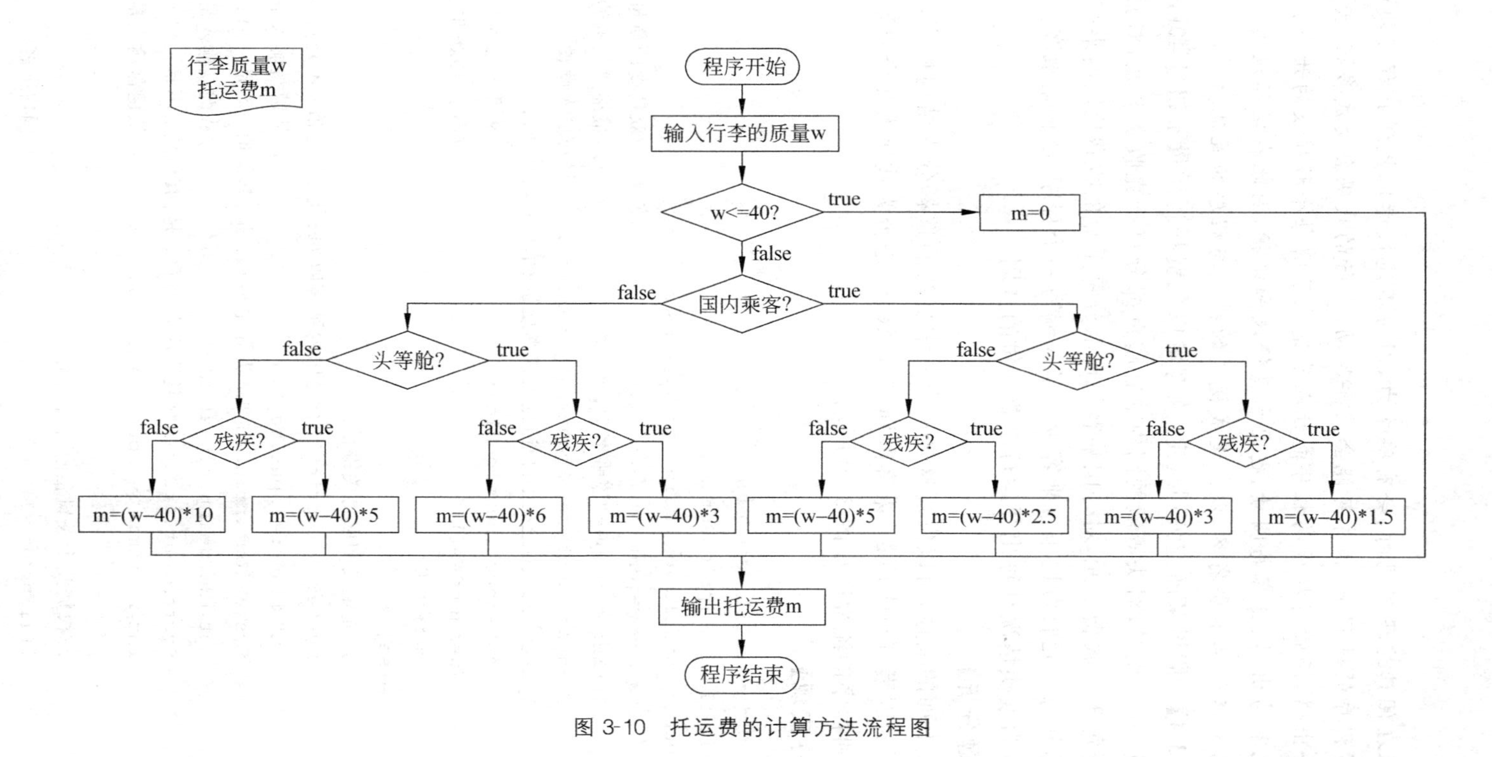

图 3-10　托运费的计算方法流程图

```
            if(iDefomity==1){                          //残疾乘客
                strShow +="的残疾乘客";
                money=(weight-40) * 1.5;
            }else{                                     //正常乘客
                strShow+="的正常乘客";
                money=(weight-40) * 3;
            }
        }else{                                         //其他舱
            strShow+="其他舱";
            if(iDefomity==1){                          //残疾乘客
                strShow +="的残疾乘客";
                money=(weight-40) * 2.5;
            }else{                                     //正常乘客
                strShow+="的正常乘客";
                money=(weight-40) * 5;
            }
        }
    }else{                                             //外国乘客
        strShow +="来自国外的一位乘坐";
        if(iHead==1){                                  //头等舱
            strShow +="头等舱";
            if(iDefomity==1){                          //残疾乘客
                strShow +="的残疾乘客";
                money=(weight-40) * 3;
            }else{                                     //正常乘客
                strShow+="的正常乘客";
                money=(weight-40) * 6;
            }
        }else{                                         //其他舱
            strShow +="其他舱";
            if(iDefomity==1){                          //残疾乘客
                strShow +="的残疾乘客";
                money=(weight-40) * 5;
            }else{                                     //正常乘客
                strShow+="的正常乘客";
                money=(weight-40) * 10;
            }
        }
    }
}
input.close();                                         //关闭输入设备
System.out.println(strShow);
System.out.println("行李重: "+weight+",所需运费为: "+money+"元。");
    }
}
```

【运行结果】

程序的一个运行结果如下：

```
请输入行李质量(单位: kg): 41
是国内乘客吗(1: 是,其他值: 不是)? 1
是头等舱吗(1: 是,其他值: 不是)? 1
是残疾人吗(1: 是,其他值: 不是)? 0
该乘客为: 来自国内的一位乘坐头等舱的正常乘客
行李重: 41.0,所需运费为: 3.0元。
```

3.5.2 switch case 结构

switch case 结构是多分支的开关语句结构。根据表达式的值来执行输出的程序结构。这种结构一般用于多条件多值的分支程序。它的一般形式为

```
switch(表达式){
    case 常量表达式 1:代码块 1;
        [break;]
    case 常量表达式 2:代码块 2;
        [break;]
    …
    case 常量表达式 n:代码块 n;
        [break;]
    [default:代码块 n+1;[break;]]
}
```

switch 语句中表达式的值必须是整型或字符型，即 int、short、byte 和 char 型。

case 为分支开关，case 中的常量表达式的值也必须是整型或字符型的，与表达式的数据类型相兼容的值。

代码块 1 是一条或多条 Java 语句，当常量表达式 1 的值与表达式的值相同时，则执行该代码块，如果不同则继续判断，直到达到表达式 n。

代码块 n 是一条或多条 Java 语句，当常量表达式 n 的值与表达的值相同时，则执行该代码块，如果不同则执行 default 处理中的代码块。

default 为可选参数，如果没有这个参数，而且所有的常量值与表达式的值都不匹配时，那么 switch 语句就不会执行任何操作。

break 为可选参数，主要用于跳出 switch 分支结构，如果没有使用 break 参数，则程序会继续向下执行下一个 case 判断和代码块。switch 分支结构的程序流程图如图 3-11 所示。

【例 3-5】 使用 Java 程序随机生成一个字母，并判断这个字母是元音字母还是辅音字母。

【问题分析】

简单地说，元音字母包括 a、e、i、o、u，而 y、w 在一些词中也可以读成元音，被称为半元音，如 my、cycle、paw、few 等，其他的字母则为辅音字母。程序流程图如图 3-12 所示。

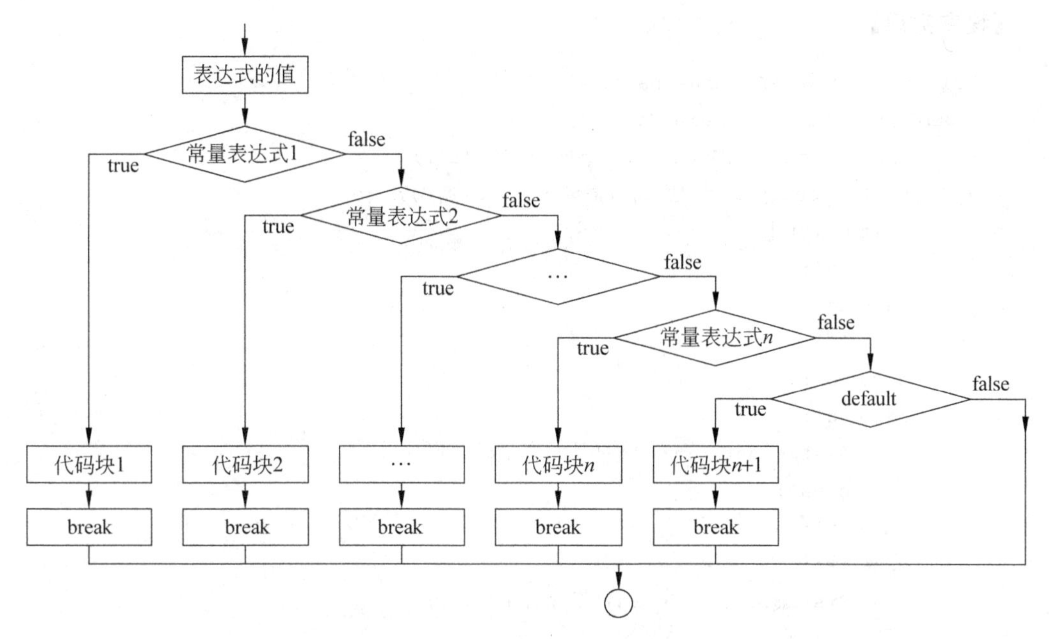

图 3-11　switch 分支结构程序流程图

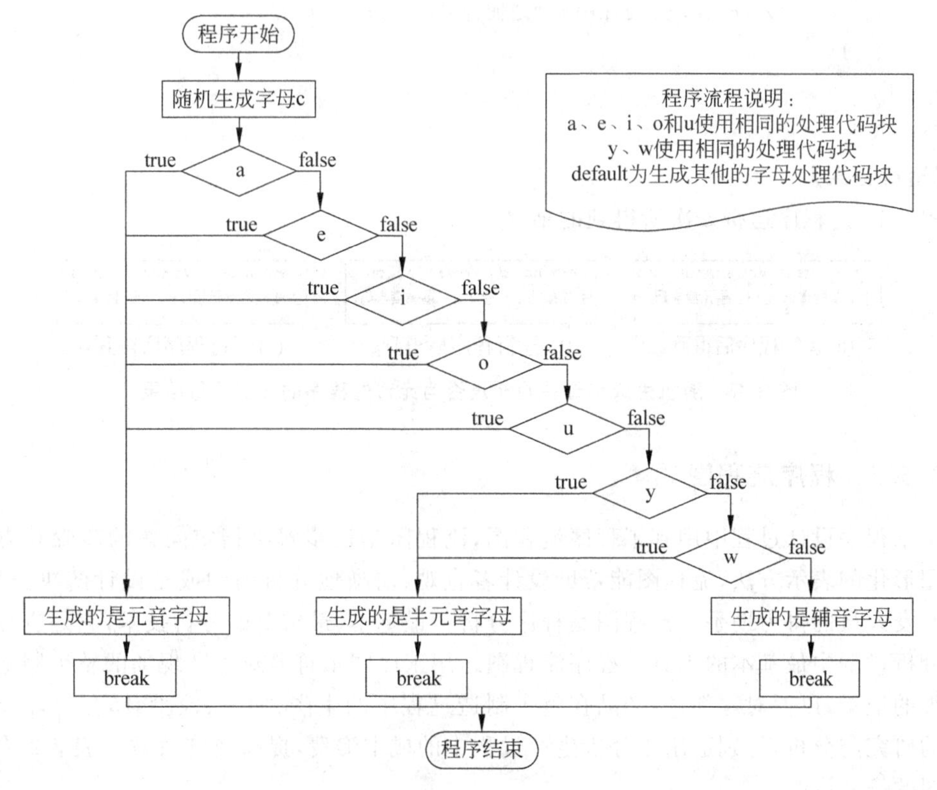

图 3-12　随机生成一个字母并判断是否为元音程序流程图

【程序实现】

```
public class VowelsAndConsonants {
    public static void main(String[] args) {
        char c=(char) (Math.random() * 26+'a');
        System.out.print("生成的字母是: "+c+",");
        switch (c) {
        case 'a':
        case 'e':
        case 'i':
        case 'o':
        case 'u':
            System.out.println("是元音字母。");
            break;
        case 'y':
        case 'w':
            System.out.println("半元音字母。");
            break;
        default:
            System.out.println("是辅音字母。");
        }
    }
}
```

【运行结果】

图 3-13 是程序运行 3 次所得到的结果。

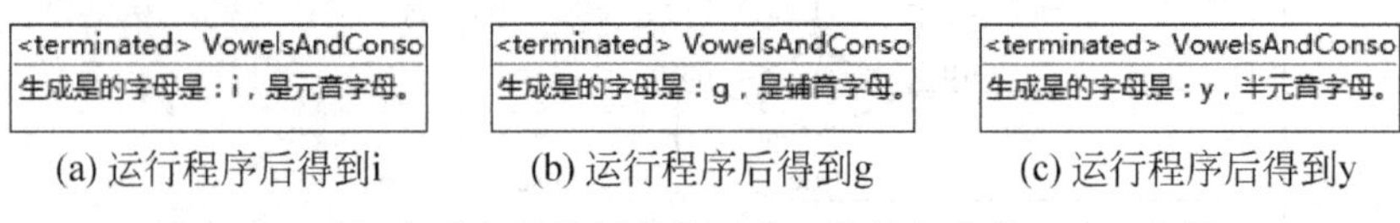

(a) 运行程序后得到i　　(b) 运行程序后得到g　　(c) 运行程序后得到y

图 3-13　随机生成字母并判断是否为元音的程序的 3 次运行结果

3.5.3　程序流程图

本章程序设计过程中用到了程序流程图，流程图是逐步解决指定问题的步骤和方法的一种图形化的表示方法，流程图能帮助设计者直观、清晰地分析问题或是设计解决方案，是程序开发人员的得力助手。流程图是程序分析中最基本、最重要的分析技术，它是进行流程程序分析过程中最基本的工具。程序流程图运用工序图示符号对生产现场的整个制造过程做详细的记录，以便对零部件、产品在整个制造过程中的生产、加工、检验、储存等环节进行详细的研究与分析，特别适用于分析生产过程中的成本浪费，提高经济效益。表 3-2 为程序流程图的符号说明。

表 3-2 程序流程图的符号说明

符 号	意 义	符 号	意 义
(矩形)	计算步骤/处理过程	(菱形)	判断和分支
(圆角矩形)	程序的开始或结束	(波浪底边矩形)	文档及处理说明
(双边矩形)	子计算步骤/子处理过程	(圆)	连接点
(平行四边形)	输入输出指令(或数据)	(箭头)	流程线(控制流)

3.6 本章小结

本章介绍了解决选择分支问题的简单 if 结构、if-else 结构、多重 if-else 结构、if-else 语句嵌套结构、switch 结构,学习了程序流程图的相关知识。学习本章后,读者应该掌握以下内容。

(1) 程序流程图的画法及作用。

(2) 简单 if 结构的语法与使用。

(3) if-else 结构的语法与使用。

(4) 多重 if-else 的语法与使用。

(5) if-else 条件语句嵌套结构的语法与使用。

(6) switch 结构的语法与使用。

3.7 强化练习

3.7.1 判断题

1. 简单 if 结构是顺序程序结构。( )
2. if-else 结构程序有 2 个分支。( )
3. 多重 if-else 结构中的大括号不能写。( )
4. switch case 结构中的 case 块中必须加括号。( )
5. switch case 结构中的 default 为必选参数,必须得写上,否则程序会出错。( )

3.7.2 选择题

1. 阅读下面程序中,分析该程序的功能是( )。

```
public class T1{
    public static void main(String[] args) {
    int a,b,c; a=78; b=67; c=12;
    if(a>b) {
```

```
            if(b>c) System.out.println("The min number:"+c);
            else System.out.println("The min number:"+b);
        }else {
              if(c<a)  System.out.println("The min number:"+c);
              else    System.out.println("The min number:"+a);
          }
      }
  }
```

A. 求出 a、b、c 三个数中最小的数的值　　B. 求出 a、b、c 三个数中最大数的值

C. 求出 a、b、c 三个数的公约数的值　　D. 求出 a、b、c 三个数的公倍数的值

2. 下面程序的输出结果是(　　)。

```
m=7; n=3;
if(m %n==2)
{
    n=m-2;
}
System.out.println(n);
```

A. 5　　B. 3　　C. 1　　D. 2

3. 下面程序执行后，c 的值是(　　)。

```
public class SwitchTest {
    public static void main(String[] args) {
        int c=2;
        switch (c) {
        case 1:
            c++;
        case 2:
            c++;
        case 3:
            c++;
        case 4:
            c++;
        case 5:
            c++;
            break;
        default:
            c=0;
        }
        System.out.println("现在 c 的值为: "+c);
    }
}
```

A. 5　　B. 6　　C. 2　　D. 0

3.7.3 简答题

1. 简述 if-else 结构的语法。
2. 简述多重 if-else 结构的语法。
3. 简述 switch 结构的语法，并说明 break 语句的作用。
4. 说出程序流程图中的几个常用的元素，想想流程图的作用。
5. 说明输入一个年份，判断该年份是否为闰年的程序流程。

3.7.4 编程题

1. 对任意输入的整数，判断其是否能被 7 整除，如果能被 7 整除输出该数除以 7 的商，否则，输出信息“不能被 7 整除”。

2. 输入一个数，如果这个数在除以 2 后的余数为 0，则屏幕上就会显示 The number is Even，否则就在屏幕上显示 The number is Odd。

3. 从键盘录入一个数字，如果这个数在 1～3 之间，将在屏幕上显示这个数字，否则将显示 Invalid Choice。

4. 从键盘上录入一个学生的成绩，如果这个成绩在[90，100]内，则输出“优秀”；如果这个成绩在[70，90)内，则输出“良好”；如果这个成绩在[60，70)，则输出“及格”；低于 60 分时输出“不及格”；高于 100 分时，输出“输入的内容不合法”。

5. 从键盘录入一个大写字母，判断录入的是否是大写字母，如果是大写字母将其转换成小写字母，否则不用改变直接输出。

6. 公司对月销售额大于等于￥10000 的销售人员付给其 10％的提成。提成在月末计算。编写程序，以便根据销售人员的销售额计算其应得的提成。

第4章 循环结构

任务 小学生乘法学习软件

4.1 任务描述

计算机在教育中所扮演的角色越来越重要,计算机在教育中的应用称为计算机辅助教学(CAI)。本章的任务是编写程序来帮助小学生学习乘法。由计算机随机产生两个正的一位整数,生成题目,如“6 * 7=?”,学生输入答案,程序能够检查答案是否正确,如果答案正确,打印字符串“你真棒”并再重新出一道题;如果答案错误,打印字符串“答错了,再动动你的小脑筋试试吧”,再让学生重新做该题,直到做对为止。

大家一定迫不及待地想要知道这款小学生学习软件是如何实现的吧?那么就让我们一起开始学习吧!

4.2 任务分析

如果仅仅用第3章的选择结构是否可以顺利地完成呢?我们先来分析一下。

由任务描述可知,这款小学生学习软件实际上是将小学生输入的答案和计算机随机产生的题目所对应的正确答案不断比较的过程。首先,我们定义两个变量num1、num2保存计算机随机产生的两个一位整数,这样一来计算机就可以生成题目,然后将用户输入的答案和正确答案进行比较,如果正确,显示“你真棒”;如果错误,显示“答错了,再动动你的小脑筋试试吧”。可以使用选择结构来实现上述描述。核心代码如下:

```
num1=random.nextInt(9)+1;                          //随机生成[1,9]范围内的随机数
num2=random.nextInt(9)+1;
System.out.println(num1+"乘以"+num2+"=?");          //显示题目
//输入答案
input=new Scanner(System.in);
answer=input.nextInt();
//根据正确与否,显示相应的提示信息
if (answer==num1 * num2) {
    System.out.println("你真棒");
} else {
    System.out.println("答错了,再动动你的小脑筋试试吧");
}
```

可上述过程只能运行一次,也就是说如果答对了,计算机显示“你真棒”,接着程序就执行完毕,不会继续出另一道题;如果答错了,也不会让读者继续做该道题直到做对为止。显然把这段代码不断地进行复制的做法是不可取的。在Java语言中,人们通过**循环结构**来解

决重复问题，并可以根据不同的情况选择不同的循环结构。通常情况下，如果事先可以确定循环次数，使用 **for 循环**，如果可以断定循环至少执行一次，用 **do while 循环**，如果事先不能确定循环次数并且只有满足一定的条件下才执行循环，则可以使用 **while 循环**。另外在循环结构中还提供了两个重要的关键字：**break** 和 **continue**。

4.3 相关知识

4.3.1 for 循环

循环结构的主要作用是解决重复问题，重复执行一段代码直到满足一定的条件为止。可以将循环分成 4 个部分。

(1) 初始化：设置循环开始的初始值。

(2) 循环体：重复执行的语句，可以是一条语句，也可以是多条语句。

(3) 迭代部分：使循环条件发生改变的部分。

(4) 循环条件：判断是否继续执行循环的条件。

for 循环巧妙地将循环结构的 4 个组成部分紧密地组织在一起。在事先能够确定循环次数的情况下，首选 for 循环结构。for 循环的语法格式为

```
for(表达式 1; 表达式 2; 表达式 3){
    循环执行的语句
}
```

每个表达式的含义如表 4-1 所示。

表 4-1 for 循环中 3 个表达式的含义

表 达 式	形 式	功 能
表达式 1	赋值语句	设置循环开始的初始值
表达式 2	条件语句	循环条件
表达式 3	赋值语句，通常使用＋＋或－－运算符	使循环条件发生改变

for 循环中的 3 个表达式以及循环执行的语句使循环结构必需的 4 个部分完美地组合在一起，非常简洁。

for 循环执行过程的流程图如图 4-1 所示。

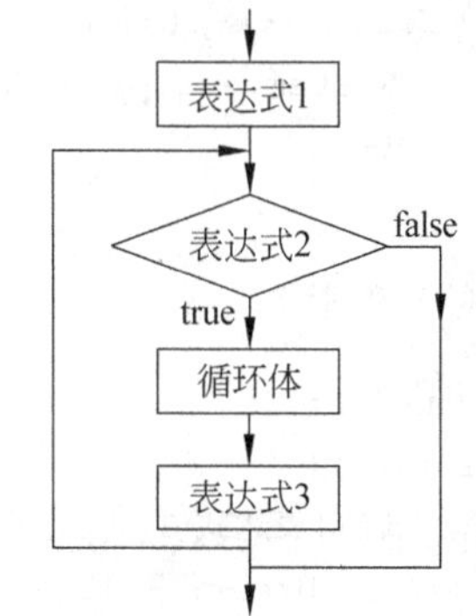

图 4-1 for 循环执行过程的流程图

【例 4-1】 输出 100 遍 I love Java。

【程序实现】

```
//ForTest.java
  public class ForTest {
      public static void main(String[] args) {
          //表达式 1 int i=1 完成给循环变量赋初值，表达
          //式 1 只执行一次
          //表达式 2 i<=100 表明循环条件，当次数没有超
          //过 100 次时执行循环体
```

```
            //表达式 3 i++使循环变量自增 1
            for (int i=1; i<=100; i++) {
                System.out.println("I love Java");          //重复执行的语句,即循环体
            }
        }
    }
```

【运行结果】

在控制台显示 100 行 I love Java。

注意

for 语句还有 3 种变形形式。

(1) 变形 1。

```
表达式 1;
for(; 表达式 2;表达式 3){
      循环执行的语句
}
```

例如:

```
int i=1;                                            //表达式 1
for (; i<=100; i++) {
    System.out.println("I love Java ");             //重复执行的语句,即循环体
}
```

(2) 变形 2。

```
表达式 1;
for(; 表达式 2;){
      循环执行的语句
      表达式 3;
}
```

例如:

```
int i=1;                                       //表达式 1
  for (; i<=100;) {
    System.out.println("I love Java ");        //重复执行的语句,即循环体
    i++;                                       //表达式 3
}
```

(3) 变形 3。

```
表达式 1;
for(;;){
    if(!表达式 2)
        break;                 //break 关键字用于跳出当前的循环,本章后面会讲到
    循环执行的语句
    表达式 3;
```

```
}
```

例如：

```
int i=1;                                   //表达式 1
for (;;) {
    if(i>100)                              //表达式 2 取反
        break;
    System.out.println("I love Java ");    //重复执行的语句,即循环体
    i++;
}
```

4.3.2 while 循环

while 循环是当满足一定的条件时才执行循环操作，当一开始条件就不满足时，循环体有可能一遍都不会被执行。while 循环的语法格式为

```
while(循环条件){
    循环体
}
```

其语义为：首先判断循环条件是否成立，如果成立则执行循环体，否则退出循环；执行完循环体后，回来再次判断循环条件，决定继续执行循环或退出循环。

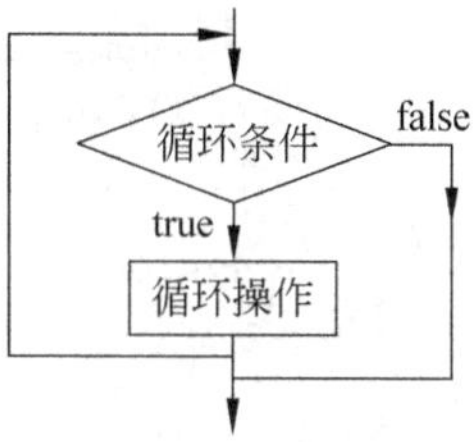

图 4-2 while 循环的执行过程流程图

while 循环的执行过程流程图如图 4-2 所示。

使用 while 循环实现例 4-1。

```
//WhileTest.java
  public class WhileTest {
      public static void main(String[] args) {
          int i=1;                                  //循环变量赋初值
          while(i<=100){                            //循环条件
            System.out.println("I love Java ");     //循环语句
            i++;                                    //改变循环变量的值
          }
      }
  }
```

【例 4-2】 编程计算整数 1～100 的和。

【问题分析】

这是典型的“累加和”问题，读者可以想一下如果让你口算 1+2+…+100 的和，当然这里不考虑算法技巧，就是一个个地加完看结果，你会怎么做呢？读者可以想象一下我们心里一开始是没有数的，当老师报了数字 1，心里的那个数就变成了 1，当老师报出下一个要加的数字是 2，心里的数就变成了 3，老师再报 4，心里的数又变成了 7，……当老师报到 100 的时候，读者就可以直接得出结果了。

通过上述分析，我们可以发现这样一个规律，心里的那个数在不断地变化，我们可以用

一个变量 sum 来表示心里的那个数，用 i 表示下一个要加的数，我们总是在做重复的两步工作：

```
sum=sum+i;
i++;
```

显然这又是典型的重复问题，要用循环结构来解决。循环什么时候结束呢？i 超过 100 的时候，也就是说 i 小于等于 100 时执行循环操作。

【程序实现】

```
//WhileTest.java
  public class WhileTest {
    public static void main(String[] args) {
        int i=1;                          //定义循环变量并赋初值
        int sum=0;                        //累加和清 0
        while (i<=100) {                  //i<=100 表示循环条件
           sum=sum+i;                     //循环变量累加到 sum 中
           i=i+1;                         //改变循环变量 i 的值
        }
        System.out.println("sum="+sum);
    }
  }
```

【运行结果】

```
sum=5050
```

注意

while (i<=100) 此语句后面一定不要加分号，如果加了分号，代码则变成

while (i<=100);

等价于

while(i<=100)

;

那么此时空语句就是循环体，条件成立时，执行空语句，执行完了再回来看条件是否成立，如果成立继续执行空语句。我们发现在此过程中 i 的值始终没有改变，一直是一开始的初始值 1。那么在这种情况下，程序就会陷入无限循环的状态，即死循环。

4.3.3 do-while 循环

do-while 循环的特点是不管三七二十一，上来先执行一遍循环体，然后再来判断条件成立不成立，如果条件成立，继续执行，否则退出循环。do-while 循环语法格式为

```
do
{
    循环体
}while(循环条件);                 //注意此处的分号必须要有
```

其语义为：先执行，再判断，循环体至少会执行一遍。而 while 循环是先判断，再执行。

do-while 循环的执行过程流程图如图 4-3 所示。

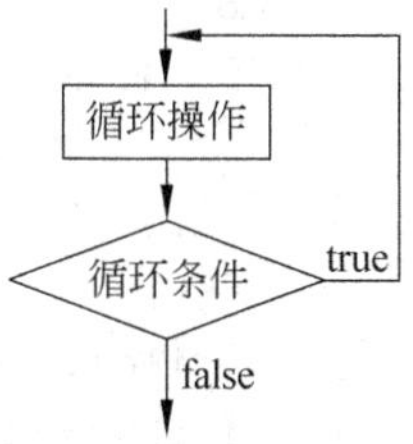

使用 do-while 循环实现例 4-1。

图 4-3　do-while 循环的执行过程流程图

```
//DoWhileTest.java
  public class DoWhileTest {
    public static void main(String[] args) {
      int i=1;                              //循环变量赋初值
      do{
        System.out.println("I love Java");  //循环语句
        i++;                                //改变循环变量的值
      } while(i<=100);                      //循环条件
    }
  }
```

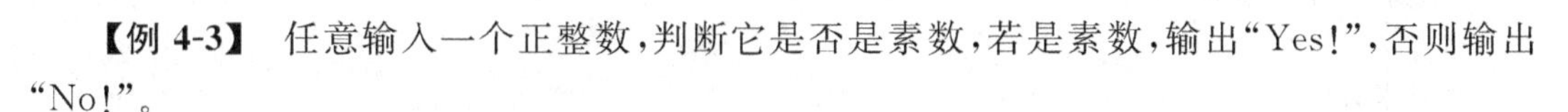

【例 4-3】 任意输入一个正整数，判断它是否是素数，若是素数，输出“Yes!”，否则输出“No!”。

【问题分析】

首先要搞清楚数学中所说的素数的定义，素数是指除了能被 1 和它本身整除外，不能被其他任何整数整除的数，其中 1 不是素数，2 是最小的素数。

假设在程序中我们声明了一个变量 m 存放输入的正整数，如何判断该数是否是素数呢？根据素数的定义，我们应该从 2 开始试探，看 m 能否被 2 整除，能否被 3 整除，一直试探到能否被 m－1 整除，若在试探过程中，都除不尽，即余数都不为 0，则说明 m 是素数。反之，只要有一次余数为 0 的情况，则说明 m 存在一个 1 和它本身以外的另外一个因子，即可断定它不是素数。

根据上述分析，我们发现判断 m 能否被 2 整除的过程是个重复的过程，这部分应该应用循环结构来实现。那么循环进行的条件是什么呢？如果在判断过程中，未发现余数为 0 的情况，则循环继续直到判断到 m－1 为止。如果中间发现余数为 0 的情况，则循环也应该停止，我们此时就可以断言 m 一定不是素数。在以下程序中，我们设立了一个变量 flag 作为标志位并且初始值置为 1，即在每次判断 m 是否是素数之前总是假设即将判断的数就是素数，一旦发现余数为 0 的情况，就将该标志位 flag 置为 0。

【程序实现】

```
//IsPrimeTest.java
import java.util.Scanner;
public class IsPrimeTest {
    public static void main(String[] args) {
        int i=2;                          //初始试探的值为 2
        int flag=1;                       //设一个标志位，假设一开始就认为是素数
        System.out.println("请输入一个正整数");
        Scanner input=new Scanner(System.in);
        int m=input.nextInt();
```

```
        do{
            if(m%i==0){
                flag=0;                     //一旦发现整除的情况,就将标志位置为 0
            }
            i++;                            //继续判断能否被下一个数整除
        }while(i<=m-1&&flag==1);            //注意此处的循环条件
        if(flag==1){                //若退出循环时,flag 仍为 1,则说明未遇到余数为 0 的情况
            System.out.println(m+"是素数");
        }else{
            System.out.println(m+"不是素数");
        }
    }
}
```

【运行结果】

```
请输入一个正整数
5
5 是素数
请输入一个正整数
35
35 不是素数
```

4.3.4 break 和 continue

Java 提供了 break 和 continue 关键字来改变控制流。看到 break 关键字,大家应该不会感到陌生了。它曾经出现在 switch 结构中,在 switch 结构中,break 语句的作用是用于终止 switch 语句中的某个分支,跳出 switch 语句。在 while、do-while、for 循环结构中,break 关键字的主要作用是从循环中提前退出。比如运动会到了,某同学报名参加了 4000m 长跑比赛,跑道一圈是 800m,该同学需要跑完 5 圈才能结束比赛,但是在跑的过程中,该同学总是不停地问自己"我还能坚持下去吗?",如果回答"是",则继续跑;如果回答"否",则提前终止比赛。代码如下:

```
int i=1;                    //表示第 1 圈
while(i<=5){
    跑 800m;
    if(!能坚持){
        break;              //提前退出比赛
    }
    i++;
}
```

使用 break 语句改写例 4-3。

```
import java.util.Scanner;
public class IsPrimeTest {
    public static void main(String[] args) {
```

```
        int i=2;                    //初始试探的值为 2
        System.out.println("请输入一个正整数");
        Scanner input=new Scanner(System.in);
        int m=input.nextInt();
        do{
            if(m%i==0){
                break;              //一旦发现整除的情况,就立刻退出循环
            }
            i++;                    //继续判断能否被下一个数整除
        }while(i<=m-1);             //注意此处的循环条件
        if(i==m){                   //若退出循环时,i 等于 m,则说明一直未遇到余数为 0 的情况
            System.out.println(m+"是素数");
        }else{
            System.out.println(m+"不是素数");
        }
    }
}
```

那么 continue 关键字又有什么作用呢？它的作用是跳过循环体中当前循环还未执行的其余语句而直接开始下一轮的循环。

【例 4-4】 循环录入 Java 课的学生成绩,统计分数大于等于 60 分的学生的比例。

【问题分析】

大于等于 60 分的学生的比例=(大于等于 60 分的学生人数/总的学生数)×100。

应该设一个计数器 counter,初始值为 0,当遇到小于 60 分的不累加,而是直接开始下一轮循环。

【程序实现】

```
//ContinueTest.java
public class ContinueTest {
    public static void main(String[] args) {
        int score;                          //成绩
        int total;                          //班级总人数
        int counter=0;                      //记录成绩大于或等于 60 分的人数
        System.out.println("请输入班级总人数: ");
        Scanner input=new Scanner(System.in);
        total=input.nextInt();
        for(int i=1;i<=total;i++){          //遍历班级的每个学生
            System.out.print("请录入第"+i+"个学生的成绩: ");
            score=input.nextInt();          //录入成绩存入 score 变量
            if(score<60)
                //遇到成绩小于 60 分的跳过 count++这条语句而直接开始下一轮的循环
                continue;
            counter++;                      //计数器加 1
        }
        System.out.println("60 分以上的学生人数为: "+counter);
```

```
        double rate=(double)counter/total * 100;
        System.out.println("60分以上的学生所占的比例为"+rate+"%");
    }
}
```

【运行结果】

```
请输入班级总人数:
10
请录入第1个学生的成绩: 78
请录入第2个学生的成绩: 54
请录入第3个学生的成绩: 78
请录入第4个学生的成绩: 89
请录入第5个学生的成绩: 10
请录入第6个学生的成绩: 89
请录入第7个学生的成绩: 45
请录入第8个学生的成绩: 89
请录入第9个学生的成绩: 65
请录入第10个学生的成绩: 19
60分以上的学生人数为: 6
60分以上的学生所占的比例为60.0%
```

4.3.5 循环语句的嵌套

前面已经学习了各种不同的循环结构,若一个循环结构的循环体内包含了另一个循环结构,则构成了循环语句的嵌套,又称为多重循环。

while、do-while、for这3种循环语句均可互相嵌套,其语法格式如下:

```
//for循环的嵌套
for(表达式1;表达式2;表达式3){
        …
        for(表达式1;表达式2;表达式3){
                …
        }
        …
}
//while循环的嵌套
while(循环条件){
        …
        while(循环条件){
                …
        }
        …
}
//do-while循环的嵌套
do{
```

```
        ...
        do{
            ...
        }while();
        ...
}while();
//3 种循环结构的互相嵌套
while(循环条件){
        ...
        for(表达式 1;表达式 2;表达式 3){
                ...
                do{
                        ...
                }while(循环条件);
                ...
        }
        ...
}
```

循环嵌套的特点是外层循环每执行 1 次，内循环就会完整的执行一遍。当所设计的程序具有这个特点时，一定会使用循环嵌套。

【例 4-5】 编程实现打印如下的图形。

```
      ******
    ******
  ******
******
```

【问题分析】

i(行号)	j(每行前面的空格数)	k(* 的个数)
1	3	4
2	2	4
3	1	4
4	0	4

通过以上分析，可知：

第 i 行，需要打印的空格数为 j=n(行数)−i，打印的 * 的个数为 4 个。

假设我们要打印第 1 行，即

```
i=1;
```

首先打印第 1 行的 3 个空格：

```
for(int j=1;j<=3;i++){
    System.out.print(" ");
}
```

然后打印 4 个 * 号：

```
for(int k=1;k<=4;k++){
    System.out.print("*");
}
System.out.println();            //换行
```

接着打印第 2 行,即

```
i=2;
```

首先打印第 2 行的 2 个空格:

```
for(int j=1;j<=2;i++){
    System.out.print(" ");
}
```

然后打印 4 个 * 号:

```
for(int k=1;k<=4;k++){
    System.out.print("*");
}
System.out.println();            //换行
```

观察上述代码,读者可以发现打印每一行时执行的操作是两个循环,并且可以看出这两个循环几乎是一样的,如果用 i 变量表示当前所打印的行,上述代码可以统一成:

```
for(int j=1;j<=4-i;j++){
    System.out.print(" ");
}
for(int k=1;k<=4;k++){
    System.out.print("*");
}
System.out.println();            //换行
```

上述过程每完整地执行一遍,才开始打印下一行,具有循环嵌套的典型特征,上述过程是内循环,外层循环控制行的变化。

【程序实现】

```
//NestedLoopTest.java
public class NestedLoopTest {
    public static void main(String[] args) {
        //外循环依次遍历每一行
        for(int i=1;i<=4;i++){
            //内循环输出每行之前的空格,根据规律,输出的空格数为 4-i 个
            for(int j=1;j<=4-i;j++){
                System.out.print(" ");
            }
            //内循环输出每行的 * 数
            for(int k=1;k<=4;k++){
                System.out.print("*");
```

```
            }
            //输出换行
            System.out.println();
        }
    }
}
```

【运行结果】

```
      ****
    ****
  ****
****
```

【例 4-6】 编程求解马克思手稿中的数学题。马克思手稿中有一道趣味数学题：有30个人，其中有男人、女人和小孩，在一家饭馆里吃饭共花了50先令，每个男人各花3先令，每个女人各花2先令，每个小孩各花1先令，问男人、女人和小孩各几人？

【问题分析】

设男人个数为x，女人个数为y，小孩个数为z，则可以得到以下方程组：

$$\begin{cases} x+y+z=30 \\ 3x+2y+z=50 \end{cases}$$

两个方程组，3个未知数，通过我们所掌握的数学知识，这个解是无法直接求解出来的。但是通过上述方程组，可以初步地确定x、y的最大取值：x的最大取值为16，y的最大取值为25，有了x、y的值，根据第1个式子易得z的值为30－x－y。

x	y	z=30－x－y	3x＋2y＋z是否等于50
1	1	28	否
1	2	27	否
1	3	26	否
…	…	…	…
1	25	4	否
2	1	27	否
2	2	26	否
…	…	…	否
2	16	12	是
…	…	…	…
2	25	3	否
…	…	…	…

通过以上分析，可知：在男人人数为1的情况下，女人要依次从1试探到25，女人试探了一遍，男人才开始下一轮。这个题目又具备了嵌套循环的典型特征。

【程序实现】

```
//NestedLoopTestAgain
public class NestedLoopTestAgain {
```

```
    public static void main(String[] args) {
        for(int x=1;x<=16;x++){                //外循环试探男人的个数
            for(int y=1;y<=25;y++){            //内循环试探女人的个数
                int z=30-x-y;                  //x、y确定了,z的值可以直接取得
                if(3*x+2*y+z==50){             //此时只需要判断另外一个方程式是否成立
                    System.out.println("x="+x+"y="+y+"z="+z);
                }
            }
        }
    }
}
```

【运行结果】

```
x=1y=18z=11
x=2y=16z=12
x=3y=14z=13
x=4y=12z=14
x=5y=10z=15
x=6y=8z=16
x=7y=6z=17
x=8y=4z=18
x=9y=2z=19
```

注意

以上我们试探的过程实际上是在应用"穷举法",所谓"穷举法",也称为"枚举法",就是将所有可能的方案都逐一测试,从中找出符合指定要求的解答。

4.4 任务实现

学习了循环结构,就可以很容易地实现本章开头提出的小学生乘法学习软件了。

【问题分析】

通过前面的任务分析,我们知道做乘法题的过程是个重复的过程,需要使用循环结构。我们先来分析,如果答错了,如何实现让用户继续做当前的题目直到做对为止。

首先确定究竟该选择 for 循环结构、while 循环结构还是 do-while 循环结构呢?让我们再来回顾一下这 3 种结构的特点:for 循环适合解决一开始就能确定循环次数的情境,while 循环当满足一定条件时就会执行循环操作,do-while 循环和 while 循环的区别是至少会执行一遍循环操作。即使一次就答对了,程序也至少执行一遍,所以首选 do-while 结构。

那循环条件应该是什么呢?大家想想什么时候才算结束呢?那当然是小学生输入的答案和正确答案相等时。所以循环条件应该是小学生没有答对时,即小学生输入的答案和正确答案不相等时应该继续做当前的题目。

解决这个问题大致需要以下 3 个步骤。

(1) 随机产生两个 1~9 之间的一位整数,分别保存在变量 num1 和 num2 中,根据

num1 和 num2，输出显示题目。

（2）小学生输入答案，保存在变量 answer 中，如果正确，显示“你真棒”，如果错误，显示“答错了，再动动你的小脑筋试试吧”。

（3）如果 answer 不等于 num1 * num2，则回到（2）继续；否则程序执行完毕。

小学生乘法学习软件答错的流程图如图 4-4 所示。

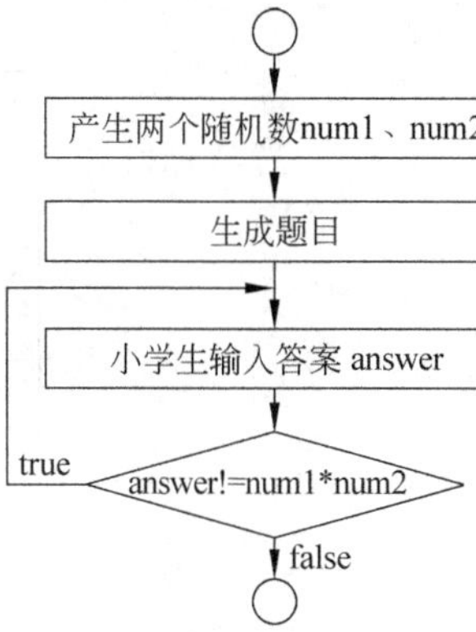

图 4-4　小学生乘法学习软件答错时流程图

根据流程图和前面的分析，核心代码如下：

```
//产生 1~9 之间的随机数
num1=random.nextInt(9)+1;
num2=random.nextInt(9)+1;
do {
    //生成题目
    System.out.println(num1+" 乘以 "+num2+"=? ");
    //输入答案
    input=new Scanner(System.in);
    answer=input.nextInt();
    //根据正确与否,显示相应的提示信息
    if (answer==num1 * num2) {
        System.out.println("你真棒");
    } else {
        System.out.println("答错了,再动动你的小脑筋试试吧");
    }
} while (answer!=num1 * num2);
```

再来分析一下，如果答对了要重新产生新的题目，再来一轮该如何实现呢？程序在每次当小学生答对之后，还应该提示他是否想要继续做题，如果想要继续，则重复执行上述代码，即循环体。同样原因考虑采用 do-while 结构。那么循环条件是什么呢？用户想继续答题时执行循环体。假设用变量 isContinue 保存用户的意愿，即如果 isContinue 里存放的是字符串“y”的时候就循环。在上述步骤基础上修改，得出最终的步骤。

（1）随机产生两个 1～9 之间的一位整数，分别保存在变量 num1 和 num2 中，根据 num1 和 num2，输出显示题目。

（2）小学生输入答案，保存在变量 answer 中，如果正确，显示“你真棒”；如果错误，显示“答错了，再动动你的小脑筋试试吧”。

（3）如果 answer 不等于 num1 * num2，则回到（2）继续；否则执行（4）。

（4）提示用户是否继续，用户输入的值保存在 isContinue 变量中，如果继续，则回到（1），否则程序结束。

最终流程图如图 4-5 所示。

【程序实现】

```
1   import java.util.Random;
2   import java.util.Scanner;
3   public class PupilMultipleEntry {
```

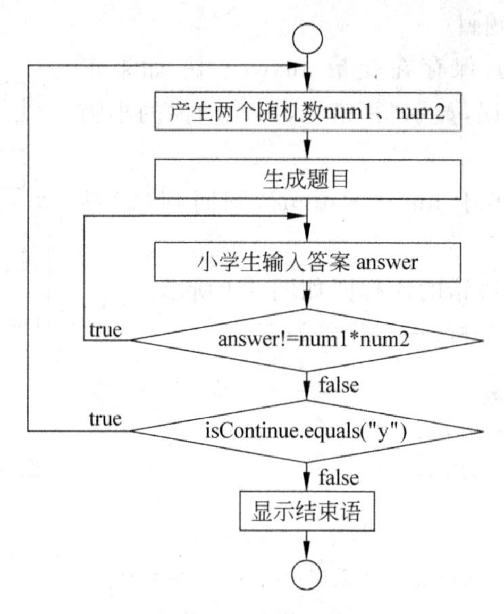

图 4-5　小学生乘法学习软件流程图

```
4       public static void main(String[] args) {
5           int num1, num2;
6           int answer;
7           String isContinue;
8           Scanner input;
9           //随机产生两个正的一位整数
10          Random random=new Random();
11          do {
12              num1=random.nextInt(9)+1;
13              num2=random.nextInt(9)+1;
14              do {
15                  //生成题目
16                  System.out.println(num1+" 乘以 "+num2+"=? ");
17                  //输入答案
18                  input=new Scanner(System.in);
19                  answer=input.nextInt();
20                  //根据正确与否,显示相应的提示信息
21                  if (answer==num1 * num2) {
22                      System.out.println("你真棒");
23                  } else {
24                      System.out.println("答错了,再动动你的小脑筋试试吧");
25                  }
26              } while (answer!=num1 * num2);
27              System.out.println("你还想继续做题吗? (y/n)");
28              isContinue=input.next();
29          } while ("y".equals(isContinue));
30          System.out.println("谢谢您使用本软件,期待您的再次使用");
```

```
31        }
32  }
```

【运行结果】

```
8 乘以 5=?
2
答错了,再动动你的小脑筋试试吧
8 乘以 5=?
3
答错了,再动动你的小脑筋试试吧
8 乘以 5=?
40
你真棒
你还想继续做题吗? (y/n)
y
9 乘以 2=?
18
你真棒
你还想继续做题吗? (y/n)
n
```

谢谢您使用本软件,期待您的再次使用

【程序说明】

(1) 第 1 行使用 import 语句引入了 java. util 包中的 Random 对象,以便用于产生随机数。第 2 行引入了 Scanner 对象,以便用于键盘输入。关于 import 语句、Java 包、对象等知识点将在第 6 章和第 7 章面向对象篇幅中讲解。此处读者只要记住需要产生随机数时在程序的第一行写入这行语句即可。

(2) 第 10 行创建一个 Random 类型的对象 random,用于产生随机数。第 12 行调用方法 nextInt(9)会产生区间为[0,9)的随机数,如果要产生区间为[1,9]的随机数,则需要再加 1。读者在这里只需记住这两行是为了产生 1~9 之间的随机数即可。如果你想产生[1,99]之间的随机数只需要将 nextInt(99)中的 9 改为 99 即可。

这样,小学生就可以使用本程序来进行乘法练习了。当学到 Java 中的图形用户界面设计时,就能够实现图形化的小学生乘法学习软件了。

4.5 知识拓展

for-each 循环是 JDK 1.5 加入的。for-each 为开发人员提供了极大的方便。for-each 语句是 for 语句的特殊简化版本,但是 for-each 语句并不能完全取代 for 语句,然而,任何的 for-each 语句都可以改写为 for 语句版本。for-each 并不是一个关键字,从英文字面意思理解 foreach 也就是"for 每一个"的意思,实际上也就是这个意思。

for-each 语句的一般形式如下:

```
for(元素类型 t   元素变量 x: 遍历对象 obj){          //遍历的对象通常是数组或者集合
```

```
    循环体
}
```

【例 4-7】 将数组中的每个元素输出出来。

```
public class ForEachTest {
    public static void main(String[] args) {
        //定义了一个数组,数组的讲解见第 5 章,在这里大家可以想象成在内存中开辟了一片连
        //续的存储空间,依次的放入 4、3、5、8、7
        int[] num={4,3,5,8,7};
        for(int n:num){              //依次取出 num 中的每个元素赋值给 n,并且将其输出出来
          System.out.println(n);
        }
    }
}
```

4.6 本章小结

本章介绍了解决重复问题的 3 种结构以及和循环相关的两个关键字 break 和 continue,并详细地分析了循环嵌套的执行特点。学习本章后,读者应该掌握以下内容。

(1) 解决重复问题的 3 种结构。

(2) for 循环的语法与使用。

(3) while 循环的语法与使用。

(4) do-while 循环的语法与使用。

(5) 3 种循环各自应用的场合。

(6) break 和 continue 关键字的使用。

(7) 循环嵌套的特点和使用。

4.7 强化练习

4.7.1 判断题

1. break 语句可以用在循环和 switch 语句中。(   )
2. continue 语句用在循环结构中表示继续执行下一次循环。(   )
3. while 循环至少执行一遍。(   )
4. 嵌套循环的特点是外循环 1 次,内循环 1 遍。(   )
5. 嵌套循环的次数为外循环的次数加上内循环的执行次数。(   )

4.7.2 选择题

1. 运行下面的程序将输出(   )次“我爱中国”。

```
public class China{
    public static void main(String[] args){
```

```
        int i=1;
        do{
            System.out.println("我爱中国");
        }while(i<5);
        }
}
```

A. 4　　B. 5　　C. 0　　D. 死循环

2. 阅读下面的程序片断,输出结果是(　　)。

```
int a=0;
while(a<5){
    switch(a){
        case 0:
        case 3: a=a+2;
        case 1:
        case 2: a=a+3;
        default: a=a+5;
    }
}
System.out.println(a);
```

A. 0　　B. 5　　C. 10　　D. 其他

3. 阅读下列代码,如果输入的数字是6,正确的运行结果是(　　)。

```
import java.util.*;
public class Test{
    public static void main(String[] args){
        Scanner input=new Scanner(System.in);
        System.out.print("请输入1个1~10之间的数");
        int number=input.nextInt();
        for(int i=1;i<=10;i++){
            if((i+number)>10){
                break;
            }
        System.out.print(i+" ");
        }
    }

}
```

A. 1 2 3 4 5 6　　B. 7 8 9 10　　C. 1 2 3 4　　D. 5 6 7 8

4. 下面程序中,while循环的循环次数是(　　)。

```
public static void main(String[ ] args){
        int i=0;
        while(i<10){
```

```
            if(i<1){
                continue;
            }
            if(i==5) {
                break;
            }
            i++;
        }
}
```

A. 1　　B. 10　　C. 6　　D. 死循环

5. 下面程序的输出结果是(　　)。

```
m=37;n=13;
while(m!=n)
{
    while(m>n)
        m=m-n;
    while(n>m)
        n-=m;
}
System.out.println(m);
```

A. 13　　B. 11　　C. 1　　D. 2

4.7.3 简答题

1. 3 种循环结构各自应用的场合是什么?
2. 简述 break 关键字的使用。
3. 简述 continue 关键字的使用。
4. 循环嵌套是什么意思? 用于解决什么问题?
5. 简述 for-Each 语句的使用。

4.7.4 编程题

1. 编写猜数字游戏:计算机随机产生 1～100 之间的随机数让用户猜,如果用户猜大了,提示“猜大了,继续猜!”;如果用户猜小了,提示“猜小了,继续猜!”;如果用户猜对了“恭喜你,猜对了!”。用户玩了一次之后,如果还想继续玩,又会开始新一轮的猜数字游戏。

2. 编写一个程序,输出 2～500 之间的所有完数。所谓完数,是指一个整数等于该数所有因子之和。

提示:判断完数的方法:对于一个数 m,除该数本身外的所有因子都应在 1～m/2 之间。要取得 m 的因子之和,只要在 1～m/2 之间找到所有整除 m 的数,将其加起来即可。如果累加和与 m 本身相等,则表示 m 是一个完数。

3. 用 1 元 5 角钱人民币兑换 5 分、2 分和 1 分的硬币(每一种都要有)共 100 枚,问共有几种兑换方案？每种方案兑换多少枚？

4. 一百元钱去买一百只鸡，公鸡每只 5 元，母鸡每只 3 元，小鸡 3 只一元，问公鸡、母鸡、小鸡各应买多少只？

5. 水仙花数是指个位、十位和百位 3 个数的立方和等于这个三位数本身的数，编写程序求出所有的水仙花数。

第5章　数　组

任务　歌手大奖赛评分程序

5.1　任务描述

在歌手大赛中(见图5-1)，经常会有这样的场景：歌手演唱完毕，请评委亮分，评委打完分后，主持人最后宣布，去掉一个最高分，去掉一个最低分，该选手最后平均得分为90分。本章的任务是要你来设计实现这样一款评分程序：假设有10个评委为参赛的选手打分，分数为1～100分，选手最后得分为：去掉一个最高分和一个最低分的其余8个分数的平均值。

图5-1　歌手大奖赛

5.2　任务分析

根据任务描述，可以抽出如下数学模型：

该选手最后得分=(10个评委打分之和－最高分－最低分)/8

我们要解决的第一个问题是得出10个评委打分之和，这是典型的累加和问题，相信你很快就能写出如下代码：

```
double sum=0;                    //存放最终得分
for(int i=1;i<=10;i++){
    //读入评委打分
    sum+=score;
}
```

这样，sum中存放的就是10个评委打分之和。

那接下来，如何去掉最高分呢？

你会发现上面虽然实现了求和,但是最终只有最后一个评委的打分被记录下来存在了score变量中,之前评委的打分全被覆盖了。此时再想求10个分数中的最高分就必须重新输入评委的打分,然后进行比较,比较的过程也简直是噩梦:

```
double max=score1;                //假定第一个数是最大的
if(score2>max)
    max=score2;
if(score3>max)
    max=score3;
if(score4>max)
    max=score4;
...
```

我实在不忍心继续写下去了,像这种做法,如果20个评委呢?那又得添加一堆的代码,看起来这是件很恐怖的事情。幸亏Java语言为人们提供了能够存放大量数据的容器,它的出现可以使人们在内存中一下子开辟一片连续的存储空间,而不是像上面的做法把成绩一个个地保存在离散的变量里面。这个容器就好比是大家宿舍里的书柜,有了书柜我们可以整整齐齐地把书放上去而不至于到处乱扔。大家一定迫不及待地想要知道这个容器究竟是什么了吧?那就是**数组**。数组的特点有两个。

(1) 数组里面存放的是同类型的数据。

(2) 数组是有下标的,并且这个下标是从0开始的。自从有了数组,程序员数数就是从0开始数了。

通过本章的学习,读者将掌握在Java中如何声明和创建一维数组,掌握数组的初始化和数组的遍历,理解Java中的内存分配情况,掌握如何求最值问题,掌握经典的排序算法——冒泡排序和选择法排序,掌握二分查找法,了解二维数组和对象数组的创建,本章大家还将了解Arrays类常用方法的使用,大家会发现,有了它排序和查找问题将变得如此简单。

5.3 相关知识

5.3.1 一维数组的声明和创建

1. 一维数组的声明

要想使用数组,首先要对数组进行声明。在Java中,声明一维数组的语法格式为

```
数据类型[] 数组名;                //声明数组
```

或

```
数据类型 数组名[];                //声明数组
```

以上两种格式都可以声明一个数组,其中数据类型既可以是基本的数据类型(byte、short、int、long、float、double、char、boolean),又可以是引用数据类型,在Java中除了8种基本的数据类型,其他所见到的都是引用数据类型。在这里读者可以将引用数据类型想象成

电视机的遥控器，通过遥控器可以遥控电视机。在本章知识拓展对象数组的创建和使用一节可以使大家进一步地理解引用数据类型的含义。数组名可以是任意合法的标识符。

声明数组的目的就是告诉计算机该数组中存放的数据类型是什么。通过数组的声明可知，数组中存放的都是同一数据类型的数据。例如：

```
float[] score;      //声明一个存放成绩的数组,数据类型为 float,数组名为 score
String[] fruits     //声明一个存放水果名称的数组,数据类型为 String,数组名为 fruits
```

注意

对这两种语法格式而言，在开发中优先选用第一种格式。因为第一种格式不仅具有更好的语意，也具有更好的可读性。对于“数据类型[]数组名;”方式，一看数据类型后面跟着一个中括号，我们就知道声明的是一个数组，而不是普通的变量。但第二种格式“数据类型数组名[];”的可读性就差了，看起来好像定义了一个类型为“数据类型”的变量，而变量名是“数组名[]”，这与真实的含义相去甚远。可能有些读者非常喜欢第二种格式，从现在开始就不要再使用这种糟糕的方式了。C#就不再支持第二种声明数组的语法，它只支持第一种声明数组的语法。

另外，在Java语言中声明数组时不能指明数组的长度，即数组中元素的个数。例如：

```
float score[5];                    //非法,编译通不过
```

2. 一维数组的创建

声明数组只是得到了一个存放数组的变量，但并没有真正为数组元素分配内存空间，因此此时还不能使用数组。如何将数组真正地创建出来呢？Java中给人们提供了一个很形象的关键字——new。其语法格式为

```
数组名=new 数据类型[数组长度];             //创建数组,为数组开辟了存储空间
```

其中，数组长度就是数组中能够存放的元素的个数，显然数组长度应该是正整数。例如：

```
score=new float[5];
fruits=new String[10];
```

当然，也可以在声明一个数组的同时将数组创建出来。其语法格式为

```
数据类型 数组名[]=new 数据类型[数组长度];
```

其中，数组长度一旦声明就不能再修改了。例如：

```
float[] score=new float[5];          //声明一个名为 score 的数组,同时开辟了 5 个小格子
String[] fruits=new String[10];      //声明一个名为 fruits 的数组,同时开辟了 10 个小格子
```

5.3.2 Java中的内存管理

如果声明了一个基本数据类型的变量，就会在内存中开辟一块存储空间，那么声明完一个数组并且创建后，它在内存中又是怎么样的呢？为了分析数组在声明和创建时的内存变化情况，首先来简单地了解一下Java中的内存管理。

Java 把内存区域划分为好几块：栈区、堆区、代码区和常量池区。

暂且不管代码区和常量池区，主要来看栈区和堆区。

栈区：主要存放的是人们在程序中所定义的一些基本数据类型的变量以及引用数据类型的变量。

堆区：所有 new 出来的东西全都存放在堆区。

Java 中的内存管理主要管理的是内存的分配和释放。

分配：内存的分配是由程序完成的，对于基本数据类型，通过声明变量，直接就会在内存中开辟相应大小的存储空间；对于引用数据类型，程序员需要通过关键字 new 动态地申请内存空间。

释放：在栈中分配的内存，当超出变量的作用域后会自动地释放该变量所分配的内存空间；在堆中分配的内存空间，由 Java 虚拟机(Java Virtual Machine,JVM)的垃圾回收机制负责其空间的释放。

5.3.3 一维数组内存分析

了解了 Java 中内存管理之后，围绕下面的例子来看一下一维数组在声明和创建时的内存变化情况。

【例 5-1】 声明一个存放 5 个整数的数组并创建数组，输出数组中每个元素的值。

【问题分析】

声明数组：由于这个数组是存放整数的，所以根据数组声明的语法，可以进行如下声明：

```
int[] num;
```

此时内存情况是怎样的呢？Java 虚拟机会为 num 在栈内存开辟一块存储空间，如图 5-2 所示。

创建数组：声明数组只是在栈内存中开辟了一块存储空间，一块空间里面只能存放一个数值，肯定是不能存下 5 个整数的。只有真正地创建数组，才会开辟能够存放 5 个整数的连续的存储空间，即执行“num＝new int[5];”大家想想此时这片连续的存储空间是开辟在内存什么地方呢？根据 5.3.2 节对 Java 内存管理的学习可知，所有 new 出来的东西都是分配在堆内存中的。因此，此时的内存变化情况如图 5-3 所示。

图 5-2 声明 num 数组时的内存情况

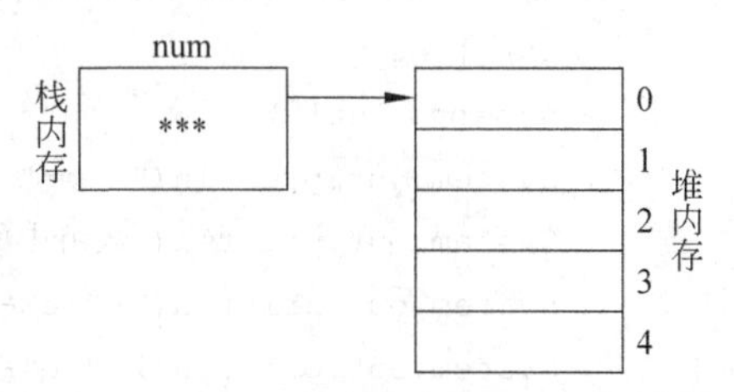

图 5-3 创建数组后内存的变化情况

此时 num 变量里面究竟存了什么值使人们能够通过它可以访问堆内存中开辟的连续空间的内容呢？让我们一起将 num 的值输出来探探究竟。

【程序实现】

```
//ArrayPrintDemo.java
public class ArrayPrintDemo {
    public static void main(String[] args) {
        int[] num;                              //声明数组 num
        num=new int[5];                         //创建数组
        System.out.println("num="+num);         //输出数组名
    }
}
```

【运行结果】

```
num=[I@c17164
```

【程序说明】

程序运行后,我们发现一个奇怪的结果[I@c17164,这是什么呢?这是JVM给堆内存中那片连续存储空间分配的首地址。是不是感觉恍然大悟了呢?因为存了首地址,人们通过数组名就可以找到堆内存中开辟的空间的首地址了,而数组中空间是连续的,这样就可以依次找到数组中的每个元素了。

5.3.4 数组的遍历

1. 数组元素的访问

由于数组名里面存放的是一个地址值,那么堆内存的那些小格子里面到底存放的是什么呢?如何能够输出每个小格子里面的内容呢?即如何访问每个数组元素呢?在Java中,访问数组元素的语法格式为

```
数组名[下标值];
```

如num[0]表示数组的第1个元素。

【例5-2】 输出例5-1所创建数组的每个元素的值。

【程序实现】

```
public class ArrayPrintDemo {
    public static void main(String[] args) {
        int[] num;
        num=new int[5];
        System.out.println("num="+num);
        System.out.println("数组中的元素为: ");
        System.out.println(0+"\t"+num[0]);
        System.out.println(1+"\t"+num[1]);
        System.out.println(2+"\t"+num[2]);
        System.out.println(3+"\t"+num[3]);
        System.out.println(4+"\t"+num[4]); }
    }
```

【运行结果】

```
num=[I@c17164
```

数组中的元素为：

```
0	0
1	0
2	0
3	0
4	0
```

注意

通过输出结果，我们发现创建了数组后，数组中每个元素是有初始值的，这个值称为数组的默认值。这个默认值是和声明数组时所指定的数据类型有关的：如果是基本数据类型，如 int 类型的默认值为 0，float 类型的默认值为 0.0，boolean 类型的默认值为 false；如果是引用数据类型，其默认值为 null。读者可以通过程序验证一下。

2. 一维数组的遍历

观察一下例 5-2 可发现，以下这段代码是非常有规律的：

```
System.out.println(0+"\t"+num[0]);
System.out.println(1+"\t"+num[1]);
System.out.println(2+"\t"+num[2]);
System.out.println(3+"\t"+num[3]);
System.out.println(4+"\t"+num[4]);
```

如果定义一个变量 i，这段代码就可以统一成：System.out.println(i+"\t"+num[i])，那么这条语句就变成了可以重复执行的语句，套上循环结构，由于事先能够确定循环 5 次，所以使用 for 结构进行一维数组的遍历最合适。

使用 for 循环结构重新改写例 5-2 的这一段代码：

```
for (int i=0; i<5; i++) {
    System.out.println(i+"\t"+num[i]);
}
```

在第 4 章循环结构的知识拓展部分曾提到过 forEach 结构，对数组的遍历输出也可以使用这个结构。

```
for(int n:num){
    System.out.println(n);
}
```

它可以理解为“在每次循环中，将 num 数组的下一个元素赋给变量 n，然后对其进行输出”。可见 forEach 结构更加简化了遍历数组的代码。但要注意的是，这种结构只能用来访问数组的元素，而不能对元素进行修改。它无法访问数组元素的下标。

5.3.5 一维数组的初始化

如何给数组中的每个元素赋值呢？可以通过以下 3 种方式。

1. 数组声明与为数组元素分配空间并赋值的操作分开

例如：

```
int[] num;
num=new int[5];
num[0]=10;
num[1]=20;
num[2]=30
...
```

缺点：一个个地赋值太麻烦了。

2. 在声明数组的同时为数组元素分配空间并赋值

其语法格式为

```
数据类型[] 数组名={值1,值2,值3,…,值n};
```

例如：

```
int[] num={10,20,30,40,50};
```

这个声明没有用 new 来创建数组对象。当编译器遇到包含有初始化表的数组声明时，会自动计算表中元素的数量，并将它作为数组的大小，然后在"幕后"进行合适的 new 操作。

3. 从控制台接收键盘输入进行循环赋值

```
Scanner input=new Scanner(System.in);
for(int i=0;i<5;i++){
    num[i]=input.nextInt();
}
```

注意

直接创建并赋值的方式必须一并完成，如下代码是不合法的：

```
int[] num;
num={10,20,30,40,50};                //编译报错
```

【例 5-3】 要求 20 名同学对学生食堂饭菜的质量进行 1～5 的评价(1 表示很差，5 表示很好)。将这 20 个结果输入整型数组，并对打分结果进行分析。

【问题分析】

我们希望统计出每个分数对应的学生人数。学生最终的打分情况可以借助于一个整型数组 answers 来保存。首先定义一个包含 20 个打分结果的 answers 数组，然后再定义一个包含 6 个元素的 frequency 数组来统计各种评价的次数，frequency 中的每个元素此时都被看成了一个得分的计数器，其默认的初始值为 0。在这里为何要将数组长度定义为 6 呢？我们想让 frequency[1]统计的是分值 1 的次数，frequency[2]统计的是分值 2 的次数，以此类推，这样正好一一对应起来，这里忽略掉 frequency[0]。比如读入第一个学生的评价，他的评价是 5 分，就将 frequency[5]的计数值加 1。当遍历完 answers 数组后，对应的 frequency 数组里面的值就是每个分数对应的学生人数。

【程序实现】

```
1    public class StudentPoll {
2        public static void main(String[] args) {
3            int[] answers={3, 1, 2, 5, 4, 2, 2, 3, 4, 5,
4                                  1, 2, 3, 4, 2, 1, 3, 2,4, 2};
5            int[] frequency=new int[6];
6            for (int i=0; i<20; i++) {
7                frequency[answers[i]]++;
8            }
9            System.out.println("分值\t 学生数");
10          for (int i=1; i<6; i++) {
11              System.out.println(i+"\t"+frequency[i]);
12          }
13      }
14   }
```

【程序说明】

(1) 第3行和第4行采用初始化数组中所说的第2种方式完成了数组中每个元素的赋值,这个数组是存放学生问卷结果的。

(2) 第5行定义了包含6个元素的frequency数组,默认初始值均为0。这个数组是统计各个分数对应的学生人数的。学生评价结果取值范围只可能是[1,5],评价为1的让frequency[1]计数器进行累加,依此类推。

(3) 第6～8行循环遍历answers数组中的每个元素,将其值answers[i]取出来,answers[i]的取值只可能是[1,5],然后将对应的frequency[answers[i]]的值加1。

(4) 第10～12行遍历frequency数组即可知道各个分值对应的学生人数。

【运行结果】

```
分值    学生数
1       3
2       7
3       4
4       4
5       2
```

5.3.6 一维数组的应用

1. 最值问题

【例5-4】 输入10个整数,输出其中的最大值和最小值。

【问题分析】

求最大值最小值的问题,通常采用“打擂台”的方式,先站上来一个人就认为他是最厉害的。然后第2个人上来和站在这个擂台上的人打,谁失败了谁下台,这样站在擂台上的就是这两个人中最厉害的。然后第3个人上来和站在这个擂台上的人打,谁失败谁就下台,这样站在擂台上的人是3个人中最厉害的。然后一直比,直到最后一个人再比时他一定是在和前面已经比过的最厉害的那个人在比。台上剩下的自然就是最厉害的。

回到这个问题，可以进行如下设计。

(1) 定义一个一维数组 num 保存输入的 10 个整数。

(2) 假设第一个数 num[0]既是最大的，也是最小的。将其放入 max(大家可以将其想象成是擂台)，即执行“max=num[0];”同时也将其放入 min 中，即执行“min=num[0];”。

(3) 将 num[1]和 max 比较，如果 num[1]>max，则将 max=num[1]；如果 num[1]<min，则将 min=num[1]。显然，这是典型的分支结构。

```
if(num[1]>max)
    max=num[1];
if(num[1]<min)
    min=num[1];
```

这样一来 max 中存放的是两个数中最大的，min 中存放的是两个数中最小的。

(4) 将 num[2]和 max 比较，如果 num[2]>max，则将 max=num[2]；如果 num[2]<min，则将 min=num[2]。

```
if(num[2]>max)
    max=num[2];
if(num[2]<min)
    min=num[2];
```

这样一来 max 中保存的就是 3 个数中最大的，min 中保存的是 3 个数中最小的。

此时我们观察一下(3)和(4)，如果用 i 表示当前遍历的那个元素的下标，则(3)和(4)可以统一成以下代码：

```
if(num[i]>max)
    max=num[i];
if(num[i]<min)
    min=num[i];
```

上述代码重复执行直到 i 为 9。显然这里要套上循环结构，由于事先能确定循环次数，优先选用 for 循环结构。

(5) 最后 max 中存放的即为 10 个数中最大的，min 中存放的即为 10 个数中最小的。

【程序实现】

```
1   import java.util.Scanner;
2   public class MaxAndMinDemo {
3       public static void main(String[] args) {
4           int[] num=new int[10];
5           Scanner input=new Scanner(System.in);
6           System.out.println("请输入 10 个整数：");
7           for(int i=0;i<10;i++){
8               num[i]=input.nextInt();
9           }
10           int max=num[0];
```

```
11          int min=num[0];
12          for(int i=1;i<10;i++){
13              if(num[i]>max){
14                  max=num[i];
15              }
16              if(num[i]<min){
17                  min=num[i];
18              }
19          }
20          System.out.println("10个数中最大值为: "+max);
21          System.out.println("10个数中最小值为: "+min);
22      }
23  }
```

【程序说明】

(1) 第1行,导入包语句,将和输入有关的类Scanner引入进来。

(2) 第4行,声明并创建了一个能够存储10个整数的一维数组。

(3) 第7～9行,使用for循环,接收从键盘中输入的10个整数将其存入一维数组。

(4) 第10行,假设第一个数(即num[0])就是最大的。

(5) 第11行,假设第一个数(即num[0])就是最小的。

(6) 第12～19行,使用for循环依次遍历num数组中的每个元素,将其与max和min进行比较,每次max中存放的都是遍历过元素中最大的,min中存放的都是遍历过元素中最小的。

(7) 第20行和第21行,输出max和min的值。

注意

在程序中,有两处出现了数组的长度10,数组长度一旦要发生改变,这两处都需要进行修改,有没有可能做到"一改全改"呢?通过数组所提供的length属性就可以解决这个问题。究竟属性是什么?大家暂可先不用管。先会用它即可。其语法格式为

```
数组名.length
```

在本例中可以将数组长度的地方替换为num.length。

【运行结果】

```
请输入10个整数:
8 10 7 8 9 6 5 6 8 7
10个数中最大值为: 10
10个数中最小值为: 5
```

2. 排序问题

【例5-5】 将5个数按照从小到大的顺序排列起来。

排序问题可以借助于一些经典的算法来解决。这里给大家介绍两种经典的排序算法:冒泡排序和选择排序。

1）冒泡排序

【算法描述】

冒泡排序(BubbleSort)算法的基本思想是：依次比较相邻的两个数，将小数放在前面，大数放在后面。即在第一趟：首先比较第 1 个数和第 2 个数，将小数放前，大数放后。然后比较第 2 个数和第 3 个数，将小数放前，大数放后，如此继续，直至比较最后两个数，将小数放前，大数放后。至此第一趟结束，将最大的数放到了最后。在第二趟：仍从第 1 个数开始比较，将小数放前，大数放后，一直比较到倒数第 2 个数(倒数第一的位置上已经是最大的)，第二趟结束，在倒数第二的位置上得到一个新的最大数。如此下去，重复以上过程，直至最终完成排序。由于在排序过程中总是小数往前放，大数往后放，相当于气泡往上升，所以称为冒泡排序。

【问题分析】

假设对 5 个数(9,7,5,8,4)应用冒泡排序，排序的过程如下。

第一趟排序的过程如图 5-4 所示。

经过第一趟排序后，最大数 9 沉底。

第二趟排序的过程如图 5-5 所示。

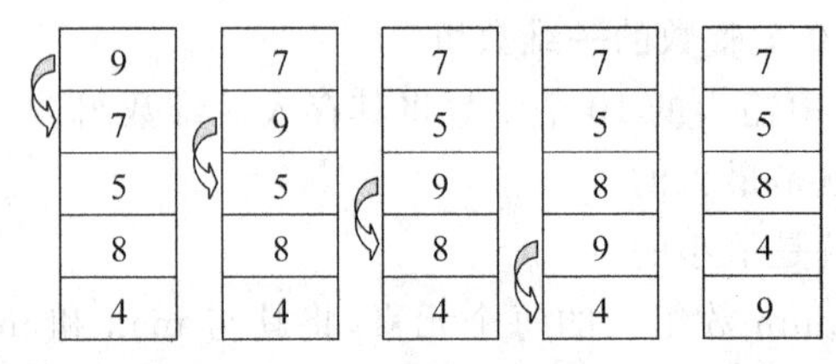

图 5-4 冒泡排序的第一趟排序

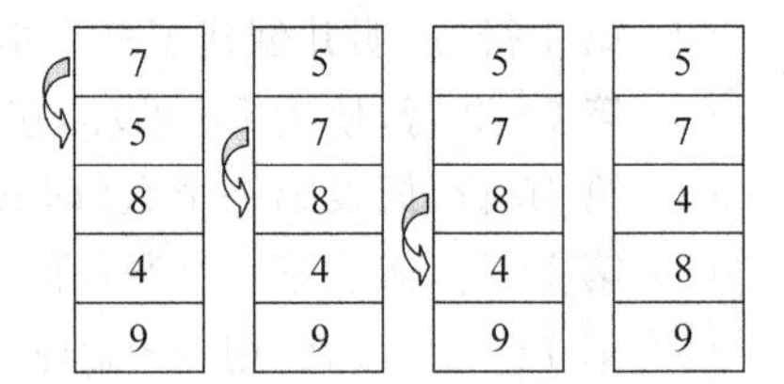

图 5-5 冒泡排序的第二趟排序

在第二趟排序时，只需要比较前 4 个数，因为经过第一趟排序后，9 已经排在了合适的位置。经过第二趟排序后，数字 8 沉底。

第三趟排序的过程如图 5-6 所示。

经过第三趟排序后，数字 7 沉底。

第四趟排序的过程如图 5-7 所示。

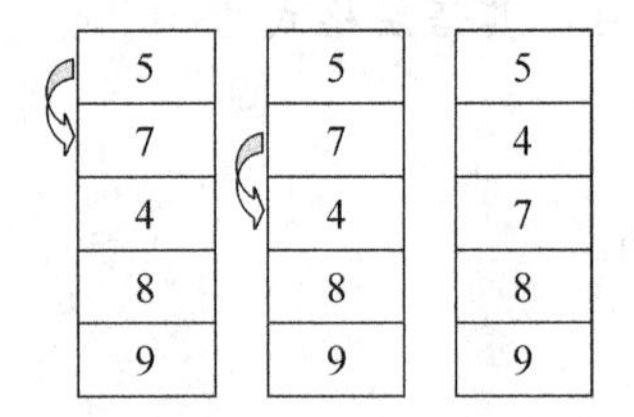

图 5-6 冒泡排序的第三趟排序

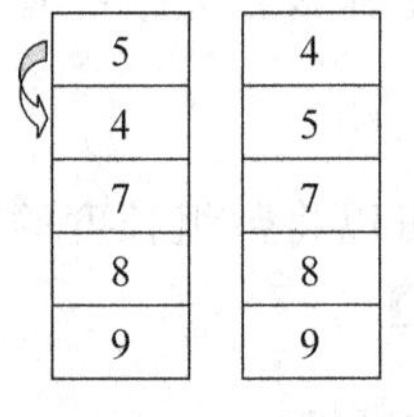

图 5-7 冒泡排序的第四趟排序

经过第四趟排序后，数据就按照从小到大的顺序排好了。

通过上述过程，我们可以发现如下规律：

第 i 趟	比较的次数
1	4=5－1
2	3=5－2
3	2=5－3
4	1=5－4

如果有 n 个数,要遍历 n－1 趟,每一趟比较的次数是 n－i 次。根据这个描述,冒泡排序的算法应该是一个二重循环,外循环控制遍历的趟数,内循环控制每趟比较的次数。

【程序实现】

```
1  public class BubbleSortDemo {
2  /**
3  冒泡排序,实现从小到大排序
4   */
5  public static void main(String[] args) {
6      int[] a={ 9, 7, 5, 8, 4 };
7      //外循环 从 1~a.length-1 趟
8      for (int i=1; i<a.length; i++) {
9          System.out.print("第"+i+"趟:");
10          //内循环 每一趟比较的次数为 a.length-i 次
11          for (int j=0; j<a.length-i; j++) {
12              if (a[j]>a[j+1]) {
13                  int temp=a[j];
14                  a[j]=a[j+1];
15                  a[j+1]=temp;
16              }
17          }
18          for (int k=0; k<a.length; k++) {
19              System.out.print(a[k]+" ");
20          }
21          System.out.println();
22      }
23    }
24  }
```

【程序说明】

(1) 第 6 行定义了一个数组并对其进行初始化。

(2) 第 8 行是外循环,根据程序分析外循环控制当前遍历的是第几趟,a.length 表示数组中元素的个数,外循环 i 从 1 开始到 a.length－1 共 a.length－1 趟。

(3) 第 10 行是内循环的开始,控制每趟比较的次数为 a.length－i 次,由于数组下标从 0 开始,总是先从 a[0]开始比较,所以 j 从 0 到 a.length－i(不包括)。

(4) 第 11～17 行,如果出现 a[j]>a[j+1],即前一个数比后一个数大的情况,则交换这两个数,借助于一个中间变量 temp 完成两个数的交换。

(5) 第 19 行和第 20 行,每一趟比较结束后,遍历数组输出排序之后数组元素的值。

【运行结果】

```
第 1 趟:7 5 8 4 9
第 2 趟:5 7 4 8 9
第 3 趟:5 4 7 8 9
```

第 4 趟:4 5 7 8 9

2) 选择排序

【算法描述】

首先从数组中找出最小数的那个元素所在的下标,并把该位置上的值与第一个元素对调;在剩下的数组中找出最小数那个元素的下标,并把该数与剩下的第一个元素对调……直到最后剩下一个元素为止。

【问题分析】

假设现在对 5 个数(9,7,5,8,4)应用选择法排序,排序的过程如下。

(1) 第一趟排序。

设变量 p 记录取得最小数的位置,如图 5-8 所示。

p=0

如果 a[1]<a[p],此时改变 p 的位置,p=1,如图 5-9 所示。

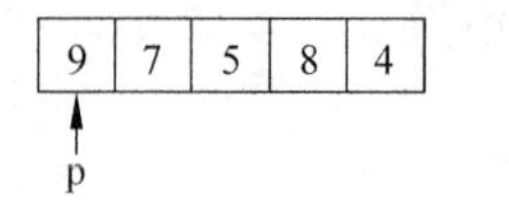

图 5-8 选择法排序第一趟(p=0)

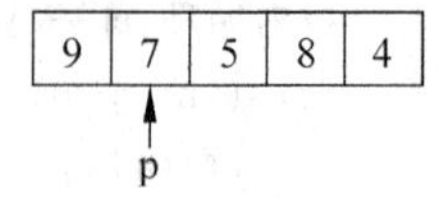

图 5-9 选择法排序第一趟(p=1)

如果 a[2]<a[p],此时改变 p 的位置,p=2,如图 5-10 所示。

如果 a[3]<a[p]不成立,此时不改变 p 的位置,p 的位置仍为 2。

如果 a[4]<a[p]成立,此时改变 p 的位置,p=4,如图 5-11 所示。

通过上述过程,大家可以发现,p 中此时记录的是取得最小数的位置。如果按从小到大的顺序进行排序的话,0 位置应该放的是最小值。最后将 0 位置的数和 p 位置的数交换,如图 5-12 所示。

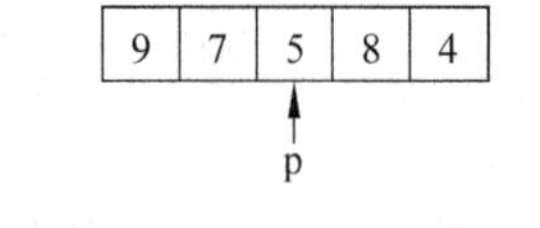

图 5-10 选择法排序第一趟(p=2)

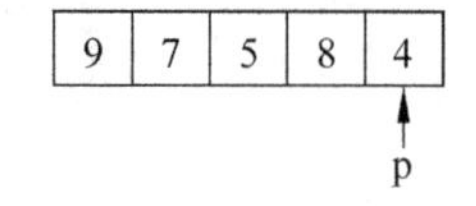

图 5-11 选择法排序第一趟(p=4)

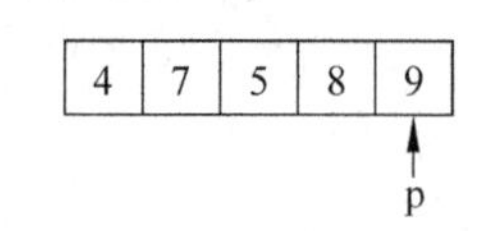

图 5-12 选择法排序第一趟(完成交换)

一趟排序后 0 位置已经放上最小数。

通过观察,可发现上述过程是非常重复的,可以写出如下代码:

```
p=0;                          //p 一开始记录的位置是 0
for(int j=1;j<=4;j++){
    if(a[j]<a[p]){//a[1]<a[p]? a[2]<a[p]? a[3]<a[p]? a[4]<a[p]?
        p=j;                  //改变 p 的位置
    }
}
if(p!=0){                     //如果 p 的位置和一开始记录的位置不一致,则完成两个数的交换
    int temp=a[0];
    a[0]=a[p];
    a[p]=temp;
```

```
}
```

(2) 第二趟排序。

p=1,如图 5-13 所示。

如果 a[2]<a[p],此时改变 p 的位置,p=2,如图 5-14 所示。

如果 a[3]<a[p]不成立,此时不改变 p 的位置,p 仍为 2。

如果 a[4]<a[p]不成立,此时不改变 p 的位置,p 仍为 2。

通过上述过程,大家可以发现,p 中此时记录的是除去第 1 个数后取得最小数的位置。如果按从小到大的顺序进行排序的话,1 位置应该放的是剩下数中的最小值。最后将 1 位置的数和 p 位置的数交换,如图 5-15 所示。

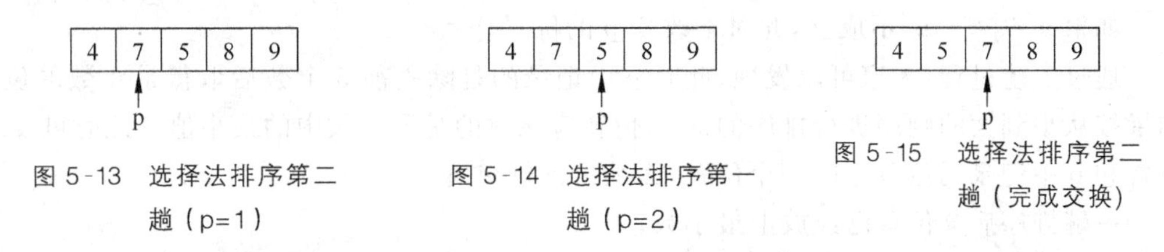

图 5-13 选择法排序第二趟(p=1)

图 5-14 选择法排序第一趟(p=2)

图 5-15 选择法排序第二趟(完成交换)

第二趟排序后,1 位置已经放上最小数。

通过观察,可发现上述过程是非常重复的,可以写出如下代码:

```
p=1;                        //p 一开始记录的位置是 1
for(int j=2;j<=4;j++){
    if(a[j]<a[p]){//a[2]<a[p]? a[3]<a[p]? a[4]<a[p]?
        p=j;                //改变 p 的位置
    }
}
if(p!=1){                   //如果 p 的位置和一开始记录的位置不一致,则完成两个数的交换
    int temp=a[1];
    a[1]=a[p];
    a[p]=temp;
}
```

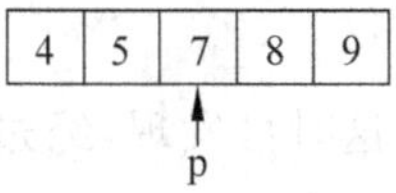

(3) 第三趟排序。

p=2,如图 5-16 所示。

图 5-16 选择法排序第三趟(p=2)

如果 a[3]<a[p]不成立,此时不改变 p 的位置,p=2。

如果 a[4]<a[p]不成立,此时不改变 p 的位置,p 仍为 2。

通过上述过程,大家可以发现,此时 p 中记录的是除去前两个数后取得最小数的位置。如果按从小到大的顺序进行排序的话,2 位置应该放的是剩下数中的最小值。此时可发现 2 位置和 p 中记录的位置是同一个位置,无须再进行交换。

一趟排序后 2 位置已经放上最小数。

通过观察,可发现上述过程依然是非常重复的,可以写出如下代码:

```
p=2;                        //p 一开始记录的位置是 2
for(int j=3;j<=4;j++){
    if(a[j]<a[p]){//a[3]<a[p]? a[4]<a[p]?
```

```
        p=j;                    //改变 p 的位置
    }
}
if(p!=2){                       //如果 p 的位置和一开始记录的位置不一致,则完成两个数的交换
    int temp=a[1];
    a[1]=a[p];
    a[p]=temp;
}
```

(4) 第四趟排序。

p=3,如图 5-17 所示。

4	5	7	8	9
			↑ p	

图 5-17　选择法排序第四趟(p=3)

如果 a[4]<a[p]不成立,此时不改变 p 的位置,p=3。

通过上述过程,大家可以发现,此时 p 中记录的是除去前 3 个数后取得最小数的位置。如果按从小到大的顺序进行排序的话,3 位置应该放的是剩下数中的最小值。此时可发现 3 位置和 p 中记录的位置是同一个位置,无须再进行交换。

一趟排序后 3 位置已经放上最小数。

通过观察,可发现上述过程依然是非常重复的,可以写出如下代码:

```
p=3;                            //p 一开始记录的位置是 3
for(int j=4;j<=4;j++){
    if(a[j]<a[p]){//a[4]<a[p]?
        p=j;                    //改变 p 的位置
    }
}
if(p!=3){                       //如果 p 的位置和一开始记录的位置不一致,则完成两个数的交换
    int temp=a[1];
    a[1]=a[p];
    a[p]=temp;
}
```

这时可发现,经过第四趟排序过程结束后,所有的数就按照从小到大的顺序排列起来了。

再来看一下上述分析过程中每一趟的代码段,如第一趟和第二趟。

第一趟:

```
p=0;                            //p 一开始记录的位置是 0
for(int j=1;j<=4;j++){
    if(a[j]<a[p]){//a[2]<a[p]? a[3]<a[p]? a[4]<a[p]?
        p=j;                    //改变 p 的位置
    }
}
if(p!=0){                       //如果 p 的位置和一开始记录的位置不一致,则完成两个数的交换
    int temp=a[0];
    a[0]=a[p];
    a[p]=temp;
```

```
}
```

第二趟：

```
p=1;                        //p一开始记录的位置是1
for(int j=2;j<=4;j++){
    if(a[j]<a[p]){//a[2]<a[p]? a[3]<a[p]? a[4]<a[p]?
        p=j;                //改变p的位置
    }
}
if(p!=1){                   //如果p的位置和一开始记录的位置不一致,则完成两个数的交换
    int temp=a[1];
    a[1]=a[p];
    a[p]=temp;
}
```

上述代码非常相似,如果稍作修改,就会一模一样,如下：

```
p=i;                        //p一开始记录的位置是i
for(int j=i+1;j<=4;j++){
    if(a[j]<a[p]){//a[2]<a[p]? a[3]<a[p]? a[4]<a[p]?
        p=j;                //改变p的位置
    }
}
if(p!=i){                   //如果p的位置和一开始记录的位置不一致,则完成两个数的交换
    int temp=a[i];
    a[i]=a[p];
    a[p]=temp;
}
```

将i的取值从0取到3就得到之前每一趟的分析结果。显然上述整个过程作为内循环,而外循环用变量i控制。

【程序实现】

```
public class ChoiceSortDemo {
    public static void main(String[] args) {
        int[] a={ 9, 7, 5, 8, 4 };
        for (int i=0; i<=a.length-1; i++) {
            int p=i;                        //p一开始记录的位置是i
            for (int j=i+1; j<=4; j++) {
                if (a[j]<a[p]) {//a[2]<a[p]? a[3]<a[p]? a[4]<a[p]?
                    p=j;                    //改变p的位置
                }
            }
            if (p!=i) {                     //如果p的位置和一开始记录的位置不一致,则交换
            int temp=a[i];
                a[i]=a[p];
```

```
            a[p]=temp;
        }
        System.out.println("第"+(i+1)+"趟");
        for(int k=0;k<a.length;k++){
            System.out.print(a[k]+" ");
        }
        System.out.println();
    }
  }
}
```

【运行结果】

```
第 1 趟
4 7 5 8 9
第 2 趟
4 5 7 8 9
第 3 趟
4 5 7 8 9
第 4 趟
4 5 7 8 9
第 5 趟
4 5 7 8 9
```

3. 查找问题

【例 5-6】 从已排好序的数组中查找某个数字所在的位置。

【算法描述】

折半查找又称为二分查找法，假设利用折半查找法查找数字 69 所在数组中的位置，查找过程如图 5-18 所示。

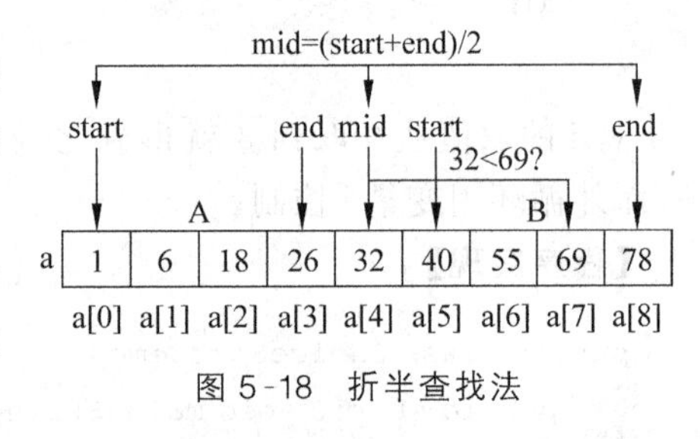

图 5-18 折半查找法

折半查找法的思路是将数组从中间位置一分为二，中间位置 mid 往左的部分记为 A，中间位置往右的部分记为 B。

将待查找的数与数组中间的元素值进行比较，如果待查找的数大于中间的元素值，则待查找的数必定在 B 部分，否则，则有可能在 A 部分。如果在 B 部分，则从 mid 后面一个元素开始查找，否则，从 mid 前一个元素开始查找。

重复上述步骤，直到 start 值大于 end 的值。此时，数组遍历结束。若找到返回该元素所在数组中的下标值，找不到返回－1。

【问题分析】

根据折半法所描述的思路，需要声明变量 start，初始值为 0；声明变量 end，初始值为 8。声明变量 mid 存放 start 和 end 的中间位置。假设要查找 69 这个数在数组中的位置：

第x次	start	end	mid=(start+end)/2	比较mid对应的值和69	下一次
1	0	8	4	69>a[mid]	start=mid+1=5
2	5	8	6	69>a[mid]	start=mid+1=7
3	7	8	7	69=a[mid]	结束

显然上述过程是一个重复的过程，要使用循环结构，那么循环什么时候结束呢？有两种情况：一种情况是在折半查找的过程中，出现了mid对应的元素正好是要找的那个元素；另一种情况是在数据序列中根本就不存在要找的那个元素，此时循环结束的条件是start>end。

【程序实现】

```
1  import java.util.Scanner;
2  public class BinarySearchDemo {
3      public static void main(String[] args) {
4          int[] num={1,6,18,26,32,40,55,69,78};
5          int start=0;
6          int end=num.length-1;
7          int mid=0;
8          System.out.println("请输入你想查找的元素：");
9          Scanner input=new Scanner(System.in);
10         int searchNumber=input.nextInt();
11         while(start<=end){
12             mid=(start+end)/2;
13             if(num[mid]<searchNumber){
14                 start=mid+1;
15             }else if(num[mid]>searchNumber){
16                 end=mid-1;
17             }else if(num[mid]==searchNumber){
18                 break;
19             }
20         }
21         if(start<=end){
22             System.out.println("要查找的元素在"+mid);;
23         }else{
24             System.out.println("很遗憾,不存在你要找的元素");
25         }
26     }
27 }
```

【程序说明】

(1) 第4行声明了一个数组并初始化了已经排好序的一些数字。

(2) 声明变量start，初始值为0，即对应着数组中第1个元素的位置；声明变量end，初始值为num.length−1，即对应着数组中最后1个元素的位置；声明变量mid，初始值为0。

(3) 第8～10行，从键盘上输入要查找的元素。

(4) 第11～20行是折半查找的核心实现："mid=(start+end)/2;"，如果此时要查找的元素＞mid 对应的元素，则应该在 B 区域，改变 start 的值为 mid＋1。如果要查找的元素＜mid 对应的元素，则应该在 A 区域，改变 end 的值为 mid－1。如果要查找的元素＝mid 对应的元素，则说明找到了，应该立刻跳出循环不再继续找下去了。重复上述过程直到 start＞end。

(5) 第 21～25 行，如果退出循环，此时 start＜＝end，则说明是因为 break 退出的循环，即找到了想要查找的元素，否则的话，则说明一直没有找到想找的元素。

【运行结果】

```
请输入你想查找的元素:
32
要查找的元素在 4
```

5.4 任务实现

学习了数组的相关知识后，你应该能够很容易地设计出歌手大赛评分程序了。

【问题分析】

由之前的项目分析，没学数组之前，保存成绩只能通过一个个零散的变量来保存，这种方式操作起来十分麻烦。学习了数组之后，我们可以借助数组保存评委的打分。

(1) 如何求得该歌手各个评委打分之和呢？

这是一个典型的累加和问题，只要设一个累加器，在遍历每个评委打分的时候，把打分累加进去即可。

(2) 最高分和最低分如何求呢？

相信通过前面最值问题的讲解，大家也已经有思路了。

【程序实现】

```
1  import java.util.Scanner;
2  /**
3   * 歌手大赛评分程序
4   */
5  public class SongCompetition {
6      public static void main(String[] args) {
7         double[] score=new double[10];
8         double sum=0;                    //存放选手总得分
9         double max;                      //存放最高分
10         double min;                     //存放最低分
11         Scanner scanner=new Scanner(System.in);
12         for(int i=0;i<score.length;i++){
13             System.out.print("请第"+(i+1)+"名评委亮分(1~100分):");
14             score[i]=scanner.nextDouble();
15             sum+=score[i];
16         }
17         min=max=score[0];              //假设第一个既是最高分,又是最低分
```

```
18        for(int i=1;i<score.length;i++){
19            if(score[i]>max){
20                max=score[i];
21            }
22            if(score[i]<min){
23                min=score[i];
24            }
25        }
26        double finalScore=(sum-max-min)/(score.length-2);
27        System.out.printf("该选手最后得分为：%.2f",finalScore);
28    }
29 }
```

【程序说明】

该程序还有一种实现思路：将10个评委打分进行排序，去掉两头，求中间8个评委的平均分即为该选手的最后得分。

【运行结果】

```
请第 1 名评委亮分(1~100 分):98.5
请第 2 名评委亮分(1~100 分):86.8
请第 3 名评委亮分(1~100 分):76.5
请第 4 名评委亮分(1~100 分):89.6
请第 5 名评委亮分(1~100 分):56.5
请第 6 名评委亮分(1~100 分):18.9
请第 7 名评委亮分(1~100 分):76.5
请第 8 名评委亮分(1~100 分):89.5
请第 9 名评委亮分(1~100 分):78.5
请第 10 名评委亮分(1~100 分):88.5
该选手最后得分为：80.30
```

5.5 知识拓展

5.5.1 Arrays 类

Java的设计人员预先给人们提供了很多包，提供了一个很好的平台让人们进行程序开发。java. util包就是其中之一。大家想想之前在哪里见过这个包？为了实现键盘输入，使用了Scanner类，Scanner类就位于java. util包中，想要使用它必须在开始导入java. util包，即import java. util. Scanner。这里要给大家讲的Arrays类也位于这个包中。Arrays类提供了很多常用的方法来操作数组，如排序、查询等。排序的语法如下：

```
Arrays.sort(数组名);
```

对数组进行二分查找的语法如下：

```
Arrays.binarySearch(数组名,要查找的元素);
```

如果没找到，该语法返回－1；如果找到了，该语法返回元素所在的位置。

【例 5-7】 将 5 个数(9,7,5,8,4)从小到大进行排序并查找 8 所在的位置。

【问题分析】

使用 Arrays 类完成排序。

使用 Arrays 类对数组进行二分查找的语法查找元素所在的位置。

大家通过下面的程序会发现，想要排序、想要查找，使用 Arrays 类的方法整个过程竟然变得如此简单，这也是 Java 的魅力所在，我们是“站在巨人的肩膀上做开发”。

【程序实现】

```
import java.util.Arrays;
public class ArraysSortDemo {
    /**
     使用 Arrays 类的 sort 方法进行排序
     */
    public static void main(String[] args) {
        int[] a={ 9, 7, 5, 8, 4 };
        Arrays.sort(a);
        for (int i=0; i<a.length; i++) {
            System.out.print(a[i]+" ");
        }
        System.out.println();
        int position=Arrays.binarySearch(a, 8);
        if(position!=-1){
            System.out.println("找到了,位置是"+position);
        }else{
            System.out.println("没找到你想要找的元素");
        }
    }
}
```

【运行结果】

```
4 5 7 8 9
找到了,位置是 3
```

注意

使用 Arrays 类的相关语法时，一定要在程序的开始加入一句“import java. util. Arrays;”。另外使用其排序语法时，这个语法只能将数组按照从小到大的顺序排列起来。如果想从大到小排列，还得使用 Arrays 类的其他语法，但那会用到接口的概念，感兴趣的读者可以用 Google 搜索一下“Java 排序 大到小”。

5.5.2 对象数组

下面再来看一下声明并创建对象数组的语法：

```
数据类型[] 数组名=new 数据类型[数组长度];          //声明并创建数组
```

如果想存放一个班所有的学生，那么此时数据类型应该是什么呢？你可能会说，既然存的是学生，那数据类型当然应该是学生啊！可学生对应的是什么类型呢？好像我们找不到一个可以使用的合适的数据类型。那我们就只能自己定义一个新的数据类型——“学生”类型。

【例 5-8】 声明一个数组存放 5 名学生，并让每个学生进行自我介绍，包括姓名、年龄。

【问题分析】

假设存在“学生”这种类型，记其为 Student。

那么根据一维数组的语法，可以有如下的数组声明：

```
Student[] classes=new Student[5];
```

可是，Student 这种类型本身并不存在，我们需要自己构造，Student 类型定义如下：

```
class Student{
    String name;                      //学生的姓名
    int age;                          //学生年龄
    //只要记住,这个地方是给学生一个具体的名字和年龄即可
    public Student(String name,int age){
        this.name=name;
        this.age=age;
    }
    //学生还可以进行自我介绍
    public void introduction()[
        System.out.println("我的名字是"+name+"我的年龄是"+age);
    }
}
```

大家看了上面的代码可能会有点蒙，这是什么东西？不要着急，在第 6 章学过之后再来看它，你就会恍然大悟了。在这里你只要知道，我们向女娲学习，造了个学生的模型出来，有名字，有年龄，还能自我介绍。可模型终归是模型，我们还需要通过模型做出真正的学生。所以在紧接着的程序实现中会发现我们通过 new 关键字造了 5 个学生。new 学生的过程称为创建对象，实际上此时数组里面存放的是一个个的对象，“对象数组”名称由此而来。

【程序实现】

```
1   class Student {
2       String name;
3       int age;
4       public Student(String name, int age) {
5           this.name=name;
6           this.age=age;
7       }
8       public void introduction() {
9           System.out.println("我叫"+name+"我今年"+age+"岁了");
10      }
11  }
```

```
12  public class ObjectArrayDemo {
13      public static void main(String[] args) {
14          Student[] classes={ new Student("张三", 20),
15                              new Student("李四", 19),
16                              new Student("王五", 18),
17                              new Student("赵六", 22),
18                              new Student("孙七", 19) };
19          for(int i=0;i<classes.length;i++){
20              classes[i].introduction();
21          }
22      }
23  }
```

【程序说明】

(1) 第 14 行声明了一个数组并存放了 5 个具体的学生对象。

(2) 第 19～21 行为遍历班里的每个学生，classes[0]对应第一名学生，class[1]对应第二名学生，依此类推，每遍历一名学生，就调用一下 introduction 方法，让该同学做自我介绍。

【运行结果】

```
我叫张三我今年 20 岁了
我叫李四我今年 19 岁了
我叫王五我今年 18 岁了
我叫赵六我今年 22 岁了
我叫孙七我今年 19 岁了
```

5.5.3 二维数组

1. 概述

二维数组可以看成是以数组为元素的数组。例如：

```
int[][] num={{1,2},{3,4,5,6},{7,8,9}};
```

大家可以观察一下，一维数组声明一个[]，二维数组两个[][]，三维、四维依次类推，有没有五维呢？反正笔者目前未见过其应用，目前只见过四维的应用，在 3D 的图形转换中可以用到。

2. 声明和创建

等长数组，例如：

```
int[] [] num=new int[3][3];              //创建了具有三行三列的数组
```

不等长数组，例如：

```
int[][] num=new int[3][];                //创建了具有三行的数组
num[0]=new int[2];                       //第一行 2 个元素
num[1]=new int[4];                       //第二行 4 个元素
num[2]=new int[3];                       //第三行 3 个元素
```

Java 中多维数组的声明和初始化应按从高维到低维(即从左至右)的顺序进行,例如:

```
int[][] num=new int[][3];                    //非法
```

3. 内存分析

下面以 int [ ][ ] num=new int[3][3]为例。

由概述可知,二维数组可以看成是由一维数组为元素的。像上面这个数组我们可以看成由 3 个元素组成,分别为 num[0]、num[1]、num[2],num[0]是由 3 个元素组成的一维数组,num[0]是数组名,num[0]中每个元素为 num[0][0]、num[0][1]、num[0][2],num[1]、num[2]依此类推。

根据之前所讲的一维数组,即使没有初始化也是有默认初始值的。二维数组同样如此,上述数组创建内存分配如图 5-19 所示。

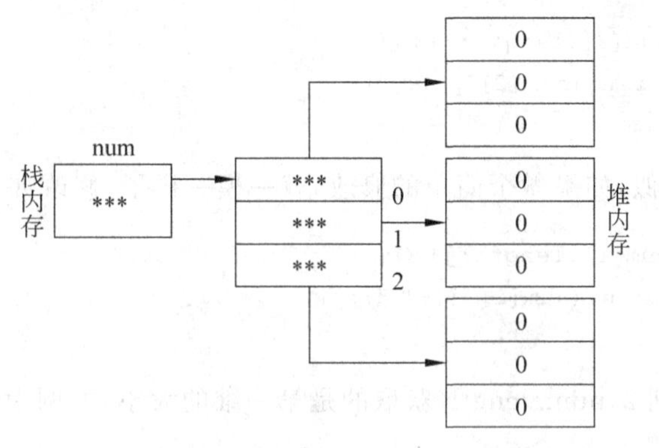

图 5-19 二维数组声明和创建时内存分配图

接下来再来看一下上述不等长的数组创建时内存变化情况,如图 5-20 所示。

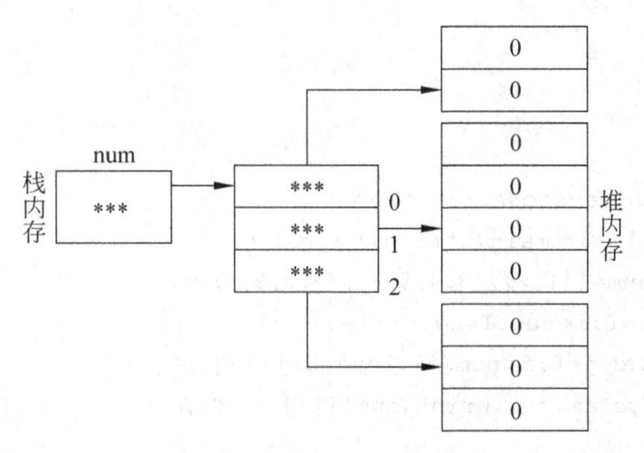

图 5-20 不等长数组声明和创建时内存分配情况

4. 初始化

```
int[][] num={{1,2},{3,4,5,6},{7,8,9}};
```

【例 5-9】 输出二维数组 int[ ][ ] num={{1,2},{3,4,5,6},{7,8,9}}中的元素。

【问题分析】

二维数组可以看成是一维数组组成的,num[0]是一个一维数组,元素为{1,2},即

num[0][0]为 1,num[0][1]为 2。

如何输出它的值呢? num[0].length 能够获取数组元素的个数

```
for(int j=0;j<num[0].length;j++){
    System.out.print(num[0][j]+" ");
}
```

num[1]是一个一维数组,元素为{3,4,5,6}。

```
for(int j=0;j<num[1].length;j++){
    System.out.print(num[1][j]+" ");
}
```

同理,num[2]也是一个一维数组,元素为{7,8,9}。

```
for(int j=0;j<num[2].length;j++){
    System.out.print(num[2][j]+" ");
}
```

上述代码非常相似,如果做个简单的修改,就一模一样了,修改如下:

```
for(int j=0;j<num[i].length;j++){
    System.out.print(num[i][j]+" ");
}
```

i 的取值从 0 取到 2,num.length 获取的是第一维的大小,本例中为 3。所以有:

```
for(int i=0;i<num.length;i++){
    for(int j=0;j<num[i].length;j++){
        System.out.print(num[i][j]+" ");
    }
}
```

【程序实现】

```
public class TwoDimensionArrayDemo {
    public static void main(String[] args) {
        int[][] num={{1,2},{3,4,5,6},{7,8,9}};
        for(int i=0;i<num.length;i++){
            for(int j=0;j<num[i].length;j++){
                System.out.print(num[i][j]+" ");
            }
            System.out.println();
        }
    }
}
```

【运行结果】

```
1 2
3 4 5 6
```

5.6 本章小结

本章介绍用于存储大量同类型数据的数组这种数据结构，介绍 Java 内存管理知识，一维数组创建时内存的变化情况，和数组相关的一些典型的应用实例，最后在知识拓展中又给大家介绍 Arrays 类、对象数组和二维数组。学习本章后，读者应该掌握以下内容。

(1) 数组的声明和创建。

(2) 数组创建时的内存情况。

(3) 数组的初始化。

(4) 数组的遍历。

(5) 最大值、最小值问题的解决思路。

(6) 经典的排序算法——冒泡排序和选择排序。

(7) 经典的二分查找的算法思路。

(8) Arrays 类的使用。

(9) 对象数组的使用。

(10) 二维数组的使用。

5.7 强化练习

5.7.1 判断题

1. Java 中数组元素的下标是从 1 开始的。(　　)
2. "int[][] x=new int[3][5];"所定义的二维数组对象含有 15 个 int 型元素。(　　)
3. 声明数组时就已经分配了连续的存储空间。(　　)
4. Java 中不能创建不等长的二维数组。(　　)
5. Java 中规定声明数组时数据类型是任意的。(　　)

5.7.2 选择题

1. 下列关于 Java 语言的数组描述中，错误的是(　　)。

   A. 数组的长度通常用 length 表示　　B. 数组下标从 0 开始

   C. 数组元素是按顺序存放在内存的　　D. 数组空间大小可以任意扩充

2. 下列关于数组的定义形式，错误的是(　　)。

   A. int[] a;a=new int[5];　　B. char b[];b=new char[80];

   C. int[] c=new char[10]　　D. int []d[3]=new int[2][];

3. 某个 main()方法中有以下代码：

```
double[] num1;
double num3=2.0;
int num2=5;
```

```
num1=new double[num2+1];
num1[num2]=num3;
```

请问以上程序编译运行后的结果是(　　)。

A. num1 指向一个有 5 个元素的 double 型数组

B. num2 指向一个有 5 个元素的 int 型数组

C. num1 数组的最后一个元素的值为 2.0

D. num1 数组的第 3 个元素的值为 5

4. 以下数组初始化形式正确的是(　　)。

A. int t1[][]={{1,2},{3,4},{5,6}}

B. int t2[][]={1,2,3,4,5,6}

C. int t3[3][2]={1,2,3,4,5,6}

D. int t4[][]

t4={1,2,3,4,5,6};

5. 某个 main()方法中有以下代码：

```
double[] num1;
double num3=2.0;
int num2=5;
num1=new double[num2+1];
num1[num2]=num3;
```

请问以上程序编译运行后的结果是(　　)。

A. num1 指向一个有 5 个元素的 double 型数组

B. num2 指向一个有 5 个元素的 int 型数组

C. num2 指向一个有 5 个元素的 int 型数组

D. num1 数组的第 3 个元素的值为 5

5.7.3　简答题

1. 一维数组创建时内存变化情况是怎样的?
2. 冒泡排序的算法思路是怎样的?
3. 选择法排序的算法思路是怎样的?
4. 最大值、最小值的算法思路是怎样的?
5. 二分查找法的思路是怎样的?

5.7.4　编程题

1. 从键盘上输入若干学生(假设不超过 100 人)的成绩,计算平均成绩,并输出高于平均分的学生人数及成绩。这里约定输入成绩为负时结束。

2. 编程实现输出 Fibonacci 数列(要求利用数组实现)的前 30 项。

提示：Fibonacci 数列如 1 1 2 3 5 8 13…,分析其存在的规律。

3. 编程实现对数组进行逆置(首尾交换数组中的数据元素)。

4. 打印杨辉三角形,如图 5-21 所示。

```
*************杨辉三角形*************
    1
    1    1
    1    2    1
    1    3    3    1
    1    4    6    4    1
    1    5   10   10    5    1
    1    6   15   20   15    6    1
    1    7   21   35   35   21    7    1
    1    8   28   56   70   56   28    8    1
    1    9   36   84  126  126   84   36    9    1
```

图 5-21　杨辉三角形

5. 编程实现矩阵的转置。

6. 一家小型航空公司要开发一款自动订票系统，并让你设计这个新系统，要求编写一个程序来安排每次航班的座位。假设每个航班只有10个座位，要求显示下列选择菜单：

1 抽烟区
2 无烟区

如果乘客选择1，应该为他分配一个抽烟区的座位(座位1～5)；如果乘客选择2，就给他一个无烟区的座位(座位6～10)。程序还应打印出登机牌，表明乘客座位号，以及座位是在抽烟区还是无烟区。

第 2 篇

面向对象基础篇

第6章　类和对象

任务　E宠之家(一)

6.1　任务描述

每当看到一只可爱的小动物时,你是不是也心动不已?是不是很想拥有自己的一只宠物?可是没有时间、没有地方养这些小精灵怎么办?这些都不是难题,在本章,我们可以让你拥有自己的宠物,一只电子宠物。本章将设计一款电子宠物系统——E宠之家,在该系统中,你可以领养自己喜欢的宠物,你喜欢狗、猫还是小仓鼠,或者你更喜欢养一只胖胖的猪,你可以为这些电子宠物起名字,可以选择宠物性别,还可以给你的宠物喂食,陪你的宠物玩耍。当然,领养一款电子宠物送朋友也是不错的选择!这一切听起来是不是很不可思议?通过本章的学习,一切都会变成现实,赶快开启我们的电子宠物设计之旅吧!

6.2　任务分析

在E宠之家可以有各种各样的宠物,如宠物狗、宠物猫、宠物蛇等,这些宠物都需要我们自己去设计实现。因为篇幅有限,"E宠之家"只设计两款宠物(宠物猫和宠物猪)并实现它们的领养。当然你可以根据自己的喜好设计其他的宠物类型,来扩充我们的宠物之家。首先,宠物猫和宠物猪都具有自己的特征,特征体现在两个方面:宠物属性和宠物行为。宠物猫具有以下特征:昵称、品种、体力值、心情值等属性;具有吃食、玩耍、洗澡、自我介绍等行为。宠物猪具有昵称、性别、体力值、心情值等属性;也具有吃喝玩乐、自我介绍等行为。有了宠物属性和行为,就可以构建相应的宠物类,通过宠物类来创建一只只可爱的宠物,并实现领养功能。那就让我们赶快进入面向对象的世界,去认识类和对象吧!

6.3　相关知识

6.3.1　面向对象程序设计

1. 面向对象程序设计思想

现实世界中任何事物都可以看作是"对象",比如人、动物、建筑、交通工具、手机等。不同的事物之所以能够相互区分,比如人之所以是人,而不是动物,也不是交通工具,就是因为每种类型的事物都有自己的特征,特征的体现在于每种事物都有自己的属性和行为。对于人,它具有各种属性:姓名、性别、年龄、身高、体重等,还可以有很多行为:吃饭、睡觉、学习、打球等;而对于手机,它具有各种属性:品牌、型号、价格、重量等,可以使用它打电话、发短信、玩游戏、拍照等。也正是因为每种事物都有自己的属性和行为,人们才能对现实中的

"对象"进行分类。

面向对象程序设计正是对现实世界进行模拟,从人类考虑问题的角度出发,把人类解决问题的思维过程转变为程序能够理解的过程。面向对象编程主要任务就是建立模拟问题领域的对象模型,并通过程序代码实现对象模型。对象是对问题领域中事物的抽象。例如,在学校领域,对象包括学生、教师、课程、教室等;而在宠物领域,对象包括宠物狗、宠物猫、宠物蛇等。面向对象编程实现过程就是采用"现实模拟"的方法分析、设计和开发程序。首先使用面向对象的思想对现实世界事物进行面向对象分析(Object-Oriented Analysis,OOA),然后进行面向对象设计(Object-Oriented Design,OOD),对 OOA 的结果进行规范整理,最后根据 OOD 的结果进行面向对象编程(Object Oriented Programming,OOP)。面向对象编程更加符合人的思维习惯,使得编程人员更容易写出易维护、易扩展、易复用的程序。Java 语言正是实现了 OOP 的一种纯面向对象的语言。在 Java 语言中,使用类(class)和对象(object)对现实世界进行模拟,类和对象是 Java 语言中的两个核心概念。

2. 面向对象的特性

面向对象编程主要有以下 3 个特性。

1) 封装(Encapsulation)

封装就是把数据和对数据的操作封装在一起。封装是用类来实现,使用类对现实中具有共同特征的对象进行抽象,即在类中封装了该类型对象所具有的属性和行为。封装就像是一个飞机的黑匣子(保护数据),对外只提供访问它的方式,而隐藏内部实现细节,阻止在外部定义的代码随意访问内部代码和数据,从而使程序数据更加安全。

2) 继承(Inheritance)

继承体现了一种先进的编程模式(详见第 7 章)。继承是指子类可以继承父类的属性和行为,同时又可以新增自己的属性和行为。比如"学生类"继承了"人类"的属性和行为,如姓名、性别、吃饭、睡觉等,同时又可以新增自己的属性和行为,如学号、专业、上课、考试等。继承解决了代码重复问题,实现了代码的复用。

3) 多态(Polymorphism)

多态是具有表现多种形态的能力的特征。专业化来讲是指同一实现接口,使用不同的实例而执行不同的操作(详见第 8 章)。

注意

面向对象的三大特性,在本章、第 7 章和第 8 章依次讲解,所以在此作为了解内容,可以学完第 7 章和第 8 章,再回过头来仔细体会。

6.3.2 类和对象

1. 对象

世界是由各种对象组成的,即万物皆对象。Java 是一种面向对象的语言,因此要学会用面向对象的思想去思考和解决问题。在使用面向对象解决问题时,首先找出问题领域中的对象,然后对这些对象进行分类并分析各自的特征。下面以学校中的学生"小明"和老师"汤姆老师"两个对象为例进行分析。小明是学生中的一员,他具有学生的一些特征:姓名、学号等属性和听课、考试等行为。汤姆老师是教师中的一员,他具有了教师的特征:姓名、职称等属性和上课、监考等行为。可见,每个对象都有自己的特征,包括属性(静态特征)和行为(动态特征)。具有相同特征的对象归为一类。比如：因为每个人都具有静态特征：姓名、性别、年龄、身高、体重等，也具有动态特征：吃饭、睡觉、学习、打球等，所以都属于人类。而每位学生都具有姓名、学号等属性和上课、考试等行为，所以属于"学生类"。

2. 类

通过上面的分析可知，小明只是众多学生中的一员，我们身边还有很多学生，小红、小刚、小花等，因此，小明只是学生这一类人中的一个个体。不论是哪些同学他们都具有学生的一些共同属性：姓名、学号、专业等和一些共同行为听课、考试等。同样，汤姆老师只是教师类中的一个实例，我们身边还有很多教师：王老师、李老师等，他们都具有教师的属性和行为。所以，把这些共同的属性和行为，组织到一个单元中，就得到了类。简言之，类描述了对象所具有的一些共同的属性和行为。

3. 类和对象的关系

类是对一类对象共同特征的描述，是抽象的、概念上的定义；对象是实际存在的该类对象的每个个体，因而也称为实例(instance)。所以，类和对象的关系就是模具和使用该模具生产的产品的关系。编程中，类为它的全部对象给出了统一的定义，描述了所有对象具有的属性和行为，而它的对象是符合类的特征的一个具体的实例。换言之，类是抽象的，是模板，对象是具体的，是实例。例如，学生通指是具有学生特征的一类人，而学生"小明"就是这一类中的具体对象。

6.3.3 类的结构

学习了类和对象的知识，我们知道类是模板，定义了该类对象所具有的共同的属性和行为。那么，用Java语言如何来定义类？又如何描述类中的属性和行为呢？

类是组成Java程序的基本要素，是Java语言中最基本的单元。Java中类的定义包括两部分：类声明和类体。类体中包含了属性的定义和行为的定义，属性通过变量来刻画，行为通过方法来实现。

基本格式为

```
class 类名{
    //属性描述——使用变量刻画
      属性 1 类型 属性 1;
      属性 2 类型 属性 2;
      属性 3 类型 属性 3;
      ⋮
    //行为描述——使用方法实现
      方法 1 定义;
      方法 2 定义;
      方法 3 定义;
      ⋮
}
```

class是关键字，用来定义类。"class 类名"是类的声明部分。一对大括号之间的内容是类体，包含变量声明和方法的定义。

下面根据类的结构来创建学生类(Student)，首先通过现实中学生对象可以总结出学生类所具有的特征：年龄(name)、性别(sex)、系别(department)等属性，获得学生详细信息(getInfo())、自我介绍(introduce())和上某门课程(haveClass(String course))等行为，然后套用类的定义模板可以得出 Student 类，代码如例 6-1 所示。

【例 6-1】 根据类的结构定义 Student 类。

【程序实现】

```
//Student.java
public class Student {
    //属性的定义
    String name;
    int age;
    String department;
    //方法定义
    public String getInfo(){
        return "姓名："+name+"\n 年龄："+age+"\n 系别："+department;
    }
    public void introduce(){
        System.out.println(getInfo());
    }
    public void haveClass(String course){
        System.out.println("我正在上"+course+"课,这门课很有趣。");
    }
}
```

class Student 为类声明，Student 是类名，类名必须是合法的 Java 标识符(语法要求)，同时类名要遵守以下命名规范(不是语法要求，但应当遵守)。

(1) 类名首写字母要大写，如果由多个单词组成，每个单词的首写字母都大写，如 People、HelloJava 等。

(2) 类名尽量容易识别，尽量见名知意。

6.3.4 成员变量

类体中描述属性的变量称为成员变量，它出现在类体内部、方法的外部。成员变量的定义格式为

```
[修饰符] 数据类型 变量名 [=默认值];
```

成员变量的数据类型可以是 Java 中的任何一种数据类型，包括基本数据类型(整型、浮点型、字符型、逻辑型)和引用数据类型(数组、类和接口)。成员变量的作用域在整个类体内有效。成员变量的名字必须是合法的 Java 标识符(语法要求)，同时变量名要遵守以下命名规范(不是语法要求，但应当遵守)。

(1) 变量名首写字母要小写，如果由多个单词组成，后面每个单词的首写字母都大写，如 name、numberOfStudent 等。

(2) 变量名一般用名词表示，尽量见名知意。

例 6-1 中 Student 类的成员变量 name 是 String 型的，age 是 int 型的。

成员变量可以不显式初始化，这时系统会赋给默认值，不同的数据类型，系统赋以默认值不同，详情如表 6-1 所示。

表 6-1 Java 数据类型默认值

类　型	默认值	类　型	默认值	类　型	默认值
int	0	char	'\u0000'	String	null
double	0.0	boolean	false		

6.3.5 成员方法

1. 方法定义

类体中定义的方法称为成员方法，用来描述类的行为。方法的定义包括两部分：方法声明和方法体。语法格式如下：

```
[修饰符] 返回类型 方法名(参数 1 类型 参数 1,参数 2 类型 参数 2…){
    //方法体,可以是任意合法 Java 语句
}
```

(1) 修饰符：暂且使用 public，代表该方法的访问权限为公共的，修饰符的使用见 6.5.4 节。

(2) 返回类型：方法返回类型可以是 Java 中任何一种数据类型，当声明方法有返回值时，必须有 return 语句，并且返回类型跟声明的类型一致。当方法不需要返回值时，返回类型必须是 void，参数个数可以从零个到多个。例 6-1 中的方法 getInfo()的返回值为 String 型，方法 introduce()和 haveClass(String course)没有返回值，使用返回类型为 void。

(3) 方法名：方法名字命名必须是合法的 Java 标识符(语法要求)，同时方法名要遵守以下命名规范(不是语法要求，但应当遵守)。

① 方法名首写字母要小写，如果由多个单词组成，后面每个单词的首写字母都大写，如 getInfo、print 等。

② 方法名一般用动词表示，尽量见名知意。

(4) 方法参数：小括号中参数可以是零到多个，多个参数之间用逗号隔开。例 6-1 中 getInfo 和 introduce 是无参成员方法，haveClass 则是含有一个 String 型参数的成员方法。

(5) 方法体：方法体中可以包括局部变量定义和任何合法的 Java 语句，即在方法体内可以对成员变量和方法体中声明的局部变量进行操作。方法体中声明的变量和方法的参数称为局部变量。

2. 成员变量和局部变量的区别

成员变量是类体中定义的变量，局部变量是在方法体内部定义的变量或者方法参数，它们之间的区别结合例 6-2 来理解。

【例 6-2】 区分成员变量和局部变量。

```
//Calculator.java
public class Calculator {
    int x=10;                               //成员变量 x
```

```
    int y;                          //未赋值时系统赋给默认值 0
    int sum=0;              //sum 在类体内有效,所以 add 和 subtract 两个方法内都可以使用
    public void add(){
        int x=5;                    //局部变量 x 与成员变量同名,成员变量被隐藏
        sum=x+y;                    //局部变量 x 与成员变量 y 相加,结果为 5
        System.out.println("add 方法中 sum="+sum);
    }
    public void subtract(){
        int x=5;
        int z=5;
        int n;
        //System.out.println(n);      //使用 n 前必须显示初始化,否则无法通过编译
        sum=z+x-this.x;         //sum 的值为 0,而不是 5,使用 this 调用被隐藏的成员变量
        System.out.println("subtract 方法中 sum="+sum);
    }
    public static void main(String[] args) {
        Calculator c=new Calculator();
        c.add();
        c.subtract();
    }
}
```

【运行结果】

```
add 方法中 sum=5
subtract 方法中 sum=0
```

【程序说明】

如果局部变量与成员变量名字相同,则成员变量被隐藏,即在该方法中暂时失效。所以 add 方法中 sum 的值是 5,而不是 10;如果想使用被隐藏的变量,必须使用 this 关键字(具体参见 7.3.4 节 this 关键字),例如在 subtract 方法中 sum 值为 0,因为 this. x 代表成员变量,值为 10。

成员变量使用时可以不显式赋值,系统会赋给默认值(具体参见 6.3.4 节成员变量),而局部变量使用前必须初始化。例如,subtract 方法中的 n 定义了未赋值,则输出语句去掉注释是无法通过编译的。

成员变量的作用域在类体内,而局部变量的作用域只限在方法体内。例 6-2 中 subtract 方法中的局部变量 x、z、n 只在其方法体内有效,而成员变量 x 在整个类体内有效。

注意

没有学习类和对象之前,代码都是放到 main 方法内的,虽然程序一样执行,也能得到相同的结果,但是这样不利于代码的重用。学习本节后,方法应该对应着独立的功能模块,这样只要需要该功能模块的地方都可以调用此方法,有利于代码的重用,这就是面向对象的思想的好处。例如,在例 6-1 的 Student 类中,如果把 introduce()和 haveClass()代码合在一个方法体内,程序照样输出,但是当我们只想执行上课功能时,缺陷就出来了。所以,后面的设计我们都要本着面向对象的思想来分析和设计。

6.3.6 构造方法

类体中除了有成员方法外，还包含一种特殊的方法，称为构造方法。构造方法的特殊之处在于构造方法的名字必须跟类名相同，而且没有返回类型（既没有返回值，也没用 void）。语法格式为

```
[修饰符] 类名 (参数 1类型 参数 1,参数 2类型 参数 2…) {
    //方法体
}
```

一个类中可以有多个构造方法，但必须保证它们的参数列表不同，参数列表不同是指参数个数不同，或者参数个数相同但对应的某个参数类型不同（参见 6.5.2 节方法重载）。

当类中没有编写构造方法时，系统默认只有一个无参构造方法，且方法体中没有语句。例 6-1 中就没有定义构造方法，相当于 Student 类中有一个无参的、空的构造方法：

```
public Student(){
}
```

也可以自己定义多个构造方法，但是要保证构造方法的参数列表不同，例如：

```
public Student(String name, int age, String department) {
        //方法体
}
```

注意

如果在类体中自己定义了参数非空的构造方法，那么 Java 就不再提供默认的无参构造方法。这时要想使用默认的无参构造方法，必须显式地写出来。

6.3.7 对象的创建和使用

类和对象的关系是模具和产品的关系，模具的作用就是用来生成产品，定义类的目的是用来创建具有相应属性和行为的对象。由类生成对象的过程，也称为类的实例化过程。一个类可以生成多个对象。通过前面学习我们知道了如何定义一个类和类中元素，接下来，看一下如何创建和使用对象。

1. 对象创建和使用

对象创建和使用分为三步。

1）声明对象

语法格式如下：

```
类名 对象名;
```

前面定义了 Student 类，可以使用 Student 类来声明两个对象 stuOne、stuTwo，格式为

```
Student stuOne,stuTwo;
```

2）创建对象（即为对象赋值）

为对象赋值需要使用 new 运算符，同时要调用构造方法。语法格式如下：

```
对象名=new 构造方法;
```

对于 stuOne 和 stuTwo 对象，可以这样赋值：

```
stuOne=new Student();                       //调用无参构造方法
stuTwo=new Student("小刚",18,"数学系");      //调用 3 个参数的构造方法
```

声明对象和创建对象可以在一条语句中完成：

```
Student stuOne=new Student();
```

3）对象的使用

对象一旦创建，对象就具有了该类描述的属性和行为，所以，对象不仅可以操作自己的成员变量改变状态，而且能调用类中的方法产生一定的行为。

（1）对象操作自己的成员变量（体现对象的属性）

对象创建之后，对象通过点运算符"."访问操作自己的变量。访问格式为

```
对象名.变量;
```

例如，为对象的属性赋值，可以这样完成：

```
对象名.变量=值;
```

（2）对象调用类中的成员方法（体现对象的行为）

对象创建之后，对象可以通过点运算符"."调用类中的方法，从而产生一定的行为（功能），调用格式为：

```
对象名.方法;
```

【例 6-3】 定义包含构造方法的 Student 类，并在 InitialStudent 类的 main() 方法中使用 Student 类创建对象，改变对象属性，测试对象行为。

【程序实现】

```
//Student.java
public class Student {
    //属性的定义
    String name;
    int age;
    String department;
    //构造方法定义
    public Student(String name, int age, String department) {
        this.name=name;
        this.age=age;
        this.department=department;
        System.out.println("有参构造方法完成属性初始化");
    }
    public Student() {
        System.out.println("无参构造方法属性值取 Java 提供的默认值");
    }
```

```
    //方法定义
    public String getInfo(){
        return "姓名:"+name+"\n 年龄:"+age+"\n 系别:"+department;
    }
    public void introduce(){
        System.out.println(getInfo());
    }
    public void haveClass(String course){
        System.out.println("我正在上"+course+"课,这门课很有趣。");
    }
}
//InitialStudent.java
public class InitialStudent {
    public static void main(String[] args) {
        //调用无参构造方法,创建 stuOne
        Student stuOne;               //声明 stuOne 对象
        stuOne=new Student();         //为 stuOne 赋值,此时,类中成员变量取默认值
        //通过点运算符使用 name、age 变量,为其赋值
        stuOne.name="小明";
        stuOne.age=20;
        stuOne.introduce();
        stuOne.haveClass("Java");
        //声明和赋值一步完成,调用 3 个参数构造方法,创建 stuTwo
        //创建对象同时为 name、age、department 变量赋值
        Student stuTwo=new Student("小刚",18,"数学系");
        stuTwo.introduce();
        stuTwo.haveClass("线性代数");
    }
}
```

【运行结果】

```
无参构造方法属性值取 Java 提供的默认值
姓名:小明
年龄:20
系别:null
我正在上 Java 课,这门课很有趣。
有参构造方法完成属性初始化
姓名:小刚
年龄:18
系别:数学系
我正在上线性代数课,这门课很有趣。
```

【问题分析】

这里创建一个新类 InitialStudent,用它来测试 Student 类,在 InitialStudent 类中编

写 main()方法，在 main()方法中使用 Student 创建对象并使用对象。创建和使用过程如下。

(1) 使用 new 运算符调用构造方法创建 stuOne 和 stuTwo 对象。

```
Student stuOne;                                    //声明 stuOne 对象
stuOne=new Student();                              //调用无参构造方法创建 stuOne 对象
Student stuTwo= new Student("小刚",18,"数学系");
                                                   //调用 3 个参数构造方法创建 stuTwo 对象
```

(2) 为对象属性赋值。

stuOne 对象通过点运算符“.”为对象属性赋值。

```
stuOne.name="小明";
stuOne.age=20;
```

没有为 department 赋值，所以在调用 introduce()方法时输出值为 null。

而 stuTwo 在执行构造方法时同时完成了变量赋值，当然 stuTwo 也可以使用点运算符“.”为属性重新赋值，这样会覆盖掉之前的值。比如添加“stuTwo. name＝"小花";”语句，那么 stuTwo 的 name 值就不再是“小刚”，而变为“小花”。

(3) 对象调用方法，产生相应的行为。

stuOne 和 stuTwo 分别调用 introduce 和 haveClass 方法，执行得到相应结果。

注意

此处，构造方法中写输出语句是为了验证创建对象时是调用了相应的构造方法，实际开发中，构造方法的作用是完成成员变量的初始化，其方法体内一般只写成员变量初始化的赋值语句，不写输出语句。当构造方法的参数跟成员变量同名时，使用 this 关键字引用成员变量，与参数区分开。

2. 对象的内存模型(对象分配内存过程)

通过上面例子，可以看出创建对象实际上就是定义变量，类是该变量的类型，对象名是变量名。只不过变量的类型不是以前接触的基本数据类型，而是引用数据类型；变量的初始化也不同于基本数据类型变量赋值，而是使用 new 运算符调用构造方法完成对象的初始化。引用数据类型变量在内存中的存储比基本数据类型的要复杂，一个对象在内存中会占用两部分内存，一部分存放对象对应的变量，称为实体；一部分存放对象实体的地址信息，称为对象的引用。对象可以通过引用找到属于自己的实体，这也是为什么称为引用数据类型的原因。下面结合例 6-3 来说明对象的内存分配过程。

1) 声明对象时的内存模型

当 Student 类声明 stuOne 对象时，即执行到“Student stuOne;”该条语句时，内存模型如图 6-1 所示。声明 stuOne 之后，系统并不知道 stuOne 长得什么样子，具有什么功能，这时它还是一个空对象，也就是说此时对象没有实体，引用中存放的是空，所以这个时候对象是不能使用点运算符操作自己的变量和方法的，否则会发生空指针异常(NullPointerException，参见第 10 章)。

2) 对象使用 new 运算符创建对象后的内存模型

当使用 new 运算符调用无参的构造方法为 stuOne 赋值时，对象的变量会被分配内存，

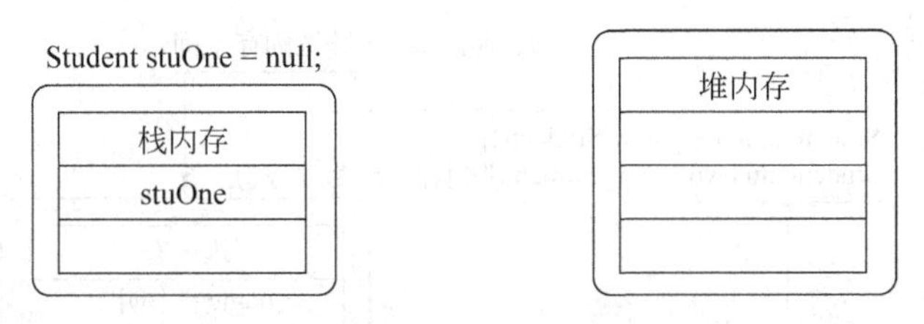

图 6-1　声明对象时的内存模型图

同时把占用内存地址信息赋给对象的引用，只不过此时对应的变量值都是系统给的默认值。此时内存模型如图 6-2 所示。

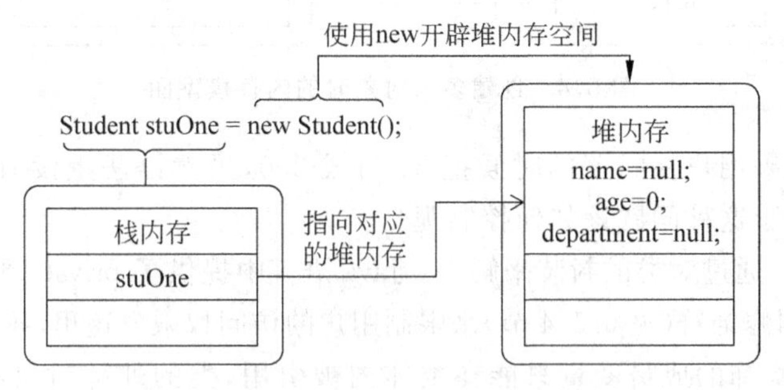

图 6-2　创建对象属性未赋值时的内存模型图

然后执行"stuOne. name＝"小明"；stuOne. age＝20；"为两个属性赋值后，内存模型中实体对应的两个属性值被修改，而 department 没有被赋值，仍然是 null，内存模型如图 6-3 所示。

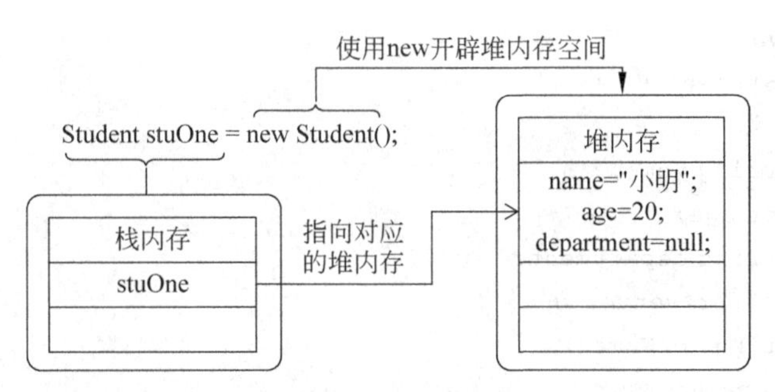

图 6-3　创建对象属性赋值后的内存模型图

3）创建多个不同的对象时的内存模型

当执行"Student stuTwo＝new Student("小刚",18,"数学系");"语句时，在声明 stuTwo 对象的同时为其变量开辟内存空间并赋值，内存模型如图 6-4 所示。因为 stuOne 和 stuTwo 对应的实体不同，所以为属性赋值时并不会混淆，这也是为什么使用对象属性时必须用对象名作为前缀的原因。

6.3.8　类的封装

在前面的学习中可知，对象可以调用自己的成员变量完成变量的赋值，在例 6-3 中语句"stuOne. age＝20；"执行完毕后，对象 stuOne 的 age 属性值就变为 20，看似程序很正常，没

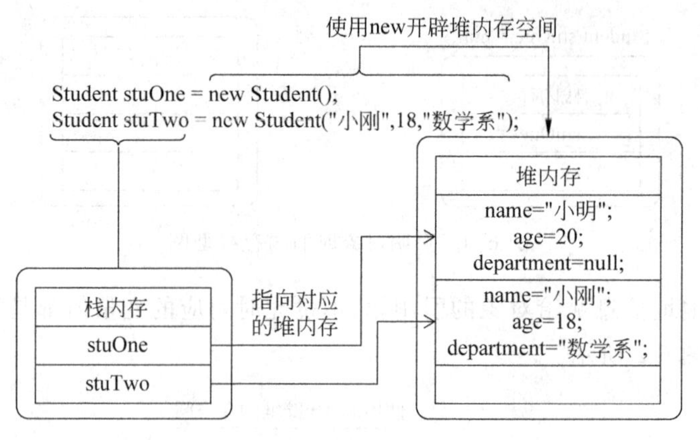

图 6-4 创建多个对象时的内存模型图

什么问题,那么,如果用户在赋值的时候把 20 写成 200,虽然语法上没有任何问题,但并不符合实际规定。对于这种问题该如何控制呢?

在 Java 语言中,通过对类的封装来解决。Java 语言中提供了 private、默认的、protected 和 public 4 个访问限制修饰符(见 6.5.4 节)来限制用户的访问权限。这里,我们使用 private 修饰成员变量,private 修饰的成员变量只能在类体内被引用,类的外部对象没有权限访问。可以为成员变量添加 public 修饰的 setter 方法完成成员变量的赋值,添加 public 修饰的 getter 方法实现对成员变量的取值。这样就可以在 setter 方法内部添加访问控制的语句。修改例 6-3,得到如下代码。

【例 6-4】 使用封装修改例 6-3,将属性私有化,并为属性添加 get 和 set 方法。

```
//Student.java
public class Student {
    //属性的定义
    private String name;
    private int age;
    private String department;
    //属性的 getter/setter 方法
    public String getName() {
        return name;
    }
    public void setName(String name) {
        this.name=name;
    }
    public int getAge() {
        return age;
    }
    public void setAge(int age) {
        if(age>0&&age<150){
            this.age=age;
        }else{
            System.out.println("年龄值非法,应介于(0,150)之间。");
```

```
        }
    }
    public String getDepartment() {
        return department;
    }
    public void setDepartment(String department) {
        this.department=department;
    }
    //构造方法定义
    public Student(String name, int age, String department) {
        this.name=name;
        this.age=age;
        this.department=department;
    }
    public Student() {
    }
    //方法定义
    public String getInfo(){
        return "姓名："+name+"\n 年龄："+age+"\n 系别："+department;
    }
    public void introduce(){
        System.out.println(getInfo());
    }
    public void haveClass(String course){
        System.out.println("我正在上"+course+"课,这门课很有趣。");
    }
}
//InitialStudent.java
public class InitialStudent {
    public static void main(String[] args) {
        Student stuOne=new Student();
        //通过调用 public 修饰的 setter/getter 方法实现存取成员变量值
        stuOne.setName("小明");
        stuOne.setAge(200);                    //200 超出 age 属性的范围,无法完成赋值
        //stuOne.age=20;                       //age 为私有,对象不能访问
        System.out.println("age 属性值为："+stuOne.getAge());        //age 为 0
        stuOne.setDepartment("计算机系");
        stuOne.introduce();
        stuOne.haveClass("Java");
    }
}
```

【运行结果】

```
年龄值非法,应介于(0,150)之间。
age 属性值为：0
```

```
姓名：小明
年龄：0
系别：计算机系
我正在上 Java 课，这门课很有趣。
```

【程序说明】

在 main()方法中，创建的 stuOne 对象不能直接用点运算符“.”调用属性，如果去掉“stuOne. age=20;”语句的注释，程序则无法通过编译，提示相应成员变量不可见，也就说对象不能识别该变量，原因就是变量使用 private 修饰，只在本类内可见。但是，stuOne 对象可以使用属性的 setter 方法为属性赋值，使用 getter 方法取值。通过运行结果可以看出，通过 public 修饰 setter 方法为 age 赋值时，可以在方法体内加赋值控制条件，避免出现不合理的值。

封装是面向对象的三大特性之一，就是把类的属性隐藏在类的内部，不允许外部程序直接访问，而是提供公有的方法实现对隐藏属性的操作。封装的编程实现就是：属性私有化(private)，方法公有化(public)，即修改成员变量可见性，为其添加公有化 setter 方法实现赋值，公有化的 getter 方法实现取值，这样，就可以在方法内部添加控制语句，防止调用者赋不合理的值。封装的好处主要是隐藏类的实现细节，使用者只能调用编程者规定的方法来访问数据，提高数据安全性。

6.3.9 UML 类图

UML (Unified Modeling Language)又称为统一建模语言，它是一种为面向对象软件设计提供统一的、标准的、可视化的建模语言。它提供了一系列框图表示对象模型，为开发人员阅读和交流系统架构和规划提供便利。在此我们把使用较多的类图(Class diagram)进行简单介绍。类图是显示了模型的静态结构，特别是模型中存在的类、类的内部结构以及它们与其他类的关系等。

1. 类图

在 UML 中，类图使用包含类名、属性和操作且带有分隔线的长方形来表示。如前面的 Student 类，它包含属性 name、age 和 department，以及行为 introduce()和 havanaClass (String course)，在 UML 中使用类图描述如图 6-5 所示。

Student
–name: String –age: int –department: String
+introduce(): void +haveClass(course: String): void +Student(name: String, age: int, department: String)

图 6-5　Student 类的类图

(1) 类图的第一层是类名，类名如果是常规字形，表明该类是具体类，如果是斜体字形，表明该类是抽象类(见 8.5.1 节)。

(2) 类图的第二层是属性层，也称为变量层，列出了类的成员变量及类型。UML 规定变量的表示方式为

```
可见性 变量名字：类型 [=默认值]
```

其中：

① “可见性”表示该变量对于类外的元素而言是否可见，包括公有(public)、私有

(private)和受保护(protected)3 种,在类图中分别用符号+、-和#表示。

② "变量名字"表示变量名。

③ "类型"表示变量的数据类型,可以是基本数据类型,也可以是引用数据类型。

④ "默认值"是一个可选项,即变量的初始值。

(3) 类图的第三层是方法层,也称为操作层,列出类中的成员方法。UML 规定操作的表示方式为

```
可见性 名称(参数列表) [: 返回类型]
```

其中:

① "可见性"的定义与属性的可见性定义相同。

② "名称"即方法名。

③ "参数列表"表示方法的参数,其语法与属性的定义相似,参数个数是任意的,多个参数之间用逗号","隔开。

④ "返回类型"是一个可选项,表示方法的返回值类型,可以是基本数据类型,也可以是引用数据类型,还可以是空类型(void),如果是构造方法,则无返回类型。

2. 类与类之间的关系

在软件系统中,类并不是孤立存在的,类与类之间存在各种各样的关系。在 UML 类图中,类与类之间有以下几种关系:泛化(Generalization)、实现(Realization)、关联(Association)、聚合(Aggregation)、组合(Composition)和依赖(Dependency)。

1) 泛化

含义:泛化关系是指类之间的继承关系,表示一般与特殊的关系(关于继承参见第 7 章)。例如,教师(Teacher)和学生(Student)都是人类(Person)。

具体表现:class 子类 extends 父类{ }

图示:空心箭头+实线,箭头指向父类(见图 6-6)。

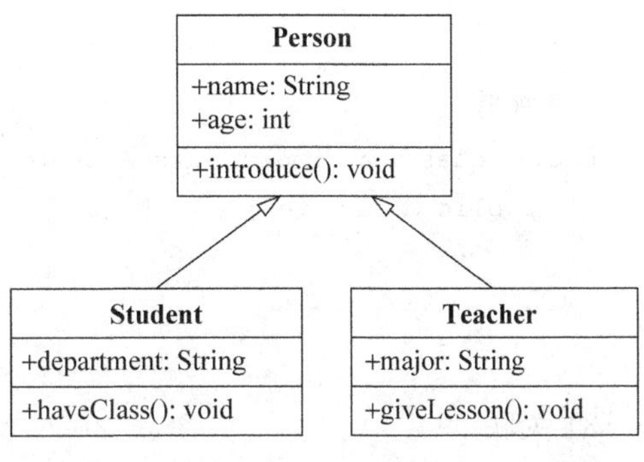

图 6-6 泛化关系图

代码体现:

```
//父类
public class Person{
    public String name;
    public int age;
    public void introduce(){
        ...
    }
}
//子类
public class Student extends Person {
    public String department;
    public void haveClass(){
        ...
    }
```

```
}
//子类
public class Teacher extends Person {
    public String major;
    public void giveLesson(){
        ...
    }
}
```

2）实现

含义：实现关系是指一种类与接口的关系，表示类实现接口的所有方法(参见第 9 章)。

具体表现：class 类名 implements 接口名{ }

图示：空心三角箭头＋虚线，箭头指向接口(见图 6-7)。

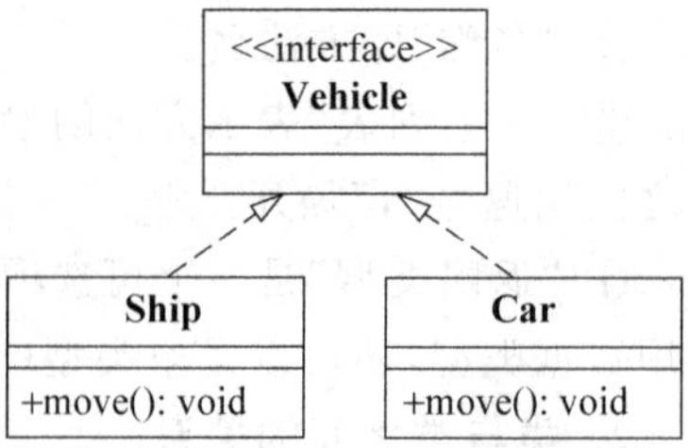

图 6-7　实现关系图

代码体现：

```
//接口定义
public interface Vehicle {
    public void move();
    }
//实现类
public class Ship implements Vehicle {
    public void move() {
        ...
    }
}
//实现类
public class Car implements Vehicle {
    public void move() {
        ...
    }
}
```

3）关联

含义：对于两个相对独立的对象，当一个对象的实例与另一个对象的一些特定实例存在固定的对应关系时，这两个对象之间为关联关系。关联又分为一般关联、聚合关联与组合关联。聚合和组合只有概念上的区别，在 Java 中的代码实现上没有区别。

具体表现：成员变量。

图示：普通箭头＋实线，箭头从使用类指向被关联的类(见图 6-8)。

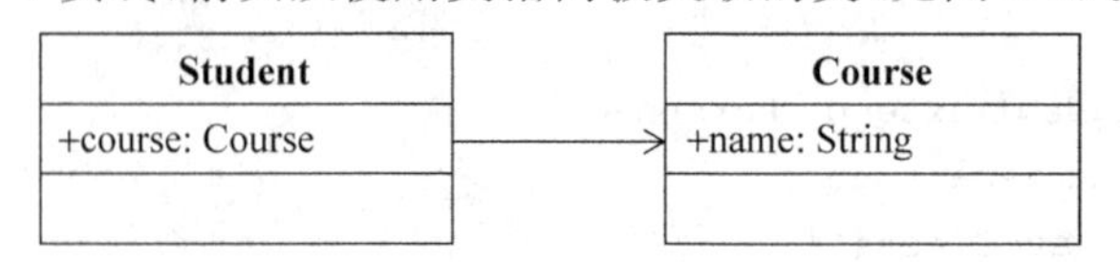

图 6-8　关联关系图

代码体现：

```
public class Course {
    public String name;
}
public class Student {
    public Course course;
    public void haveClass(){
        System.out.print(course.name);
    }
}
```

4）聚合

含义：聚合关系是关联关系的一种，是强的关联关系；表示是整体与部分的关系，且部分可以离开整体而单独存在。如车和轮胎是整体和部分的关系，轮胎离开车仍然可以存在。关联和聚合在语法上无法区分，必须考察具体的逻辑关系。

具体表现：成员变量。

图示：空心菱形＋实心线，菱形指向整体（见图 6-9）。

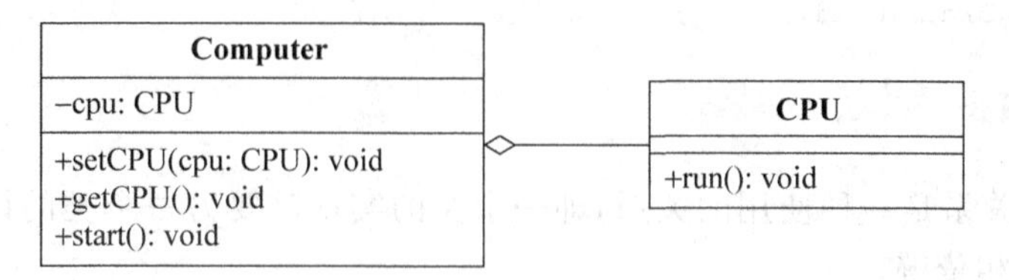

图 6-9　聚合关系图

代码体现：

```
public class CPU{
    public void run(){
        …
    }
}
public class Computer{
    private CPU cpu;
    public CPU getCPU(){
        return cpu;
    }
    public void setCPU(CPU cpu){
        this.cpu=cpu;
    }
//开启计算机
    public void start(){
        //CPU 运作
        cpu.run();
    }
}
```

5）组合

含义：组合关系是关联关系的一种，是比聚合关系还要强的关系，它要求普通的聚合关系中代表整体的对象负责代表部分的对象的生命周期。组合关系也表示是整体与部分的关系，但部分不能离开整体而单独存在。如人和大脑是整体和部分的关系，人不存在了大脑也就不存在了。

具体表现：成员变量。

图示：实心菱形＋实线，菱形指向整体（见图 6-10）。

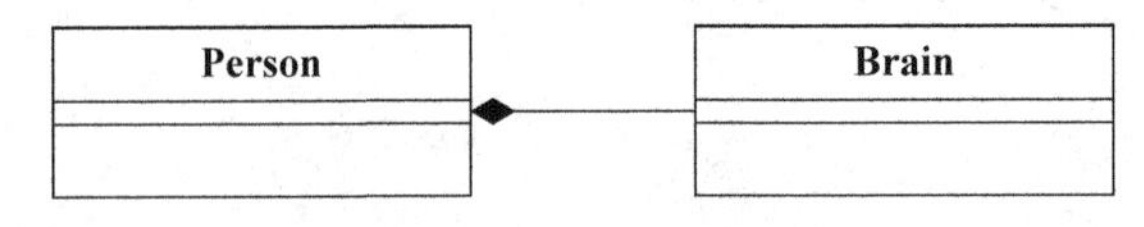

图 6-10　组合关系图

代码体现：

```
public class Brain{
}
public class Person{
    private Brain brain;
}
```

6）依赖

含义：依赖关系是一种使用的关系，即一个类的实现需要另一个类的协助，所以要尽量不使用双向的互相依赖。

具体表现：局部变量、方法的参数或者对静态方法的调用。

图示：普通箭头＋虚线，箭头指向被使用者（见图 6-11）。

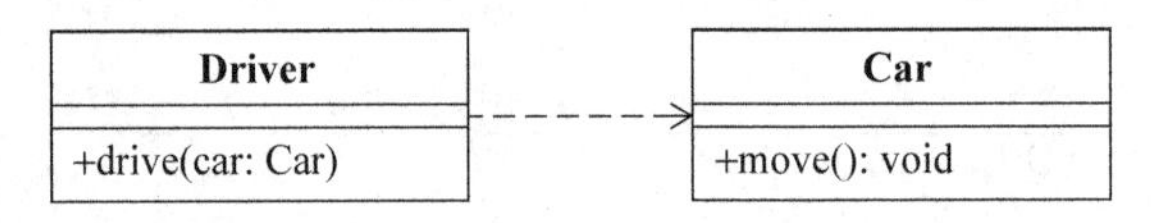

图 6-11　依赖关系图

代码体现：

```
public class Car {
    public void move() {
        ...
    }
}
public class Driver {
    public void drive(Car car) {
        car.move();
    }
}
```

6.4 任务实现

通过前面知识的学习，现在可以实现本章开始提出的任务了。

【问题分析】

首先，要明确“E 宠之家”电子宠物系统的详细需求，然后根据需求进行设计和开发。具体需求如下。

根据控制台提示，输入领养宠物的昵称。

根据控制台提示，选择领养宠物的类型，有两种选择：猫咪和猪猪。

如果类型选择猫咪，要选择猫咪的品种，有两种选择：“波斯猫”或者“挪威的森林”。

如果类型选择猪猪，要选择猪猪的性别：“猪 GG”或“猪 MM”。

所领养宠物的体力值默认是 100，体力值会随着吃食升高。

所领养宠物心情值默认是 20，宠物心情会因为吃东西、玩耍升高。

控制台打印出宠物自我介绍信息，包括昵称、体力值、心情值、品种或性别，表示领养成功。

宠物可以吃东西，每吃一次东西相应的体力值会增加。当增加到一定值，就不能再增加，提示需要多运动。

宠物可以玩耍，玩耍过程体力值减少，心情值增加，玩耍过度，体力值过低会提示生病。

面向对象编程过程就是抽象的过程，此过程中我们只关注与业务相关的属性和行为，忽略无关的属性和行为。通过上面对需求的分析，要实现“E 宠之家”，首先要创建宠物猫和宠物猪两个宠物类。

宠物猫(Cat)类：

(1) 具有属性：昵称(name)、品种(strain)、体能值(strength)和心情值(mood)。

(2) 具有行为：自我介绍(introduce)、吃食(eat)和玩耍(play)、属性 getter 方法以及构造方法。

宠物猪(Pig)类：

(1) 具有属性：昵称(name)、性别(sex)、体能值(strength)和心情值(mood)。

(2) 具有行为：自我介绍(introduce)、吃食(eat)和玩耍(play)、属性 getter/setter 方法。

对上述需求转换为 UML 类图，如图 6-12 所示。

然后，创建主类 AdoptTest 类，在其 main()方法中编程实现宠物领养，即创建宠物的过程。要求如下。

(1) 根据控制台提示输入领养宠物的类别。

(2) 根据控制台提示输入昵称、品种或者性别。

(3) 根据输入的内容创建宠物对象。

(4) 打印宠物信息，代表领养成功。

(5) 可以给宠物喂食，增强其体力。

(6) 可以选择跟宠物玩耍，消耗体力，增加心情值。

【程序实现】

Cat.java

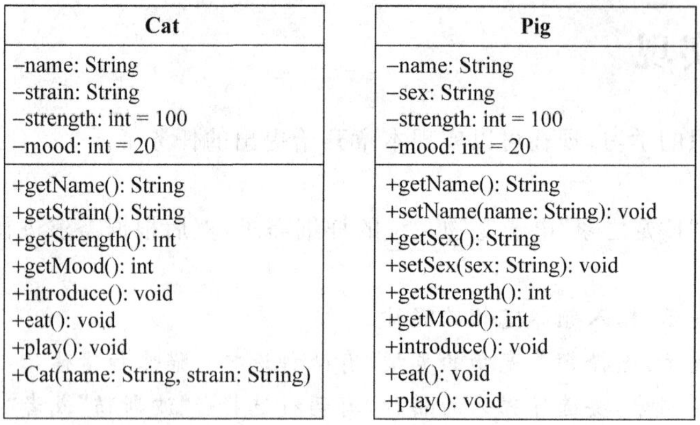

Cat
−name: String −strain: String −strength: int = 100 −mood: int = 20
+getName(): String +getStrain(): String +getStrength(): int +getMood(): int +introduce(): void +eat(): void +play(): void +Cat(name: String, strain: String)

(a) Cat的UML类图

Pig
−name: String −sex: String −strength: int = 100 −mood: int = 20
+getName(): String +setName(name: String): void +getSex(): String +setSex(sex: String): void +getStrength(): int +getMood(): int +introduce(): void +eat(): void +play(): void

(b) Pig的UML类图

图 6-12　Cat 和 Pig 的 UML 类图

```
1   package task;
2   /**
3    * 宠物猫咪类
4    */
5   public class Cat {
6       //属性定义
7       private String name;                  //昵称
8       private int strength=100;             //体力值
9       private int mood=20;                  //心情值
10      private String strain;                //品种
11      //构造方法定义
12      /**
13       * 两个参数构造方法
14       */
15      public Cat(String name, String strain) {
16          this.name=name;
17          this.strain=strain;
18      }
19      //getter/setter 方法
20      public String getName() {
21          return name;
22      }
23      public int getStrength() {
24          return strength;
25      }
26      public int getMood() {
27          return mood;
28      }
29      public String getStrain() {
30          return strain;
31      }
```

```
32        //方法定义
33        /**
34         * 猫咪自我介绍
35         */
36        public void introduce() {
37            System.out.println("亲爱的主人,我的名字叫"+this.name+",是一只纯种的"+
38    this.strain+"。我目前体力值是"  +this.strength+",心情值是"  +this.mood+"。");
39        }
40        /**
41         * 猫咪吃食
42         */
43        public void eat(){
44            if(strength>120){
45                System.out.println("猫咪需要多运动!");
46            }else{
47                strength+=10;
48                System.out.println("猫咪"+this.name+"吃饱了!体力值增加 10,目前值为"
49    +strength+"。");
50            }
51        }
52        public void play(){
53            if(strength<60){
54                System.out.println(this.name+"生病了!");
55            }else{
56                strength-=10;
57                mood+=5;
58                System.out.println(this.name+"正在跟主人玩耍。目前体力值是"+
59    strength+",心情值为"+mood+"。");
60            }
61        }
62    }
```

Pig. java

```
1   package task;
2   /**
3    * 宠物猪类。
4    */
5   public class Pig {
6       //属性定义
7       private String name;                    //昵称
8       private int strength=100;               //体力值
9       private int mood=20;                    //心情值
10      private String sex;                     //性别
11      //getter/setter 方法
12      public String getName() {
```

```
13          return name;
14      }
15      public void setName(String name) {
16          this.name=name;
17      }
18      public int getStrength() {
19          return strength;
20      }
21      public int getMood() {
22          return mood;
23      }
24      public String getSex() {
25          return sex;
26      }
27      public void setSex(String sex) {
28          this.sex=sex;
29      }
30      //方法定义
31      /**
32       * 猪猪自我介绍
33       */
34      public void introduce() {
35          System.out.println("亲爱的主人,我的名字叫"+this.name+",是一只胖胖的"+
36  this.sex+"。我目前体力值是"    +this.strength+",心情值是"+this.mood+"。");
37      }
38      /**
39       * 猪猪吃食
40       */
41      public void eat(){
42          if(strength>100){
43              System.out.println("猪猪需要多运动!");
44          }else{
45              strength+=5;
46              System.out.println("猪猪"+this.name+"吃饱了!体力值增加 5,目前值为"
47  +strength+"。");
48          }
49      }
50      public void play() {
51          if(strength<50){
52              System.out.println(this.name+"生病了!");
53          }else{
54              System.out.println(this.name+"正在跟主人玩耍。目前体力值是"+
55  strength+",心情值为"+mood+"。");
56              strength-=5;
57              mood+=5;
```

```
58            }
59        }
60  }
```

AdoptTest 类为主类,实现模拟宠物领养。

```
1   package task;
2   import java.util.Scanner;
3   public class AdoptTest {
4       public static void main(String[] args) {
5           Scanner input=new Scanner(System.in);
6           System.out.println("欢迎您来到E宠之家!");
7           System.out.println("************************");
8           //1. 输入宠物名称
9           System.out.print("请输入要领养宠物的名字: ");
10          String name=input.next();
11          //2. 选择宠物类型
12          System.out.print("请选择要领养的宠物类型: (1.猫咪 2.猪猪)");
13          switch (input.nextInt()) {
14          case 1:
15              //2.1   如果是猫咪
16              //2.1.1 选择猫咪的品种
17              System.out.print("请选择猫咪的品种:(1.波斯猫"+" 2.挪威的森林)");
18              String strain=null;
19              if (input.nextInt()==1) {
20                  strain="波斯猫";
21              } else {
22                  strain="挪威的森林";
23              }
24              //2.1.2  创建猫咪对象并赋值
25              Cat cat=new Cat(name,strain);
26              String answer=null;
27              do{
28                  System.out.print("请选择您的操作:(1.查看宠物信息  2.给宠物喂食
29  3.陪宠物玩耍)");
30                  int operation=input.nextInt();
31                  if(operation==1){
32                      //2.1.3  输出宠物信息
33                      cat.introduce();
34                  }else if(operation==2){
35                      //2.1.4  给宠物喂食
36                      cat.eat();
37                  }else{
38                      //2.1.5  陪宠物玩耍
39                      cat.play();
40                  }
```

```
41                  System.out.println("是否退出 E 宠之家? (yes/no)");
42                  answer=input.next();
43              }while(!answer.equalsIgnoreCase("yes"));
44              break;
45          case 2:
46              //2.2  如果是猪猪
47              //2.2.1  选择猪猪的性别
48              System.out.print("请选择猪猪的性别: (1.猪 MM 2.猪 GG)");
49              String sex=null;
50              if (input.nextInt()==1)
51                  sex="猪 MM";
52              else
53                  sex="猪 GG";
54              //2.2.2  创建猪猪对象并赋值
55              Pig pig=new Pig();
56              pig.setName(name);
57              pig.setSex(sex);
58              answer="";
59              do{
60                  System.out.print("请选择您的操作:(1.查看宠物信息   2.给宠物
61  喂食     3.陪宠物玩耍)");
62                  int operation=input.nextInt();
63                  if(operation==1){
64                      //2.2.3  输出宠物信息
65                      pig.introduce();
66                  }else if(operation==2){
67                      //2.2.4  给宠物喂食
68                      pig.eat();
69                  }else{
70                      //2.2.5  陪宠物玩耍
71                      pig.play();
72                  }
73                  System.out.println("是否退出 E 宠之家? (yes/no)");
74                  answer=input.next();
75              }while(!answer.equalsIgnoreCase("yes"));
76              break;
77          }
78          System.out.println("退出了 E 宠之家!");
79      }
80  }
```

【运行结果】

```
欢迎您来到 E 宠之家!
***********************
```

```
请输入要领养宠物的名字：球球
请选择要领养的宠物类型：(1.猫咪 2.猪猪)1
请选择猫咪的品种：(1.波斯猫 2.挪威的森林)1
请选择您的操作：(1.查看宠物信息      2.给宠物喂食      3.陪宠物玩耍)1
亲爱的主人，我的名字叫球球，是一只纯种的波斯猫。我目前体力值是100，心情值是20。
是否退出E宠之家？(yes/no)no
请选择您的操作：(1.查看宠物信息      2.给宠物喂食      3.陪宠物玩耍)2
猫咪球球吃饱了！体力值增加10，目前值为110。
是否退出E宠之家？(yes/no)no
请选择您的操作：(1.查看宠物信息      2.给宠物喂食      3.陪宠物玩耍)3
球球正在跟主人玩耍。目前体力值是100，心情值为25。
是否退出E宠之家？(yes/no)no
请选择您的操作：(1.查看宠物信息      2.给宠物喂食      3.陪宠物玩耍)2
猫咪球球吃饱了！体力值增加10，目前值为110。
是否退出E宠之家？(yes/no)yes
退出了E宠之家！
```

【程序说明】

(1) 为了练习构造方法和 getter/setter 的使用，在 Cat 类定义了含两个参数的构造方法，实现为宠物猫昵称和品种赋值，在 Pig 类中使用的是 setter 方法为宠物猪昵称和性别赋值。而体力值和心情值则不能由用户指定，而是在创建的时候进行初始化，用户只能通过调用相应的方法达到体力值和心情值的增减。

(2) AdoptTest 类中使用 switch 语句的两个分支分别创建 Cat 对象和 Pig 对象，在 case 中嵌入了 if 语句可以选择 Cat 的品种和 Pig 的性别，同时第 27～42 行、第 58～73 行嵌套的 do-while 循环，实现用户自由选择对宠物的操作：查看宠物信息、喂养宠物和陪宠物玩耍。

6.5 知识拓展

6.5.1 static 关键字的使用

类体中包含成员变量的定义和成员方法的定义，而成员变量可细分为实例变量和静态变量，成员方法也可分为实例方法和静态方法。使用关键字 static 修饰的成员变量称为静态变量或者类变量，没有 static 修饰的成员变量称为实例变量。使用关键字 static 修饰的成员方法称为类方法或静态方法，否则称为实例方法。

1. 实例变量和类变量的区别

不同对象的实例变量互不相同。我们知道，一个类可以通过使用 new 运算符创建多个不同的对象，每个对象的成员变量，确切说应该是实例变量，会被分配不同的内存空间，改变其中一个对象的实例变量，并不会影响其他对象的实例变量。所以，在前面 Student 类中，创建的 stuOne 对象修改年龄时，只是修改自己的年龄，并未修改 stuTwo 的年龄。

所有对象共享类变量。类中的类变量被存储在所有对象共享的一段内存区域。无论创建多少个对象，都不会为每个对象单独分配相应的类变量，而是所有对象共享，即一个对象修改了类变量后，其他对象再访问该类变量时，值已经被修改。

程序运行时内存分配时间不同。在Java程序执行时，类的字节码文件被加载到内存，如果这时使用该类没有创建对象，类中的实例变量不会被分配内存，而类中的类变量，在类一加载到内存时就分配了相应的内存空间。如果该类创建了对象，那么不同对象的实例变量会被分配不同的内存空间，而类变量不会再重新分配内存，所有的对象共享该类变量。类变量的内存空间直到程序退出运行，才释放所占用的内存空间，而实例变量在对象一消亡内存空间就会被释放。换言之，实例变量与实例（即对象）绑定，所以称为实例变量。不同的对象，实例变量互不相同，所以实例变量只能由对象名调用。类变量与类绑定，所以称为类变量。类变量被所有对象共享，所以类变量可以由类名调用，也可以由对象名调用。

2. 实例方法和类方法的区别

对象调用实例方法。当类的字节码文件被加载到内存时，类的实例方法不会被分配入口地址，只有该类创建对象后，类中的实例方法才分配入口地址，从而实例方法可以被类创建的任何对象调用执行。需要注意的是，当创建第一个对象时，类中的实例方法就分配了入口地址，当再创建对象时，不再重新分配入口地址，方法的入口地址被所有的对象共享，当所有的对象都消亡时，方法入口地址才被取消。

类名调用类方法。对于类中的类方法，该类被加载到内存时，就分配了相应的入口地址，所以类方法不仅可以被任何对象调用执行，也可以直接用类名调用。类方法的入口地址直到程序退出时才被取消。

3. 需要注意的问题

(1) 类方法不可以操作实例变量，不可以调用实例方法，只能操作类变量和调用类方法。

当类加载到内存时，对象还没被创建，自然实例变量在内存中也不存在。同样，对象没创建时，实例方法入口地址也未分配，所以类方法不可以操作实例变量和实例方法。

(2) 实例方法既可以操作实例变量，调用实例方法，也可以操作类变量和调用类方法。

当对象调用实例方法时，该方法中使用的实例变量即为该对象的实例变量，该方法中的类变量为所有对象共享的类变量，同时类方法和其他实例方法入口地址已分配，所以实例方法可以操作它们。

下面通过例6-5来看实例变量和类变量、实例方法和类方法的区别。

【例6-5】 实例变量与类变量、实例方法和类方法的区别。

```
//StaticKeyword.java
public class StaticKeyword {
    int i=9;                              //实例变量
    static int j=9;                       //类变量
    //实例方法
    public void instanceMethod(){
        //实例方法既可以使用实例变量和实例方法,也可以使用类变量和类方法
        System.out.println("实例变量: i="+i);
        System.out.println("类变量: j="+j);
        classMethod();
    }
```

```
    public static void classMethod(){
        //类方法不能使用实例变量和实例方法
        //System.out.println("实例变量: i="+i);
        //instanceMethod();
        //类方法只能使用类变量和类方法
        System.out.println("类变量: j="+j);
    }
    public static void main(String[] args) {
        classMethod();                  //类方法 main()使用类方法 classMethod()
    }
}
//StaticTest.java
public class StaticTest {
    public static void main(String[] args) {
        StaticKeyword.j++;              //类名直接调用类变量,j=10
        StaticKeyword.classMethod();//输出 j 的值为 10
        StaticKeyword sk1=new StaticKeyword();
        sk1.i++;                        //实例变量只能由对象名调用,i=10
        sk1.j++;                        //类变量也可以用对象名调用,操作的是公共的 j,j=11
        sk1.instanceMethod();           //打印 i=10(sk1 的 i),j=11;
        StaticKeyword sk2=new StaticKeyword();
        sk2.i++;                        //sk2 调用 i,操作的是 sk2 的 i 值,i=10
        sk2.j++;                        //sk2 调用 j,操作的仍然是公共的 j,j=12
        sk2.instanceMethod();           //打印 i=10(sk2 的 i),j=12
    }
}
```

【运行结果】

```
类变量: j=10
实例变量: i=10
类变量: j=11
类变量: j=11
实例变量: i=10
类变量: j=12
类变量: j=12
```

6.5.2 方法的重载

方法的重载是指一个类中可以有多个方法具有相同的名字,但是这些方法的参数列表必须不同。参数列表不同是指参数的个数不同,或者是参数的类型不同,方法的返回类型和参数的名字不参与比较。方法重载是面向对象多态特性的一种体现。可以通过传递不同的参数,使同名的方法产生不同的行为,即表现出多态特性。

【例 6-6】 类 MethodOverloading 中的 print()方法是个重载方法。

```
public class MethodOverloading {
```

```
    public void print(){
        System.out.println("无参方法");
    }
    public void print(String s){
        System.out.println(s);
    }
    //方法名字和返回值不参与比较,所以下面方法不是重载方法
//  public void print(String name){
//  }
    public int print(int num1,int num2){
        return num1+num2;
    }
    public static void main(String[] args) {
        MethodOverloading m=new MethodOverloading();
        m.print();
        m.print("含有一个 String 参数方法");
        System.out.println("两个整型参数方法: "+m.print(23,34));
    }
}
```

【运行结果】

```
无参方法
含有一个 String 参数方法
两个整型参数方法: 57
```

在前面构造方法的学习中,在一个类中定义了多个构造方法,方法名字都是类名,而参数列表不同,符合重载定义,所以构造方法也可以重载。

实际上,之前已经使用了方法重载。在前面可以使用 System. out. println()打印各种表达式的值,就是一种方法的重载,方法原型如下:

```
System.out.println("helloworld");          //参数为 String 型
System.out.println(56);                    //参数为 int 型
System.out.println(false);                 //参数为 boolean 型
```

6.5.3 包的创建与引用

在计算机中,为了有效地管理各种文件,人们会建立不同的文件夹,不但以分门别类地存放文件,而且可以把同名文件放到不同的文件夹下。同理,Java 中为了更好地管理类,引入包的概念。可以把不同的类放到不同的包中,进行分类管理;也可以把相同名字的类放到不同的包中,区分同名问题。

1. 包的创建

通过关键字 package 声明包语句。package 语句作为 Java 源文件的第一条语句,指明该源文件定义的类所在的包。package 声明语句语法格式为

```
package 包名;
```

例如：

```
package cn.edu.bzu;
public class Student{
        …
}
```

以上代码说明 Student 类所在的包为 cn. edu. bzu，即 Student 的全名为 cn. edu. bzu. Student。

2. 包命名规范

(1) 包名由小写字母组成，不能以圆点开头或结尾。

(2) 自己设定的包名之前最好加上唯一的前缀，通常使用组织倒置的网络域名，如 cn. edu. bzu。

3. 包的使用

为了使用不在同一包中的类，需要在 Java 程序中使用 import 关键字导入这个类，导入格式有以下两种：

```
import 包名.*;                 //该包下所有的类都可以被引用
import 包名.类名;              //只能引用类名指定的类
```

在前面的学习中使用的 import java. util. Scanner 就是用的第二种方式。Java 开发人员为人们提供了很多类，这些类都是放在不同的包中，比如 Scanner 类在 java. util 包中，String、System 类在 java. lang 包中。import 不仅可以导入 Java 开发人员提供的类，也可以导入自己开发的类，例如，使用上面的 Student 类，则要使用 import 语句导入，格式为

```
import cn.edu.bzu.Student;
```

注意

(1) java. lang 包是 Java 语言的核心类库，它包含了运行 Java 程序必不可少的系统类，系统自动为程序引入 java. lang 包中的类(System、String 等)，不需要使用 import 引入即可使用，所以之前的开发使用 System、String，但是没有写 import 语句。

(2) 使用“import 包名. *;”格式引入整个包中的类，会增加编译时间，但是不会影响程序的运行性能。因为程序运行时只加载真正使用的类的字节码文件。

(3) 同一包下的类不需要导入，直接可以使用。

6.5.4 访问权限

创建了一个对象之后，该对象可以通过“.”运算符操作自己的变量、使用类中的方法，但对象操作自己的变量和使用类中的方法是有一定限制的。Java 语言采用访问控制修饰符来修饰类中的成员变量和方法，说明对象访问自己的变量和方法的访问权限。访问权限是指类创建的对象是否可以通过“.”运算符操作自己的变量或通过“.”运算符使用类中的方法。下面通过表 6-2 来说明 Java 中访问控制修饰符的访问权限。

表 6-2 访问控制修饰符的访问权限

访问控制修饰符	同一类中	同一包中	子类中	不同包中
private	Yes			
不加访问控制修饰符	Yes	Yes		
protected	Yes	Yes	Yes	
public	Yes	Yes	Yes	Yes

可以通过图 6-13 来理解表 6-2 中访问控制修饰符的访问权限。如图 6-13 中所示，ClassA 和 ClassB 位于同一个包 p7. p71 中，ClassC 和 ClassD 位于另一包 p7. p72 中，并且 ClassC 是 ClassA 的子类。ClassA 是 public 类型，在 ClassA 中定义了 4 个成员变量：var1、var2、var3 和 var4，它们分别处于 4 个访问级别。下面分析一下 ClassB、ClassC 和 ClassD 访问 ClassA 及其成员变量的权限。

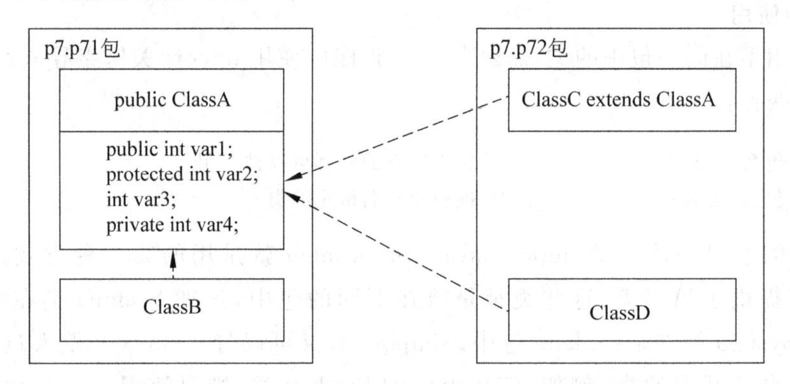

图 6-13 ClassB、ClassC 和 ClassD 访问 ClassA 及其成员变量

在 ClassA 中，可以访问自身的 var1、var2、var3 和 var4 变量。

```
//ClassA.java
package p7.p71;
public class ClassA {
    public int var1;
    protected int var2;
    int var3;
    private int var4;
    public void method(){
        var1=1;         //合法,跟访问控制没关系
        var2=1;         //合法
        var3=1;         //合法
        var4=1;         //合法

        ClassA a=new ClassA();
        a.var1=1;     //合法,私有级别只能在同一类中访问
        a.var2=1;     //合法
        a.var3=1;     //合法
        a.var4=1;     //合法
```

```
    }
}
```

在 ClassB 中,可以访问 ClassA 的 var1、var2 和 var3 变量。

```
//ClassB.java
package p7.p71;
public class ClassB {
    public void method(){
        ClassA a=new ClassA();
        a.var1=1;                   //合法,私有级别只能在同一类中访问
        a.var2=1;                   //合法
        a.var3=1;                   //合法
        //a.var4=1;                 //去掉注释编译出错,var4 被 private 修饰,不能被访问
    }
}
```

ClassC 中,可以访问 ClassA 的 var1 和 var2 变量(此部分可学完第 7 章后再看)。

```
//ClassC.java
package p7.p72;
import p7.p71.ClassA;
class ClassC extends ClassA{
    public void method(){
        var1=1;             //合法,ClassC 继承 ClassA 的 public 变量
        var2=1;             //合法,ClassC 继承 ClassA 的 protected 变量
        //var3=1;           //非法,ClassC 不能继承 ClassA 的友好变量
        //var4=1;           //不合法,ClassC 不能继承 ClassA 的 private 变量
        ClassA a=new ClassA();
        a.var1=1;           //合法
        //a.var2=1;         //非法,var2 被 protected 修饰,不同包不能被访问
        //a.var3=1;         //非法,var3 为友好变量,不同包不能被访问
        //a.var4=1;         //非法,var4 被 private 修饰,不能被访问
    }
}
```

ClassD 中可以访问 ClassA 的 var1 变量。

```
//ClassD.java
package p7.p72;
import p7.p71.ClassA;
class ClassD{
    public void method(){
        ClassA a=new ClassA();
        a.var1=1;           //合法,public 修饰,不同包仍能访问
        //a.var2=1;         //非法,var2 被 protected 修饰,不同包不能被访问
        //a.var3=1;         //非法,var3 为友好变量,不同包不能被访问
        //a.var4=1;         //非法,var4 被 private 修饰,不能被访问
```

```
    }
}
```

注意

(1) private 和 protected 不能修饰类。

(2) 局部变量不能使用 private、protected、public 修饰。

(3) 访问限制修饰符权限从高到低排列顺序为 public、protected、默认的、private。

6.6 本章小结

本章详细介绍了类的结构,包括成员变量和成员方法,介绍了构造方法和对象的创建,然后通过综合案例对类和对象的定义使用进行贯穿。同时,介绍了 static 关键字、方法重载、包的创建使用和访问权限等知识。学习本章后,读者应该掌握以下内容。

(1) 面向对象设计的过程和类的结构。

(2) 构造方法的定义和对象的创建使用。

(3) 封装的概念及使用。

(4) static 关键字。

(5) 方法重载。

(6) 包和访问控制。

6.7 强化练习

6.7.1 判断题

1. Java 类中不能存在同名的两个方法。( )

2. 无论 Java 源程序包含几个类的定义,若该源程序文件以 A. java 命名,编译后生成的都只有一个名为 A 的字节码文件。( )

3. Java 中类方法可以调用类变量,也可以调用实例变量。( )

4. Java 通过关键字 package 声明包,package 语句必须位于非空行和非注释行第一句。( )

5. 构造方法可以有返回值。( )

6.7.2 选择题

1. 下列构造方法的描述中,正确的是( )。

   A. 一个类只能有一个构造方法

   B. 构造方法没有返回值,应声明返回类型为 void

   C. 一个类可包含多个构造方法

   D. 构造方法可任意命名

2. 给定一个 Java 程序的代码如下所示,则编译运行后,输出结果是( )。

```
public class Test {
```

```
    int count=9;
    public void count() {
        System.out.println("count="+count++);
    }
    public static void main(String args[]) {
        new Test().count();
        new Test().count();
    }
}
```

A. count＝9
count＝9　　B. count＝10
count＝9　　C. count＝10
count＝10　　D. count＝9
count＝10

3. 假设 A 类有如下定义，设 a 是 A 类的一个实例，下列语句调用错误的是(　　)。

```
class A {
    int i;
    static String s;
    void method1() { }
    static void method2(){ }
}
```

A. System. out. println(a. i);　　B. a. method1();

C. method1()　　D. method2()

4. 定义了一个猫类(Cat)，包含的属性有名字(name)、年龄(age)、毛色(color)，现在要在 main()方法中创建 Cat 类对象，在他编写的代码中，(　　)是正确的。

A. Cat cat＝new Cat;
cat. color＝"白色的";　　B. Cat cat＝new Cat();
cat. color＝"白色的";

C. Cat cat;
cat. color＝"白色的";　　D. Cat cat＝new Cat();
color＝"白色的";

5. 下面的类定义说法正确的是(　　)。

```
import java.util.*;
import java.io.*;
package com.abc.exam;
class A implements Serializable, Comparable { … }
```

A. 该类定义错误，没有使用 public 修饰符修饰类 A

B. 该类定义错误，一个类不可能实现很多接口

C. 该类定义错误，package 声明应该是第一个有效语句

D. 该类定义正确

6. 下面(　　)函数不是 public void aMethod(int a, float b){…}的重载函数。

A. public void aMethod( ){…}

B. public int aMethod(int m, float n){…}

C. public int aMethod(int m){…}

D. public void aMethod (float m, float n){…}

7. 下列选项中关于 Java 中封装的说法，错误的是(　　)。

A. 封装就是将属性私有化，提供公有的方法访问私有属性

B. 属性的访问方法包括 setter 方法和 getter 方法

C. setter 方法用于赋值，getter 方法用于取值

D. 类的属性必须进行封装，否则无法通过编译

6.7.3 简答题

1. 简述什么是类和对象，并描述两者的关系。
2. 简述面向对象的三大特性。
3. 什么叫方法重载？构造方法可以重载吗？
4. 简述类方法和实例方法的区别。
5. 结合对象创建过程简述对象内存模型。

6.7.4 编程题

1. 编写一个类 Book，代表教材。

(1) 具有属性：名称(title)、页数(pageNum)和类型(type)。

(2) 具有方法 detail()：用来在控制台输出每本教材的名称、页数和类型。

(3) 具有两个带参构造方法：无参构造方法(3 个属性用常量赋值)和包含 3 个参数构造方法(对 3 个属性初始化)。

编写测试类 BookTest 进行测试。

(1) 画出 UML 类图。

(2) 分别调用两个构造方法创建 Book 对象，并调用 detail()方法进行功能测试。

2. 用类描述计算机中 CPU 的速度和硬盘的容量。要求创建 4 个类，名字分别为 Computer(计算机类)、CPU(CPU 类)、RAM(内存类)和 Test(测试类)，其中 Test 为主类。Computer 类与 CPU、RAM 类的关联 UML 类图如图 6-14 所示。

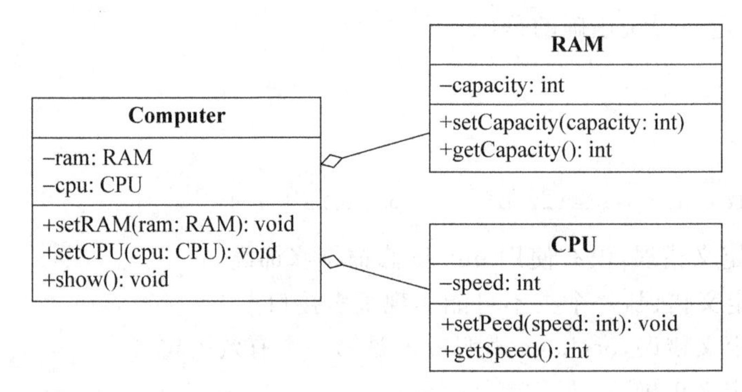

图 6-14　类 Computer 与 CPU、RAM 类的关系图

要求：在主类 Test 的 main()方法中完成以下操作。

(1) 创建 CPU 对象，speed 设置为 2200。

(2) 创建 RAM 对象，capacity 设置为 4。

(3) 创建 Computer 对象，并把创建 CPU 对象和 RAM 对象通过 setter 方法传递给自

己的属性。

(4) Computer对象调用show()方法,输出该计算机的CPU转速和RAM容量。

3. 编写手机类(Phone),有以下属性和行为。

(1) 具有属性:品牌(brand)、价格(price)、操作系统(os)和内存(memory)。

(2) 具有功能:查看手机信息(about())、打电话(call(String no))和玩游戏(比如玩猜数字游戏)等。

编写主类PhoneTest,测试手机的各项功能。

第7章 继　　承

任务　E宠之家(二)

7.1　任务描述

在第6章中,用类和对象的知识设计实现了宠物猫类和宠物猪类,并进行了领养测试,在编码中你有没发现有些工作是重复的? 有句话说得好:"懒惰是人类科技进步的阶梯",人类的生活本来可以安于现状,但是因为人类在做事情的时候总是想能多省劲就多省劲,所以才促使不断出现新科技。我们的编程工作也是,同样的功能当然是代码越少我们的工作才越轻松。在前面设计的宠物猫(Cat)和宠物猪(Pig)类中,部分属性和方法是重复的,同样,如果想在系统中增加新的宠物类时,这部分代码还要重复,这个问题该如何解决呢? 这就要用到本章的知识——继承。在本章,使用继承对第6章的宠物类进行代码优化,为宠物猫类(Cat)和宠物猪类(Pig)抽出共同父类宠物类(Pet),把它们共同的属性和行为放到父类中,子类可以继承父类的属性和行为,同时也可以增加自己的属性和行为,从父类继承来的属性和行为子类就不需要定义,从而解决了代码的重复问题。

7.2　任务分析

第6章中使用封装实现了Cat类和Pig类,在这两个类中有许多相同的属性和方法,比如name、strength、mood属性和相应的getter/setter方法,还有自我介绍的方法,这样设计的不足之处在于代码的重复,使得工作量增大,难以维护。这个问题可以通过Java的继承机制解决,即把Cat类和Pig类的共同的代码提取出来放到一个单独的Pet类中,然后让Cat类和Pig类继承Pet类,同时保留自己独有的属性和方法。关于继承的过程,可以通过继承前后Cat类和Pig类的UML类图来观察,如图7-1和图7-2所示。

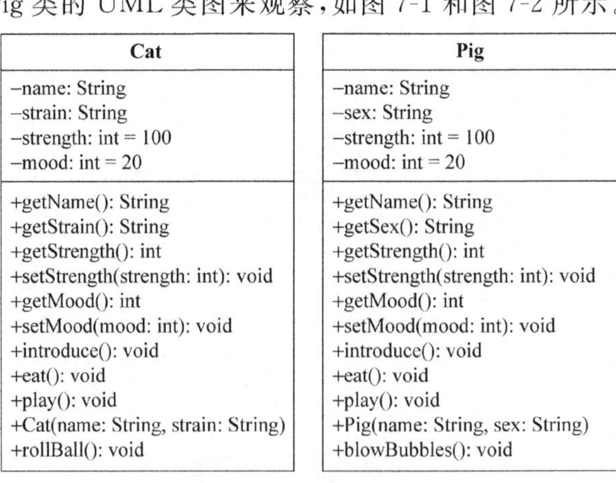

图7-1　继承之前Cat和Pig的UML类图

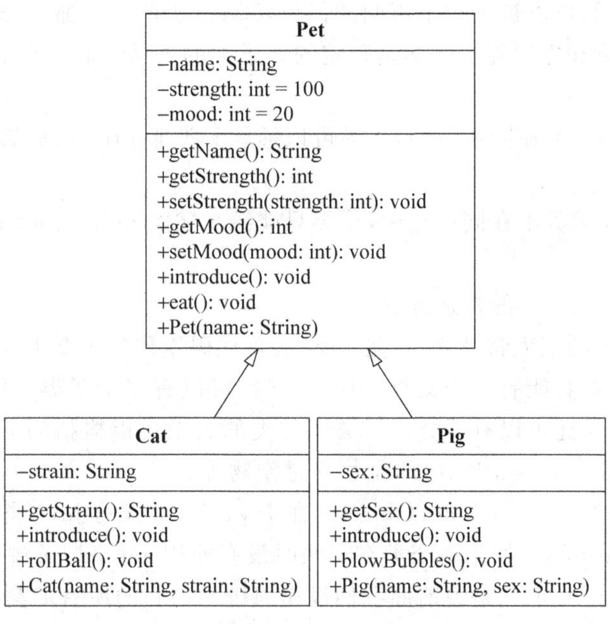

图 7-2　采用继承后的 UML 类图

通过继承前后的 UML 类图可以看出，继承就是把宠物类 Cat 和 Pig 具有的共同特征抽出来放到一个共同的父类 Pet 中，而子类可以通过继承父类来继承这些属性和方法，不需要在自己的类体中重复这些代码，当需要增加新的宠物类时，也继承父类 Pet，从而实现了代码的复用。

7.3　相关知识

7.3.1　继承

继承是一种由已有的类创建新类的机制，是指在已有类的基础上扩展功能。继承中分为子类和父类，父类又称为超类，子类又称为派生类。子类可以继承父类的属性和行为，同时可以增加自己独有的属性和行为。父类可以是 Java 类库中的类，也可以是自己编写的类。

在类的声明中，使用关键字 extends 来声明一个类继承另一个类，格式如下：

```
[修饰符] class 子类名 extends 父类名{
    …
}
```

例如，学生类继承了人类，可以写为

```
class Student extends Person{
    …
}
```

类可以有两种重要的成员：成员变量和方法。子类继承父类的成员变量和方法，就像自己声明的一样使用,可以被子类中声明的任何实例方法调用。那么子类是不是可以继承父类所有的成员变量和方法呢?答案是否定的。子类的继承性取决于子类和父类是否在同一包中(参见 6.5.4 节)。

(1) 如果子类和父类在同一包中,子类可以继承父类非 private 修饰的成员变量和成员方法。

(2) 如果子类和父类不在同一包中,子类只能继承父类 public、protected 修饰的成员变量和成员方法。

(3) 子类无法继承父类的构造方法

继承是面向对象的三大特性之一,是 Java 实现代码重用的重要手段之一。Java 不支持多重继承,即一个子类只能有一个父类,但一个父类可以有多个子类。Java 支持多层继承,即继承有传递性,子类还可以有子类。子类和父类的关系可以概括为 is-a 关系或者特殊和一般关系。例如,Student is a Person,宠物猫是宠物等。

一切类的"祖先"——java.lang.Object。在 Java 中,所有的 Java 类都直接或间接地继承了 java.lang.Object 类。如果一个类在声明时没有使用 extends 关键字声明父类,那么它的直接父类就是 Object,也就是说前面我们没学习继承前写的所有的类都是 Object 的直接子类。

在我们身边存在许许多多继承的案例,在此以学生类(Student)和教师类(Teacher)为例讲解继承。学生类(Student)和教师类(Teacher)都属于人类(Person),都具有人类共同的特征,比如都有属性姓名、年龄及相应 getter/setter 方法,都可以打印自身信息等,那么就可以把共同属性和方法抽到父类 Person 中,子类可以继承 Person 的属性和行为,同时可以新增自己的属性,比如学生特有属性系别(department)和相应 getter/setter 方法,教师特有属性专长(major)和相应 getter/setter 方法。例 7-1 使用继承实现了它们之间的继承关系。

【例 7-1】 Student、Teacher 和 Person 之间继承的实现。

```
//Person.java
public class Person {
    private String name;
    private int age;
    public String getName() {
        return name;
    }
    public void setName(String name) {
        this.name=name;
    }
    public int getAge() {
        return age;
    }
    public void setAge(int age) {
        this.age=age;
    }
    public void printInfo(){
        System.out.println("姓名: "+name+"\n 年龄: "+age);
```

```
    }
}
//Student.java
public class Student extends Person{
    //新增属性
    String department;
    //新增方法
    public String getDepartment() {
        return department;
    }
    public void setDepartment(String department) {
        this.department=department;
    }
    public void haveClass(String course){
        System.out.println("我正在上"+course+"课,这门课很有趣。");
    }
}
//Teacher.java
public class Teacher extends Person{
    //新增属性
    private String major;
    //新增方法
    public String getMajor() {
        return major;
    }
    public void setMajor(String major) {
        this.major=major;
    }
    public void giveLesson(){
        System.out.println("我正在上"+major+课",学生听得很认真!");
    }
}
//ExDemo7_1.java
public class ExDemo7_1 {
    public static void main(String[] args) {
        Student stu=new Student();               //子类创建对象
        stu.setName("小明");                      //调用从父类继承的 setName()方法
        stu.setAge(19);                          //调用从父类继承的 setAge()方法
        stu.setDepartment("信息工程系");           //调用新增的方法
        stu.printInfo();                         //调用从父类继承的 printInfo()方法
        stu.haveClass("Java 语言程序设计");        //调用新增的方法
        Teacher t=new Teacher();
        t.setName("张老师");
        t.setAge(32);
        t.setMajor("C 语言");
```

```
        t.printInfo();
        t.giveLesson();
    }
}
```

【运行结果】

```
姓名：小明
年龄：19
我正在上 Java 语言程序设计课,这门课很有趣。
姓名：张老师
年龄：32
我正在上 C 语言课,学生听得很认真!
```

【程序说明】

Person 类作为父类具有了一些共性,比如 name、age 及其 getter/setter 方法、printInfo()方法,Student 类和 Teacher 类作为 Person 类的子类继承了 Person 类的上述属性和方法,同时新增了自己的属性和方法。通过例子可以看出,子类调用父类的方法就跟自己声明的一样使用。

【问题】

Student 对象 stu 虽然调用 setDepartment("信息工程系")设定了系别信息,但是 stu 调用的是父类继承的 printInfo()方法,父类的方法无法访问子类的属性,所以系别信息并没有输出,同样,Teacher 对象没有输出专业(major)属性,这显然不是很合理,该如何解决呢?

7.3.2 变量隐藏和方法重写

1. 变量隐藏

子类中定义的成员变量和父类中定义的成员变量同名时(类型可不同),则子类隐藏了继承的成员变量,当子类对象调用这个成员变量时,一定是调用在子类中声明定义的那个成员变量,而不是从父类继承的成员变量。

【例 7-2】

```
class Father {
    public int y=100;
    public void printOfFather(){
        System.out.println("Father 的 y="+y);
    }
}
class Son extends Father{
    double y=0.5;
    public void printOfSon(){
        System.out.println("Son 的 y="+y);
    }
}
```

```
public class ExDemo7_2{
    public static void main(String[] args) {
        Son son=new Son();
        son.y=10.5;                  //操作的是子类的 y
        son.printOfSon();            //调用子类新增的方法,打印的是子类的 y
        son.printOfFather();         //调用子类继承的方法,该方法内的 y 仍然是父类的 y
    }
}
```

2. 方法的重写

子类可以通过方法的重写隐藏继承的方法。当子类定义一个方法，这个方法返回类型、方法名、参数列表与从父类继承的方法完全相同时，称为方法重写(OverRide)；子类重写父类方法时访问权限保持一致或者提高，不能降低。子类通过方法重写把父类的状态和行为改变为自身的状态和行为。子类一旦重写了父类的某个方法，则子类对象再调用该方法时，一定是调用的重写后的方法。

对于例 7-1 中无法输出学生系别信息的问题，可以用方法的重写来解决，即在子类 Student 中对父类的 printInfo()方法进行重写，在打印信息中添加 department 属性，子类再调用的时候就是调用的重写后的，就可以打印完整的信息了。也就是说在例 7-1 中 Student 类和 Teacher 类中分别添加如下代码：

```
//Student.java
//重写父类的 printInfo()方法
public void printInfo(){
    System.out.println("姓名: "+getName()+"\n 年龄: "+getAge()+"\n 系别: "+department);
    }
//Teacher.java
    public void printInfo(){
        System.out.println("姓名: "+getName()+"\n 年龄: "+getAge()+"\n 教授课程: "+major);
    }
```

main()方法中，stu 对象和 t 对象调用 printinfo()时就不再是从父类继承的方法，而是子类重写的方法，执行结果如下：

```
姓名: 小明
年龄: 19
系别: 信息工程系
我正在上 Java 语言程序设计课,这门课很有趣。
姓名: 张老师
年龄: 32
教授课程: C 语言
我正在上 C 语言课,学生听得很认真!
```

需要注意的是，在重写的方法中，因为父类的 name、age 属性是 private 修饰的，所以不能直接引用，而是通过调用相应的 getter 方法获得。

3. 方法重写与方法重载的区别

接下来看一下方法的重写与第6章中方法的重载有什么区别。方法的重写是在继承中出现的,是指子类定义跟父类完全相同的方法,修改方法的实现,达到改变继承来的行为的目的,例如Student对象调用继承来的printInfo()方法只能打印name、age,通过方法重写实现了打印继承属性和新增属性的目的。而方法重载是出现在同一个类中的不同方法,只要求方法名字相同,方法参数不同,即同一类中同名方法通过传递不同的参数执行得到不同结果。

7.3.3 继承关系中构造方法

子类不能继承父类的构造方法,当用子类构造方法创建对象时,子类的构造方法总是先调用父类的某个构造方法。在例7-1中,Student对象通过调用属性name、age、department的setter方法对属性进行赋值,下面在Student中添加构造方法,通过构造方法初始化属性,观察子类如何调用父类的构造方法。

【例7-3】

```
//Person.java
public class Person {
    private String name;
    private int age;
    /**
     * 无参构造方法
     */
    public Person() {
        super();                //调用Object类的构造方法,可以省略
        System.out.println("Person无参构造方法。");
    }
    /**
     * 有参构造方法
     */
    public Person(String name, int age) {
        //super();
        this.name=name;
        this.age=age;
        System.out.println("Person两个参数构造方法。");
    }
    //属性getter方法
    public String getName() {
        return name;
    }
    public int getAge() {
        return age;
    }
}
```

```
//Student.java
public class Student extends Person{
    String department;
    /**
     * 无参构造方法
     */
    public Student() {
        //省略了"super();"语句,如果去掉 Person 中的无参构造方法,则此处出错
        System.out.println("Student 无参构造方法。");
    }
    /**
     * 有参构造方法
     */
    public Student(String name, int age,String department) {
        super(name, age);             //调用父类的有参构造方法
        this.department=department;
        System.out.println("Student 有参构造方法。");
    }
    public void printInfo(){
        System.out.println("姓名: "+getName()+"\n 年龄: "+getAge()+"\n 系别: "
        +department);
    }
}
//ExDemo7_3.java
public class ExDemo7_3 {
    public static void main(String[] args) {
        Student stuOne=new Student();
        stuOne.printInfo();
        System.out.println("*********************");
        Student stuTwo=new Student("小红",17,"英语系");
        stuTwo.printInfo();
    }
}
```

【运行结果】

```
Person 无参构造方法。
Student 无参构造方法。
姓名: null
年龄: 0
系别: null
*********************
Person 两个参数构造方法。
Student 有参构造方法。
姓名: 小红
年龄: 17
```

系别：英语系

【程序分析】

在创建 stuOne 对象时调用的是 Student 的无参构造方法，而通过运行结果可以看出，实际上是通过 super()先调用了父类 Person 的无参构造方法，又执行的子类的构造方法，super()可省略。在创建 stuTwo 对象时，先通过 super(name,age)调用父类的两个参数构造方法，又执行子类的两个参数的构造方法。如果注释掉“super(name,age);”，则相当于默认调用 Person 无参构造方法，即省略了“super();”语句。

通过程序运行结果和分析，继承中构造方法的调用有以下特点。

(1) 如果子类的构造方法中没有显式地调用父类构造方法，也没有使用 this 关键字调用重载的其他构造方法，则系统默认调用父类无参数的构造方法，相当于省略了“super();”语句。Student 中的无参构造方法即省略了“super();”语句。

(2) 如果子类的构造方法中通过 super 显式地调用父类的有参构造方法，那将执行父类具有相应参数的构造方法，而不执行父类无参构造方法。Student 中的 3 个参数构造方法通过“super(name,age);”语句调用了 Person 中的两个参数构造方法。

(3) 如果子类的构造方法中通过 this 显式调用自身的其他构造方法，在相应构造方法中应满足以上两条规则中的一条。

(4) super 调用父类的构造方法必须作为子类构造方法中的第一条语句。

7.3.4 this 关键字的使用

this 是 Java 的一个关键字，表示某个对象。this 可以出现在实例方法和构造方法中，但不能出现在类方法中。

【例 7-4】 this 关键字的使用。

```
//Student.java
public class Student {
    String name;
    int age;
    String department;
    public Student(String name, int age, String department) {
        this.name=name;
        this.age=age;
        this.department=department;
    }
    public String getInfo(){
        return "姓名："+name+"\n 年龄："+age+"\n 系别："+department;
    }
    public void printInfo(){
        System.out.println(this.getInfo());
    }
}
//ExDemo7_4.java
public class ExDemo7_4 {
```

```
    public static void main(String[] args) {
        Student stuOne=new Student("小明",19,"信息工程系");
        stuOne.printInfo();
        System.out.println("********************");
        Student stuTwo=new Student("小红",18,"英语系");
        stuTwo.printInfo();
    }
}
```

【运行结果】

```
姓名：小明
年龄：19
系别：信息工程系
********************
姓名：小红
年龄：18
系别：英语系
```

【程序说明】

(1) 在构造方法中使用 this。this 关键字出现在类的构造方法中时，谁来使用该构造方法创建对象，this 就代指谁。在例 7-4 中，创建 stuOne 对象时，this 代指调用该构造方法的 stuOne 对象，所以小明、19、信息工程系 3 个值赋给的 stuOne 的 name、age、department，而没有赋给 stuTwo 对象。同理，创建 stuTwo 对象时，也调用了构造方法，这时 this 代指的是 stuTwo 对象。这个可以结合前面对象的内存模型来理解。

(2) 在实例方法中使用 this。实例方法只能由类的对象调用，不能用类名调用。当 this 关键字出现在实例方法中时，this 代表正在调用该方法的当前对象。在上例中 stuOne 调用 printInfo() 时，this 代指的是 stuOne，所以输出的 stuOne 的属性，同理 stuTwo 调用 printInfo()时，this 代指的是 stuTwo。

(3) 无论在构造方法还是实例方法中，this 都可以省略，但是当方法内有同名的局部变量时，this 不能省略，上例中构造方法中的 3 个参数和成员变量同名，这时 this 不能省略，而 getInfo()中成员变量前的 this 可以省略，所以在前面的代码中都没有写 this，实际上是省略掉了。

注意

this 关键字不可以出现在类方法中，因为类方法与类关联，所有对象共享，无法用 this 代指当前对象。

7.3.5 super 关键字的使用

this 关键字代指的是当前对象，而 super 出现在子类中，表示父类的对象。super 可以出现在子类的实例方法和构造方法中，不能出现在子类的类方法中。

1. 在子类的实例方法中使用 super

子类中一旦隐藏了父类的某个变量，子类的实例方法中不能再使用该变量，这时，如果

子类实例方法想调用被隐藏的变量，那么就要用 super 关键字，格式为

```
super.被隐藏变量;
```

同样，子类一旦重写了父类的某个方法，则子类的实例方法中想调用该方法，只能调用重写后的方法，父类的方法被隐藏，这时，如果子类实例方法想调用重写前父类中的该方法，那么也要用 super 关键字，格式为

```
super.被重写方法
```

【例 7-5】

```
class Father {
    public int y=100;
    public void printY(){
        System.out.println("执行 Father 的 printY()的结果是: y="+y);;
    }
}
class Son extends Father{
    double y=0.5;
    public void printY(){
        System.out.println("执行 Son 的 printY()的结果是: y="+y);
    }
    public void printOfSon(){
        printY();                    //调用重写后的 printY()
        super.printY();              //调用父类被重写的 printY()
        System.out.println("Son 的 y="+y+",Father 被隐藏的 y="+super.y);
    }
}
class ExDemo7_5{
    public static void main(String[] args) {
        Son son=new Son();
        son.printOfSon();            //调用子类新增的方法,打印的是子类的 y
    }
}
```

【运行结果】

```
执行 Son 的 printY()的结果是: y=0.5
执行 Father 的 printY()的结果是: y=100
Son 的 y=0.5,Father 被隐藏的 y=100
```

对于例 7-1 中 Student 类和 Teacher 类中重写父类的 printInfo()方法可以使用 super 进行优化，减少代码重复，把两个子类 printinfo()的方法体改为如下代码，执行结果不变。

```
//Student.java
//重写父类的 printInfo()方法
```

```
public void printInfo(){
        super.printInfo();
        System.out.println("系别: "+department);
    }
//Teacher.java
    public void printInfo(){
        super.printInfo();
        System.out.println("教授课程: "+major);
    }
```

2. 在子类的构造方法中使用 super

由于子类不能继承父类的构造方法,所以子类的构造方法中总是需要使用 super 关键字调用父类的某个方法。具体使用参见 7.3.3 节(继承关系中构造方法),在此就不再举例。

7.4 任务实现

通过对继承的学习,下面来实现本章开始提出的任务,对宠物商店进行代码优化。

【问题分析】

本章任务的详细需求,跟上一章的差不多。具体需求如下。

根据控制台提示,输入领养宠物的昵称。

根据控制台提示,选择领养宠物的类型,有两种选择:猫咪和猪猪。

如果类型选择猫咪,要选择猫咪的品种,有两种选择:"波斯猫"或者"挪威的森林"。

如果类型选择猪猪,要选择猪猪的性别:"猪 GG"或"猪 MM"。

所领养宠物的体力值默认是 100,体力值会随着吃食升高。

所领养宠物心情值默认是 20,宠物心情会因为吃东西、玩游戏升高。

控制台打印出宠物自我介绍信息,包括昵称、体力值、心情值、品种或性别,表示领养成功。

宠物可以吃东西,每吃一次东西相应的体力值会增加。当增加到一定值,就不能再增加,提示需要多运动。

宠物可以游戏,玩游戏过程体力值减少,心情值增加,玩游戏过度,体力值过低会提示生病。

需求跟第 6 章相同,任务是对第 6 章的代码进行优化。第 6 章实现的宠物猫 Cat 类和宠物猪 Pig 类有很多共同属性和方法,首先使用继承把它们共同的特征抽到一个父类 Pet 中,然后 Cat 类和 Pig 类可以继承 Pet 类的属性和方法,同时新增自己的属性和方法,实现代码的复用。下面对 Pet、Cat 和 Pig 的属性和方法进行说明。

Pet 类中具有的属性和方法如下。

(1) 属性:昵称(name)、体力值(strength)和心情值(mood)。

(2) 方法:获取以上属性的 getter/setter 方法、自我介绍方法(introduce())、吃食(eat())。

Cat 类继承 Pet 类以上属性和方法同时,具有自己特有的属性和方法。

(1) 属性:品种(strain)。

(2) 方法:获取品种(getStrain())、重写自我介绍方法(introduce())和新增玩球

(rollBall())。

Pig 类继承 Pet 类以上属性和方法同时，具有自己特有的属性和方法。

(1) 属性：品种(sex)。

(2) 方法：获取品种(getSex())、重写自我介绍方法(introduce())和新增吹泡泡(blowBubbles())。

把上面对 3 个类的描述转换为 UML 图，见本章开始的任务分析中图 7-2。

【程序实现】

具有共有属性的父类 Pet：

```
1  package task;
2  /**
3   * 宠物类，宠物猫和宠物猪的父类。
4   */
5  public class Pet {
6      private String name;                  //昵称
7      private int strength=100;             //体力值
8      private int mood=20;                  //心情值
9      /**
10      * 有参构造方法。
11      */
12     public Pet(String name) {
13         this.name=name;
14     }
15     public String getName() {
16         return name;
17     }
18     public int getStrength() {
19         return strength;
20     }
21     public void setStrength(int strength){
22         this.strength=strength;
23     }
24     public int getMood() {
25         return mood;
26     }
27     public void setMood(int mood) {
28         this.mood=mood;
29     }
30     /**
31      * 宠物自我介绍。
32      */
33     public void introduce() {
34         System.out.println("亲爱的主人,我的名字叫"+this.name+",我目前体力值是"
35 +this.strength+",心情值是" +this.mood+"。");
```

```
36      }
37      /* *
38       * 宠物吃食。
39       * /
40      public void eat(){
41          if(getStrength()>120){
42              System.out.println(this.getName()+"需要多运动!");
43          }else{
44              setStrength(getStrength()+10);
45              System.out.println(this.getName()+"吃饱了!体力值增加 10,目前值为"
46  +strength+"。");
47          }
48      }
49  }
```

子类 Cat：

```
1  package task;
2  /* *
3   * 宠物猫类继承宠物类。
4   * /
5  public class Cat extends Pet{
6      //新增属性定义
7      private String strain;               //品种
8      /* *
9       * 两个参数构造方法
10      * /
11     public Cat(String name, String strain) {
12         //调用父类的一个参数构造方法
13         super(name);                     //不能用 this.name=name
14         this.strain=strain;
15     }
16     //新增属性 getter/setter 方法
17     public String getStrain() {
18         return strain;
19     }
20     //方法定义
21     /* *
22      * 重写 Pet 的自我介绍
23      * /
24     public void introduce() {
25         super.introduce();               //调用父类隐藏掉的方法
26         System.out.println("我是一只纯种的"+this.strain+"。");
27     }
28     /* *
29      * 新增滚球方法
```

```
30         */
31      public void rollBall(){
32          if(getStrength()<60){
33              System.out.println(getName()+"生病了!");
34          }else{
35              setStrength(getStrength()-10);
36              setMood(getMood()+5);
37              System.out.println(this.getName()+"正在滚球,目前体力值"
38  +getStrength()+",心情值为"+getMood()+"。");
39          }
40      }
41  }
```

子类 Pig:

```
1   package task;
2   /**
3    * 宠物猪类继承宠物类。
4    */
5   public class Pig extends Pet{
6       //新增属性定义
7       private String sex;                    //性别
8       /**
9        * 两个参数构造方法
10       */
11      public Pig(String name,String sex){
12          //调用父类的一个参数构造方法
13          super(name);                       //不能用 this.name=name
14          this.sex=sex;
15      }
16      //getter/setter 方法
17      public String getSex() {
18          return sex;
19      }
20      //方法定义
21      /**
22       * 重写 Pet 的自我介绍
23       */
24      public void introduce() {
25          super.introduce();                 //调用父类隐藏掉的方法
26          System.out.println("我是一只胖胖的"+this.sex+"。");
27      }
28      /**
29       * 新增吹泡泡方法
30       */
31      public void blowBubbles() {
```

```
32          if(getStrength()<60){
33              System.out.println(getName()+"生病了!");
34          }else{
35              setStrength(getStrength()-5);
36              setMood(getMood()+5);
37              System.out.println(this.getName()+"正玩吹泡泡,目前体力值为"
38  +getStrength()+",心情值为"+getMood()+"。");
39          }
40      }
41  }
```

有了上面的三个类,可以创建测试类对其进行测试,此处可以继续沿用第6章的 AdoptTest.java,但因为篇幅原因,此处只使用一个简单的测试类 Test 分别对 Cat 类和 Pig 类行为进行测试。

测试类 Test:

```
1  package task;
2  /**
3   * 测试类 Test
4   */
5  public class Test {
6      public static void main(String[] args) {
7          //使用 Cat 的两个参数的构造方法创建对象
8          Cat cat=new Cat("球球","波斯猫");
9          cat.introduce();                //调用重写方法
10         cat.eat();                      //调用从父类继承来的方法
11         cat.rollBall();                 //调用子类新增的方法
12
13          //使用 Pig 的两个参数的构造方法创建对象
14          Pig pig=new Pig("嘟嘟","猪 GG");
15          pig.introduce();               //调用重写方法
16          pig.eat();                     //调用从父类继承来的方法
17          pig.blowBubbles();             //调用从父类继承来的方法
18      }
19  }
```

【运行结果】

```
亲爱的主人,我的名字叫球球,我目前体力值是 100,心情值是 20。
我是一只纯种的波斯猫。
球球吃饱了!体力值增加 10,目前值为 110。
球球正在滚球,目前体力值为 100,心情值为 25。
亲爱的主人,我的名字叫嘟嘟,我目前体力值是 100,心情值是 20。
我是一只胖胖的猪 GG。
球球吃饱了!体力值增加 10,目前值为 110。
球球正玩吹泡泡,目前体力值为 105,心情值为 25。
```

【程序说明】

(1) Cat 类的第 13 行,Pig 类的第 13 行,都使用了 super 关键字调用父类中含有一个参数的方法,Pet 中的属性是 private 修饰的,所以子类不能直接继承调用,但是可以使用构造方法为 name 赋值,可以调用 getName()方法取 name 值。

(2) Cat 类和 Pig 类的第 25 行,分别使用 super. introduce()调用父类被重写的方法,减少代码重复。

(3) 在 Cat 类和 Pig 类的 eat()方法和玩游戏方法中都对宠物的体力值和心情值进行改变,因为属性是私有的,子类不能继承,但是可以使用 Pet 类中相应的 setter 方法进行改变。

(4) 自己可以继续扩充宠物大家庭,添加更多的宠物类,体会继承带来的好处。

7.5 知识拓展

7.5.1 子类对象的构造过程

因为子类不能继承父类的构造方法,子类构造方法总是直接或间接调用父类的某个构造方法,所以子类调用自己的构造方法创建对象时,也会调用父类的某个构造方法。因此,一个子类对象的构造过程可以如下理解。

(1) 初始化父类的成员变量。

(2) 调用父类的构造函数(没有显式调用,则调用默认构造方法)。

(3) 初始化子类的成员变量。

(4) 调用子类的构造方法。

子类对象的内存模型如图 7-3 所示,叉号表示子类对象不可操作成员,对号表示子类对象可操作成员。

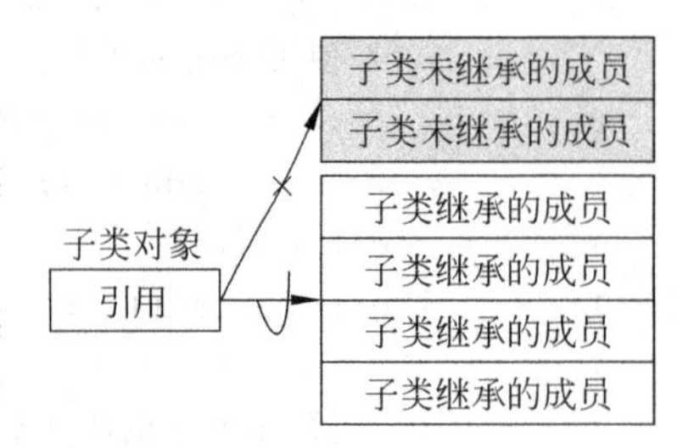

图 7-3 子类对象内存模型

父类所有的成员变量都会被分配到内存,其中子类能够继承的,会把这部分变量地址空间放到子类对象的引用中,表示这些变量是子类的成员变量。还有一部分变量不允许子类继承,比如父类的私有成员和父类子类不在同一包下时父类的友好成员,这些变量虽然子类没有继承,但是仍然会被分配内存,因为子类可以通过调用从父类继承的方法来操作这部分变量。

7.5.2 toString()方法

观察例 7-6。

【例 7-6】 打印对象。

```
//Person.java
public class Person {
    String name;
    int age;
    public Person(String name, int age) {
        this.name=name;
        this.age=age;
```

```
    }
}
//Test.java
public class Test {
    public static void main(String[] args) {
        Person p=new Person("张三",67);
        //直接打印对象
        System.out.println(p);
    }
}
```

上面程序创建一个 Person 对象 p，然后使用 System. out. println()方法输出 Person 对象 p。程序运行的结果如下：

```
Person@c17164
```

这个结果是怎么出来的呢？输出语句可以在控制台打印字符串，而 p 是一个 Person 对象，怎么也能直接打印呢？这里实际上打印的也是一个字符串，是 p 对象调用 toString()(返回值为 String)方法，只不过此处省略掉了方法调用。也就是说打印 p 和 p. toString()效果相同。而 Person 中并没有 toString()方法，p 调用的是从父类 Object 继承来的 toString()方法，在父类 Object 中 toString()方法的原型如下：

```
public String toString() {
    return getClass().getName()+"@"+Integer.toHexString(hashCode());
}
```

所以程序打印出上面的结果。Object 的 toString()方法是一个特殊的方法，它是一个自我描述方法，该方法通常用于通过打印对象直接打印出对象的自我描述信息，对象总是默认调用 toString()方法。因为 Object 是所有类的父类，所以所有的类都具有 toString()，当然，所有的子类也可以对它进行重写，实现子类的自我描述。

对于上面的程序，在 Person 类中添加如下代码：

```
public String toString(){
        return name+":"+age;
}
```

输出结果变为如下：

```
张三:67
```

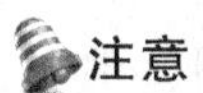
注意

重写 toString()的时候方法的声明一定不要写错，一旦写错，对象会继续调用继承来的 toString()方法，而自己添加的会成为新增方法，必须显式调用才会被执行。

7.5.3 final 关键字

final 有"最终的，不可更改"的意思，在 Java 中是一个关键字。它可以修饰类、成员变量、方法和方法的参数。一旦被 final 修饰,代表不可改变。

(1) final 修饰的类不能被继承,即不能有子类。

```
final class Person{
}
class Student extends Person{                    //错误,Person 不能被继承
}
```

(2) final 修饰的成员变量不能再改变,即 final 修饰变量为常量。因为常量在程序运行期间不允许改变,所以常量没有默认值,必须在声明时赋初始值。

```
class Person{
    final String MALE="男";                      //必须初始化,而且不能再被改变
}
```

(3) final 修饰的方法不允许被重写。

```
class Person{
    public final void print(){
    }
}
class Student extends Person{
    public final void print(){                   //错误,final 修饰的方法不能被重写
    }
}
```

(4) final 修饰的方法参数不允许在方法体内重新赋值。

```
class Person{
    public final void print(final String s){
        s="hello";                               //错误,不能对 final 参数进行重新赋值
    }
}
```

7.6 本章小结

本章首先介绍什么是继承及如何实现继承,然后介绍继承中变量隐藏、方法重写以及继承关系中构造方法和子类对象的构造过程,最后讲解 this、super 和 final 关键字的使用。通过对第 6 章 E 宠之家代码使用继承优化,明确了继承作用——实现代码复用。学习本章后,读者应该掌握以下内容。

(1) 继承的实现和继承的作用。

(2) 变量隐藏和方法重写。

(3) 继承关系中的构造方法和子类对象的构造过程。

(4) this、super 和 final 关键字的使用。

7.7 强化练习

7.7.1 判断题

1. 所有的Java类都直接或间接继承java.lang.Object。(　　)
2. this关键字可以出现在类方法中,代指当前类。(　　)
3. 子类可以继承父类里的所有变量和方法,包括私有的属性和方法。(　　)
4. 一个Java类可以有多个父类。(　　)
5. 最终类不能派生子类,最终方法不能被覆盖。(　　)

7.7.2 选择题

1. 在Java类中,使用以下(　　)声明语句来定义公有的int型常量MAX。

   A. public int MAX=100;　　　　B. final int MAX=100;

   C. public static int MAX=100;　　　　D. public static final int MAX=100;

2. 分析如下所示的Java代码,其中this关键字的意思是(　　)。

```
public class Test {
    private String name;
    public String getName() {
        return name;
    }
    public void setName(String name) {
        this.name=name;             //this 关键字所在的行
    }
}
```

   A. name属性

   B. Test类的内部指代自身的引用

   C. Test类的对象引用Test类的其他对象

   D. 指所在的方法

3. 在Java语言中,下列关于类的继承的描述,正确的是(　　)。

   A. 一个类可以继承多个父类　　　　B. 一个类可以具有多个子类

   C. 子类可以使用父类的所有方法　　　　D. 子类一定比父类有更多的成员方法

4. Java中,如果类C是类B的子类,类B是类A的子类,那么下面描述正确的是(　　)。

   A. C不仅继承了B中的公有成员,同样也继承了A中的公有成员

   B. C只继承了B中的成员

   C. C只继承了A中的成员

   D. C不能继承A或B中的成员

5. 给定如下一个Java源文件Child.java,编译并运行Child.java,以下说法正确的是(　　)。

```
class Parent1 {
    Parent1(String s){
```

```
        System.out.println(s);
    }
}
class Parent2 extends Parent1{
    Parent2(){
        System.out.println("parent2");
    }
}
public class Child extends Parent2 {
    public static void main(String[] args) {
        Child child=new Child();
    }
}
```

A. 编译错误：没有找到构造器 Child()

B. 编译错误：没有找到构造器 Parent1()

C. 正确运行,没有输出值

D. 正确运行,输出结果为：parent2

6. 下列选项中关于 Java 中 super 关键字的说法错误的是(　　)。

A. super 关键字是在子类对象内部指代其父类对象的引用

B. super 关键字不仅可以指代子类的直接父类,还可以指代父类的父类

C. 子类可以通过 super 关键字调用父类的方法

D. 子类可以通过 super 关键字调用父类的属性

7.7.3 简答题

1. 简述子类继承父类的语法以及继承的好处。
2. 子类可以继承父类的哪些成员？
3. 子类可以继承父类的构造方法吗？子类的构造过程是怎样的？
4. 方法重载与方法重写区别是什么？
5. 简述 this 关键字和 super 关键字的用法。

7.7.4 编程题

1. 请编码实现人类世界的继承关系

(1) 人类(Person)具有的属性：姓名(name)、年龄(age)和性别(sex)。

(2) 人类(Person)具有的行为：吃(eat)和自我介绍(introduce)。

人类包括学生(Student)和教师(Teacher)。

(1) 学生除了具有人类的特征外,还有属性班级(grade)。

(2) 教师除了具有人类的特征外,还有属性学历(degree)。

(3) 教师和学生自我介绍的行为各不相同,但吃的行为是一致的。

请通过继承实现以上需求,并编写测试类 Test 进行测试。

2. 实现汽车租赁系统,不同车型日租金情况如表 7-1 所示。

表 7-1　不同车型日租金情况

车型及日租费	轿　车			客　车	
车型	别克 GL8	宝马 750	别克凯越	≤19 座	>19 座
日租费(元/天)	750	600	500	800	1200

编程实现计算不同车型不同天数的租赁费用。

其中：机动车类 MotoVehicle 为轿车类(Car)和客车类(Bus)的父类，TestRent 为主类，它们主要属性和方法如下。

MotoVehicle 类具有的属性：车牌号(no)、品牌(brand)。

具有的方法：打印汽车信息(printInfo())、计算租金方法(int calRent(int days))。

Car 类继承 MotoVehicle 类的属性，同时新增属性：汽车型号(type)。

具有方法：重写计算租金方法(按汽车型号计算)、重写打印汽车信息方法。

Bus 类继承 MotoVehicle 类的属性，同时新增属性：座位数(seatCount)。

具有方法：重写计算租金方法(按汽车座位数计算)、重写打印汽车信息方法。

TestRent 类为主类，在其 main()方法中对汽车租赁系统进行测试。

3. 请编码实现饲养员喂养动物。

(1) 饲养员(Feeder)可以给动物(Animal)喂食物(Food)。

(2) 现在动物有 Dog 和 Cat，食物有 Fish 和 Bone。

(3) 饲养员可以给狗喂骨头，给猫喂鱼。

按照上面的要求，结合饲养员喂养动物的 UML 类图(见图 7-4)实现程序。

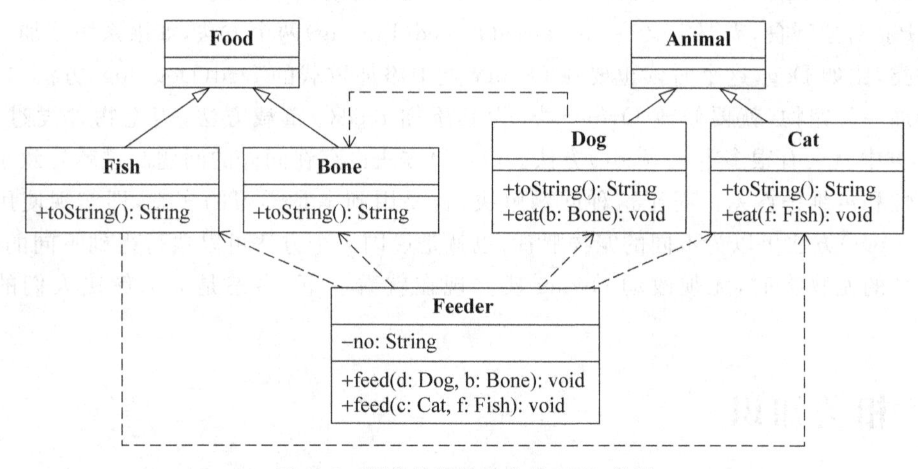

图 7-4　饲养员喂养动物的 UML 类图

第8章　多　　态

任务　E宠之家(三)

8.1　任务描述

通过第6章的学习,实现了E宠之家宠物类及宠物对象的创建和领养。通过第7章的学习,对E宠之家宠物类的代码进行了优化,解决了代码重复问题。在本章我们要添加领养者类,领养者除了具有姓名(name)、金币(money)属性外,还可以给领养的宠物喂食、陪宠物玩耍等。但是,在实现给宠物喂食、陪宠物玩耍的过程中仍然存在一定的代码重复,而且如果想增加新的宠物类时,领养者类中需要单独为其添加喂食、玩耍的方法,程序的扩展性和可维护性不好。在本章中,我们使用面向对象的第三大特性——多态,实现新的需求并对代码进行优化,提高程序的可扩展性和可维护性。同时,添加EPetHome类,实现系统启动、宠物领养、对宠物进行操作等功能,为E宠之家设计画上句号。当然,你可以发挥自己的想象力,继续为E宠之家添加功能,让该系统更有吸引力,相信你一定可以做到的!

8.2　任务分析

本章主要的任务是添加领养者类(Owner),他具有姓名(name)、金币(money)属性,具有给宠物喂食(feed())和陪宠物玩耍(play())方法,用前面学过的知识,想要实现分别为Cat和Pig对象喂食,需要定义feed(Cat cat)、feed(Pig pig)两个方法,如果系统添加一种新的宠物类,比如Dog,这个时候也要在Owner类中添加重载的feed(Dog dog)方法,也就是说每增加一种宠物,就要修改Owner类,为其添加feed()重载方法,当宠物种类过多时,Owner类中就会有很多重载feed()方法。play()方法也存在同样的问题。这就导致了系统的扩展性和可维护性差。对于这种问题解决,就要用到本章学习的多态,即实现使用一个feed(Pet pet)方法可以为不同的宠物喂食,也就是说同一个方法可以执行得到不同的结果,当增加新的宠物类时,无须改动Owner类。现在就看一下,多态是如何解决人们的难题的吧。

8.3　相关知识

8.3.1　什么是多态

在继承章节中,我们使用了学生类和教师类继承人类,实现了代码复用,在此,我们再增加一个学校类(School),学校门禁系统可以为学生和老师开门,例8-1为新增加的学校类(School)和测试类(ExDemo8_1),Student类和Teacher类仍然用第7章的例子,此处代码省略。

【例 8-1】 School 类和 ExDemo8_1 类，实现为学生和教师开启门禁。

```
//School.java
public class School {
//以下代码扩展性差，增加新的类型对象时需要单独为其写 openDoor()方法
    //为教师开启门禁
    public void openDoor(Teacher t){
        t.printInfo();
        System.out.println("允许进入");
    }
    //为学生开启门禁
    public void openDoor(Student stu){
        stu.printInfo();
        System.out.println("允许进入");
    }
}
//ExDemo8_1.java
public class ExDemo8_1 {
    public static void main(String[] args) {
        School school=new School();
        Student stu=new Student("小明",18,"信息工程系");
        school.openDoor(stu);
        school. openDoor(new Teacher("张老师",32,"Java"));
    }
}
```

【运行结果】

```
姓名：小明
年龄：18
系别：信息工程系
允许进入
姓名：张老师
年龄：32
教授课程：Java
允许进入
```

这里实现了为学生和教师开启门禁，但是，程序的可扩展性不好，不易维护。因为，当再增加其他类型的人时，比如增加管理人员(Manager)，除了要写继承 Person 的 Manager 类之外，还要在学校类中添加 public void openDoor(Manager m)方法，否则不能实现为管理员开启门禁。对于这种问题的解决就要用到面向对象的第三大特征——多态。

多态(Polymorphism)按字面的意思就是“多种状态”，是指对象调用相同的方法执行的操作不同，或者说同一实现接口，使用不同的实例而执行不同的操作。在例 8-1 中，开启门禁就是学校提供的一个接口，而这个接口应该可以为不同类型的人开启门禁，比如可以为学生、教师、管理员等开启门禁，这就是一种多态。接下来，我们来看一下，如何实现多态。

8.3.2 如何实现多态

1. 对象的上转型对象

前面学习了基本数据类型转换,例如:

```
//整型可以自动转换为 double 型
int n=23;
double m=n;                    //m 值为 23.0
//double 型数据需要强制类型转换才能赋给 int 型
int n=(int)8.2;                //n 值为 8
```

实际上,在引用数据类型的子类和父类之间也存在转换的问题,子类对象可以自动转换赋给父类对象,称为子类对象向上转型。父类对象也称为子类对象的上转型对象。

例如:

```
Person p;
Student stu=new Student();
p=stu;                         //stu 向上转型,p 称为 stu 的上转型对象
```

以上代码等价于:

```
Person p=new Student();
```

对象的上转型对象的实体是子类负责创建的,但上转型对象会失去子类对象的一些属性和功能。上转型对象特点如下。

(1) 上转对象不能操作子类新增的成员变量(失掉了这部分属性);不能使用子类新增的方法(失掉了一些功能)。

(2) 上转型对象可以操作子类继承或隐藏成员变量,也可以使用子类继承的或重写的方法。

(3) 上转型对象操作子类继承或重写的方法时,就是通知对应的子类对象去调用这些方法。因此,如果子类重写了父类的某个方法后,对象的上转型对象调用这个方法时,一定是调用了这个重写的方法。

(4) 可以将对象的上转型对象再强制转换到一个子类对象,这时,该子类对象又具备了子类所有属性和功能(类似于基本数据类型中高精度赋值给低精度需要强制转换)。

2. 实现多态

明白了上转型对象,就可以对上面的例子进行修改,实现多态。把 School 类修改成如下所示代码,其他代码无须改动。

【例 8-2】 使用父类 Person 做参数,实现多态。

```
// School.java
public class School {
    //使用多态为 Person 及其子类对象开启门禁
    public void openDoor(Person p){
        p.printInfo();
        System.out.println("允许进入");
```

```
    }
}
public class ExDemo8_2 {
public static void main(String[] args) {
        School school=new School();
        Student stu=new Student("小明",18,"信息工程系");
        Teacher t=new Teacher("张老师",32,"英语");
        school.openDoor(stu);
        school.openDoor(t);
        }
}
```

【运行结果】

```
姓名: 小明
年龄: 18
系别: 信息工程系
允许进入
姓名: 张老师
年龄: 32
教授课程: 英语
允许进入
```

由上述代码中可见，把 openDoor( )方法的参数改为 Student 类和 Teacher 类的父类 Person 型，p 可以接收 Student 对象和 Teacher 对象，实际上 p 就是传过来实参的上转型对象，根据上转型对象的特点，它可以调用重写后的方法，所以调用 printInfo()方法的结果不同，从而实现了多态。当再新增加人员类型时，只要是 Person 的子类，p 都可以接收，School 类不用改动，因此，提高了程序的扩展性和可维护性。

通过上面代码演示分析，下面来总结一下多态的实现过程。

(1) 子类重写父类的方法。

Student 类和 Teacher 类都重写了父类 Person 中的 printInfo()方法。

(2) 编译方法时，调用父类定义的方法。

在 School 类的 openDoor(Person p)方法中，p 调用的是父类定义的 printInfo()方法。

(3) 运行时，根据实际创建的对象类型动态决定使用哪个方法。

运行时，根据真正传递过来的 Student 对象或者 Teacher 对象调用相应重写后的 printInfo()方法。

8.3.3 instanceof 运算符

instanceof 操作符用于判断一个引用类型所引用的对象是否是一个类的实例。instanceof 操作符左边的操作元是一个对象，右边的操作元是一个类名或者接口名，格式如下：

```
obj instanceof ClassName/InterfaceName
```

代表 obj 对象是否是 ClassName/InterfaceName 的一个实例(对象)，返回值为 boolean 型。

例如：

```
Student stu=new Student();
```

stu instanceof Student 表达式结果为 true，stu instanceof Teacher 结果为 false。

现在，为上面的 School 类中增加一个新的功能，对学生和教师进行检查，检查他们的上课情况，对学生来说，当检查的时候应该调用 haveClass()方法，显示正在上课；对教师而言，当检查时调用 giveLesson()方法，显示正在授课。对于这个需求如果用前面的多态实现，只定义一个检查方法 check(Person p)针对不同对象检查，就会出现一个问题，对于参数 p 作为上转型对象只能调用继承或重写的方法，而不能调用新增的方法，从而无法实现需求。在这里可以使用 instanceof 操作符对 p 进行判断，如果 p 是 Student 对象，就把 p 强制类型转换为 Student 型，调用 haveClass()方法；如果 p 是 Teacher 对象，就转换为 Teacher 型，调用 giveLesson()方法，从而实现需求。

【例 8-3】 为 school 类添加 check()方法，使用 instanceof 运算符实现多态。

```
//School.java
public class School {
    //使用 instanceof 运算符实现检查方法多态
    public void check(Person p){
        p.printInfo();
        if(p instanceof Student){
            ((Student)p).haveClass("java");
        }
        if(p instanceof Teacher){
            ((Teacher)p).giveLesson();
        }
    }
}
//ExDemo8_3.java
public class ExDemo8_3 {
    public static void main(String[] args) {
        School school=new School();
        Student stu=new Student("小明",18,"信息工程系");
        Teacher t=new Teacher("张老师",32,"英语");
        school.check(stu);
        school.check(t);
    }
}
```

【运行结果】

```
姓名：小明
年龄：18
系别：信息工程系
我正在上 java 课,这门课很有趣。
姓名：张老师
```

```
年龄：32
教授课程：英语
我正在上英语，学生听得很认真！
```

8.4 任务实现

学习完本章的知识点后，接下来实现本章开头提出的任务。

【问题分析】

通过第7章的学习，我们定义了Pet类、Cat类和Pig类，在本章中，在前面需求的基础上，增加新的需求，添加宠物领养者类(Owner)，实现领养者领养宠物、陪宠物聊天、玩耍，为宠物喂食功能，并根据操作不同，领养者持有的金币或增或减。具体需求描述如下：

```
Owner类具有属性：姓名(name)、金币数(money)
```

具有方法：喂养宠物(feed())和陪宠物玩耍(play())。

通过前面多态的学习可知，可以使用父类的对象作为方法的参数，而真正执行时传递子类的对象，子类的对象调用重写后的方法，不同的子类执行的结果不同，从而实现多态。在这里，feed方法的参数可以使用Pet类的对象，而在方法体中真正执行的时候，Pet对象根据传递的Cat或Pig对象，分别调用子类重写的introduce方法和继承的eat方法，从而使得feed()方法执行的结果不同。同时，对于play()方法，也可以使用Pet对象做参数，通过使用instanceof运算符判断传递过来的到底是Cat还是Pig，把参数向下转型，即转换为子类对象，这时子类对象又可以调用自己新增的玩游戏方法了。

为了使E宠之家更加完善，我们定义EPetHome类，包括属性Owner对象；包括方法领养(adopt())、操作(operate())和启动(init())。

图8-1为E宠之家中相关类的类关系UML图，其中Cat和Pig是泛型关系，Owner与Pet是依赖关系，而EPetHome跟Owner是聚合关系。关于类之间的关系，参见6.3.8节。

通过UML类图可以看出，Pet类、Cat类和Pig类跟第7章我们的任务相同，大家可以翻看第7章的任务实现，在此代码省略。下面看一下Owner类和EPetHome类的实现。

【程序实现】

使用多态实现Owner类：

```
1   package task;
2   import java.util.Scanner;
3   public class Owner {
4       private String name;              //主人
5       private int money;                //拥有金币
6       public Owner(String name, int money) {
7           this.name=name;
8           this.money=money;
9       }
10      public void feed(Pet pet){
```

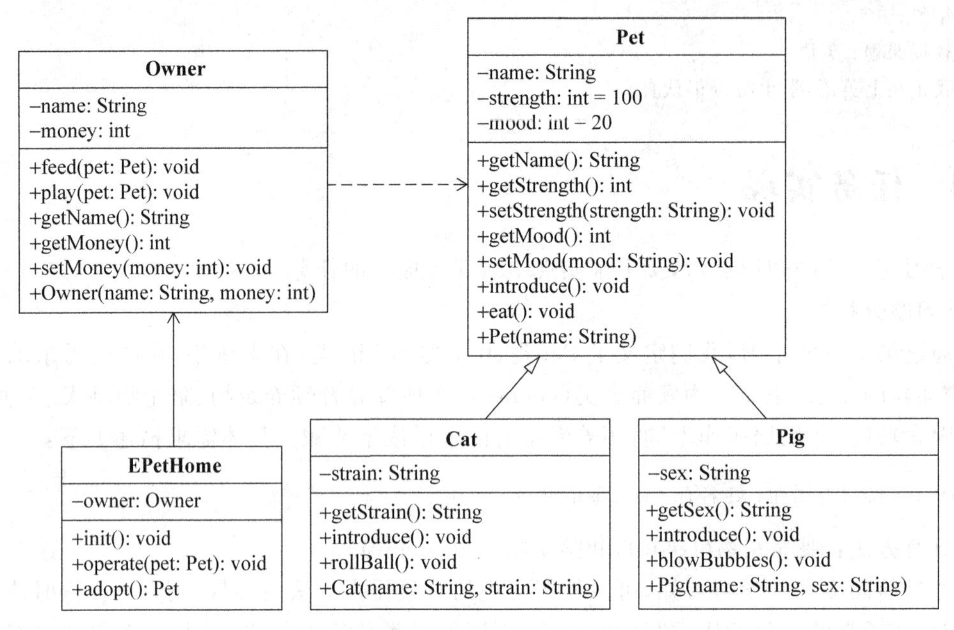

图 8-1 E宠之家中相关类的类关系 UML 图

```
11          //子类重写父类的方法,上转型对象可以调用
12          pet.introduce();
13          //eat()是继承来的方法,上转型对象可以调用
14          pet.eat();
15      }
16      public void play(Pet pet){
17          //滚球和吹泡泡是子类新增方法,pet 是上转型对象不能调用
18          if(pet instanceof Cat){
19              Cat cat=(Cat)pet;
20              cat.rollBall();
21          }
22          if(pet instanceof Pig){
23              ((Pig)pet).blowBubbles();
24          }
25      }
26      //getter/setter 方法
27      public String getName() {
28          return name;
29      }
30      public int getMoney() {
31          return money;
32      }
33      public void setMoney(int money) {
34          this.money=money;
35      }
36  }
```

主类 EPetHome：

```
1   package task;
2   import java.util.Scanner;
3   public class EPetHome {
4       Owner owner=new Owner("王小宝",80);
5       public static void main(String[] args) {
6           new EPetHome().init();;
7       }
8       //E 宠之家启动方法
9       public void init() {
10          System.out.println("欢迎您来到 E 宠之家!");
11          System.out.println("************************");
12          System.out.println("请先领养一只宠物：");
13          Pet pet=adopt();
14          operate(pet);
15      }
16      //E 宠之家操作宠物方法
17      public void operate(Pet pet) {
18          Scanner input=new Scanner(System.in);
19          String answer=null;
20          do{
21              System.out.print("请选择您的操作:(1. 给宠物喂食   2. 陪宠物玩游戏)");
22              int operation=input.nextInt();
23              if(owner.getMoney()<15){
24                  System.out.println("金币不足 15 个,请及时充值");
25                  break;
26              }
27              if(operation==1){
28                  //1. 给宠物喂食
29                  owner.feed(pet);
30                  System.out.println(owner.getName()+",为宠物购买食品,消费金币 10
31  个。");
32                  owner.setMoney(owner.getMoney()-10);
33              }else{
34                  //2. 陪宠物玩游戏
35                  owner.play(pet);              //调用新增的方法
36                  System.out.println(owner.getName()+",您好有爱呀!奖励金币 5 个。");
37                  owner.setMoney(owner.getMoney()+5);
38              }
39              System.out.print("是否退出 E 宠之家? (yes/no)");
40              answer=input.next();
41          }while(!answer.equalsIgnoreCase("yes"));
42
43          System.out.println(owner.getName()+",退出 E 宠之家,您当前金币数是"
44  +owner.getMoney()+",记得常来照看您的宠物呀!");
```

```
45      }
46      //E宠之家领养宠物的方法
47      public Pet adopt(){
48          Scanner input=new Scanner(System.in);
49          Pet pet=null;
50          //1.输入宠物的名称
51          System.out.print("请输入要领养宠物的名字：");
52          String name=input.next();
53          //2.选择宠物类型
54          System.out.print("请选择要领养的宠物类型：(1.猫咪  2.猪猪)");
55          switch (input.nextInt()) {
56          case 1:
57              //2.1  如果是猫咪
58              //2.1.1  选择猫咪的品种
59              System.out.print("请选择猫咪的品种:(1.波斯猫"+"  2.挪威的森林)");
60              String strain=null;
61              if (input.nextInt()==1) {
62                  strain="波斯猫";
63              } else {
64                  strain="挪威的森林";
65              }
66              //2.1.2  创建猫咪对象并赋值
67              pet=new Cat(name,strain);
68              break;
69          case 2:
70              //2.2  如果是猪猪
71              //2.2.1  选择猪猪的性别
72              System.out.print("请选择猪猪的性别：(1.猪MM  2.猪GG)");
73              String sex=null;
74              if (input.nextInt()==1)
75                  sex="猪MM";
76              else
77                  sex="猪GG";
78              //2.2.2  创建猪猪对象并赋值
79              pet=new Pig(name,sex);
80              break;
81          }
82              return pet;
83      }
84  }
```

【运行结果】

```
欢迎您来到E宠之家!
************************
请先领养一只宠物:
```

```
请输入要领养宠物的名字：嘟嘟
请选择要领养的宠物类型：(1.猫咪    2.猪猪)2
请选择猪猪的性别：(1.猪 MM 2.猪 GG)1
请选择您的操作：(1.给宠物喂食    2.陪宠物玩游戏)1
亲爱的主人,我的名字叫嘟嘟,我目前体力值是 100,心情值是 20。
我是一只胖胖的猪 MM。
嘟嘟吃饱了!体力值增加 10,目前值为 110。
王小宝,为宠物购买食品,消费金币 10 个。
是否退出 E 宠之家？ (yes/no)no
请选择您的操作：(1.给宠物喂食    2.陪宠物玩游戏)2
嘟嘟正玩吹泡泡,目前体力值为 105,心情值为 25。
王小宝,您好有爱呀!奖励金币 5 个。
是否退出 E 宠之家？ (yes/no)yes
王小宝,退出 E 宠之家,您当前金币数是 75,记得常来照看您的宠物呀!
```

【程序说明】

(1) Owner 类的第 10 行 feed(Pet pet)方法是多态的体现,方法体中 eat()方法为从父类继承的,pet 可以调用;introduce()方法为子类重写的,pet 也可以调用,而且调用的是重写后的,从而实现多态。

(2) Owner 类的第 16 行 play(Pet pet)方法也是多态的体现,但是方法体中调用的是子类新增的方法,作为上转型对象的参数 pet 不能调用子类新增的方法,所以需要使用 instanceof 运算符把参数强制类型转换为子类对象,这时 pet 又具有了子类所有的特征,从而可以调用子类特有的方法。

(3) EPetHome 类中分别定义了领养(adopt())、操作(operate())和启动(init())方法,把 E 宠之家功能进行分解,使得程序更加灵活。

(4) 如果继续添加宠物类型,不需要修改 Owner 类,这就是继承带来的好处。

8.5 知识拓展

1. 抽象类

用 abstract 修饰的类称为抽象类。例如：

```
abstract class A
{ …
}
```

抽象类不能被实例化,即不允许用抽象类创建对象。没有用 abstract 修饰的类称为具体类,具体类可以被实例化。

2. 抽象方法

用 abstract 修饰的方法称为抽象方法,抽象方法没有方法体。例如：

```
abstract int min(int x,int y);
```

抽象方法用来描述系统具有什么功能,但不提供具体的实现,即只允许声明,不允许实现，而且不允许使用 final 修饰 abstract 方法。没有用 abstract 方法修饰的方法称为具体方法，具体方法有方法体。

3. abstract 类的特点

(1) abstract 类中可以有实例变量、构造方法、具体方法和 abstract 方法。abstract 类中可以有 abstract 方法，也可以没有，但是 abstract 方法一定存在于 abstract 类中。

(2) abstract 类不能用 new 运算创建对象，需产生其子类，由子类创建对象，如果一个类是 abstract 类的子类，它必须具体实现父类的 abstract 方法，这就是为什么不允许使用 final 修饰 abstract 方法的原因。abstract 类是用来继承的，反映了一种一般/特殊化的关系。

可以把前面的 Person 类定义为抽象类，把 printInfo()方法定义为抽象方法，这样，相当于制定了一种规范，要求 Person 的子类都必须具有 printInfo()功能。所以，一个 abstract 类只关心它的子类是否具有某种功能，并不关心功能的具体行为，功能的具体行为由子类负责实现，抽象类中的抽象方法可以强制子类必须给出这些方法的具体实现。

【例 8-4】 定义 Person 类为抽象类，printInfo()方法为抽象方法。

```
//Perosn.java
//Person 为抽象类,其子类必须重写它的抽象方法
public abstract class Person {
    private String name;
    private int age;
    /**
     * 有参构造方法
     */
    public Person(String name, int age) {
        //super();
        this.name=name;
        this.age=age;
    }
    public String getName() {
        return name;
    }
    public int getAge() {
        return age;
    }
    //抽象方法只能出现在抽象类或接口中,不能出现在具体类中
    public abstract void printInfo();
}
//Student.java
public class Student extends Person{
    String department;
    /**
     * 有参构造方法
     */
```

```
    public Student(String name, int age,String department) {
        super(name, age);                        //调用父类的有参构造方法
        this.department=department;
    }
    //必须重写父类的抽象方法 printInfo(),否则编译出错
    public void printInfo(){
        System.out.println("姓名: "+getName()+"\n 年龄: "+getAge()+"系别: "
        +department);
    }
}
//ExDemo8_4.java
public class ExDemo8_4 {
    public static void main(String[] args) {
        Student stu=new Student("小明",18,"信息工程系");
        stu.printInfo();
    }
}
```

【运行结果】

```
姓名: 小明
年龄: 18 系别: 信息工程系
```

8.6 本章小结

本章介绍了什么是多态,什么是上转型对象和多态的实现过程,以及 instanceof 运算符的使用,通过多态使用,减少了代码量,提高了代码的可扩展性和可维护性。学习本章后,读者应该掌握以下内容。

(1) 多态的含义及作用。

(2) 上转型对象和多态的实现。

(3) instanceof 运算符的使用。

(4) abstract 关键字的使用。

8.7 强化练习

8.7.1 判断题

1. 上转型对象能调用继承或重写的方法,也能调用子类新增的方法。(   )
2. 任何类的对象都可以赋值给一个 Object 对象。(   )
3. instanceof 操作符用于判断一个引用类型所引用的对象是否是一个类的实例。(   )
4. Java 中的不同对象都可以通过强制类型转换相互赋值。(   )
5. 抽象方法必须在抽象类中,所以抽象类中的方法都必须是抽象方法。(   )

8.7.2 选择题

1. Dog 是 Animal 的子类，下面代码错误的是(　　)。

A. Animal a=new Dog();　　B. Animal a=(Animal)new Dog();

C. Dog d=new Animal();　　D. Object o=new Dog();

2. 在 Java 中，多态的实现不仅能减少编码的工作量，还能大大提高程序的可维护性及可扩展性，那么实现多态的步骤包括(　　)。

A. 子类重写父类的方法

B. 子类重载同一个方法

C. 定义方法时，把父类类型作为参数类型；调用方法时，把父类或子类的对象作为参数传入方法

D. 运行时，根据实际创建的对象类型动态决定使用哪个方法

3. 给出下面程序，正确的叙述是(　　)。

```
class A {
    void a(){
        System.out.println("a");
    }
}
class B extends A {
    void a() {
        System.out.println("b");
    }
     public static void main(String[] args) {
        A x=new B();
        x.a();
    }
}
```

A. 编译失败　　B. 编译成功，输出 a

C. 编译成功，输出 b　　D. 以上答案都不对

4. 下列关于修饰符混用的说法错误的是(　　)。

A. abstract 不能与 final 并列修饰同一个类

B. static 方法中能处理非 static 的属性

C. abstract 方法必须在 abstract 类中

D. abstract 类中可以有 private 的成员

5. 类 Teacher 和类 Student 是类 Person 的子类：

```
Person p;
Teacher t;
Student s;            //p、t 和 s 非空
if(t instanceof Person) {
        s= (Student)t;
```

```
}
```

关于最后一条语句的结果,说法正确的是(　　)。

A. 将构造一个 Student 对象　　　　B. 表达式是合法的

C. 表达式是错误的　　　　　　　　D. 编译时正确,但运行时错误

8.7.3 简答题

1. 什么是对象的上转型对象?
2. 什么是多态?多态的好处是什么?
3. 举例说明如何实现多态。
4. 抽象类有哪些特点?

8.7.4 编程题

1. 打印机(Printer)有多种类型,如黑白打印机(BlackPrinter)、彩色打印机(ColorPrinter)等,编程实现计算机(Computer)可以分别连接黑白打印机和彩色打印机进行信息打印。系统要具备良好的可扩展性与可维护性。

提示:

(1) Printer(父类)具有打印机型号(type)属性,具有 print(String s)打印信息方法。

(2) BlackPrinter 继承 Printer 的 type 属性,重写 print(String s)方法。

(3) ColorPrinter 继承 Printer 的 type 属性,重写 print(String s)方法。

(4) Computer 具有选择不同打印机打印信息功能(print(Printer p,String s)。

运行结果参考如下:

```
黑白打印机开始工作
打印内容:我爱我的祖国!
彩色打印机开始工作
打印内容:祝您健康长寿!
```

思考:可不可以把打印机配备到本章的 School 类中进行学生信息和教师信息的打印呢?

2. 编程实现手机(Phone)可以使用不同服务商提供的 SIM 卡,比如移动公司 SIM 卡(SIMOfChinaMobile)和联通公司 SIM 卡(SIMOfChinaUnicom),具体关系如图 8-2 所示。

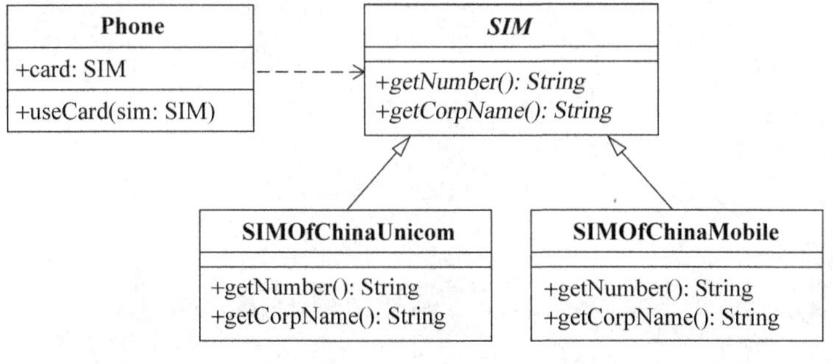

图 8-2　UML 类图

思考：继续添加电信 SIM 卡(SIMOfChinaTelecom)，实现手机使用电信 SIM 卡。

3. 对第 7 章的课后题汽车租赁系统进行升级，增加顾客类(Customer)，可以租赁多辆汽车，实现计算多种车辆总租金的功能。

Customer 类具有的属性：编号(id)、姓名(name)。

具有的方法：计算总租金方法(calTotalRent(MotoVehicle[] motos, int days))

在 TestRent 类中进行测试。

假设 12 号客户赵伟租用：

2 辆宝马

1 辆别克商务舱

1 辆金龙(34 座)

租 5 天，计算共多少租金？

思考：新增卡车类，根据吨位，租金每吨每天 50 元，对系统如何进行扩展？计算汽车租赁的总租金。

4. 对第 7 章课后题饲养员喂养动物程序进行优化，优化后 UML 类图如图 8-3 所示。

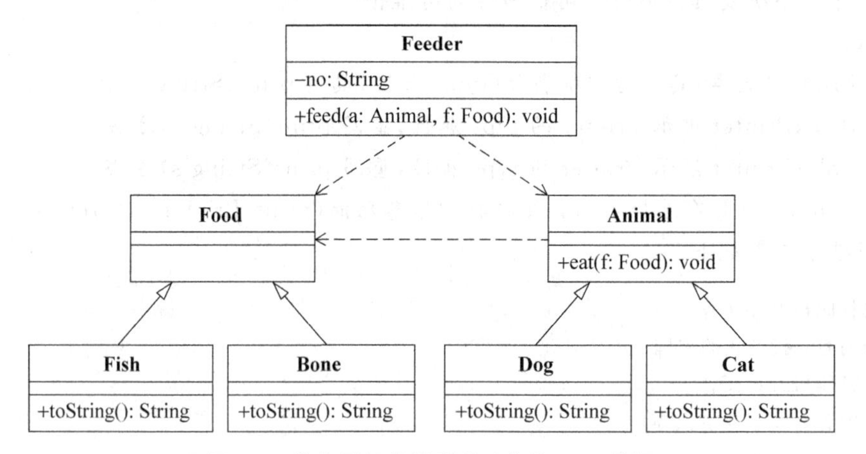

图 8-3 优化后饲养员喂养动物的 UML 类图

第9章　接　　口

任务　动物乐园

9.1　任务描述

不知道大家是否和作者一样，小时候特别喜欢去动物园看各种各样的动物。在动物园里，看到有饲养员给各种动物喂养食物，总是禁不住想自己喂喂它们。本章将带着大家编写程序模拟动物园里饲养员给各种动物喂养各种不同食物的过程，当饲养员给动物喂食时，动物会发出欢快的叫声，如图 9-1 所示。

图 9-1　饲养员喂熊猫

9.2　任务分析

在这个动物园里，涉及的对象有饲养员、各种不同的动物以及各种不同的食物。我们很容易抽象出 3 个类 Feeder、Animal 和 Food。假设只考虑猫类和狗类动物，则由 Animal 类派生出 Cat、Dog，同样由 Food 类可以进一步派生出其子类 Bone、Fish。因为它们之间存在着明显的 is-a 关系。

大家可以先思考一下，除了上述的继承关系，类与类之间还存不存在其他关系呢？

我们知道，饲养员有个典型的行为特征是喂养，但有饲养员能实现喂养的过程吗？显然是不行的。需要给饲养员提供喂养的动物以及食物，由此可知饲养员与动物和食物之间存在依赖关系。那还有没有其他的依赖关系呢？动物典型的行为特征是吃，吃你得提供给它食物啊，所以动物和食物之间也存在着依赖关系。初步的 UML 类图设计如图 9-2 所示。

接下来考查各个类里面应该封装哪些属性和方法，对于 Feeder 类，我们关心此类的名字和喂养动物食物的方法，方法声明如下：

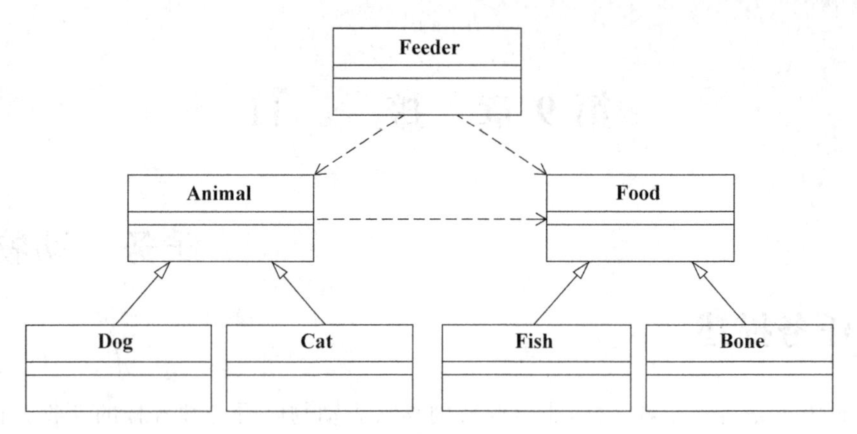

图 9-2 初步的 UML 类图

```
public void feed(Animal animal,Food food);
```

同时还希望饲养员可以进行解说，在 Feeder 类中再封装一个 speak()方法。

对于各种不同的动物，我们关心它的名字、年龄属性和吃的行为、叫的行为，对于食物只关心它的名称。

根据上述分析，继续完善 UML 类图的设计，如图 9-3 所示。

从图 9-3 可以看出，鱼是一种食物，但实际上，鱼也是一种动物，图 9-3 并没有体现出鱼和动物之间的关系，通过第 7 章的学习可知，Java 不允许有多个直接父类存在，即不允许多继承。

为了解决这个问题，Java 语言引入接口的概念。一个类在继承一个直接父类的同时可以实现多个接口。究竟什么是接口？接口的存在仅仅是为了实现多继承吗？接口和多态有关系吗？带着这些疑问，一起开始本章的学习吧！

9.3 相关知识

9.3.1 接口的概念

在 Java 中，可以将接口理解为一种契约，主要用于声明一组应该履行的方法。

Java 只支持类之间的单继承，即一个类只有一个直接父类，单继承使 Java 程序层次关系清晰，可读性强，解决了 C++ 存在的菱形方块问题。但在现实生活中，一个类存在多个直接父类的情况并不少见，为了满足这种需要，Java 引入了接口的概念。接口由若干常量定义和一组抽象方法组成，接口中不包括变量和有具体实现的方法。

需要特别说明的是，接口定义的仅仅是一组功能的对外规范，而没有真正地实现这个功能，这个功能的真正实现是在实现这个接口的各个类中完成的，要由这些类来具体实现接口中各抽象方法的方法体，以适合某些特定的行为。实现接口意味着人们必须要按照契约规定的方法规范去实现相应的方法。

从本质上讲，接口是一种特殊的抽象类，它比抽象类还要抽象，因为它只能包含常量和方法的声明，而没有变量和方法的实现。

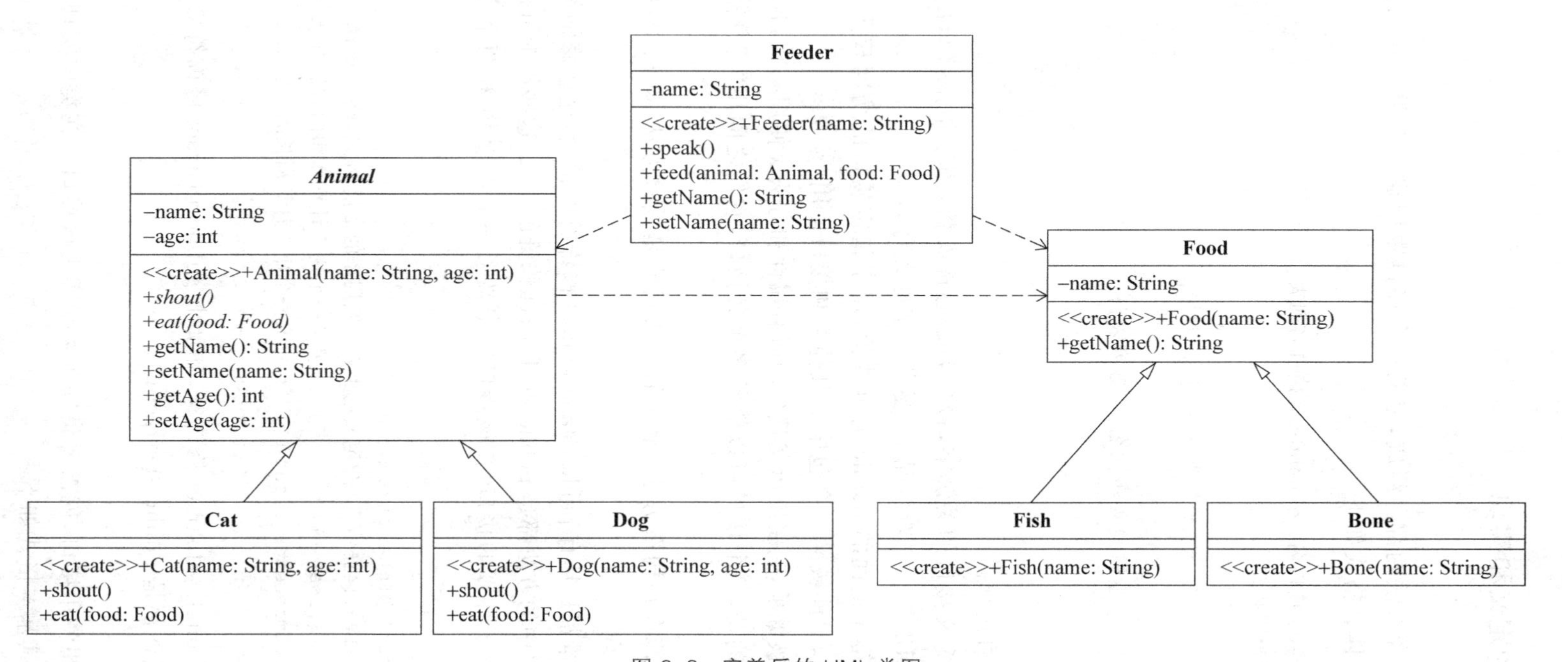

图 9-3 完善后的 UML 类图

9.3.2 接口的定义和实现

1. 接口的定义

接口由常量和抽象方法两部分组成，定义一个接口跟创建一个类非常相似。接口定义包括接口声明和接口体。格式如下：

```
[public] interface 接口名 [extends 父接口名列表]{
//接口体包括常量声明和方法声明
//常量声明
[public] [static] [final] 数据类型 常量名=常量值;
//抽象方法声明
[public] [abstract] 返回类型 方法名(参数列表);
}
```

【格式说明】

(1) 方括号表示可选项。

(2) interface 是定义接口的关键字，接口名是必选参数，用于指定接口的名称，接口名必须是合法的 Java 标识符。一般情况下，要求首字母大写。

(3) interface 关键字前面的 public 为可选值，用于指定接口的访问权限。如果省略则使用默认的访问权限，只能被同一个包中的其他类和接口使用。

(4) 接口也可以被继承，它将继承父接口的所有属性和方法。使用 extends 关键字可以继承父接口。需要注意的是，一个接口可以继承多个父接口，它们之间用“,”分割，形成父接口列表。

(5) 接口体中不能存在构造方法，定义的方法只能是抽象方法，即只提供方法的定义，而没有提供方法的实现。

(6) 接口中的变量都是具有 public、static 和 final 修饰符的常量，这些修饰符都可以省略，效果一样。同样，接口中的方法都是 public 和 abstract 修饰的方法，这些修饰符也可以省略。

例如，定义一个用于计算的接口，在该接口中定义了一个常量 PI 和两个方法，具体代码如下：

```
public interface CalInterface {
    final float PI=3.14159f;  //定义用于表示圆周率的常量 PI,省略了 public static 修饰符
    float getArea(float r);              //定义一个用于计算面积的方法 getArea()
    float getCircumference(float r);  //定义一个用于计算周长的方法 getCircumference()
}
```

以上方法省略了 public abstract 修饰符，和加上 public abstract 修饰符效果一样。凡是接口中定义的方法默认都是 public abstract 的。

2. 接口的实现

定义接口后，要想使用接口，就需要借助于类来实现该接口。在类中实现接口可以使用关键字 implements，其基本格式如下：

```
[修饰符] class<类名>[extends 父类名] [implements 接口列表]{
}
```

【格式说明】

(1) 修饰符：可选参数，用于指定类的访问权限，可选值为 public、abstract 和 final。

(2) 类名：必选参数，用于指定类的名称，类名必须是合法的 Java 标识符。一般情况下，要求首字母大写。

(3) extends 父类名：可选参数，用于指定要定义的类继承于哪个父类。当使用 extends 关键字时，父类名为必选参数。

(4) implements 接口列表：可选参数，用于指定该类实现的是哪些接口。当使用 implements 关键字时，接口列表为必选参数。当接口列表中存在多个接口名时，各个接口名之间使用逗号分隔。

(5) 在类中实现接口时，方法的名字、返回值类型、参数的个数及类型必须与接口中的完全一致，并且必须实现接口中的所有方法。

例如，编写一个名为 Circle 的类，该类实现上面定义的接口 CalInterface，代码如下：

```
public class Circle implements CalInterface {
        public float getArea(float r) {
            float area=PI * r * r;          //计算圆面积并赋值给变量 area
            return area;                    //返回计算后的圆面积
        }
        public float getCircumference(float r) {
            float circumference=2 * PI * r;     //计算圆周长并赋值给变量 circumference
            return circumference;               //返回计算后的圆周长
        }
        public static void main(String[] args) {
            Circle c=new Circle();
            float f=c.getArea(2.0f);
            System.out.println(f);
        }
}
```

9.3.3 接口的使用场合

1. 多重继承

在现实生活中，一个子类拥有多个直接父类的情况并不少见，而在 Java 中，类与类之间只允许单继承，因此 Java 引入了接口来实现多重继承。先来看图 9-4 所示的温馨的四口之家，自二胎政策出台后，四口之家已经不再是梦，多少人梦想有儿有女的生活啊，女儿和儿子各自继承了父母的不同基因。

【例 9-1】 如图 9-4 所示的一个四口之家，爸爸是个中国人，讲汉语，而且会画画；妈妈是个英国人，讲英语，会唱歌。俗话说，女儿随爸，儿子随妈。但这个四口之家有些特殊，女儿(Lily)继承了爸爸的某些特长，能讲汉语但不会画画，反而继承了妈妈的全部特长，既能讲英语又会唱歌。儿子(Tom)没有

图 9-4 温馨的一家四口

继承到爸爸的任何特长，只继承了妈妈的全部特长。但是儿子有自己的特长，会打篮球(playBasketball)。

【问题分析】

通过问题描述，我们很容易想到他们之间存在着继承关系。但是仔细推敲，我们发现，对于女儿(Lily)，不但继承了爸爸(Father)的某些特长，还继承了妈妈(Mother)的全部特长，而Java中的类只允许单继承，不允许多重继承，将爸爸和妈妈都定义成父类显然不能满足我们的要求，这时，应该考虑定义接口。那么是把爸爸和妈妈都定义为接口呢？还是其中之一定义为类，另外一个定义为接口呢？通常情况下，为了实现多重继承，可以都定义为接口。可是问题又出现了，一旦定义成接口，当子类去实现这个接口时，必须把这个接口中的所有方法都实现，这时如果将爸爸定义为接口，那爸爸这个接口中的讲汉语(speakChinese)和会画画(paint)两个方法势必在其子类中都得实现，也就是子类也必须得会讲汉语、会画画。而问题是女儿Lily只继承了爸爸的某些特长，会讲汉语不会画画，所以这种情况下就不能将爸爸定义为接口，而只能将其定义为类。对于妈妈，因为不管是女儿还是儿子，都继承了妈妈的全部特长，所以为了实现多重继承，将妈妈定义为接口。一家四口的UML类图设计如图9-5所示。

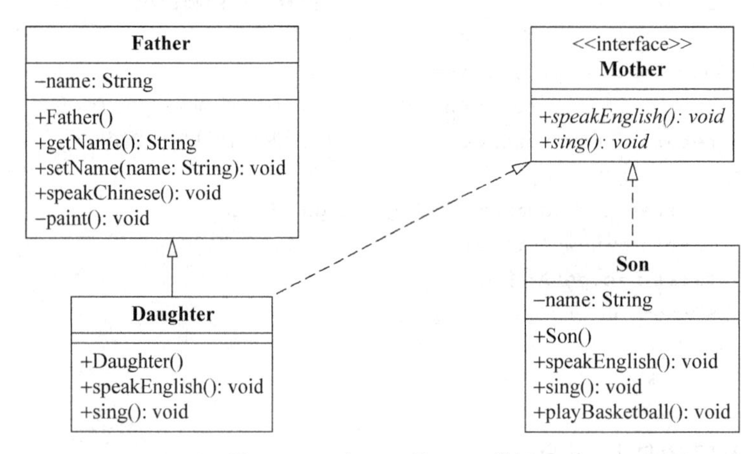

图9-5 一家四口的UML类图

【程序实现】

```
1   //定义父类 Father
2   public class Father {
3       private String name;                    //定义私有属性 name
4       //定义构造方法
5       Father(String name){
6           this.name=name;
7       }
8       //定义 getName()方法获取 name 值
9       public String getName(){
10          return this.name;
11      }
12     //定义 setName()方法设置 name 值
```

```
13      public void setName(String name){
14          this.name=name;
15      }
16      //定义讲汉语的方法 speakChinese()
17      public void speakChinese(){
18          System.out.println("I'm "+this.getName()+".I can speak
19  Chinese.");
20      }
21      //定义画画的方法 paint()
22      private void paint(){
23          System.out.println("I can paint.");
24      }
25  }
26  //定义接口 Mother
27  public interface Mother {
28      void speakEnglish();                //声明讲英语的方法 speakEnglish()
29      void sing();                        //声明唱歌的方法 sing()
30  }
31  //定义子类 Daughter 继承父类 Father,实现接口 Mother
32  public class Daughter extends Father implements Mother{
33      //定义构造方法
34      Daughter(String name){
35          super(name);                    //调用父类的构造方法为 name 属性赋值
36      }
37      //实现接口 Mother 的 speakEnglish()方法
38      public void speakEnglish(){
39          System.out.println("I'm a daughter named "+this.getName()+".I
40  can speak English.");
41      }
42      //实现接口 Mother 的 sing()方法
43      public void sing(){
44          System.out.println("I'm "+this.getName()+".I can sing the
45  songs.");
46      }
47  }
48  //定义子类 Son 实现接口 Mother
49  public class Son implements Mother{
50      private String name;                //声明 private 的 name 属性
51      //定义构造方法 Son()
52      Son(String name){
53          this.name=name;
54      }
55  //实现接口 Mother 的 speakEnglish()方法
56      public void speakEnglish(){
57          System.out.println("I'm a son named "+this.name+".I can speak
```

```
58         English.");
59     }
60     //实现接口 Mother 的 sing()方法
61     public void sing(){
62         System.out.println("I'm "+this.name+".I can sing the songs.");
63     }
64     //定义 Son 类特有的方法 playBasketball()
65     public void playBasketball(){
66         System.out.println("I'm "+this.name+".I can play basketball.");
67     }
68 }
69 //定义主类 Family,用来实现儿女继承的结果
70 public class Family {
71     public static void main(String[] args) {
72         Daughter d=new Daughter("Lily");
73         Son s=new Son("Tom");
74         d.speakEnglish();
75         d.sing();
76         d.speakChinese();
77         s.speakEnglish();
78         s.sing();
79         s.playBasketball();
80     }
81 }
```

【程序说明】

(1) 根据题目分析,第 1～25 行将爸爸定义为父类 Father,类比较简单,值得一提的是,将 paint()方法用 private 修饰,其目的是为了避免子类 Daughter 重写或者访问,因为女儿只继承了爸爸讲汉语的特长,而没有继承画画的特长。

(2) 第 26～30 行将妈妈定义为接口 Mother,提供了两个抽象方法 speakEnglish()和 sing()。

(3) 第 31～47 行定义了子类 Daughter 继承父类 Father 并实现了接口 Mother,将接口 Mother 中的全部方法进行实现。而在自己的构造方法中,通过 super 关键字调用父类的构造方法,为其从父类继承来的 name 属性初始化。

(4) 第 48～68 行,定义了子类 Son 实现了 Mother 接口,并定义了自己特有的方法 playBasketball()。

(5) 第 69～81 行主类比较简单,分别创建了 Daughter 和 Son 对象,并调用各自从父母那里遗传的特长方法进行输出。

【运行结果】

```
I'm a daughter named Lily.I can speak English.
I'm Lily.I can sing the songs.
I'm Lily.I can speak Chinese.
I'm a son named Tom.I can speak English.
```

```
I'm Tom.I can sing the songs.
I'm Tom.I can play basketball.
```

从这个例子中可以看到，对于生活中的多重继承，在 Java 中无法通过类实现，但是可以借助于接口，在需要的时候实现多重继承。

2. 可扩展性

Java 中引入接口的目的一方面是为了实现多重继承，更重要的目的是通过接口能够更好地提高程序的可扩展性和可维护性。

下面使用 Java 中的接口来模拟一下计算机中的 USB 接口，如图 9-6 所示。

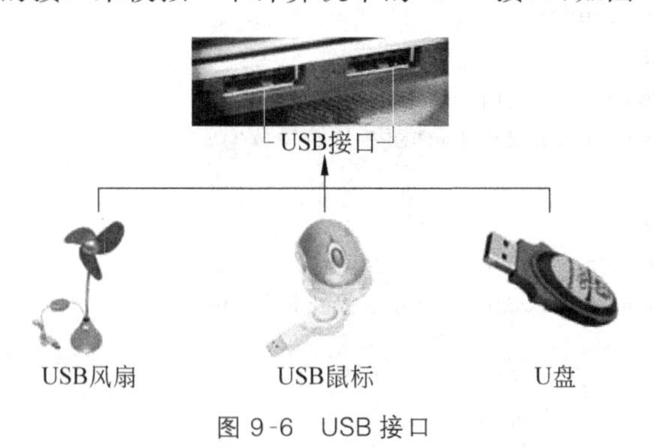

图 9-6 USB 接口

【例 9-2】 模拟计算机中的 USB 接口，在 USB 接口中插入 U 盘、MP3 使其工作。

【问题分析】

计算机认的是 USB 接口，USB 接口的规范就类似于 Java 中的接口，可以把 U 盘、MP3 插入 USB 接口，能够插入 USB 接口的 MP3、U 盘，类似于 Java 中接口的具体实现，显然它们的内部结构各不相同，但是厂家在制作它们的时候必须要遵循 USB 接口的规范。面向对象分析后形成的 UML 类图如图 9-7 所示。

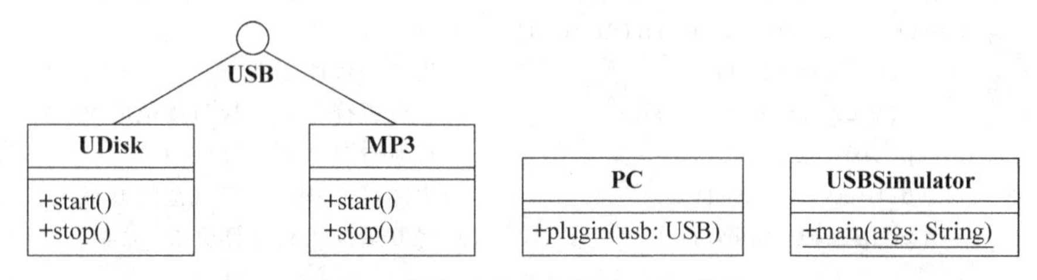

图 9-7 面向对象分析后的 UML 类图

【程序实现】

```
1   //计算机上的 USB 接口规范
2   interface USB {
3       void start();                          //开始工作
4       void stop();                           //停止工作
5   }
6   //U 盘,实现了 USB 接口规范
7   class UDisk implements USB {
8       @Override
```

```
9       public void start() {
10          System.out.println("U盘开始工作");
11      }
12      @Override
13      public void stop() {
14          System.out.println("U盘停止工作");
15      }
16  }
17  //MP3,实现了 USB 接口规范
18  class MP3 implements USB {
19      @Override
20      public void start(){
21          System.out.println("MP3开始播放");
22      }
23      @Override
24      public void stop() {
25          System.out.println("MP3停止播放");
26      }
27  }
28  //计算机
29  class PC{
30      //在计算机上插上符合 USB 接口规范的东西就可以工作了
31      public void plugin(USB usb){
32          usb.start();
33          usb.stop();
34      }
35  }
36  public class USBSimulator {
37      public static void main(String[] args) {
38          PC pc=new PC();                    //生产一台计算机
39          USB usb=new MP3();                 //生产了符合 USB 接口规范的 MP3
40          pc.plugin(usb);                    //将 MP3 插入到计算机中
41          usb=new UDisk();                   //生产符合 USB 接口规范的 U 盘
42          pc.plugin(usb);                    //将 U 盘插入到计算机中
43      }
44  }
```

【程序说明】

(1) 第 2～5 行定义了 USB 接口,封装了两个抽象的方法 start()和 stop()。

(2) 第 7～16 行定义了 USB 接口的实现类 UDisk,实现了 USB 接口要求实现的抽象方法 start()和 stop()。

(3) 第 18～27 行定义了 USB 接口的实现类 MP3,实现了 USB 接口要求实现的抽象方法 start()和 stop()。

(4) 第 29～35 行,定义了 PC 类,封装了一个方法 plugin(),用于描述往计算机中插入 U 盘和 MP3 的过程,注意方法的参数声明为 USB 接口类型,既可以接收 U 盘,又可以接收

MP3。试想一下，如果将参数直接声明为 MP3 或者是 UDisk 类型，那么就需要定义两个 plugin()方法：一个接收 MP3；另一个接收 U 盘。如果还想往计算机上插内存卡，还得修改 PC 类，增加一个 plugin()方法，参数为 MemoryCard。这样程序就变得对修改开放了，违背了软件开发的一个重要的原则，尽量做到“对扩展开放，对修改封闭”。

（5）第 39 行，使用 Java 接口 USB 作为引用类型，分别赋予 MP3 对象和 U 盘对象。运行时，Java 虚拟机根据实际创建的对象的类型调用相应的方法实现。这里大家是不是看到了一些多态的影子了？没错，这也是多态的一种实现形式。请读者结合第 8 章所学多态的知识仔细体会。

【运行结果】

```
MP3 开始播放
MP3 停止播放
U 盘开始工作
U 盘停止工作
```

9.4 任务实现

学习了接口的相关知识后，下面一起来实现本章的任务动物乐园吧！

【问题分析】

通过前面的分析，鱼既是动物，又是食物，但是 Java 不允许有多个直接父类，如何解决这种多继承问题呢？通过前面的学习，可以将其中一个定义为接口，究竟是把 Animal 定义为接口呢，还是把 Food 定义为接口？我们再来看一下之前分析得出的 UML 类图，如图 9-8 所示。

如图 9-8 所示，可发现 Cat 类和 Dog 类继承了 Animal 类的很多属性和方法，如果将 Animal 定义为接口，Animal 中是不能定义成员变量和成员方法的，Food 类中虽然也有变量，但是数量比 Animal 少，所以可考虑将 Food 定义为接口，此时可以说“鱼是一种动物，同时还可以当作是一种食物”，将 Food 改为接口后的 UML 类图如图 9-9 所示。

【程序实现】

```
1  /**
2   * 动物类
3   * @author cabbage
4   */
5  public abstract class Animal {
6      private String name;
7      private int age;
8      public Animal(String name, int age) {
9          super();
10         this.name=name;
11         this.age=age;
12     }
```

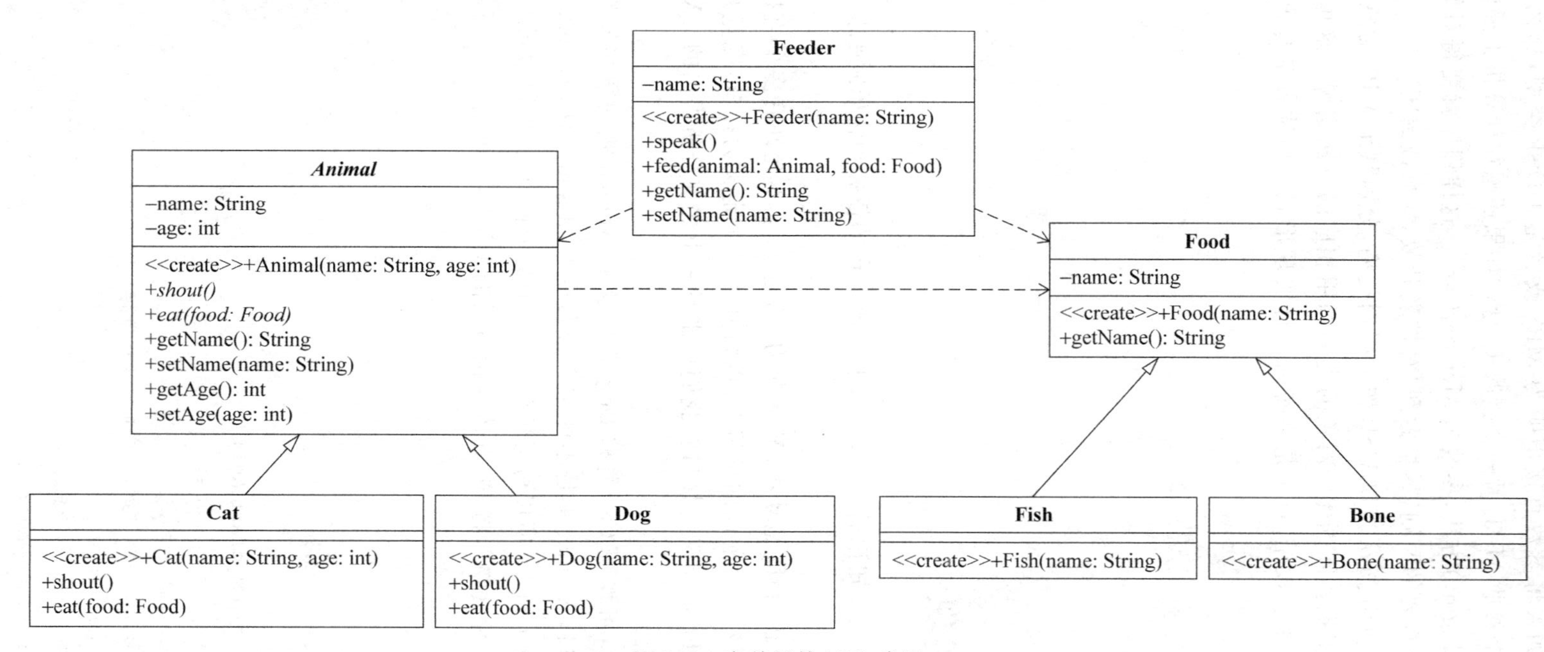

图 9-8 完善后的 UML 类图

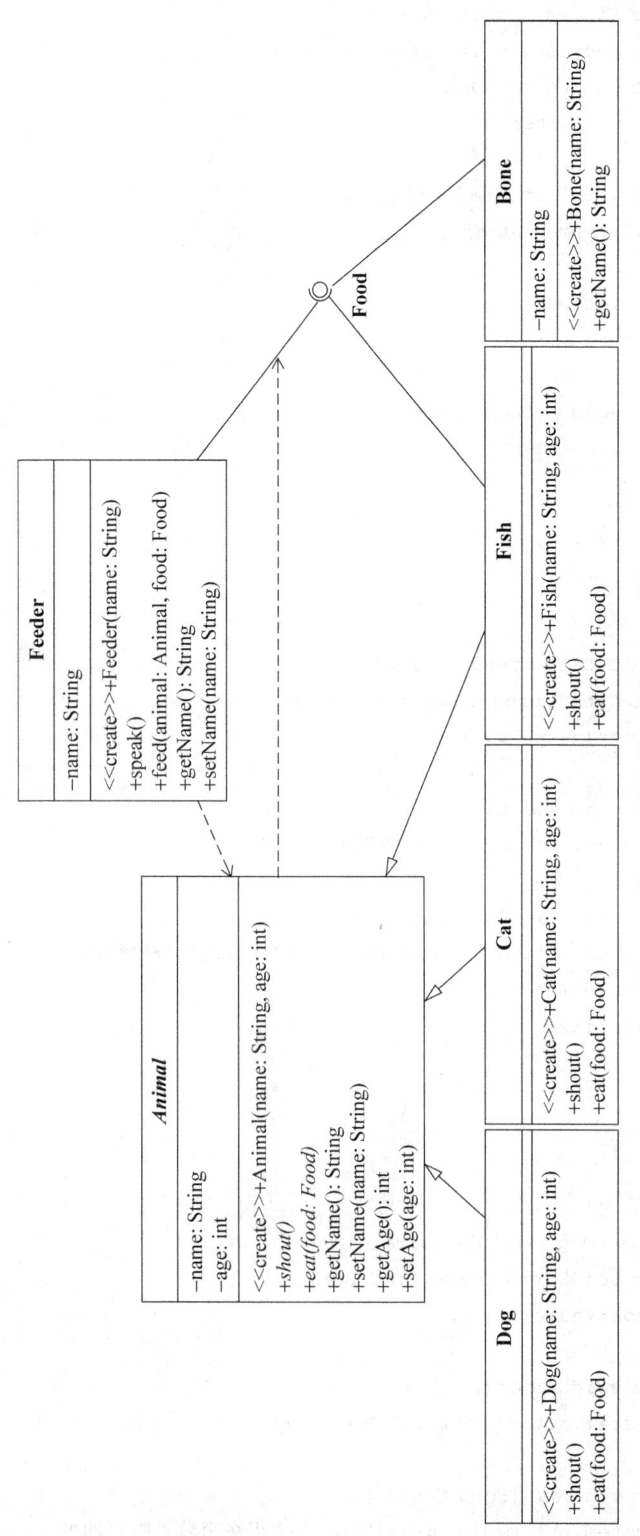

图 9-9　将 Food 改为接口后的 UML 类图

```
13      public abstract void shout();
14      public abstract void eat(Food food);
15      public String getName() {
16          return name;
17      }
18      public void setName(String name) {
19          this.name=name;
20      }
21      public int getAge() {
22          return age;
23      }
24      public void setAge(int age) {
25          this.age=age;
26      }
27  }
28  /* *
29   * Cat 类
30   */
31  public class Cat extends Animal{
32      public Cat(String name, int age) {
33          super(name, age);
34      }
35      public void shout() {
36          System.out.println("喵呜…");
37      }
38      public void eat(Food food) {
39          System.out.println(getName()+"正在吃着香喷喷的"
40  +food.getName());
41          shout();
42      }
43  }
44  /* *
45   * Dog 类
46   */
47  public class Dog extends Animal {
48      public Dog(String name, int age) {
49          super(name, age);
50      }
51      public void shout() {
52          System.out.println("汪汪汪…");
53      }
54      public void eat(Food food) {
55          System.out.println(getName()+"正在啃着香喷喷的"
56  +food.getName());
57          shout();
```

```
58      }
59  }
60  /**
61   * 食物接口
62   * @author cabbage
63   */
64  public interface Food {
65      public abstract String getName();
66  }
67  /**
68   * Fish类
69   */
70  public class Fish extends Animal implements Food {
71      public Fish(String name,int age) {
72          super(name,age);
73      }
74      public void shout() {
75      }
76      public void eat(Food food) {
77      }
78  }
79  /**
80   * Bone类
81   */
82  public class Bone implements Food{
83      private String name;
84      public Bone(String name) {
85          this.name=name;
86      }
87      public String getName() {
88          return name;
89      }
90  }
91  /**
92   * Feeder类
93   */
94  public class Feeder {
95      private String name;
96      public Feeder(String name) {
97          super();
98          this.name=name;
99      }
100      public void speak(){
101          System.out.println("欢迎来到动物园");
102          System.out.println("我是饲养员"+getName());
```

```
103        }
104        public void feed(Animal animal,Food food){
105            animal.eat(food);
106        }
107        public String getName() {
108            return name;
109        }
110        public void setName(String name) {
111            this.name=name;
112        }
113    }
114    /**
115     * 动物园类,即程序入口类
116     */
117    public class ZooDemo {
118        public static void main(String[] args) {
119            Feeder feeder=new Feeder("华华");
120            feeder.speak();
121            Dog dog=new Dog("乐乐", 3);
122            Food food=new Bone("骨头");
123            feeder.feed(dog, food);
124            Cat cat=new Cat("甜甜", 2);
125            food=new Fish("黄花鱼",0);
126            feeder.feed(cat, food);
127        }
128    }
```

【程序说明】

(1) 根据问题分析,第1～27行将动物定义为父类Animal,该类是抽象类,封装了名字和年龄属性及其set和get方法,另外封装了两个抽象的方法模拟动物叫的方法shout(),模拟动物吃食物的方法eat()。

(2) 第31～43行定义了Animal的子类Cat,实现了Cat类中的两个抽象方法,模拟了猫类叫的行为和吃食物的行为。

(3) 第47～59行定义了Animal的子类Dog,实现了Dog类中的两个抽象方法,模拟了狗类叫的行为和吃食物的行为。

(4) 第64～66行定义了食物接口,里面封装了一个抽象的方法getName()。

(5) 第70～78行定义了鱼类Fish,注意它的声明,表明鱼既是一种动物,同时又可以作为食物。

(6) 第82～90行定义了骨头类Bone,实现了接口中的抽象方法getName()。

(7) 第94～113行定义了饲养员Feeder类,封装了介绍的方法speak(),喂养动物的方法feed(Animal animal,Food food),注意该方法的参数一个是父类Animal,另一个是接口Food,可以接收任何Animal的子类以及实现了Food接口的类对象,这里暗含多态。

(8) 第117～128行定义了ZooDemo类模拟了动物园的饲养员喂养不同动物各种食物

的过程。

【运行结果】

```
欢迎来到动物园
我是饲养员华华
乐乐正在啃着香喷喷的骨头
汪汪汪…
甜甜正在吃着香喷喷的黄花鱼
喵呜…
```

9.5 知识拓展

9.5.1 抽象类和接口比较

1. 相同点

都不能直接实例化,即不能直接 new 对象,通过多态性,可由其子类实例化。

2. 不同点

(1) 抽象类包括一般方法、抽象方法、变量、常量,而接口只能包括常量和抽象方法。

(2) 抽象类可以有构造方法,而接口不能有构造方法。

(3) 抽象类可以实现多个接口,而接口不能继承一个抽象类。

(4) 继承抽象类时会引发单继承所带来的局限性,而通过实现接口的方式能够解决单继承带来的局限性。

9.5.2 适配器设计模式

由于接口中所有的方法都是抽象方法,如果类实现接口,则必须全部覆写接口中的所有的抽象方法,那么如果现在类不希望全部都覆写,该如何去做呢?

首先定义接口:

```
interface A
{
    public void fun1();
    public void fun2();
    public void fun3();
}
```

然后定义一个抽象类作为中间的过渡,让它去实现接口,只不过此时所有方法的实现都是空实现。

```
abstract class B implements A
{
    public void fun1()
    {}
    public void fun2()
    {}
```

```
    public void fun3()
    {}
};
```

有了上面的抽象类作为过渡,子类不是通过实现接口,而是通过继承中间抽象类方式就能够根据需要去重写相应的方法,而自己不关心的方法就可以不去重写。

```
class C extends B{
    public void fun1()
    {
        System.out.println("HELLO…");
    }
};
public class OODemo
{
    public static void main(String args[])
    {
        A a=new C();                 //接口的引用指向子类
        a.fun2();
    }
};
```

接口→抽象类(过渡)→子类

这是典型的适配器(Adapter)设计模式,在图形用户界面的事件处理类中大量应用了Adapter模式,大家学到图形用户界面章节会深有体会。

9.5.3 简单工厂设计模式

下面一起再来看一下例9-5所示的代码:

```
public class USBSimulator {
        public static void main(String[] args) {
            PC pc=new PC();                    //生产了一台计算机
            USB usb=new MP3();                 //生产了符合USB接口规范的MP3
            pc.plugin(usb);                    //将MP3插入到计算机中
        }
}
```

假设现在要修改子类,不创建MP3了,而是实现了USB接口的类对象,该怎么办?很显然,需要修改main()方法,而它是一个程序的客户端,假设现在有100个地方有创建子类对象的地方,那么修改就变得麻烦了。之所以变得如此麻烦,是因为现在子类和接口是紧密的耦合在一起的,接口离不开子类,那么我们就要想个办法解决这种耦合。怎么办呢?我们可以抽象出一个工厂类,专门负责生产各种符合USB规范的东西。

```
class Factory
{
    public static USB getUSBInstance()
```

```
    {
        return new UDisk();
    }
};
```

则 USBSimulator 类中的代码：

```
USB usb=new MP3();                    //生产了符合 USB 接口规范的 MP3
```

可以修改为

```
USB usb=Factory. getUSBInstance();
```

通过中间加一个过渡，只管接口和工厂，解决了子类直接和接口的耦合，这就是简单工厂设计模式，当需要改变类对象时，只需要修改工厂类，不会影响客户端的实现。当然，对于工厂设计模式还有很多内容，感兴趣的同学可以到网上去查阅相关资料。

9.6 本章小结

本章详细讲解了接口及其应用。学习本章后，读者应该掌握及了解以下内容。

(1) 接口的概念。

(2) 接口的声明和实现。

(3) 接口的应用：多重继承和可扩展。

(4) 接口与抽象类的区别。

(5) 接口相关的两个设计模式：简单工厂设计模式和适配器设计模式。

9.7 强化练习

9.7.1 判断题

1. 接口里面可以包含成员变量。(   )
2. 接口里面可以包含非抽象方法。(   )
3. 定义接口的关键字是 interface。(   )
4. 实现接口的关键字是 implements。(   )
5. 一个类可以实现多个接口。(   )

9.7.2 选择题

1. 以下关于继承的叙述正确的是(   )。
   A. 在 Java 中类只允许单一继承
   B. 在 Java 中一个类只能实现一个接口
   C. 在 Java 中一个类不能同时继承一个类和实现一个接口
   D. 在 Java 中接口之间只允许单一继承
2. 下列(   )接口中定义的方法是非法的。

A. private void add(int a, int b);

B. public void add(int a, int b);

C. public void add(int a, int b) {}

D. public abstract void add(int a, int b);

3. 给出如下代码:

```
//接口
public interface Info {
    String show(int m, int n);
}
//类
public abstract class implements Info{
    ____________________
}
```

问:在类划线处,下列(　　)定义是合法的。

A. public String show(int m, int n) {}

B. public void show(int m, int n) {}

C. protected String show(int m, int n) {}

D. public Object show(int m,int n) {}

E. public abstract String show(int m, int n);

F. 以上定义都不合法

4. 下列(　　)接口定义是合法的。

A. interface A { int m=0;}

B. public interface A extends java. lang. Object {}

C. protected interface extends java. lang. Comparable {}

D. private interface A implements java. lang. Comparable {}

E. abstract interface A extends java. lang. Comparable, java. lang. Runnable {}

F. 以上定义都不是

5. 下列(　　)定义在接口中的属性是合法的。

A. int n=0

B. final int n=0;

C private int m=0;

D. int m;

E. static int m=0;

F. final static int=0;

G. abstract int=0;

9.7.3 简答题

1. 谈谈你对 Java 接口的理解。
2. 请说明接口和抽象类的异同。
3. 实现接口中定义的方法有哪些具体的规则或要求?
4. 请说说适配器设计模式。
5. 什么是简单工厂设计模式?

9.7.4 编程题

1. 使用接口模拟计算机上的 PCI 插槽。

2. 根据下面描述编写程序。

(1) 所有的可以拨号的设备都应该有拨号功能(dailup)。

(2) 所有的播放设备都可以有播放功能(play)。

(3) 所有的照相设备都有拍照功能(takePhoto)。

(4) 定义一个电话类 Telephone,有拨号功能。

(5) 定义一个 Dvd 类有播放功能。

(6) 定义一个照相机类 Camera，有照相功能。

(7) 定义一个手机类 Mobile，有拨号、拍照、播放功能。

(8) 定义一个人类 Person，有如下方法。

① 使用拨号设备 use(拨号设备)。

② 使用拍照设备 use(拍照设备)。

③ 使用播放设备 use(播放设备)。

④ 使用拨号播放拍照设备 use(拨号播放拍照设备)。

(9) 编写测试类 Test。

分别创建人、电话、Dvd、照相机、手机对象,让人使用这些对象。

3. 写出如图 9-10 所示的 UML 类图表示的接口和实现类。

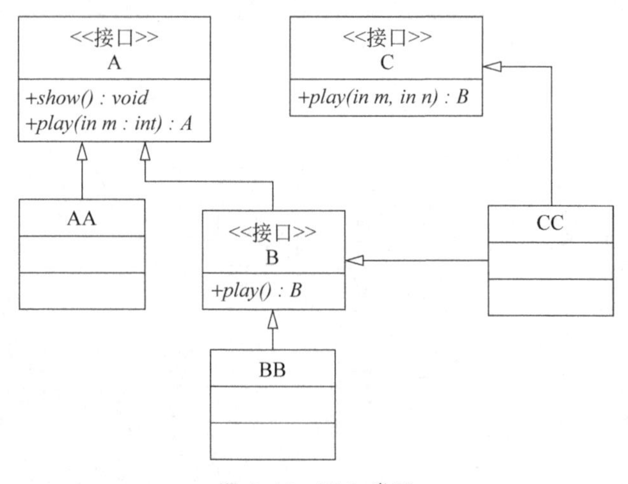

图 9-10 UML 类图

4. 编程实现如下要求。

(1) 定义一个接口 CanFly,描述会飞的方法 public void fly()。

(2) 分别定义类飞机和鸟,实现 CanFly 接口。

(3) 定义一个测试类,测试飞机和鸟。测试类中定义一个 makeFly()方法,让会飞的事物飞起来。然后在 main()方法中创建飞机对象和鸟对象,并在 main()方法中调用 makeFly()方法,让飞机和鸟起飞。

5. 实现一个名为 Person 的类和它的子类 Employee,Manager 是 Employee 的子类,设

计一个接口 Add 用于涨工资，普通员工一次能涨 10%，经理一次能涨 20%。具体要求如下。

(1) Person 类中的属性有姓名 name(String 类型)、地址 address(String 类型)、定义该类的构造方法。

(2) Employee 类中的属性有工号 ID(String 型)、工资 wage(double 类型)、工龄(int 型)、定义该类的构造方法。

(3) Manager 类中的属性有级别 level(String 类型)、定义该类的构造方法。

(4) 编写一个测试类，产生一个员工和一个经理，给该员工和经理涨工资，并输出其具有的信息。

第 10 章　异常处理

任务　计算平均成绩

10.1　任务描述

每门课程考试结束后，学校都要得到各位同学的成绩列表和每个班级的平均成绩，通过班级的平均成绩，可以比较教师的教学差异，也可以比较各个班级的学习差异，本章通过一个对象数组接收多个同学的个人信息和成绩信息，计算出平均成绩后，把学生基本信息和平均成绩信息输出。

10.2　任务分析

完成本任务，要使用对象数组来存储学生的基本信息和每个学生的成绩信息，要在循环中通过键盘输入各类信息，为了保证系统的使用安全性，要处理各类异常。

10.3　相关知识

开发人员都希望编写出的程序代码没有错误、运行正常，但在实际开发中往往存在一些外在因素，如操作系统出错，除数为 0，用户输入数据出错，数组下标越界，需要处理的文件不存在等情况，这些情况的发生使程序产生运行错误，如何处理这些错误？把错误交给谁去做处理？程序如何从错误中恢复？本章将对这些问题进行一一介绍。

10.3.1　生活中的异常

异常(Exception)，又称为例外或突发事件，在生活中，异常情况随时都有可能发生，比如生活中上班的一个例子：小张每天都开车去上班，耗时大约 20min，但是有时会因为人多、车多、堵车，或者小张的车与别人的车偶尔有个“亲密接触”，都会导致小张无法准时赶到单位。再比如一个建筑商做建筑的例子，一般情况下，建一栋楼需要 3～4 月的时间，但是今年在建筑过程中，下了场雨，使得道路瘫痪，各种材料无法运进来，建筑垃圾无法运出去，现场的建筑材料都被水泡坏了，工人无法进行工作，造成工期一再延误，最后就可能会造成该建筑夭折。上面这两种情况，虽然偶尔才会发生，但是真若来临了就会非常麻烦或是造成灾难。在现实生活和工作中，为了应对这些突发性事件，专门人员编写和准备了各类的应急工作预案，在各类突发事件发生时，通过应急工作预案，最大限度地降低损失。在程序中也同样会遇到这样或那样偶然会发生的异常事件，为了让程序能够稳定地运行，也要处理这些异常。

10.3.2 Java 中的异常

Java 中的异常指不期而至的各种状况，如文件找不到、网络连接失败、非法参数等。异常是一个事件，它发生在程序运行期间，干扰了正常的指令流程。先来看例子 10-1。

【例 10-1】 从键盘输入一个除数 x，求 y=10/x 的结果。

【问题分析】

从题目的要求来看，这是一个简单的顺序结构，可以按顺序结构来编写程序，一般都会按如下的方式来编写这个程序。

【程序实现】

```
import java.util.Scanner;
public class DivByZero {
    public static void main(String[] args) {
        Scanner input=new Scanner(System.in);          //输入对象
        int x, y;
        System.out.println("请输入除数 x: ");
        x=input.nextInt();                              //①这里是第 14 行
        y=10/x;                                         //②这里是第 15 行
        System.out.println("10/x 的结果为: "+y);
        input.close();
    }
}
```

【运行结果】

该程序编译时正常通过，运行时大部分数据也能正常通过运算，当输入的数据 x=a 时，则会看到如下的提示信息，程序的运行也会停止。

```
请输入除数 x: a
Exception in thread "main" java.util.InputMismatchException
    at java.util.Scanner.throwFor(Unknown Source)
    at java.util.Scanner.next(Unknown Source)
    at java.util.Scanner.nextInt(Unknown Source)
    at java.util.Scanner.nextInt(Unknown Source)
    at p1.DivByZero.main(DivByZero.java:14)
```

这里错误信息"DivByZero.java: 14"显示错误在第 14 行，也就是代码中①的位置，输入的数据是字符类型，不是整数类型，因为类型不匹配，造成程序无法接收数据，程序停止。

当输入的数据 x=0 时，则会看到如下的错误提示信息，程序也不能继续向下运行了。

```
请输入除数 x: 0
Exception in thread "main" java.lang.ArithmeticException:/by zero
    at p1.DivByZero.main(DivByZero.java:15)
```

这里错误信息"DivByZero.java: 15"显示错误在第 15 行，也就是代码中②的位置，输入 0 后，表达式变成了 10/0，除数为 0，运算就会出错。

这是 Java 程序在运行时出现的突发情况，它不影响程序的编译，也不影响正常情况下的运行使用，但是遇到除数为 0 时或者不是整数类型的数据时，运行就会出错，一般情况下，可以通过如下方式修改来让程序在运行时也可以通过。

【程序实现】

```
import java.util.Scanner;
public class DivByZeroPlus {
    public static void main(String[] args) {
        Scanner input=new Scanner(System.in);              //输入对象
        int x, y;
        System.out.println("请输入除数 x: ");
        if(input.hasNextInt()){
            x=input.nextInt();
            if(x==0){
                System.out.println("除数是 0,运算结果为无穷大。");
            }else{
                y=10/x;
                System.out.println("10/x 的结果为: "+y);
            }
        }else{
            System.out.println("您输入的数据不是整数类型。");
        }
        input.close();
    }
}
```

【运行结果】

该程序能编译通过，运行时再输入 x=a 或 x=0，也能顺利执行，下面是输入值为 a 或 0 时运行结果：

```
请输入除数 x: a
您输入的数据不是整数类型。
请输入除数 x: 0
除数是 0,运算结果为无穷大。
```

【程序说明】

该程序由程序员人为参与，把运行时可能出现的错误，使用 if-else 代码块进行了分支处理，但是读者也会发现上面程序的代码量也增加了，这段程序中实现业务的代码量是前面的那段代码的 5 倍，代码量增加，使得程序的复杂度也会增加，编程时出错的几率也大大增加。除了代码量增加外，使用 if-else 结构代码块来处理上面的问题还存在如下几个缺点。

(1) 程序员把大量的精力放在了异常的判断与处理上，没有更多的时间来处理实际的业务代码，降低了开发效率。

(2) 异常代码与逻辑代码融合在一起，降低了可读性，增加了修改和维护的难度。

(3) 使用 if-else 穷举的方法很难把所有的情况都考虑到，程序还是不够健壮。

如果这些异常处理情况由 Java 语言环境来做检查和处理，程序员只要处理业务代码就好了，而 Java 语言中就提供了异常处理机制，上面的 if-else 块代码可以修改如下。

【程序实现】

```
import java.util.Scanner;
public class DivByZeroInJava {
    public static void main(String[] args) {
        Scanner input=new Scanner(System.in);           //输入对象
        int x, y;
        System.out.println("请输入除数 x: ");
        try{
            x=input.nextInt();
            y=10/x;
            System.out.println("10/x 的结果为: "+y);
        }catch(Exception ex){
            System.out.println("输入的除数数据必须是整数类型,并且除数不能为 0");
        }
        input.close();
    }
}
```

【运行结果】

该程序编译能通过，运行时再输入 x＝a 或 x＝0，也能顺利执行，下面是输入值为 a 或 0 时运行结果：

```
请输入除数 x: a
输入的除数数据必须是整数类型,并且除数不能为 0
```

如上述代码所示，Java 中提供了程序异常监视并获得这些异常情况的机制，称为异常处理机制。Java 程序中的异常与现实生活中的突发事件很相似，现实生活中的突发事件可以包含事件发生的时间、地点、人物、情节等信息，可以用一个对象来表示，Java 使用面向对象的方式来处理异常，它把程序中发生的每个异常也都分别封装成一个对象来表示，该对象中包含有异常的信息。Java 对异常进行了分类，不同类型的异常分别用不同的 Java 类表示。

10.3.3 异常类

在 Java 语言中，所有的异常都是用类表示的。当程序发生异常时，会生成某个类的对象。异常类对象包括关于异常的信息、类型和错误发生时程序的状态以及对该错误的详细描述。Java 通过 API 中 Throwable 类的众多子类描述各种不同的异常。因而，Java 异常都是对象，是 Throwable 子类的实例，描述了出现在一段编码中的错误条件。当条件生成时，错误将引发异常。Throwable 类有两个子类：Exception(异常)类和 Error(错误)类。

Java 语言用继承的方式来组织各种异常。所有的异常都是 Throwable 类或子类，而 Throwable 类又直接继承于 Object 类，各异常类之间的继承关系如图 10-1 所示。

如果程序中可能产生非运行时异常，就必须明确地加以捕捉并进行处理，否则会无法通过编译检查。与非运行时异常不同的是，Error(错误)与 RuntimeException(运行时异常)不需要明确地捕捉并处理。

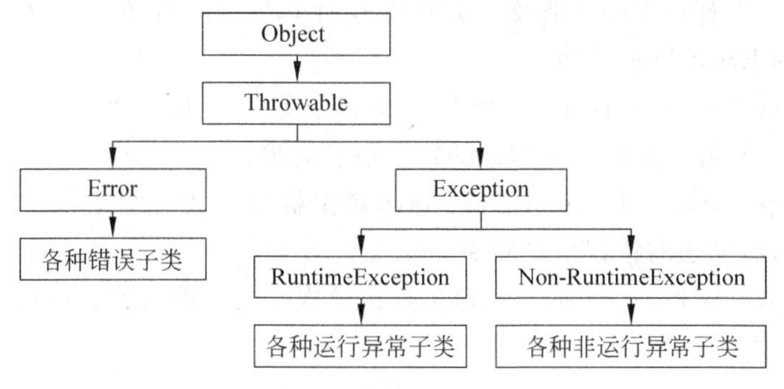

图 10-1 异常类的层次

1. Exception 类及其子类

Exception 类及其子类是可以被捕获并且可能恢复的异常类，用户程序也可以通过继承 Exception 类生成自己的异常类。常见的 Exception 异常类如下。

(1) java. awt. AWTException：抽象窗口工具包 AWT 出现异常。

(2) java. nio. channels. AlreadyBoundException：尝试绑定已经绑定的网络套接字时抛出的异常。

(3) java. util. zip. DataFormatException：数据格式错误异常。

(4) java. io. EOFException：在向文件写入数据的过程，意外地到达了文件或流操作结尾。这个异常主要用于使用流操作文件，其他的输入操作是返回值而不是抛出异常。

(5) java. io. FileNotFoundException：试图打开一个指定路径的文件时引发的异常。当指定路径的文件不存在，而使用 FileInputStream、FileOutputStream 或 RandomAccessFile 构造实例时，就会抛出这个异常；如果这个文件确实存在，但因为某些特殊的原因(如打开一个只读文件进行读写时)，也会引发这个异常。

(6) java. net. HttpRetryException：当流媒体模式启动，一个 HTTP 请求需要重新发送却无法自动重发而引发的异常。

(7) java. net. MalformedURLException：统一资源定位器(URL)的格式正确引发的异常。

(8) java. net. ProtocolException：网络协议异常。

(9) java. net. SocketException：Socket 操作异常。

(10) java. lang. ArithmeticException：算术(如除数为 0)运算引发的异常。

(11) java. lang. ClassCastException：类型转换异常。

(12) java. lang. IndexOutOfBoundsException：下标越界异常。

(13) java. lang. NullPointerException：访问一个空对象中的成员时引发的异常。

(14) java. lang. NumberFormatException：数据类型转换错误的异常。

(15) java. util. InputMismatchException：通过 Scanner 对象输入的数据类型与接收数据的类型不匹配而引发的异常。

(16) java. lang. ArrayIndexOutOfBoundsException：数组下标越界异常，如 int a[3]={1,2,3}，引用其中的元素 a[3]将发生数组下标越界异常，其实 a[3]为第 4 个元素。

2. Error 类及其子类

Error 类及其子类一般情况下被认为是不可恢复和不可捕捉的异常类，用户程序不需要处理这类异常。在捕捉 Error 类及子类时要多加小心，因为它们通常在出现灾难性错误时被创建，常见的 Error 异常类如下。

(1) java.lang.LinkageError：一个类 A 依赖于另一个类 B，当类 A 编译完成后，类 B 发生了更改，导致 A 无法找到 B 而创建的错误信息对象。

(2) java.lang.VirtualMachineError：Java 虚拟机坏了或继续运行 Java 虚拟机所需的资源已经耗尽了，而创建的错误信息对象。

(3) java.awt.AWTError：抽象窗口工具包 AWT 发生严重错误时而创建的错误信息对象。

10.3.4 Java 如何进行异常处理

在 Java 语言中，对于可能出现的异常，都需要预先进行处理，以保证程序的有效运行，否则程序就会出错。在 Java 语言中，若某个方法抛出异常，既可以在当前方法中进行捕获，然后处理该异常，也可以将该异常向上抛出，由方法的调用者来处理。下面对异常处理中所用到的关键字和注意事项进行介绍。

1. 使用 try-catch 结构捕获异常

在 Java 中，对容易发生的异常，可以使用 try-catch 语句结构捕获，在 try 代码块中编写可能发生异常的代码，然后在 catch 代码块中捕获执行这些代码时可能发生的异常。

try-catch 结构的一般格式如下：

```
try{
    可能产生异常的代码
}catch(异常类 异常对象){
    异常处理代码
}
```

try 代码块中的代码可能同时存在多个异常，catch 代码中的“异常类”参数指定要捕获哪类异常。catch 代码块类似于方法的声明，包括一个异常类类型和该类型的一个实例，异常类必须是 Throwable 类的子类，用来指定 catch 语句要捕获的异常，异常类对象可以在 catch 代码块中被调用，如果调用对象的 printStackTrace()方法将打印异常信息。

【例 10-2】 将一个年龄字符串信息“19A”转换成整数类型数据并在控制台输出显示。

【程序实现】

```
/**
 * 将字符串类型的年龄"19A"转换成 int 类型并在控制台输出显示
 * @author sf
 */
public class AgeStr2Int {
    public static void main(String[] args) {
        try{
            int age=Integer.parseInt("19A");
                                        //可能抛出 NumberFormatException 异常
            System.out.println("年龄为："+age);  //①
        }catch(NumberFormatException ex){      //捕捉 NumberFormatException 异常
```

```
            System.out.println("年龄信息必须为整数类型。");        //②
            ex.printStackTrace();                                  //③
        }
    }
}
```

【运行结果】

运行该程序，将会显示如下信息：

```
年龄信息必须为整数类型。
java.lang.NumberFormatException: For input string: "19A"
    at java.lang.NumberFormatException.forInputString(Unknown Source)
    at java.lang.Integer.parseInt(Unknown Source)
    at java.lang.Integer.parseInt(Unknown Source)
    at p2.AgeStr2Int.main(AgeStr2Int.java:10)
```

由运行结果可以发现，程序运行到 Integer. parseInt("19A")时抛出异常，直接被 catch 语句捕捉，程序跳转到 catch 代码块内继续执行，不执行代码行①，而直接去执行代码行②和代码行③，代码行③使用异常实例的方法，将异常信息在控制台中进行了显示。也可以使用 getMessage()方法取得异常信息并在控制台中进行显示，使用 getMessage()方法，将代码行③的内容修改如下：

```
System.out.println(ex.getMessage());
```

异常处理结束后，将会继续执行 try-catch 结构后面的代码。

注意

如果不知道代码将会引发和抛出哪类异常，可以直接指定它们的父类 Exception 或 Throwable 类进行处理。

2. 多重 catch 代码块的用法

当程序员明确知道程序可能会引发多个异常时，可以在 try-catch 结构中使用多个 catch 代码块来进行处理。多个 catch 块结构的一般格式如下：

```
try{
    可能产生异常的代码
}catch(异常类 1 异常对象 1){
    异常 1 处理代码
} catch(异常类 2 异常对象 2){
    异常 2 处理代码
}
…//其他的 catch 语句块
```

【例 10-3】 使用多个 catch 块处理输入的除数为 0 的问题。

【程序实现】

```
import java.util.InputMismatchException;
import java.util.Scanner;
```

```
public class DivByZeroUseMultiCatch {
    public static void main(String[] args) {
        Scanner input=new Scanner(System.in);     //输入对象
        int x, y;
        System.out.println("请输入除数 x: ");
        try{
            x=input.nextInt();         //(1)这里可能抛出 InputMismatchException 异常
            y=10/x;                    //(2)这里可能抛出 ArithmeticException 异常
            System.out.println("10/x 的结果为: "+y);
        }catch(InputMismatchException ex){          //异常捕获①
            System.out.println("输入的除数数据必须是整数类型");
        }catch(ArithmeticException ex){             //异常捕获②
            System.out.println("除数不能为 0");
        } catch(Exception ex){                      //其他的异常
            System.out.println("其他未知的错误");
        }
        input.close();
    }
}
```

程序中的(1)处的代码可能会抛出的异常与“异常捕获①”处捕获的代码对应;程序中的(2)处的代码可能会抛出的异常与“异常捕获②”处捕获的代码对应,请读者自己运行这个程序去检查运行结果。

3. finally 子句的用法

如果要求不管出现什么异常,都要例 10-3 程序的最后输出“欢迎使用本计算程序”,该如何实现呢? Java 中的 try-catch 结构提供了 finally 子句来完成这个功能,在 try-catch 结构中使用 finally 子句后,不管程序中有无异常发生,也不管之前的 try-catch 结构是否顺利执行完毕,最终都会执行 finally 代码块中的代码,这使得一些不管在任何情况下都必须执行的步骤被执行,从而保证程序的健壮性。

【例 10-4】 使用 finally 子句在除数为 0 的问题程序最后输出“欢迎使用本计算程序”。

【程序实现】

```
import java.util.InputMismatchException;
import java.util.Scanner;
public class DivByZeroUseFinally {
    public static void main(String[] args) {
        Scanner input=new Scanner(System.in);       //输入对象
        int x, y;
        System.out.println("请输入除数 x: ");
        try{
            x=input.nextInt();         //(1)这里可能抛出 InputMismatchException 异常
            y=10/x;                    //(2)这里可能抛出 ArithmeticException 异常
            System.out.println("10/x 的结果为: "+y);
        }catch(InputMismatchException ex){            //异常捕获①
```

```
            System.out.println("输入的除数数据必须是整数类型");
        }catch(ArithmeticException ex){                //异常捕获②
            System.out.println("除数不能为 0");
        } catch(Exception ex){                         //其他的异常
            System.out.println("其他未知的错误");
        }finally{                                      //finally子句肯定被执行
            System.out.println("欢迎使用本计算程序");
        }
        input.close();
    }
}
```

运行该程序,会发现无论哪种情况,finally 块都会被执行。

在实际的编程应用中,常将资源的释放代码放到 finally 代码块中,不论程序是否有异常,都能保证关闭应用对象,释放资源,能有效地防止内存泄漏,如下面的打开数据库代码:

```
Connection conn=null;
try{
    conn=DriverManager.getConnection(URL, USER, PWD);
}finally{                    //finally代码块始终能执行,能有效地关闭资源,控制内存泄漏
    if(conn!=null){
        conn.close();
    }
}
```

4. 使用 throws 关键字抛出异常

如果某个方法会抛出异常,但不想在当前的这个方法中来处理这个异常,可以将这个异常抛出,在调用这个方法的代码中捕捉这个异常并进行处理。Java 语言中通过关键字 throws 声明某个方法可能抛出的多种异常,throws 可以同时声明多个异常,各个异常之间用逗号分隔。

【例 10-5】 使用 throws 关键字在自定义的除数可能为 0 的方法中抛出异常。

【程序实现】

```
import java.util.InputMismatchException;
import java.util.Scanner;
public class DivByZeroUseThrows {
    public static void main(String[] args) {
        try{
            divByZero();                               //调用自定义的方法
        }catch(InputMismatchException ex){             //异常①
            System.out.println("输入的除数数据必须是整数类型");
        }catch(ArithmeticException ex){                //异常②
            System.out.println("除数不能为 0");
        }finally{                                      //finally子句肯定被执行
            System.out.println("欢迎使用本计算程序");
        }
```

```
    }

    /**
     * 自定义的带有 throws 抛出异常的处理除数为 0 的方法,方法中不处理异常
     * @throws InputMismatchException
     * @throws ArithmeticException
     */
    public static void divByZero() throws InputMismatchException, ArithmeticException{
        Scanner input=new Scanner(System.in);       //输入对象
        int x, y;
        System.out.println("请输入除数 x: ");
        x=input.nextInt();
        y=10/x;
        System.out.println("10/x 的结果为: "+y);
        input.close();
    }
}
```

本例的运行效果与例 10-4 的运行效果相同。

5. 使用 throw 关键字抛出异常

使用 try-catch 结构与 throws 关键字抛出与捕获的都是系统定义的异常,但是在程序中可能会有一些逻辑错误,这样的问题系统是不会发现也不会抛出异常的,例如,年龄不能小于 0,一般情况来说性别只能是"男"或"女",当遇到这样的逻辑错误或与现实不一致的错误时,需要程序自己去适时地抛出异常,可是在什么地方抛出这些异常呢? Java 中提供了 throw 关键字,可以在方法体内抛出一个异常类对象。

【例 10-6】 在自定义方法中抛出异常,检查字符串中的年龄信息是否逻辑合法。

【问题分析】

按题目要求,可以先定义一个方法,先把传来的字符串的年龄信息取出来,将字符串类型的年龄信息转换为整数类型,同时判断年龄是否合法,再返回给调用者。

【程序实现】

```
public class ChkAgeByThrow {
    public static void main(String[] args) {
        try{
            int age=chkAge("-23");                      //调用 chkAge()方法
            System.out.println("字符串的年龄为: "+age+"岁");
        }catch(Exception ex){                           //捕获 throw 抛出的异常
            System.out.println("年龄数据有逻辑错误!");
            System.out.println("原因: "+ex.getMessage());
        }
    }
    /**
     * 将年龄字符串信息转换为整型数据并判断数据是否合法的方法
     * @param strAge 字符串类型的年龄
```

```
  * @return age 整型类型的年龄
  * @throws Exception 抛出异常
  */
 public static int chkAge(String strAge) throws Exception{
     int age=Integer.parseInt(strAge);           //将字符串转换为整型
     if(age<0){                                  //如果年龄小于 0
         throw new Exception("年龄不能为负数!");  //抛出一个异常
     }
     return age;
 }
}
```

【运行分析】

运行本例后，可能会抛出如下两类异常。

（1）数字格式的字符串数据转换为整型数据时（如 int age＝chkAge("－23A");）抛出 NumberFormatException 异常，该类异常由系统抛出并处理。

（2）当年龄 age＜0 时，发生逻辑错误而抛出的 Exception 异常。

注意

throw 和 throws 有如下 3 点不同，使用时要特别注意。

（1）作用不同：throw 用于 Java 语言环境不能捕捉的（如年龄、性别等逻辑错误）、由程序员自行产生并抛出的异常，throws 用于声明在该方法内抛出了异常。

（2）使用的位置不同：throw 位于方法体内部，可以作为单独的语句使用，throws 必须跟在方法参数列表的后面，不能单独使用。

（3）内容不同：throw 抛出一个异常对象，而且只能抛出一个，throws 后面跟异常类，而且可以跟多个异常类。

6. 使用异常处理语句的注意事项

进行异常处理时，主要使用了 try、catch、finally、throws、throw 等关键字，在使用它们时，要注意以下 7 点。

（1）对于程序中的异常，必须使用 try-catch 结构捕获，或通过 throws 向上抛出异常，否则编译会出错。

（2）不能单独使用 try、catch 或 finally 代码块，否则代码在编译时会出错。

（3）try 代码块后可以单独跟一个至多个 catch 块，也可以单独仅跟一个 finally 块，catch 块和 finally 块可以同时存在，但 finally 块一定要跟在 catch 块之后，格式如下：

```
try{
    //try 块的代码
}catch(异常类型 异常变量){
    //一个或多个 catch 块
}finally{
    //最多只能有一个 finally 块
    //不管理是否有异常抛出或捕获,finally 代码块都会被执行
}
```

(4) 在 try-catch-finally 结构中,不论程序是否会抛出异常,finally 代码块都会执行。

(5) try 只跟 catch 代码配合使用时,可以使用多个 catch 块来捕获 try 代码块中的可能发生的多种异常,异常发生后,Java 虚拟机会由上而下地检查当前 catch 代码块所捕获的异常是否与 try 代码中发生的异常匹配,若匹配,则不再执行其他的 catch 代码块。如果多重 catch 代码块捕获的是同种类型的异常,则捕获子类异常的 catch 代码块要放在捕获父类异常的 catch 块代码之前,否则将会在编译时发生编译错误。例如:

```
try{
    //try 块的代码
}catch(NumberFormatException ex){                    //数据格式化异常
    //异常 1
}catch(IllegalArgumentException ex){                 //非法参数异常
    //异常 2,NumberFormatException 是 IllegalArgumentException 的子类
}catch(RuntimeException ex){                         //运行时异常
    //异常 3,IllegalArgumentException 是 RuntimeException 的子类
}catch(Exception ex){
    //异常 4,RuntimeException 是 Exception 的子类
}
```

(6) 在 try、catch、finally 等块内定义的变量为局部变量,只能在代码块内部使用,如果要使用全局变量,则要将变量定义在这几个模块之外。

(7) 在使用 throw 语句抛出一个异常对象时,该语句后面的代码将不会被执行,如例 10-6 中抛出的异常代码:

```
if(age<0){                                       //如果年龄小于 0
    throw new Exception("年龄不能为负数!");      //①抛出一个异常
}
return age;                                      //②
```

在程序运行过程中,当年龄小于 0 时,会使用①处的代码行抛出异常错误,并中断该段程序的执行,因此此时代码行②将不能执行。

10.3.5 自定义异常

通常使用 Java 内置的异常类就可以描述在编写程序时出现的大部分的异常情况,但根据实际需要,有时需要定义自己的异常类,并将它们用于程序中来描述 Java 内置异常类所不能描述的一些特殊情况(如例 10-6 中年龄逻辑错误)。下面来介绍如何创建和使用自定义的异常。

自定义异常类必须是继承自 Throwable 类或其子类,才能被视为异常类,通过继承 Exception 类或其子类,除此之外,与创建普通类的语法相同,自定义异常类的使用方法与 Java 语言内置的异常类的使用方法也相同。

【例 10-7】 编写一个程序,对字符串的内容进行检查,如果这个字符串的内容全是数字或英文字母,则显示这个字符串,否则抛出异常,提示有非法字符。检查字符是否满足题目的要求时,要按 ASCII 码表中的字符的 ASCII 码值去进行比较检查,数字 0~9 的 ASCII

码值为 48～57，大写字母 A～Z 的 ASCII 码值为 65～90，小写字母的 ASCII 码值为 97～122。

【问题分析】

在 Java 内置的异常处理中不包括题目要求的情况，因此要自定义该异常。

【程序实现】

自定义异常类 MyStrChkException：

```
public class MyStrChkException extends Exception {                //继承 Exception 类
    private static final long serialVersionUID=1L;                //类的序列化号
    private String content;
    public MyStrChkException(String content) {                    //构造方法
        this.content=content;
    }
    public String getContent() {                                  //获取描述方法
        return content;
    }
}
```

测试驱动类 MyStrChkException：

```
public class MyStrChkTest {
    /** 检查字符串中是否含有非法字符的方法
     * @param str 要检查的字符串
     * @throws MyStrChkException 抛出自定义的异常
     */
    public static void chkStr(String str) throws MyStrChkException{
        char[] array=str.toCharArray();
        int len=array.length;
        for(int i=0;i<len-1;i++){
            //数字 0~9 的 ASSIC 码值为 48~57,大写字母 A~Z 的 ASSIC 码值为 65~90
            //小写字母的 ASSIC 码值为 97~122
            if(!((array[i]>=48 && array[i]<=57)||(array[i]>=65 && array[i]<=90)||
            (array[i]>=97 && array[i]<=122))){
    throw new MyStrChkException("字符串: "+str+"中含有非法字符。");
            }
        }
    }
    public static void main(String[] args) {
        String str1="abczA09Z";
        String str2="ab!334@";
        try{
            chkStr(str1);
            System.out.println("字符串 1 为: "+str1);
            chkStr(str2);
            System.out.println("字符串 2 为: "+str2);
        }catch(MyStrChkException ex){
```

```
                System.out.println("触发自定义的异常,异常内容如下：");
                System.out.println(ex.getContent());
            }
        }
    }
```

【运行结果】

```
字符串 1 为：abczA09Z
触发自定义的异常,异常内容如下：
字符串：ab!334@中含有非法字符。
```

10.4 任务实现

学习了 Java 中的异常处理机制后，就可以完成本章开头提出的计算平均成绩的任务了。

【问题分析】

通过前面的任务分析，要存储信息的话，就要将信息封装起来，因此需要一个实体类，另外要在数组中存储数据，在显示数据时，到达的数据边框上限，可能会引发异常。

【程序实现】

保存对象信息的 Student.java 类核心代码如下：

```
public class Student {
    private String name;
    private double score;
    public String getName() {
        return name;
    }
    public void setName(String name) {
        this.name=name;
    }
    public double getScore() {
        return score;
    }
    public void setScore(double score) {
        this.score=score;
    }
}
```

实现信息的存储与显示的类 StuArrayScore 核心代码如下：

```
import java.util.InputMismatchException;
import java.util.Scanner;
public class StuAverageScore {
    public static void main(String[] args) {
```

```
Student stuArr[]=new Student[10];                    //最多可以存储 10 个人
Scanner input=new Scanner(System.in);                //输入对象
int sum=0, average=0;                                //总成绩,平均成绩
int iStuNum=0;                                       //学生数
System.out.println("请输入学生数(为≤10 的整数): ");
try{                                      //使用 try-catch 结构,从键盘上输入学生人数
   iStuNum=input.nextInt();                          //这里有可能会输入 0
}catch(InputMismatchException ex){
   System.out.println("请输入整数信息。因输入的信息有误,默认学生为 5 人。");
   iStuNum=5;
}
//输入学生的姓名和成绩
try{
    for(int i=0;i<iStuNum;i++){
       Student stu=new Student();
       System.out.println("学生"+(i+1)+"的姓名: ");
       String name=input.next();
       stu.setName(name);
       System.out.println("学生"+(i+1)+"的成绩: ");
       stu.setScore(input.nextDouble());
       stuArr[i]=stu;
       sum+=stuArr[i].getScore();                    //累加每个学生的成绩
    }
   }catch(InputMismatchException ex){
       System.out.println("请输入双精度的成绩信息。因输入的信息有误,默认成绩总
       和为前面的数据之和。");
   }
   //计算平均成绩并输出
   try{
       average=sum/iStuNum;
       System.out.println("平均成绩为: "+average);
       //使用 try-catch 嵌套结构输出各个学生的成绩
       try{
           for(int j=0;j<10;j++){
               System.out.println("姓名: "+stuArr[j].getName()+",成绩: "+
              stuArr[j].getScore());
           }
       }catch(ArrayIndexOutOfBoundsException ex){
           System.out.println("该班没有这么多学生。");
       }
   }catch(NullPointerException ex){
       System.out.println("没有学生,因此没有总成绩。");
   }catch(ArithmeticException ex){
       System.out.println("没有学生,因此没有平均成绩。");
   }catch(Exception ex){
```

```
            ex.printStackTrace();
        }
    }
}
```

10.5 知识拓展

10.5.1 JDK 1.7 新语法 try-with-resource

在 Java 中，一个资源作为一个对象，必须在程序结束之后随之关闭，可以使用前面所学的 try-catch-finally 结构实现这个功能。在 JDK 1.7 中添加了 try-with-resource 语句结构，该结构确保了各个资源都能在使用后被关闭，实际上就是自动调用资源的 close()方法，和 Python 里的 with 语句、C＃中的 using 语句差不多。如下面的代码：

```
static String readFirstLineFromFile(String path) throws IOException {
    try (BufferedReader br=new BufferedReader(new FileReader(path))) {
        return br.readLine();
    }
}
```

这段程序只有一个 try 语句块，但是 try 语句块中多了个括号，在括号里初始化了一个 BufferedReader。这种在 try 后面加个括号，再初始化对象的语法就称为 try-with-resources。实际上，上面的代码块与下面的 try-catch-finally 代码块相当：

```
static String readFirstLineFromFileWithFinallyBlock (String path) throws
IOException {
    BufferedReader br=new BufferedReader(new FileReader(path));
    try {
        return br.readLine();
    } finally {
        if (br!=null) br.close();
    }
}
```

使用 try-with-resources 的语法可以实现资源的自动回收处理，大大提高了代码的便利性。

try 语句代码块还可以同时处理多个资源，可以跟普通的 try 语句一样捕获异常、有 finally 语句块等，如下面的代码：

```
try ( java.util.zip.ZipFile zf=new java.util.zip.ZipFile(zipFileName);
      java. io. BufferedWriter writer = java. nio. file. Files. newBufferedWriter
      (outputFilePath, charset) ) {
}catch(…){
}finally{
}
```

10.5.2 JDK 1.7 对异常处理的改进

1. multi-catch 结构

很多时候，在程序中捕获了多个异常，却做了相同的事情，比如记日志，包装成新的异常，然后抛出。这时，代码就不那么优雅了，例如：

```
catch (IOException ex) {
    logger.log(ex);
    throw ex;
catch (SQLException ex) {
    logger.log(ex);
    throw ex;
}
```

JDK 1.7 中允许 catch 多个 Exception，被称为 multi-catch 结构，如下代码：

```
catch (IOException|SQLException ex) {              //multi-catch 结构
    logger.log(ex);
    throw ex;
}
```

2. RethrowException 更具包容性的类型检测

当要重新抛出多个异常时，不再需要详细定义异常类型了，编译器已经知道前面具体抛出的是哪个异常了。开发者只需在方法定义时声明需要抛出的异常即可，代码如下：

```
public void call() throws ReflectiveOperationException, IOException {    //定义时抛出异常
    try {
        callWithReflection(arg);
    } catch (final Exception e) {
        logger.trace("Exception in reflection", e);
        throw e;                  //这里不需要再重新定义类型了，注意与例 10-7 比较
    }
}
```

10.5.3 在 Eclipse 中查看类的继承结构

在 Eclipse 集成环境中可以查看类的结构，按如下方式打开类的继承结构视图：Window→Show View→other→打开 Show View 对话框如图 10-2 所示。

在 Show View 对话框中选择 java→Type Hierarchy，然后单击 OK 按钮，将 Package Workspace 视图的右侧打开 Type Hierarchy 视图，如图 10-3 所示。在视图中右击，选择 Focus On，打开 Focus On Type 对话框，如图 10-4 所示。

在 Focus On Type 对话框中输入 Exception，单击 OK 按钮后，将会看到如图 10-3 所示的详细的类的继承结构图。

通过上面这几个步骤就可以在 Eclipse 中查看所用到的类的继承结构及所包含的方法信息了。

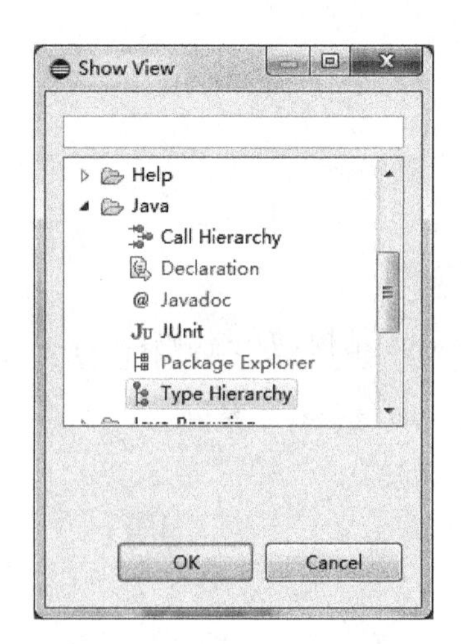

图 10-2　Show View 对话框

图 10-3　Type Hierarchy 视图及类结构

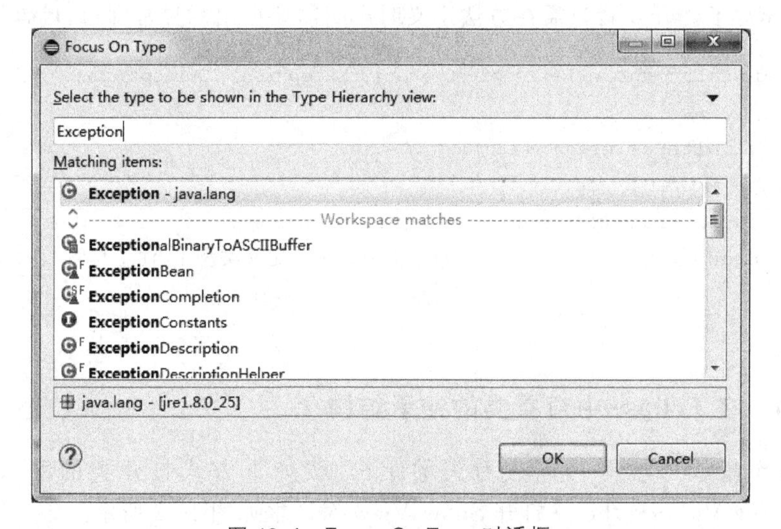

图 10-4　Focus On Type 对话框

10.6　本章小结

本章介绍了异常的概念、Java 中的异常及异常的处理方法、自定义异常的用法等，并对 JDK 1.7 中新的异常处理语法进行了介绍。学习本章后，读者应该掌握以下内容。

(1) 异常的定义及表现。

(2) Java 的异常类结构,掌握在 Eclipse 中查看类的体系结构的方法。
(3) 使用 try-catch 结构进行异常处理的方法。
(4) finally 代码块的用法。
(5) throws 与 throw 的用法及区别。
(6) 自定义异常的定义与使用。
(7) JDK 1.7 中的 try-with-resource 结构的用法。
(8) JDK 1.7 中的 multi-catch 结构及 RethrowException 结构的用法。

10.7 强化练习

10.7.1 判断题

1. throws 可以用在 Java 语言中的方法内部。(　　)
2. 如果 try 块之后没有 catch 块,则必须有 finally 块。(　　)
3. 发出一个异常一定会终止程序的运行。(　　)
4. 程序员把可能产生异常的代码封装在 try 块中,try 块后面就只能跟一个 catch 块。(　　)
5. 如果 try 块中没有异常,则跳过 catch 块处理,继续执行 catch 块后面的语句。(　　)

10.7.2 选择题

1. 下列能单独和 finally 语句一起使用的关键字是(　　)。

A. try　　B. catch　　C. throw　　D. throws

2. 下面程序的运行结果为(　　)。

```
public class Test{
    public static void main(String[] args){
        myTest();
    }
    public static void myTest(){
        try{
            System.out.print("try");
        }catch(ArrayIndexOutOfBoundsException ex){
            System.out.print(" catch1");
        }catch(Exception ex){
            System.out.print(" catch2");
        }finally{
            System.out.print(" finally");
        }
    }
}
```

A. try finally　　B. try catch1 finally
C. try catch2 finally　　D. finally

3. 抛出(　　)对象一般是Java系统中的严重问题。

A. NumberFormatException　　B. IllegalArgumentException

C. Exception　　D. 前三项都是

4. 下面的这段程序的执行结果为(　　)。

```
public class Test{
    public static void foo(){
        try{
            String s-=null;
            S=s.toLowerCase();
        }catch(NullPointerExcption ex){
            System.out.print("3");
        }finally{
            System.out.print("4");
        }
        System.out.print("2");
    }
    public static void main(String[] args){
        foo();
    }
}
```

A. 234　　B. 32　　C. 42　　D. 342

5. (　　)代码块可以有效地防止内存泄漏。

A. finally　　B. catch　　C. finally 或 catch　　D. try

10.7.3 简答题

1. 异常如果没有被捕获将会发生什么情况?
2. try-catch-finally 可以一起使用吗?
3. 简述 throws 关键字的作用及使用方法。
4. 简述 throw 关键字的作用及使用方法。
5. 简述 try-with-resource 结构的使用方法。
6. 简述在 Eclipse 中查看类的体系结构及内容的方法和步骤。

10.7.4 编程题

1. 编写一个程序,处理除数为0的异常。

2. 编写一个程序,从键盘上输入一个整数,如果输入的数据中有非数字数据则抛出异常。

3. 编写一个用数组存储学生成绩的程序,在显示成绩时处理下标越界异常。

4. 编写一个程序,检查从键盘上输入的一个字符串是否含有数字之外的数据,如果含有则抛出异常,否则把字符串输出出来(提示:参考10.3.5节使用自定义异常)。

5. 编写一个程序,接收键盘输入,使用multi-catch(多重catch)处理异常。

第3篇

进　阶　篇

第 11 章　图形用户界面设计

任务　单机版商场收银系统

11.1　任务描述

现如今，商家为了推销自己的商品，可谓用尽心思，为此我们感觉要过的节日越来越多了，除了正常的节日，什么双十一、双十二、一周年庆、二周年庆等接踵而至，一开始还想趁着商场搞活动，赶紧囤货，后来发现根本不需要，因为基本上没隔多久就会搞活动，打个八折、七折、六折、满 300 返 100 等是常有的事。所谓"羊毛出在羊身上"，赔本的生意商家哪会做？作为消费者的我们一定要擦亮眼睛。本章将带着大家一起来实现一个如图 11-1 所示的单机版商场收银系统，从本章开始，我们终于可以通过图形化的方式和计算机进行交流了，再也不用天天面对"冷冰冰"的控制台了。

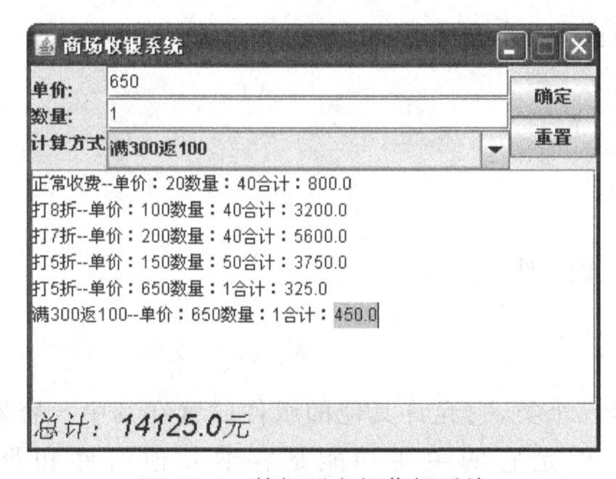

图 11-1　单机版商场收银系统

11.2　任务分析

通过图 11-1，可以看出本任务所涉及的业务就是根据不同的计算方式计算出应缴费用和总的费用，相信大家通过之前的学习应该能够很快地开发出控制台版的商场收银软件。所以本任务的难点就在于如何把这个图形化的界面"画"出来并且当单击"确定"按钮和"重置"按钮时能够响应我们的操作并做出相应的处理。

在本章，将了解如何使用 Java 进行图形用户界面的编程？什么是容器？什么是组件？常用的布局管理器有哪些？Java 中的事件处理机制是什么？

不多说了，一起开始进入图形用户界面的世界吧！

11.3 相关知识

11.3.1 图形用户界面设计概述

图形用户界面(Graphics User Interface,GUI)是程序与用户交互的方式,利用它系统可以接收用户的输入并向用户输出程序运行的结果,相对于控制台程序,能够给用户带来"所见即所得"的效果。和图形用户界面相关的接口和类都组织在两个包里:java. awt 包和 javax. swing 包。

(1) java. awt 包:java. awt 包中提供了大量地进行 GUI 设计所使用的类和接口,是 Java 语言进行 GUI 程序设计的基础。

(2) javax. swing 包:javax. swing 包中的接口和类是由 100%纯 Java 实现的,没有本地代码,不依赖操作系统的支持,因而也称为轻量级(light-weighted)组件,它的出现使得 Java 的图形用户界面上了一个台阶。

由于使用 java. awt 包中的类创建的组件都属于重量级(heavy-weighted)组件,即依赖于底层操作系统的支持,其显示结果可能因操作系统而异。所以本章主要讨论 javax. swing 包中的类和接口。

创建图形用户界面主要有如下步骤。

(1) 创建容器。

(2) 布局管理。

(3) 添加组件。

(4) 事件处理。

下面就先来看一下如何创建容器。

11.3.2 容器

容器(Container)是一个类,它允许其他的组件放置在其中。容器本身也是一个组件,具有组件的所有性质,但是它的主要功能是容纳其他组件和容器。容器 java. awt. Container 是 Component 的子类,一个容器可以容纳多个组件,并使它们成为一个整体。容器可以简化图形化界面的设计,以整体结构来布置界面。所有的容器都可以通过 add()方法向容器中添加组件。

11.3.3 JFrame 类

JFrame 类是 Container 的子类,继承关系如图 11-2 所示。

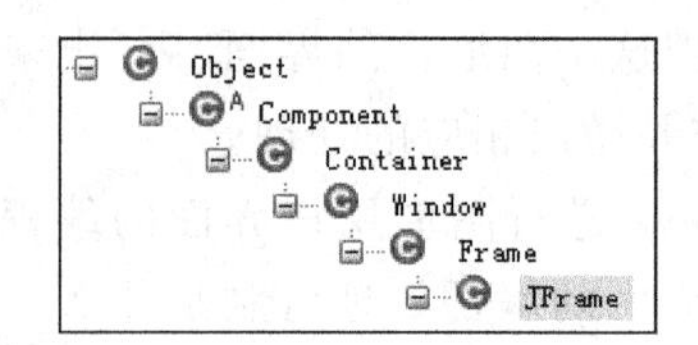

图 11-2 JFrame 继承关系图

JFrame 类的构造方法如表 11-1 所示。

表 11-1　JFrame 类的构造方法

方　法　名	方 法 功 能
JFrame()	构造 JFrame 的一个新实例(初始时不可见)
JFrame(GraphicsConfiguration gc)	使用屏幕设备指定 GraphicsConfiguration 创建一个 JFrame
JFrame(String title)	构造一个新的、初始不可见的、具有指定标题的 JFrame 对象
JFrame (String title, GraphicsConfiguration gc)	构造一个新的、初始不可见的、具有指定标题和 GraphicsConfiguration 的 JFrame 对象

JFrame 类的常用方法如表 11-2 所示。

表 11-2　JFrame 类的常用方法

方　法　名	方 法 功 能
boolean isResizable()	指示 frame 是否可由用户调整大小
remove(MenuComponent m)	从 frame 移除指定的菜单栏
setIconImage(Image image)	设置 frame 显示在最小化图标中的图像
setJMenuBar(MenuBar mb)	将 frame 的菜单栏设置为指定的菜单栏
setResizable(boolean resizable)	设置 frame 是否可由用户调整大小
setTitle(String title)	将 frame 的标题设置为指定的字符串
setSize(int width,int height)	设置 frame 的大小
setLocation(int x,int y)	设置 frame 的位置,其中(x,y)为左上角坐标
setDefaultCloseOperation(int operation)	设置单击“关闭”按钮时的默认操作 DO_NOTHING_ON_CLOSE: 屏蔽“关闭”按钮 HIDE_ON_CLOSE: 隐藏框架 DISPOSE_ON_CLOSE: 隐藏和释放框架 EXIT_ON_CLOSE: 退出应用程序

【例 11-1】 创建具有如图 11-3 所示特征的框架。

(1) 它的高度和宽度为整个屏幕的 1/3,居中显示。

(2) 自定义窗口的标题和图标。

(3) 窗口的大小不可变。

图 11-3　JFrame 示意图

【问题分析】

问题 1: 如何使得框架的宽度和高度为整个屏幕的 1/3?

首要解决的问题是如何获取整个屏幕的宽度和高度。可以借助于 Toolkit 类和 Dimension 类来实现。Toolkit 是抽象类,专门提供了获取和设置本机系统设备参数和属性的操作,如查看剪贴板的内容、桌面属性、屏幕参数等。Dimension 类通常用来返回或者设置组件的宽度和高度参数,与 Toolkit 配合使用,可以获得本机屏幕和大小。

核心代码如下：

```
//调用静态方法 getDefaultToolit()得到本机参数的 Toolkit 对象
Toolkit tk=Toolkit.getDefaultToolkit();
//返回本机屏幕尺寸的 Dimension 对象
Dimension d=tk.getScreenSize();
```

Dimension 类的属性 width 和 height 即为本机屏幕的宽度和高度。

屏幕的宽度为 d. width，高度为 d. height。

得到屏幕的宽度和高度后，问题 1 就好解决了。

```
//调用 JFrame 类提供的方法 setSize()来设置屏幕的大小，只要继承 JFrame 类就可以直接调用。
setSize(d.widht/3,d.height/3);
```

如何实现居中显示呢？JFrame 类有个方法 setLocation()可以指定框架的位置，该方法传递的参数是框架的起点坐标。如果要使框架居中，应该传递什么值呢？分析一下图 11-4，框架起点坐标(0,0)指的是左上角的坐标，向右向下为正。通过屏幕尺寸和框架的尺寸，可以计算出框架起点坐标(x,y)。

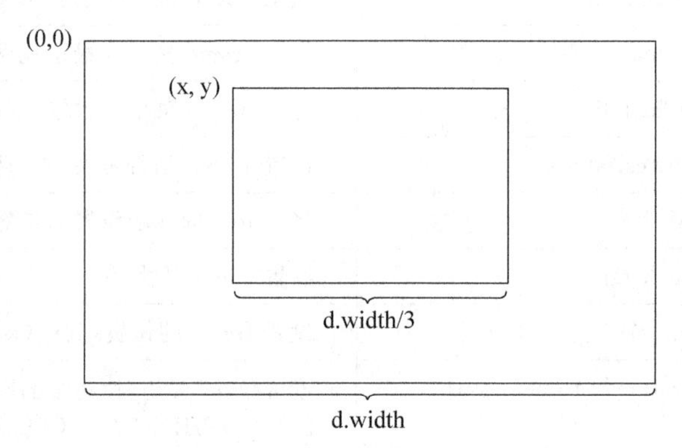

图 11-4　框架居中分析图

```
x=(d.width-d.width/3)/2;
y=(d.height-d.height/3)/2;
```

问题 2：如何自定义窗口的标题和图标呢？

调用 JFrame 类的 setTitle()方法设置标题。

调用 JFrame 类的 setIconImage()方法设置图标，该方法需要传递 Image 类型的参数，首先在项目下建立 images 文件夹，将需要的图标复制到 images 文件夹，然后就可以借助 Toolkit 类的 getImage()方法来得到该 Image 对象。

问题 3：如何使窗口的大小不可变呢？

调用 JFrame 类的 setResizable()方法，传递 false。

【程序实现】

```
public class JFrameDemo extends JFrame {
    public JFrameDemo1() {
        Toolkit tk=Toolkit.getDefaultToolkit();
```

```
        Dimension d=tk.getScreenSize();
        //窗口显示在整个屏幕的中央位置
        this.setLocation((d.width-d.width/3)/2,
                (d.height-d.height/3)/2);
        this.setSize(d.width/3, d.height/3);
        //设置窗口标题
        this.setTitle("Hello Swing");
        //设置窗口图标
        this.setIconImage(tk.getImage("images/bug1.png"));
        //设置窗口尺寸不可调整
        this.setResizable(false);
        this.setVisible(true);
    }
    public static void main(String[] args) {
        new JFrameDemo1();
    }
}
```

【运行结果】

运行结果如图 11-5 所示。

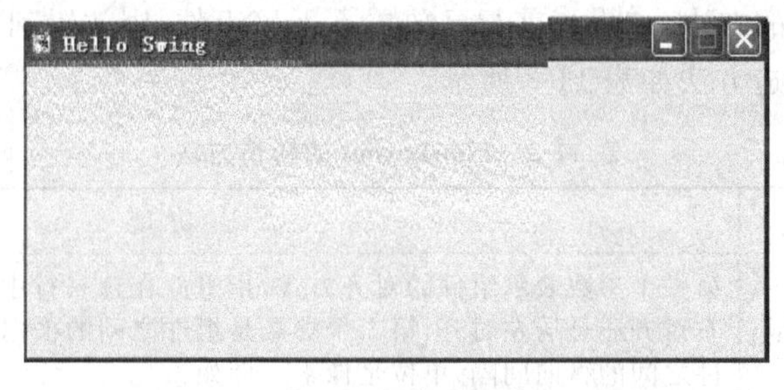

图 11-5 居中显示长度为屏幕 1/3 的窗口

容器已经有了,我们在上面放个按钮试一试吧!

在例 11-1 代码 this.setVisible(true)之前添加语句:

```
this.add(new JButton("click"));
```

运行结果如图 11-6 所示。

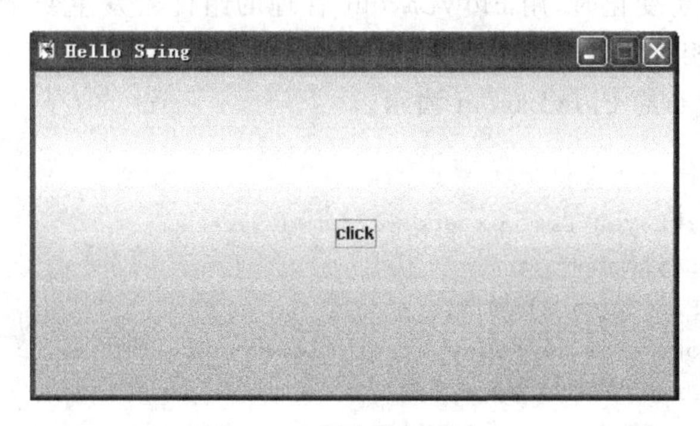

图 11-6 带有按钮的窗口

"Oh，my god!"我想你一定会发出这样的感叹，这一定超出了你的想象。实际运行的效果按钮竟然那么大，充满了整个容器。这背后究竟发生了什么？实际上当添加组件时，组件的大小、位置等都有一个称为布局管理器(LayoutManager)的东西控制着。下面来学习Java的布局管理。

11.3.4 布局管理

Java为了实现跨平台的特性并获得动态的布局效果，将容器内的所有组件安排给一个"布局管理器"负责管理，如排列顺序、组件大小、位置等。当窗口移动或调整大小后组件如何变化等功能授权给对应的容器布局管理器来管理。不同的布局管理器使用不同算法和策略，容器可以通过setLayout方法选择不同的布局管理器来决定布局。

Java主要提供了FlowLayout、BorderLayout、CardLayout、GridLayout、BoxLayout和GridBagLayout共6种布局管理类，以满足不同应用的需求，这些布局管理类包括在java.awt或javax.swing包中。由于GridBagLayout布局有些复杂，我们不做讨论，实现复杂的布局，我们会考虑使用一些封装良好的所见即所得的Eclipse插件，如WindowsBuilder插件。

1. 流式布局——FlowLayout

FlowLayout是JPanel类默认的布局管理器。其组件的放置规律是从上到下、从左到右进行放置，如果容器足够宽，第一个组件先添加到容器中第一行的最左边，后续的组件依次添加到上一个组件的右边，如果当前行已放置不下该组件，则放置到下一行的最左边。

Flowlayout的构造方法如表11-3所示。

表11-3 FlowLayout的构造方法

方 法 名	方 法 功 能
FlowLayout(int align, int hgap, int vgap)	第一个参数表示组件的对齐方式，指组件在这一行中的位置是居中对齐、居右对齐还是居左对齐，第二个参数是组件之间的横向间隔，第三个参数是组件之间的纵向间隔，单位是像素。例如： `new FlowLayout(FlowLayout.LEFT,20,40);`
FlowLayout(int align)	它具有指定的对齐方式，默认的水平和垂直间隙是5个单位。例如： `new FlowLayout(FlowLayout.LEFT);`
FlowLayout()	默认的对齐方式为居中对齐，横向间隔和纵向间隔都是默认值5个像素

当容器的大小发生变化时，用FlowLayout管理的组件会发生变化，其变化规律是：组件的大小不变，但是相对位置会发生变化。

【例11-2】 流式布局FlowLayout演示。

【程序实现】

```
public class FlowLayoutDemo extends JFrame{
    public FlowLayoutDemo() {
        super("FlowLayout 布局");
        FlowLayout flow=new FlowLayout(FlowLayout.LEFT,8,2);
        //设置 JFrame 的布局为流式布局
        setLayout(flow);
```

```
        //创建 10 个按钮组件并添加到容器
        for (int i=1; i<=10; i++) {
            JButton b=new JButton("i am "+i);
            add(b);
        }
        //设置容器在屏幕中显示的位置、宽度和高度
        setBounds(200, 200, 250, 220);
        setVisible(true);
    }
    public static void main(String[] args) {
        new FlowLayoutDemo();
    }
}
```

【运行结果】

运行结果如图 11-7 所示。

试着拉大窗口看看,效果如图 11-8 所示。

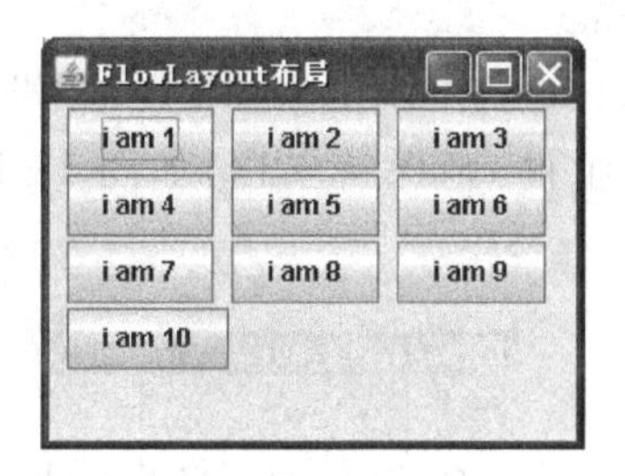

图 11-7 流式布局 FlowLayout 演示

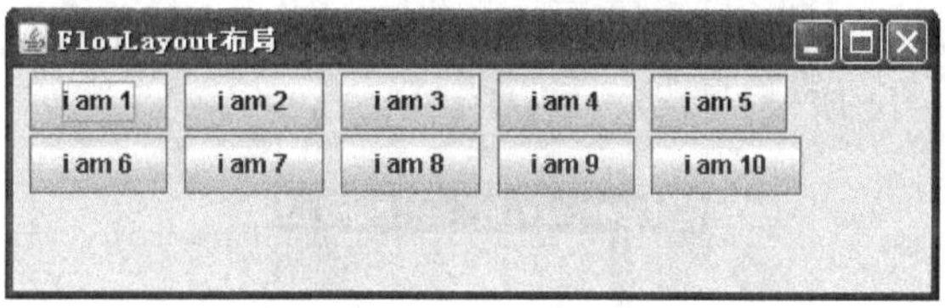

图 11-8 拉大窗口

再缩小看看,效果如图 11-9 所示。

【程序说明】

通过 FlowLayout 的运行结果,可以看出当第一行显示不下的时候,会自动地从第二行最左边开始显示。当拉大或缩小窗口时,组件的大小始终保持不变,但位置发生了变化。

2. 边界布局——BorderLayout

BorderLayout 是 JFrame 默认的布局管理器,它把容器分成 5 个区域: North、South、East、West 和 Center,每个区域只能放置一个组件。各个区域的位置及大小如图 11-10 所示。

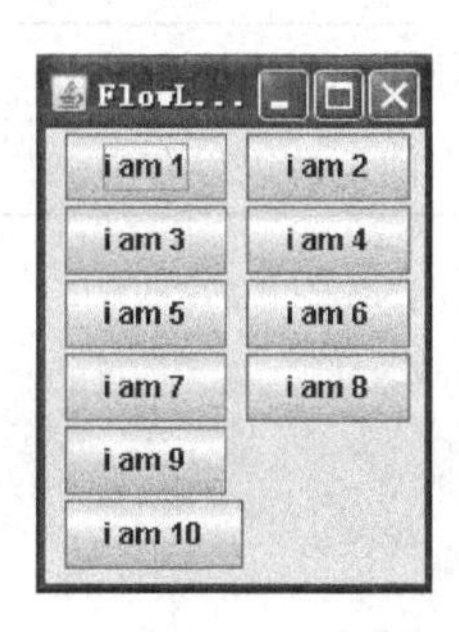

图 11-9 缩小窗口

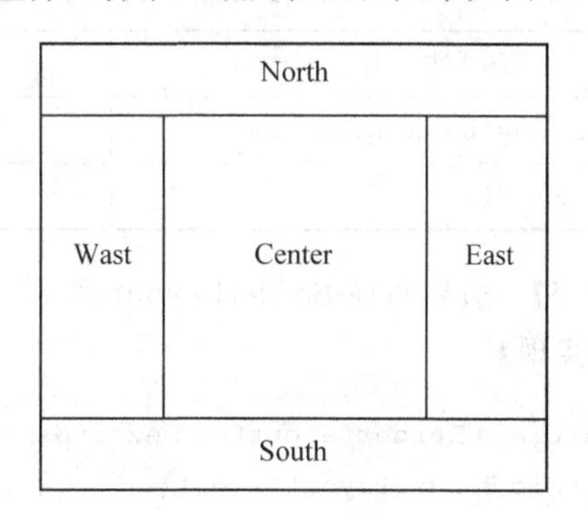

图 11-10 BorderLayout 的 5 个显示组件的区域

使用 BorderLayout 时，如果容器的大小发生变化，其变化规律为：组件的相对位置不变，大小发生变化。

例如，如果容器变高了，则 North、South 区域不变，West、Center、East 区域变高，如图 11-11 所示。

如果容器变宽了，West、East 区域不变，North、Center、South 区域变宽，如图 11-12 所示。

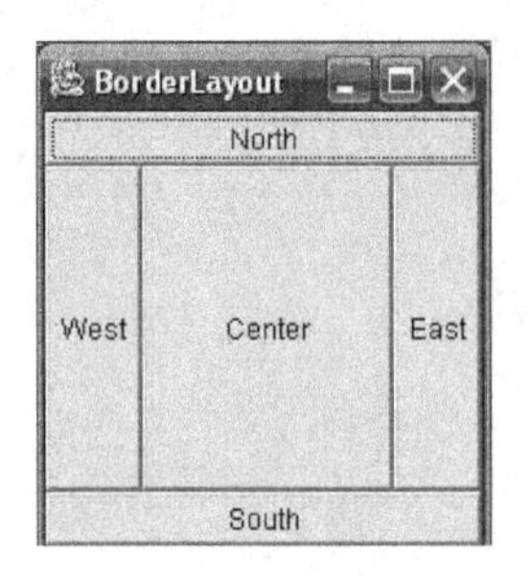

图 11-11　上下拉宽时窗口的变化

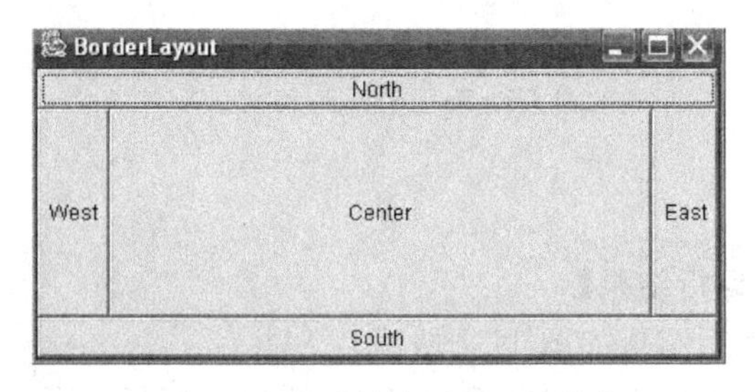

图 11-12　左右拉宽时窗口的变化

不一定所有的区域都有组件，如果四周的区域（West、East、North、South 区域）没有组件，则由 Center 区域去补充，但是如果 Center 区域没有组件，则保持空白，如图 11-13 和图 11-14 所示。

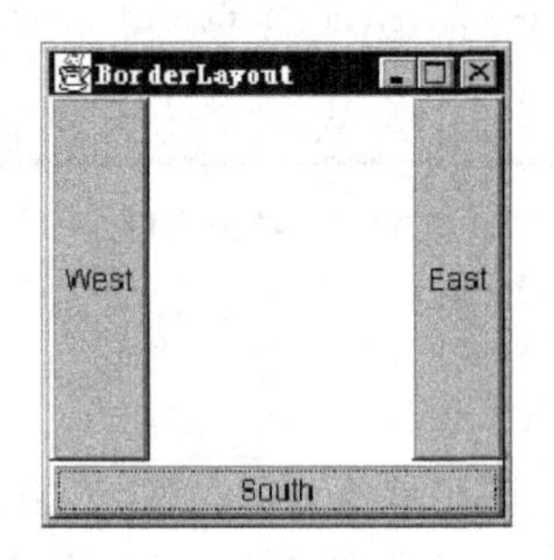

图 11-13　North 区域和 Center 区域缺少组件

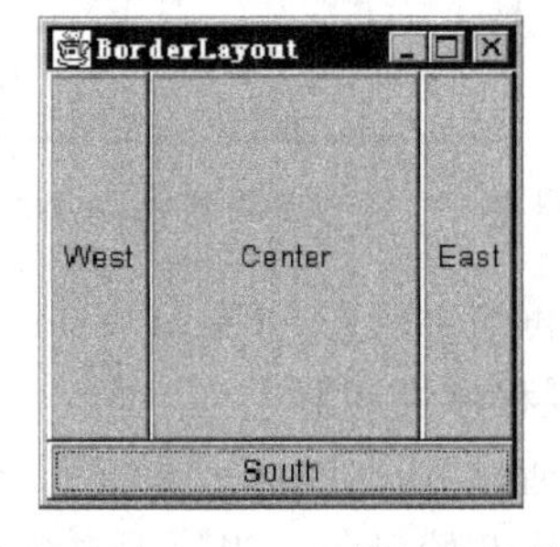

图 11-14　North 区域缺少组件

BorderLayout 常用的构造方法如表 11-4 所示。

表 11-4　BorderLayout 的常用构造方法

方法名	方法功能
BorderLayout(int hgap, int vgap)	构造一个具有指定组件间距的边界布局
BorderLayout()	构造一个组件之间没有间距的边界布局

【例 11-3】 边界布局 BorderLayout 演示。

【程序实现】

```
public class BorderLayoutDemo extends JFrame {
    public BorderLayoutDemo(){
        super("BorderLayout 布局");
```

```
        //指定布局方式,即使不指定默认的也是 BorderLayout 布局
        setLayout(new BorderLayout());
        setBounds(100, 100, 300, 300);
        JButton bSouth=new JButton("我在南边"),
               bNorth=new JButton("我在北边"),
               bEast=new JButton("我在东边"),
               bWest=new JButton("我在西边");
        //创建文本域组件
        JTextArea bCenter=new JTextArea("我在中心");
        add(bNorth, BorderLayout.NORTH);
        add(bSouth, BorderLayout.SOUTH);
        add(bEast, BorderLayout.EAST);
        add(bWest, BorderLayout.WEST);
        add(bCenter, BorderLayout.CENTER);
        setVisible(true);
    }
    public static void main(String[] args) {
        new BorderLayoutDemo();
    }
}
```

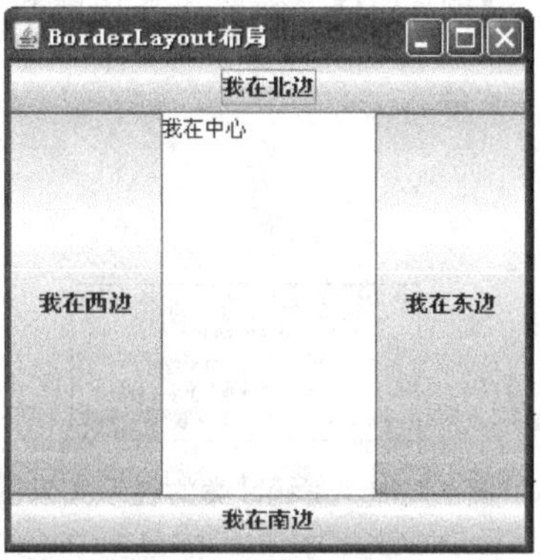

【运行结果】

运行结果如图 11-15 所示。

图 11-15　BorderLayout 布局演示

注意

如果使用的是 BorderLayout 布局,添加组件时需要指明组件添加的位置,例如:

```
add(bNorth, BorderLayout.NORTH);          //将按钮组件添加到容器的北边
```

或者:

```
add(bNorth,"North");                      //注意字符串"North"首字母大写
```

上述添加方式实际上是等价的,查看 API 中 BorderLayout 静态常量 NORTH 的值,发现其值为 North。

如果省略添加方向会怎样呢?例如:

```
add(bNorth);        //如果未指明添加方向,默认的添加到中央区域,即等价于执行以下语句
add(bNorth,"Center");
```

讲到这里,你能解释下之前为何在例 11-1 的基础上添加了一个按钮,按钮竟然充满了整个容器了吗?

3. 容器嵌套

在复杂的图形用户界面设计中,为了使布局更加易于管理,具有简洁的整体风格,一个包含了多个组件的容器本身也可以作为一个组件加到另一个容器中去,容器中再添加容器,这样就形成了容器的嵌套。

实现容器的嵌套,需要借助于控制板 JPanel 作为中间的容器,我们在讲流式布局

FlowLayout 时提到过，FlowLayout 是 JPanel 的默认布局管理器。JPanel 类的继承关系图如图 11-16 所示。

JPanel 的常用构造方法如表 11-5 所示。

表 11-5　JPanel 的常用构造方法

方　法　名	方 法 功 能
JPanel(LayoutManager layout)	创建具有指定布局管理器的新面板，面板的默认布局管理器是 FlowLayout 布局管理器
JPanel()	使用默认的布局管理器创建新面板

【例 11-4】 容器嵌套程序演示，要求实现如图 11-17 所示界面。

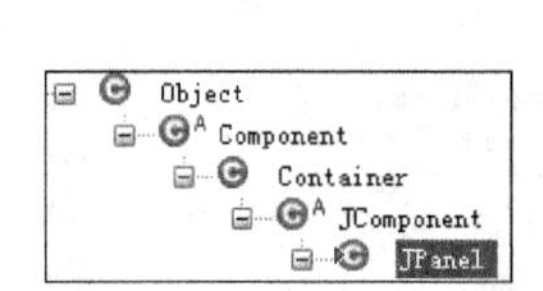

图 11-16　JPanel 类的继承关系图

图 11-17　容器嵌套

【问题分析】

观察图 11-17 所示的界面，发现在南边添加了两个按钮，假设只使用 BorderLayout 行不行呢？显然是不行的，因为每个方向只能添加一个组件。这时就需要借助于中间的容器 JPanel，在 JPanel 上添加两个按钮，代码如下：

```
JPanel southPanel=new JPanel();
southPanel.add(new JButton("Ok"));
southPanel.add(new JButton("Exit"));
```

然后把 southPanel 看成一个整体，即当成一个组件添加到 JFrame 的南边，代码如下：

```
add(southPanel,"South");
```

【程序实现】

```
public class NestedLayoutDemo extends JFrame {
    public NestedLayoutDemo(){
        super("容器嵌套演示");
        //使用控制面板作为中间容器
        //默认布局管理为 FlowLayout
        JPanel southPanel=new JPanel();
        //添加两个按钮
        southPanel.add(new JButton("Ok"));
        southPanel.add(new JButton("Exit"));
        //将包含两个按钮的控制面板作为一个组件添加到 JFrame 上
        add(southPanel,"South");
```

```
        setBounds(300,200,400,400);
        setVisible(true);                    //默认不可见,必须调用该方法
    }
    public static void main(String[] args) {
        new NestedLayoutDemo();
    }
}
```

【运行结果】

运行结果如图 11-17 所示。

4. 卡片布局——CardLayout

CardLayout 布局将容器中的每个组件看作一张卡片。一次只能看到一张卡片,容器则充当卡片的堆栈。当容器第一次显示时,第一个添加到 CardLayout 对象的组件为可见组件。

CardLayout 的主要构造方法如表 11-6 所示。

表 11-6　CardLayout 的主要构造方法

方 法 名	方 法 功 能
CardLayout()	创建一个间距大小为 0 的卡片布局
CardLayout(int hgap, int vgap)	创建一个指定水平间距和垂直间距的卡片布局

CardLayout 定义了一组方法,这些方法允许应用程序按顺序地浏览这些卡片,或者显示指定的卡片,如表 11-7 所示。

表 11-7　CardLayout 的主要方法

方 法 名	方 法 功 能
void first(Container parent)	移到指定容器的第一个卡片
void next(Container parent)	移到指定容器的下一个卡片
void previous(Container parent)	移到指定容器的前一个卡片
void last(Container parent)	移到指定容器的最后一个卡片
void show(Container parent,String name)	显示指定卡片

【例 11-5】 CardLayout 布局程序演示。

【程序实现】

```
public class CardLayoutDemo extends JFrame {
    private JButton buttonFirst, buttonLast, buttonNext;
    CardLayoutDemo() {
        super("CardLayout 布局演示");
        CardLayout mycard=new CardLayout();
        //创建中间容器存放 20 个按钮的控制面板
        JPanel pCenter=new JPanel();
        //改变其默认的流式布局为卡片布局
        pCenter.setLayout(mycard);
```

```
        //添加 20 个按钮
        for (int i=1; i<=20; i++) {
            pCenter.add("i am"+i, new JButton("我是第 "+i+" 个按钮"));
        }
        //显示指定的卡片,默认显示的是第 1 个
        mycard.show(pCenter, "i am3");
        //创建存放 3 个控制按钮的面板
        JPanel pSouth=new JPanel();
        //创建 3 个控制按钮并添加
        buttonFirst=new JButton("first");
        buttonLast=new JButton("last");
        buttonNext=new JButton("next");
        pSouth.add(buttonFirst);
        pSouth.add(buttonNext);
        pSouth.add(buttonLast);
        //添加子容器 pCenter 在中央区域
        add(pCenter, BorderLayout.CENTER);
        //添加子容器 pSouth 在南部区域
        add(pSouth, BorderLayout.SOUTH);
        setBounds(10, 10, 200, 190);
        setVisible(true);
    }
    public static void main(String args[]) {
        new CardLayoutDemo();
    }
}
```

【运行结果】

运行结果如图 11-18 所示。

图 11-18　CardLayout 布局演示

【程序说明】

以上程序也用到了容器嵌套,pCenter 控制面板为卡片布局,放置了 20 个按钮,pSouth 控制面板放置了 3 个控制按钮。

另外,单击控制按钮还不管用,等学完按钮单击事件处理后再完善它吧。

5. 网格布局——GridLayout

GridLayout 布局以矩形网格形式对容器的组件进行布置。容器被分成大小相等的矩形,一个矩形中放置一个组件。GridLayout 的主要构造方法如表 11-8 所示。

表 11-8　GridLayout 的主要构造方法

方法名	方法功能
GridLayout()	以默认的单行、每列布局一个组件的方式构造网格布局
GridLayout(int rows,int cols)	以指定的行和列构造网格布局
GridLayout(int rows, int cols, int hgap, int vgap)	以指定的行、列、水平间距和垂直间距构造网格布局

GridLayout 的主要方法如表 11-9 所示。

表 11-9 GridLayout 的主要方法

方 法 名	方法功能	方 法 名	方法功能
void setRows(int rows)	设置行数	void setColumns(int cols)	设置列数

【例 11-6】 GridLayout 布局程序演示,实现如图 11-19 所示的黑白格。

【问题分析】

首先要将整个容器划分为 12 行、12 列的网格,使用网格布局可以轻松做到。代码如下:

```
GridLayout grid=new GridLayout(12, 12);
setLayout(grid);
```

有了网格布局的容器,该往里面添加组件了,在这里放置的是标签组件 JLabel,如果一个个创建 JLabel,那就太麻烦了,可以借助于二维数组来创建。代码如下:

图 11-19 网格布局

```
JLabel label[][]=new JLabel[12][12];
for (int i=0; i<12; i++) {
    for (int j=0; j<12; j++) {
        label[i][j]=new JLabel();
    }
}
```

那么又如何做到黑白格交替显示呢,观察可以得出规律: i+j 如果是偶数,则标签的背景色是黑色的,反之则为白色。代码如下:

```
if ((i+j) %2==0) {
    label[i][j].setBackground(Color.black);
} else {
    label[i][j].setBackground(Color.white);
}
```

注意

在设置背景色之前,有一句是必不可少的:

```
label[i][j].setOpaque(true);
```

即将标签设置为不透明的。

【程序实现】

```
public class GridLayoutDemo extends JFrame {
    public GridLayoutDemo() {
        super("网格布局演示");
        //创建 12 行、12 列的网格布局
```

```
        GridLayout grid=new GridLayout(12, 12);
        //改变默认布局为网格布局
        setLayout(grid);
        //使用二维数组创建 12×12 个标签组件
        JLabel label[][]=new JLabel[12][12];
        for (int i=0; i<12; i++) {
            for (int j=0; j<12; j++) {
                label[i][j]=new JLabel();
                //JLabel 默认情况下是透明的,所以如果不设置成不透明的,以下设置背景颜色
                //时将不管用
                label[i][j].setOpaque(true);
                if ((i+j) %2==0) {
                    label[i][j].setBackground(Color.black);
                } else {
                    label[i][j].setBackground(Color.white);
                }
                add(label[i][j]);
            }
        }
        setBounds(10, 10, 260, 260);
        setVisible(true);
}
    public static void main(String[] args) {
        new GridLayoutDemo();
    }
}
```

【运行结果】

运行结果如图 11-19 所示。

6. 盒式布局——BoxLayout

BoxLayout 布局管理器按照自上而下(y 轴)或者从左到右(x 轴)的顺序布局依次加入组件。BoxLayout 类唯一的构造方法和主要常量如表 11-10 所示。

表 11-10　BoxLayout 的构造方法和主要常量

方法名和主要常量	方 法 功 能
BoxLayout(Container target, int axis)	创建一个按指定轴放置组件的布局管理器
X_AXIS	指定组件应该从左到右放置
Y_AXIS	指定组件应该从上到下放置

【例 11-7】 BoxLayout 布局程序演示。

【程序实现】

```
public class BoxLayoutDemo extends JFrame {
    private JButton button1,button2,button3;
```

```
    BoxLayoutDemo() {
        super("BoxLayout 布局演示");
        JPanel jPanel=new JPanel();
        //创建垂直方向的盒式布局
        BoxLayout boxLayout=new BoxLayout(jPanel, BoxLayout.Y_AXIS);
        jPanel.setLayout(boxLayout);
        button1=new JButton(" 1 ");
        button2=new JButton(" 2 ");
        button3=new JButton(" 3 ");
        jPanel.add(button1);
        jPanel.add(button2);
        jPanel.add(button3);
        add(jPanel);
        setBounds(10, 10, 200, 190);
        setVisible(true);
    }
    public static void main(String args[]) {
        new BoxLayoutDemo();
    }
}
```

【运行结果】

运行结果如图 11-20 所示。

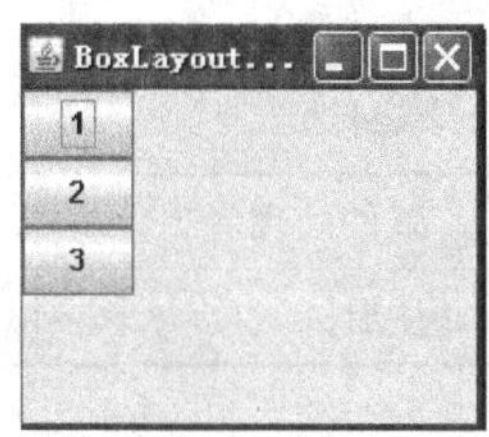

图 11-20　BoxLayout 布局演示

【程序说明】

由于创建的是垂直方向的盒式布局,即使第一行未满,也会显示在下一行。

学习了如何创建容器、布局管理器,也添加了一些组件,但是上面所有例子中当单击按钮时都是没反应的,即图形用户界面还不能和用户真正实现交互,无生命的图形用户界面是没有任何意义的,通过下面的学习将让界面"活起来"。

11.3.5　事件处理

使用 Java 语言进行事件处理,要搞清如下 3 个要素。

事件源:究竟是谁引发了事件的发生,即事件发生的源头是什么。在面向对象编程语言中,指的是引发事件发生的各个组件。

事件:即引发了什么类型的事件发生。在 Java 中不同类型的事件会对应相应的事件类。

事件处理者:究竟谁有能力对事件进行处理。由于同一个事件源上可能发生一种事件,也可能发生多种事件,因此 Java 采取了委派事件模型(Delegation Model),事件源可以把在其自身所有可能发生的事件分别委派给不同的事件处理者来处理,委派事件模型是在 JDK 1.1 中引入的。委派事件模型把事件的处理委托给外部的处理实体进行处理,实现了将事件源和监听器分开。

使用委托事件模型进行事件处理的一般过程归纳如下。

(1) 对于某种类型的事件 XXXEvent,要想接收并处理这类事件,必须定义相应的事件监听器类，该类需要实现与该事件相对应的接口 XXXListener 或继承该事件对应的适配器 XXXAdapter。

(2) 事件源构造以后，必须进行委托，注册该类事件的监听器，使用 addXXXListener (XXXListener)方法来注册监听器，通过注册建立起事件源和事件处理者之间的关联。取消该类事件的监听器，使用 removeXXXListener(XXXListener)方法。

为了加深大家对以上要素的理解，下面一起来看个生活中的例子。

假设你开了一家珠宝专卖店，为了安全起见，你到一家保安公司申请保安服务，保安公司受理了你的申请后，他将对你的专卖店进行实时监控，一旦发生小偷闯入事件就会传递报警信号，保安公司就会出动保安抓小偷。

我们来对比一下以上事件和用户单击按钮事件，如表 11-11 所示。

表 11-11 珠宝店被盗和用户单击按钮对比

事件处理要素	珠宝店被盗	用户单击按钮
事件源	珠宝专卖店	按钮对象
事件	小偷闯入	用户单击触发 ActionEvent 类事件
事件处理者	保安公司	实现了 ActionListener 接口的类对象
注册	珠宝店申请保安服务	按钮对象. addActionListener(事件处理者)

大多数事件类包含在 java. awt. event 包里，所有事件类的父类都是 AWTEvent 类。事件类型如表 11-12 所示。

表 11-12 事件类型

事 件 类 型	触发事件的动作
ActionEvent	当用户单击按钮、选择菜单项或选择一个列表项时产生 ActionEvent 事件
AdjustmentEvent	当用户调整滚动条时产生 AdjustmentEvent 事件
ItemEvent	当用户在组合框或列表框中选择一项时产生 ItemEvent 事件
TextEvent	当文本域或文本框中的内容发生变化时产生 TextEvent 事件
ComponentEvent	组件被缩放、移动、显示或隐藏时发生，它是所有低级事件的基类
ContainerEvent	在容器中添加/删除一个组件时发生
FocusEvent	组件得到焦点或失去焦点时发生
WindowEvent	窗口被激活、图标化、还原或关闭时发生
KeyEvent	按下或释放一个键时发生
MouseEvent	按下、释放鼠标按钮，移动或拖动鼠标时发生

大多数 GUI 组件的事件处理所需要的接口都由 java. awt. event 包提供。其提供的常用 GUI 组件事件处理接口和方法如表 11-13 所示。

表 11-14 列出了 javax. swing. event 包中常用 GUI 组件事件处理接口及需要实现的方法。所有的事件处理接口都继承了 EventListener。

表 11-13　java.awt.event 包中常用 GUI 组件事件处理接口

接　口	需要实现的方法	说　明
ActionListener	actionPerformed(ActionEvent e)	最广泛使用的事件处理接口
ComponentListener	componentHidden(ComponentEvent e) componentMoved(ComponentEvent e) componentResized(ComponentEvent e) componentShown(ComponentEvent e)	组件变得不可见时调用 组件位置更改时调用 组件大小更改时调用 组件变得可见时调用
FocusListener	focusGained(FocusEvent e) focusLost(FocusEvent e)	组件获得键盘焦点时调用 组件失去键盘焦点时调用
AdjustmentListener	adjustmentValueChanged (AdjustmentEvent e)	在可调整的值发生更改时调用该方法，通常用于滑块、进度条等事件处理的接口
ItemListener	itemStateChanged(ItemEvent e)	在用户已选定或取消选定某项时调用，用于列表及具有选项变化的组件
TextListener	textValueChanged(TextEvent e)	文本的值已改变时调用
WindowListener	windowActivated(WindowEvent e) windowClosed(WindowEvent e) windowClosing(WindowEvent e) windowDeactivated(WindowEvent e) windowDeiconified(WindowEvent e) windowIconified(WindowEvent e) windowOpened(WindowEvent e)	窗口变为可活动窗口时调用 因对窗口调用 dispose 而将其关闭时调用 用户试图从窗口的系统菜单中关闭窗口时调用 当窗口不再是活动窗口时调用 窗口从最小化状态变为正常状态时调用 窗口从正常状态变为最小化状态时调用 窗口首次变为可见时调用
KeyListener	keyPressed(KeyEvent e) keyReleased(KeyEvent e) keyTyped(KeyEvent e)	按下某个键时调用此方法 释放某个键时调用此方法 键入某个键时调用此方法
MouseListener	mouseClicked(MouseEvent e) mouseEntered(MouseEvent e) mouseExited(MouseEvent e) mousePressed(MouseEvent e) mouseReleased(MouseEvent e)	鼠标按键在组件上单击(按下并释放)时调用 鼠标进入到组件上时调用 鼠标离开组件时调用 鼠标按键在组件上按下时调用 鼠标按钮在组件上释放时调用
MouseMotion-Listener	mouseDragged(MouseEvent e) mouseMoved(MouseEvent e)	鼠标按键在组件上按下并拖动时调用 鼠标光标移动到组件上但无按键按下时调用

表 11-14　javax.swing.event 包中常用 GUI 组件事件处理接口及需要实现的方法

接　口	需要实现的方法	说　明
DocumentListener	changedUpdate(DocumentEvent e) insertUpdate(DocumentEvent e)	文本组件事件处理接口
ListSelectionListener	valueChanged(ListSelectionEvent e)	列表选择值发生更改时调用

续表

接口	需要实现的方法	说明
MenuListener	menuCanceled(MenuEvent e) menuDeselected(MenuEvent e) menuSelected(MenuEvent e)	取消菜单时调用 取消选择某个菜单时调用 选择某个菜单时调用
PopupMenuListener	popupMenuCanceled(PopupMenuEvent e) popupMenuWillBecomeInvisible(PopupMenuEvent e) popupMenuWillBecomeVisible(PopupMenuEvent e)	弹出菜单被取消时调用 弹出菜单变得不可见之前调用 在弹出菜单变得可见之前调用

在进行事件处理时，如果通过实现接口的话，必须要实现该接口所要求实现的所有方法，即使有些方法不需要实现，也必须实现（注意即使方法体是空的也代表实现了）。因此，Java 设计者设计了一种特殊的 API 类，称为适配器 Adapter。适配器实现了对应的接口，这样一来，如果通过继承适配器的方式，就可以根据需要重写我们关心的方法，大大简化事件处理编程（关于适配器设计模式，大家可以去看 9.5.2 节的相关内容）。但并不是所有的事件监听接口都提供对应的适配器，只有在接口中提供了一个以上方法的接口才提供相对应的适配器。常用事件处理适配器如表 11-15 所示。

表 11-15　接口和适配器对应关系

接口	适配器	接口	适配器
ActionListener	无	MouseListener	MouseAdapter
ItemListener	无	MouseMotionListener	MouseMotionAdapter
AdjustmentListener	无	WindowListener	WindowAdapter
ComponentListener	ComponentAdapter	KeyListener	KeyAdapter

到这里，可能你头都大了，那么多事件类型，那么多接口，你可能会感叹 Java 中的 GUI 事件处理好麻烦啊，其实一点都不麻烦，下面一起来看几个例子吧。

1. ActionEvent 类型事件处理

【例 11-8】 给例 11-4 加入事件处理，当单击 Exit 按钮时，弹出一对话框“按确定后退出窗口”，单击“确定”按钮，退出当前窗口。

【问题分析】

要进行事件处理，首先要搞清楚事件源是什么，即谁触发了事件的发生，很显然本例中是 Exit 按钮组件。由于注册或委托进行事件处理时，需要用到事件源对象，所以需要修改一下之前的代码。将代码：

```
southPanel.add(new JButton("Exit"));
```

修改为

```
private JButton Exit;                          //成员变量
Exit=new JButton("Exit");
southPanel.add(Exit);
```

事件源搞清楚之后，接下来要弄清楚单击按钮组件引发的事件类型是什么，Java 中对应的是 ActionEvent 类。当特定于组件的动作（比如被按下）发生时，由组件（比如 JButton）生成此高级别事件。

确定主线：

```
ActionEvent->ActionListener 接口->addActionListener
```

经过上面分析，根据委托事件处理一般过程进行事件处理，步骤如下。

(1) 定义事件处理类实现 ActionListener 接口。

方式 1：定义外部类。

```
class ExitHandler implements ActionListener {
    //唯一要求我们实现的方法,事件发生时自动执行
    //注意方法的参数类型是 ActionEvent
    @Override
    public void actionPerformed(ActionEvent e) {
        JOptionPane.showMessageDialog(null, "按确定后关闭窗口");
        System.exit(0);
    }
}
```

方式 2：内部类。

如果一个类定义在另外一个类的里面，则该类称为内部类，内部类可以直接访问外部类的成员。

将 ExitHandler 移入 ActionEventDemo 类内。

(2) 注册：绑定事件源和事件处理类对象。

```
Exit.addActionListener(new ExitHandler());
```

也可以将上面两个步骤合并：

```
Exit.addActionListener(new ActionListener() {
    @Override
    public void actionPerformed(ActionEvent event) {
        JOptionPane.showMessageDialog(null, "按确定后关闭窗口");
        System.exit(0);
    }
});
```

【程序实现】

```
public class ActionEventDemo extends JFrame {
    private JButton Exit;
    public ActionEventDemo() {
        super("ActionEvent 类型事件处理演示");
        //使用控制面板作为中间容器
        //默认布局管理为 FlowLayout
        JPanel southPanel=new JPanel();
```

```
        //添加两个按钮
        southPanel.add(new JButton("Ok"));
        Exit=new JButton("Exit");
        Exit.addActionListener(new ExitHandler());
        southPanel.add(Exit);
        //将包含两个按钮的控制面板作为一个组件添加到 JFrame 上
        add(southPanel, "South");
        setBounds(300, 200, 400, 400);
        setVisible(true);                        //默认不可见,必须调用该方法
    }
    //内部类
    class ExitHandler implements ActionListener {
        //唯一要求我们实现的方法,事件发生时自动执行
        //注意方法的参数类型是 ActionEvent
        @Override
        public void actionPerformed(ActionEvent e) {
            JOptionPane.showMessageDialog(null, "按确定后关闭窗口");
            System.exit(0);
        }
    }
        public static void main(String[] args) {
            new ActionEventDemo();
        }
}
```

【运行结果】

运行结果如图 11-21 所示。

2. 鼠标事件处理

【例 11-9】 实现如图 11-22 所示的效果,捕捉鼠标操作,显示当前鼠标位置。

图 11-21 Exit 按钮单击事件处理演示

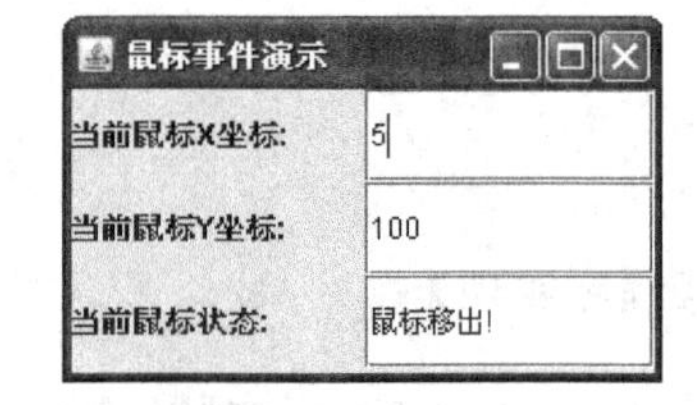

图 11-22 鼠标事件演示

【问题分析】

在本例中,事件源是当前窗口对象,引发的事件类型是 MouseEvent。鼠标事件处理比较特殊,事件监听接口有两个,即 MouseListener 和 MouseMotionListener,前一个要求实现的方法有 5 个,后一个只需要实现两个方法,如果只关心鼠标的拖曳和移动操作,那么就只

需要实现 MouseMotionListener 接口即可。如果关心的是鼠标进入、离开、单击、按下、释放等动作，则只需实现 MouseListener 接口，如果都关心，则可以同时实现两个接口。在本例中就同时实现了两个接口。

在本例中还有一个特殊的地方，没有单独地再去编写事件处理类，而是让当前的 JFrame 类实现了 MouseListener 接口和 MouseMotionListener 接口，即身兼数职，既负责界面的创建，又扮演了事件处理的角色。在实际开发中不建议大家这么做。

另外，本例中当双击窗口时，会弹出一个对话框。如何判断用户双击了呢？这些有用的信息都封装在对应的事件类 MouseEvent 中，大家可以查看 Java API 文档对该类的详细说明。本例使用了 MouseEvent 类封装的 getClickCount()方法获取单击的次数。同时还使用了 getX()、getY()方法获取单击的位置坐标。

【程序实现】

```
//身兼数职
public class MouseEventDemo extends JFrame implements MouseListener,
        MouseMotionListener {
    int intX, intY;
    JPanel pnlMain;
    JLabel lblX, lblY, lblStatus;
    JTextField txtX, txtY, txtStatus;
    GridLayout glMain;
    public MouseEventDemo() {
        //定义 3 行 2 列的网格布局
        setLayout(new GridLayout(3, 2));
        lblX=new JLabel("当前鼠标 X 坐标:");
        lblY=new JLabel("当前鼠标 Y 坐标:");
        lblStatus=new JLabel("当前鼠标状态:");
        txtX=new JTextField(5);
        txtY=new JTextField(5);
        txtStatus=new JTextField(5);
        add(lblX);
        add(txtX);
        add(lblY);
        add(txtY);
        add(lblStatus);
        add(txtStatus);
        //注册事件监听,事件处理者为当前对象
        addMouseListener(this);
        addMouseMotionListener(this);
        setTitle("鼠标事件演示");
        setSize(250, 150);
        setVisible(true);
    }
    public void mouseClicked(MouseEvent me) {
        if(me.getClickCount()==2)
```

```
            JOptionPane.showMessageDialog(this,"双击");
        }
        public void mousePressed(MouseEvent me) {
            txtStatus.setText("鼠标被按下!");
        }
        public void mouseEntered(MouseEvent me) {
            txtStatus.setText("鼠标移入!");
        }
        public void mouseExited(MouseEvent me) {
            txtStatus.setText("鼠标移出!");
        }
        public void mouseReleased(MouseEvent me) {
            txtStatus.setText("鼠标被释放!");
        }
        public void mouseMoved(MouseEvent me) {
            intX=me.getX();
            intY=me.getY();
            txtX.setText(String.valueOf(intX));
            txtY.setText(String.valueOf(intY));
        }
        public void mouseDragged(MouseEvent me) {
            //空实现
        }
        public static void main(String args[]) {
            MouseEventDemo med=new MouseEventDemo();
        }
    }
```

【运行结果】

运行结果如图 11-22 所示。

【例 11-10】 使用 MouseAdapter 实现鼠标移入的事件处理,如图 11-23 所示。

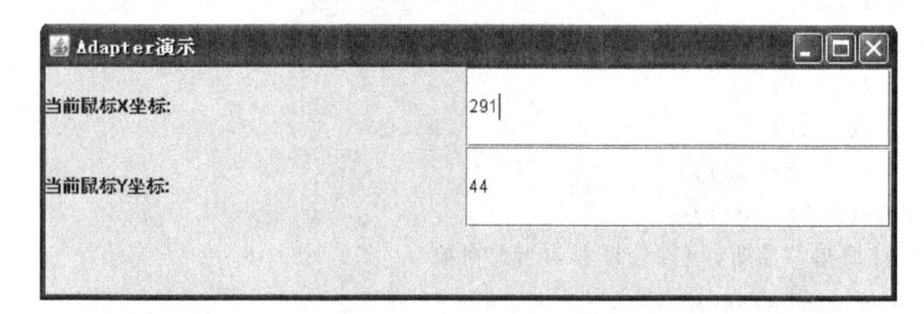

图 11-23 Adapter 事件处理

【问题分析】

通过例 11-9,发现 MouseListener 接口要求实现的方法有 5 个,而本例我们只关心鼠标移入的动作,对其他动作不关心,那么在进行事件处理时,就可以使用其对应的 MouseAdapter。事件处理类代码如下:

```
class MouseHandler extends MouseAdapter{
        //我们只关心鼠标移入的动作
        public void mouseEntered(MouseEvent me) {
            intX=me.getX();
            intY=me.getY();
            txtX.setText(String.valueOf(intX));
            txtY.setText(String.valueOf(intY));
        }
}
```

【程序实现】

```
public class MouseAdapterDemo extends JFrame {
    int intX, intY;
    JPanel pnlMain;
    JLabel lblX, lblY, lblStatus;
    JTextField txtX, txtY, txtStatus;
    GridLayout glMain;
    public MouseAdapterDemo() {
        super("Adapter 演示");
        setLayout(new GridLayout(3, 2));
        lblX=new JLabel("当前鼠标 X 坐标:");
        lblY=new JLabel("当前鼠标 Y 坐标:");
        txtX=new JTextField(5);
        txtY=new JTextField(5);
        add(lblX);
        add(txtX);
        add(lblY);
        add(txtY);
        addMouseListener(new MouseHandler());
        setSize(600, 200);
        setVisible(true);
        }
        class MouseHandler extends MouseAdapter{
            //我们只关心鼠标移入的动作
            public void mouseEntered(MouseEvent me) {
                intX=me.getX();
                intY=me.getY();
                txtX.setText(String.valueOf(intX));
                txtY.setText(String.valueOf(intY));
            }
        }
        public static void main(String args[]) {
            MouseAdapterDemo med=new MouseAdapterDemo();
        }
}
```

【运行结果】

运行结果如图 11-23 所示。

3. 键盘事件处理

【例 11-11】 在指定文本框中显示用户输入的字符，如果输入的字符为 o，则打开一个新的窗口；同时在一个标签框中显示按键过程中产生的事件类型；用户可以通过“清除”按钮或者按快捷键 Alt+C 清空用户输入内容，如图 11-24 所示。

图 11-24 键盘事件演示

【问题分析】

问题 1：如何实现用户在文本框 1 输入字符，在文本框 2 显示所输入的字符？

这个过程事件源是什么？文本框 1 组件。

引发的事件类型是什么？KeyEvent 类型。

主线：

```
KeyEvent->KeyListener->addKeyListener
```

问题 2：我们已经知道如何进行按钮事件处理了，如何设置其快捷键呢？

```
btnClear.setMnemonic('C');
```

【程序实现】

```
public class KeyEventDemo extends JFrame {
    JLabel lblInfo, lblTest, lblEvent;
    JTextField txtTest, txtInfo;
    JButton btnClear=null;
    String strKey="";
    public KeyEventDemo() {
        super("键盘事件演示");
        setLayout(new GridLayout(3, 2));
        lblTest=new JLabel("请输入字符:");
        txtTest=new JTextField();
        txtTest.addKeyListener(new KeyHandler());
        lblInfo=new JLabel("输入的字符:");
        txtInfo=new JTextField();
        txtInfo.setEnabled(false);
        //设置标签背景色
        txtInfo.setBackground(Color.PINK);
```

```
        lblEvent=new JLabel();           //按键过程中产生的事件类型
        btnClear=new JButton("清除(C)");
        //设置快捷键
        btnClear.setMnemonic('C');
        btnClear.addActionListener(new ActionListener() {
            @Override
            public void actionPerformed(ActionEvent ae) {
                strKey="";
                txtTest.setText("");
                //获取焦点
                txtTest.requestFocus();
                txtInfo.setText("");
            }
        });
        //添加组件
        add(lblTest);
        add(txtTest);
        add(lblInfo);
        add(txtInfo);
        add(lblEvent);
        add(btnClear);
        setSize(600, 400);
        setVisible(true);
    }
    class KeyHandler implements KeyListener{
        public void keyTyped(KeyEvent e) {
            char c=e.getKeyChar();       //获取用户按键
            if (c=='o') {
                JFrame newF=new JFrame("新窗口");
                newF.setSize(200, 200);
                newF.setVisible(true);
            }
            strKey=strKey+c;
            txtInfo.setText(strKey);
            lblEvent.setText("产生 keyTyped!");
        }
        public void keyPressed(KeyEvent e) {
            lblEvent.setText("产生 keyPressed!");
        }
        public void keyReleased(KeyEvent e) {
            lblEvent.setText("产生 keyReleased!");
        }
    }
    public static void main(String[] args) {
        new KeyEventDemo();
```

```
    }
}
```

【运行结果】

运行结果如图 11-24 所示。

11.4 任务实现

学习了图形用户界面的相关知识后，相信你对构建单机版的商场收银软件已经有了初步的思路，那就赶快实现它吧！

【问题分析】

问题 1：首先想一下界面该如何布局(见图 11-25 所示)？

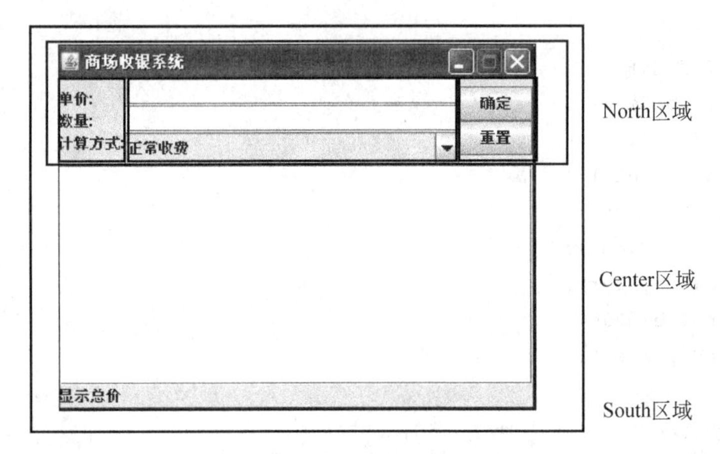

图 11-25 商场收银系统界面

考虑到中间区域最大及整体的结构，最外层采用边界布局 BorderLayout，中间区域和南部区域都只放置一个组件，只有北部区域放置了好多组件，所以必然得用容器嵌套。

北部区域将使用盒式布局 BoxLayout，最外层创建一个水平方向的 BoxLayout，里面创建 3 个垂直方向上的 BoxLayout。

问题 2：本任务涉及的组件有哪些呢？

标签(JLabe)、按钮(JButton)、文本框(JTextField)、文本域(JTextArea)、下拉列表(JComboBox)。

小技巧：如何查找到自己所需要的组件呢？悄悄地告诉你一个方法，在 Java API 文档中，找到 javax.swing 包中的 JComponent 类，看看它的子类，由于组件命名都非常规范，相信你能很轻松地找到自己所需要的组件。

以上组件中，只有 JComboBox 组件稍微复杂些，下面一起来看看如何使用。

先看看如何构建它？

在 Java API 中找到如下的构造方法：

```
JComboBox(Object[] items)：创建包含指定数组中元素的 JComboBox
```

相信你很快就可以写出如下代码：

```
String[] items={ "正常收费", "打 8 折", "打 7 折", "打 5 折", "满 300 返 100"};
JComboBox method=new JComboBox(items);
```

【程序实现】

```
1   public class CashSystem extends JFrame {
2       public static final int WIDTH=400;
3       public static final int HEIGHT=400;
4       private JTextField price;
5       private JTextField number;
6       private JButton confirm;
7       private JButton cancel;
8       private JTextArea showArea;
9       private JScrollPane jShowArea;
10      private JLabel showResult;
11      private double total=0.0;
12      private JComboBox method;
13      public void startFrame() {
14          this.setTitle("商场收银系统");
15          //屏幕居中
16          Dimension d=this.getToolkit().getScreenSize();
17          this.setLocation((d.width-WIDTH)/2, (d.height-HEIGHT)/2);
18          this.setSize(WIDTH, HEIGHT);
19          //关闭时退出当前程序
20          this.setDefaultCloseOperation(JFrame.EXIT_ON_CLOSE);
21          //设置大小不可调整
22          this.setResizable(false);
23          //北部第 1 个垂直方向的容器
24          JPanel v1=new JPanel();
25          BoxLayout b1=new BoxLayout(v1, BoxLayout.Y_AXIS);
26          v1.setLayout(b1);
27          v1.add(new JLabel("单价: "));
28          v1.add(new JLabel("数量: "));
29          v1.add(new JLabel("计算方式:"));
30          //北部第 2 个垂直方向的容器
31          JPanel v2=new JPanel();
32          BoxLayout b2=new BoxLayout(v2, BoxLayout.Y_AXIS);     //产生一个容器
33          v2.setLayout(b2);
34          price=new JTextField(15);
35          number=new JTextField(15);
36          String[] items={ "正常收费", "打 8 折", "打 7 折", "打 5 折", "满 300 返 100" };
37          method=new JComboBox(items);
38          v2.add(price);
39          v2.add(number);
40          v2.add(method);
41          //北部第 3 个垂直方向的容器
```

```
42          JPanel v3=new JPanel();
43          BoxLayout b3=new BoxLayout(v3, BoxLayout.Y_AXIS);      //产生一个容器
44          v3.setLayout(b3);
45          confirm=new JButton("确定");
46          cancel=new JButton("重置");
47          v3.add(confirm);
48          v3.add(cancel);
49          //北部外层水平方向的容器
50          JPanel h=new JPanel();
51          BoxLayout b4=new BoxLayout(h, BoxLayout.X_AXIS);       //产生一个容器
52          h.setLayout(b4);
53          h.add(v1);
54          h.add(v2);
55          h.add(v3);
56          //中部区域的文本域组件
57          showArea=new JTextArea(6, 15);
58          //给文本域加上滚动条,内容显示不开时自动出现滚动条
59          jShowArea=new JScrollPane(showArea);
60          //南部区域放置的组件
61          showResult=new JLabel("显示总价");
62          //"确定"按钮事件处理
63          confirm.addActionListener(new ConfirmHandler());
64          //"重置"按钮事件处理
65          cancel.addActionListener(new ActionListener() {
66              public void actionPerformed(ActionEvent e) {
67                  price.setText(null);
68                  number.setText(null);
69                  showArea.setText(null);
70                  showResult.setText(null);
71              }
72          });
73          this.add(h, "North");
74          this.add(jShowArea, "Center");
75          this.add(showResult, "South");
76          this.setVisible(true);
77      }
78      //"确定"按钮的事件处理类
79      class ConfirmHandler implements ActionListener {
80          double totalPrice=0;
81          public void actionPerformed(ActionEvent e) {
82              String condition="正常收费";
83              //判断选择的计算方式,下标从 0 开始
84              switch (method.getSelectedIndex()) {
85              case 0:
86                  totalPrice=getCash(1);
```

```
87                condition="正常收费";
88                break;
89            case 1:
90                totalPrice=getCash(0.8);
91                condition="打 8 折";
92                break;
93            case 2:
94                totalPrice=getCash(0.7);
95                condition="打 7 折";
96                break;
97            case 3:
98                totalPrice=getCash(0.5);
99                condition="打 5 折";
100                break;
101            case 4:
102                totalPrice=getCash(300, 100);
103                condition="满 300 返 100";
104                break;
105            }
106            total=total+totalPrice;
107            showArea.append(condition+"--单价："+price.getText()+"数量："
108                    +number.getText()+"合计："+totalPrice+"\n");
109            //设置标签显示的字体
110            showResult.setFont(new Font("楷体", Font.ITALIC, 20));
111            showResult.setText("总计："+total+"元");
112        }
113    }
114    //打 8 折、7 折、5 折的计算方法
115    private double getCash(double rate) {
116        return Double.parseDouble(price.getText())
117                * Integer.parseInt(number.getText()) * rate;
118    }
119    //满 300 返 100 的计算方法
120    private double getCash(int moneyCondition, int moneyReturn) {
121        double money;
122        money=Double.parseDouble(price.getText())
123            * Integer.parseInt(number.getText());
124        if (money>moneyCondition) {
125            return money - (int) money/moneyCondition * moneyReturn;
126        } else
127            return money;
128    }
129    public static void main(String[] args) {
130        CashSystem cs=new CashSystem();
131        cs.startFrame();
```

```
132         }
133   }
```

【运行结果】

运行结果如图 11-1 所示。

【程序说明】

以上代码将视图层(界面)和模型层(业务逻辑)紧密地耦合在一块,非常不利于系统的维护,大家试想一下,如果用户需求变了,希望将商场收银软件升级为网页版的,你怎么办呢?你不得不从上述代码中选出我们所需要的和界面无关的那部分代码,而上述代码很难分离,因为界面和业务逻辑是紧密地耦合在一起的。

所以我们应该将它们进行分离,将和业务有关的部分单独抽出来,代码如下:

```
public class Cash {
    private double price;
    private int num;
    public Cash(double price, int num) {
        super();
        this.price=price;
        this.num=num;
    }
    //打 8 折、7 折、5 折的计算方法
    public double getCash(double rate) {
        return price * num * rate;
    }
    //满 300 返 100 的计算方法
    public double getCash(int moneyCondition, int moneyReturn) {
        double money;
        money=price * num;
        if (money>moneyCondition) {
            return money- (int) money/moneyCondition * moneyReturn;
        } else
            return money;
    }
}
```

好了,抽出了业务逻辑类 Cash 后,改造 CashSystem 类的任务就交给你了。

11.5 知识拓展

在 Swing 组件集中,作为一种创建组件边缘四周的装饰或普通区域的机制,出现了 Border。和 Border 经常打交道的是 BorderFactory,表 11-16 列出了编写边框常用的 BorderFactory 静态方法。

以上方法的返回值均为 Border 类对象,那么使用 JComponent 类的 setBorder()方法就可以给组件设置边框了。

表 11-16　常用的 BorderFactory 静态方法

静态方法	说　明
createBevelBorder(int type)	创建一个指定类型的斜面边框,将组件当前背景色的较亮的色度用于高亮显示,较暗的色度用于阴影。type 指定 BevelBorder. LOWERED 或 BevelBorder. RAISED 的整数
createEtchedBorder(int type)	创建一个具有"浮雕化"外观效果的边框,将组件的当前背景色用于高亮显示和阴影显示
createLineBorder(Color color, int thickness)	创建一个具有指定颜色和宽度的线边框
createTitledBorder(Border border, String title)	向现有边框添加一个标题,使其具有默认的位置(位于顶线上)、默认的调整 (leading),以及默认的字体和文本颜色(由当前外观确定)
createEmptyBorder(int top, int left, int bottom, int right)	创建一个占用空间但没有绘制的空边框,指定了顶线、底线、左边框线和右边框线的宽度
createCompoundBorder(Border outsideBorder, Border insideBorder)	创建一个合成边框,指定了用于外部和内部边缘的 border 对象

【例 11-12】 世界名画欣赏,如图 11-26 所示。

图 11-26　Border 演示

【程序实现】

```
public class BorderDemo extends JFrame implements ActionListener {
    public static final int NUM_IMAGES=4;              //图片的数量
    public static final int START_INDEX=0;             //当前图片索引
    ImageIcon[] images=new ImageIcon[NUM_IMAGES];
    JLabel pictureFrame;
    JComboBox choices;
    JPanel mainPanel;
    public BorderDemo() {
        super("世界名画欣赏");
        setDefaultCloseOperation(JFrame.EXIT_ON_CLOSE);
```

```
        setSize(430, 430);
        createComponents();
        add(mainPanel);
        setVisible(true);
    }
    public void createComponents() {
        mainPanel=new JPanel();                                //建立父容器
        JPanel selectPanel=new JPanel();                       //选择面板子容器
        JPanel picsPanel=new JPanel();                         //图片展示面板子容器
        mainPanel.setLayout(new BoxLayout(mainPanel, BoxLayout.Y_AXIS));
        //设置边框
        selectPanel.setBorder(BorderFactory.createCompoundBorder(
                BorderFactory.createTitledBorder("选择"),
                BorderFactory.createEtchedBorder(EtchedBorder.RAISED)));
        //设置边框
        picsPanel.setBorder(BorderFactory.createCompoundBorder(
                BorderFactory.createTitledBorder("世界名画"),
                BorderFactory.createLineBorder(Color.DARK_GRAY, 2)));
        /* 创建 selectPanel 中的组件 */
        JLabel l=new JLabel("请选择");
        String[] names={ "蒙娜丽莎", "肯特海滩", "无名女郎", "希什金肖像" };
        choices=new JComboBox(names);
        choices.setSelectedIndex(START_INDEX);
        selectPanel.add(l);
        selectPanel.add(choices);
        choices.addActionListener(this);
        for (int i=0; i<NUM_IMAGES; i++) {
            images[i]=new ImageIcon("images/"+i+".jpg");
        }
        pictureFrame=new JLabel();
        pictureFrame.setBorder(BorderFactory.createCompoundBorder(
                BorderFactory.createLoweredBevelBorder(),
                BorderFactory.createEmptyBorder(5, 5, 5, 5)));
        pictureFrame.setIcon(images[START_INDEX]);
        picsPanel.add(pictureFrame);
        mainPanel.add(selectPanel);
        mainPanel.add(picsPanel);
    }
    public void actionPerformed(ActionEvent e) {
        pictureFrame.setIcon(images[choices.getSelectedIndex()]);
    }
    public static void main(String[] args) {
        new BorderDemo();
    }
}
```

11.6　本章小结

本章介绍了在 Java 中如何进行图形用户界面的编程。学习本章后，读者应该掌握以下内容。

(1) 图形用户界面编程的步骤。

(2) 常用布局管理类的使用。

(3) 容器的嵌套。

(4) 常用组件的使用。

(5) 事件处理的要素。

(6) Java 中事件处理的方式。

11.7　强化练习

11.7.1　判断题

1. 容器是用来组织其他界面成分和元素的单元，它不能嵌套其他容器。(　　)

2. 在 Swing 用户界面的程序设计中，容器可以被添加到其他容器中去。(　　)

3. 在使用 BorderLayout 时，最多可以放入 5 个组件。(　　)

4. 每个事件类对应一个事件监听器接口，每一个监听器接口都有相对应的适配器。(　　)

5. Java 中，采用的是委托事件处理模型。(　　)

11.7.2　选择题

1. 通过(　　)方法可以将组件加入容器并显示出来。

A. insert()　　B. add()　　C. create()　　D. make()

2. 当容器需要为某个组件定位或者决定组件大小时，便会请求(　　)完成相应的工作。

A. 布局管理器　　B. 操作系统

C. Java 虚拟机　　D. 环境管理器

3. 一个容器的布局管理器实际上是一个(　　)。

A. 对象　　B. 对象的引用

C. 类　　D. 指针

4. 要处理画布的单击事件必须实现(　　)接口。

A. ActionListener　　B. MouseListener

C. MouseMotionListener　　D. ItemListener

5. JPanel 默认的布局管理器是(　　)。

A. FlowLayout　　B. BorderLayout

C. CardLayout　　D. GridLayout

11.7.3 简答题

1. Java 提供了哪些布局管理类？它们各自的特点是什么？
2. Java 如何进行事件处理？
3. 什么是适配器？它与接口有什么不同？
4. 如何实现容器的嵌套布局？
5. Awt 组件和 Swing 组件的区别是什么？

11.7.4 编程题

1. 定义公司的职员信息类，成员变量包括 ID（身份证）、name（姓名）、sex（性别）、birthday（生日）、home（籍贯）、address（居住地）和 number（职员号），设计一个录入或显示职工信息的程序界面（以 FlowSaylout 布局安排组件），如图 11-27 所示。当单击"操作"按钮时，输入下一个职工的信息，当单击"退出"按钮时，结束信息的输入，退出程序。

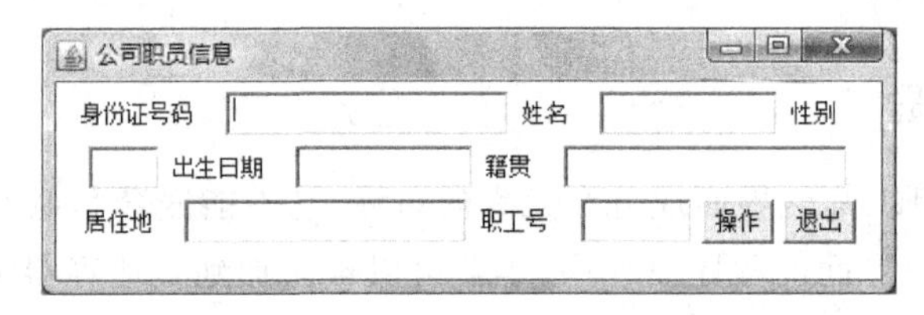

图 11-27 职工信息录入显示程序

2. 使用 GridLayout 修改上面的布局，如图 11-28 所示。

3. 编程实现一个如图 11-29 所示的小学生习题训练用户界面。当输入当前题的应答后，按 Enter 键进入下一题的应答。要求运算数是 100 以内的数，可视运算数的大小确定某种运算（+、-、*、/）。在完成测试之后显示测试结果，即测试题目数、答对的题目数和使用时间数（以分计）。

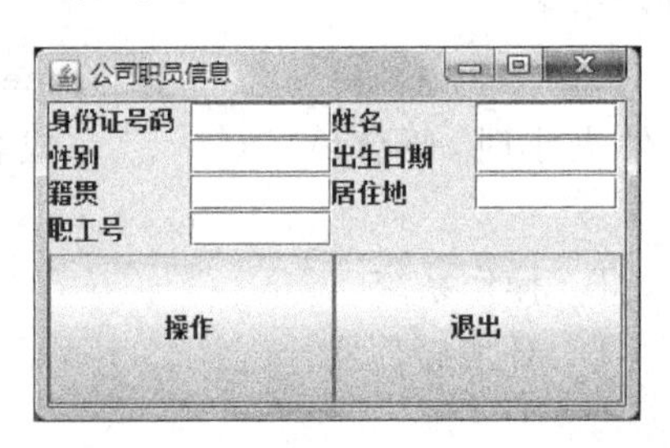

图 11-28 使用 GridLayout 布局

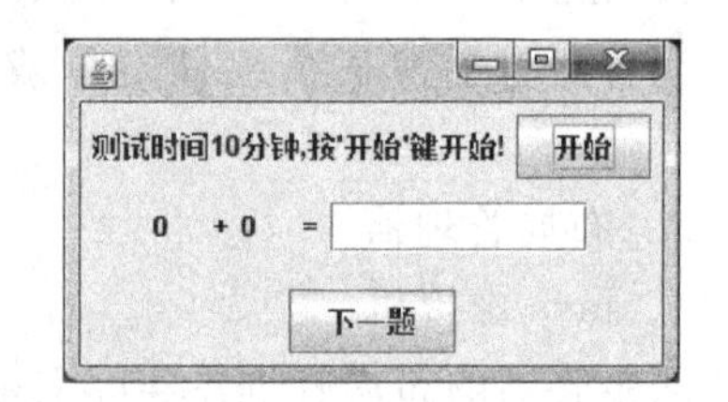

图 11-29 小学生习题训练用户界面

4. 职工食堂为了方便职工就餐，进行了一次"我所喜爱的主食和副食"调查，调查表中列出了一些食堂经营的主食类和副食类，经营者将调查表发给各位职工，让他们推荐自己喜欢的主食和副食。经营者将根据调查结果确定其经营方向。试创建一个调查表式的选项界面，如图 11-30 所示。

5. 创建一个公司员工基本信息管理的菜单用户界面，如图 11-31 所示。

6. 改进本章的任务——商场收银系统。

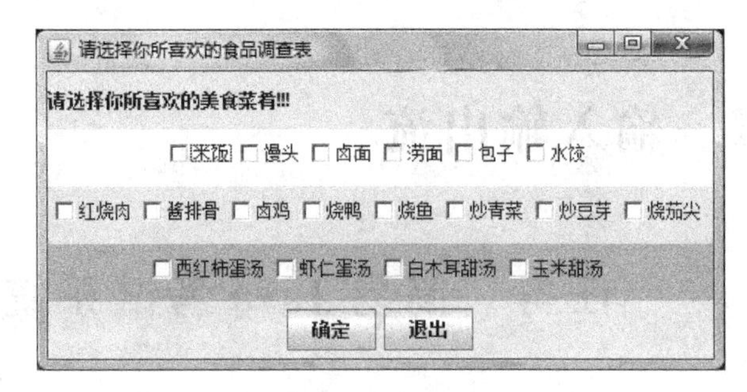

图 11-30 调查问卷界面

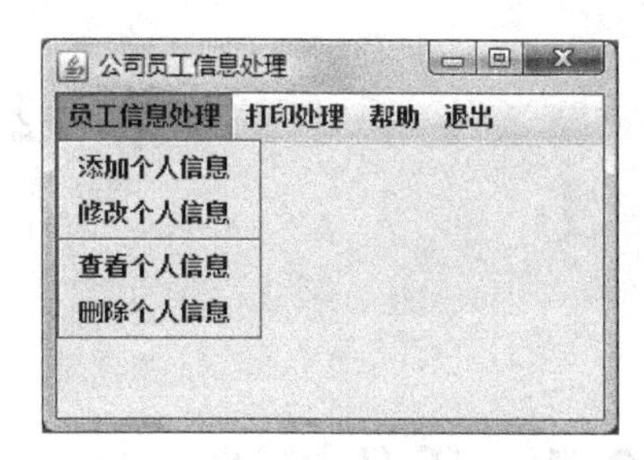

图 11-31 公司员工基本信息管理界面

7. 给例 11-5 中的按钮添加事件处理。

第12章 输入输出流

任务 简易 Java 考试系统

12.1 任务描述

人工出卷、阅卷，不但耗费人力，而且非常容易出错。本章让我们一起来完成一个简易Java考试系统，该系统可以生成10道选择题，每次生成的顺序都不同，单击题号按钮，显示相应的题目进行作答，答题完毕，单击“关闭”按钮会出现一个提示框，单击“是”按钮，在弹出的对话框中输入自己学号的后两位，保存本次答题结果。完成后效果如图12-1～图12-4所示。

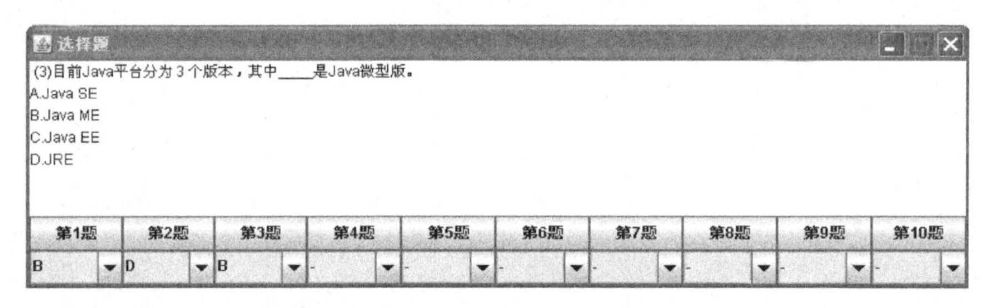

图 12-1 答题过程界面

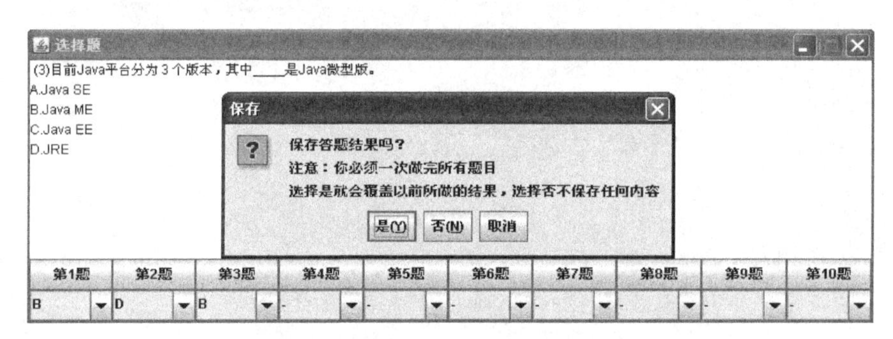

图 12-2 单击“关闭”按钮时弹出对话框

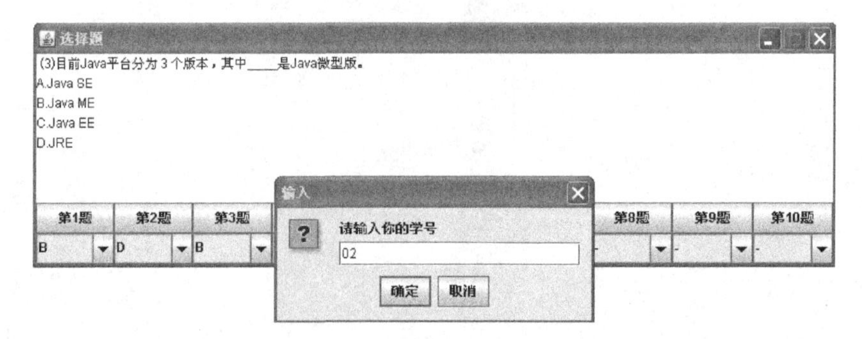

图 12-3 单击“是”按钮弹出输入学号对话框

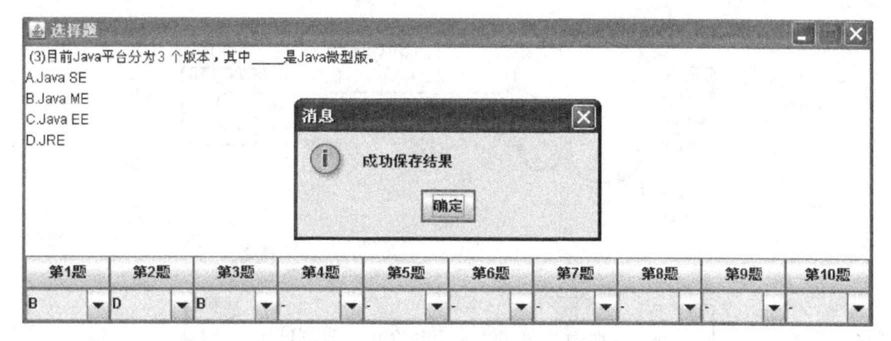

图 12-4　成功保存结果至文件中

12.2　任务分析

通过图 12-1～图 12-4 所示的运行效果图，我们一起来分析一下。

(1) 界面部分该如何实现呢？

观察运行效果图，可以看出中央区域占空间最大，所以最外层依然使用 BorderLayout 布局，南边区域可以采用 GridLayout 来布局。

涉及的组件有 JTextArea、JButton、JComboBox 和 JOptionPane。

相信通过第 11 章的学习，界面部分大家应该没问题了。

(2) 本任务涉及的业务逻辑主要有哪些？

很显然，主要涉及的业务逻辑有产生 10 道题目、答题判分、保存结果、查看结果。

那么这 10 道题目从哪里获得呢？结果又应该如何保存呢？显然我们要实现数据的持久化保存，而不是临时保存，本章就带着大家学习实现数据持久化保存的其中一种方式——借助于输入输出流将数据保存到文件中。

12.3　相关知识

12.3.1　Java I/O 流概述

这里用了一个很形象的词“流”，它是程序和外界进行数据交换的通道，如图 12-5 所示。

图 12-5 中的数据源和数据目标不仅仅是传统的存储在计算机磁盘上的文件，也可以是网络上的文件，任何可读/写设备中的文件。数据可以从外界“流入”程序中，即为 I(Input)；数据也可以从程序流出到外界，即为 O(Output)。输入、输出数据都以线性有序字节流的形式存在。

I/O 流的分类除了按数据流的方向不同可以分为输入流和输出流，还可以按处理数据单位不同分为字节流和字符流，按照功能不同分为节点流和处理流(或称为过滤流)。

在 Java I/O 中，很好地体现了 Java 的面向对象的设计思想。一个接口或抽象类的具体行为由子类决定，根据实例化子类的不同完成的功能也不同。

Java I/O 中的所有操作类都放在 java.io 包中，主要的类和接口如下。

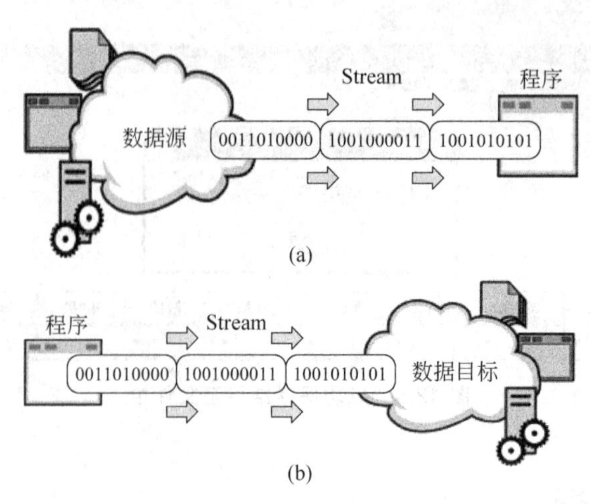

图 12-5 输入输出数据流

(1) File 类。

(2) InputStream、OutputStream。

(3) Reader、Writer。

(4) Serializable 接口

12.3.2 File 类

一个 File 类的对象，表示了磁盘上的文件或文件夹。File 类提供了与平台无关的方法来对磁盘上的文件或目录进行操作。表 12-1 列出了 File 类常用的构造方法。

表 12-1 File 类常用的构造方法

方 法 名	说 明
File(File parent, String child)	根据 parent 抽象路径名和 child 路径名字符串构建 File 对象
File(String pathname)	通过将给定路径名字符串转换为抽象路径来构建 File 对象
File(String parent, String child)	根据 parent 路径名字符串和 child 路径名字符串构建 File 对象
File(URI uri)	通过给定的 uri 来构建 File 对象

其中统一资源标识符(Uniform Resource Identifier,URI),用来定义在远程计算机上的文件,它位于 java.net 包中。

File 类常用的方法如表 12-2 所示。

表 12-2 File 类常用的方法

方 法 名	说 明
canRead()	判断文件是否可读,如果可读返回真,反之返回假
canWrite()	判断文件是否可写,如果可写返回真,反之返回假
createNewFile()	创建一个空的指定文件
delete()	删除指定的文件或文件夹

方法名	说明
exists()	判断指定的文件或文件夹是否存在
getAbsoluteFile()	返回文件的绝对路径
getAbsolutePath()	返回文件的绝对路径字符串形式
getPath()	返回在构造方法中创建文件时的文件路径
isDirectory()	判断是否是文件夹
isFile()	判断是否是文件
length()	返回文件字节长度
list()	以字符串数组返回当前文件夹下的所有文件
listFiles()	以文件数组返回当前文件夹下的所有文件
mkdir()	创建指定文件夹
list(FilenameFilter filter)	以字符串数组返回当前文件夹下的满足指定过滤器的所有文件
listFiles(FilenameFilter filter)	以文件数组返回当前文件夹下的满足指定过滤器的所有文件

在各个操作系统中，文件的分隔符是不一样的：Windows 中为\，Linux 中为":/"，Java 是跨平台的语言，为了能够自适应不同操作系统分隔符的要求，所以在 File 类中提供了常量 File. separator，它会根据不同的操作系统选择不同的分隔符。

【例 12-1】 演示 File 类的常用方法。

【程序实现】

```
//CreateFileDemo.java
public class CreateFileDemo {
    public static void main(String[] args) {
        File file=new File("D:\demo.txt");
        try {
            //如果指定文件不存在，则创建
            file.createNewFile();
        } catch (IOException e) {           //会发生 I/O 异常，比如磁盘空间已满
            e.printStackTrace();
        }
    }
}
//DeleteFileDemo.java
public class DeleteFileDemo {
    public static void main(String[] args) {
        File file=new File("D:\demo.txt");
        //删除指定文件
        file.delete();
    }
```

```
    }
    //CreateDeleteFileDemo.java
    public class CreateDeleteFileDemo {
        public static void main(String[] args) {
            File file=new File("d:"+File.separator+"demo.txt");
            try {
                if(file.exists()){                          //判断文件是否存在
                    System.out.println("文件存在");
                    file.delete();
                }else{
                    System.out.println("文件不存在");
                    file.createNewFile();
                }
            } catch (IOException e) {
                e.printStackTrace();
            }
        }
    }
    //ListDemo.java
    public class ListDemo {
        public static void main(String[] args) {
            File file=new File("F:"+File.separator+"2014-2015-1");
            String[] path=file.list();
            if (path!=null&&path.length>0)
                for (int i=0; i<path.length; i++) {
                    System.out.println(path[i]);
                }
        }
    }
```

【运行结果】 （以下为对运行结果的说明，因为此处不好表示）

```
在 D 盘下创建文件 demo.txt
删除 D 盘下的文件 demo.txt
文件不存在
在 D 盘下创建文件 demo.txt
输出 F 盘 2014-2015-1 文件夹下的所有文件和文件夹名称
```

【例 12-2】 列出 F 盘所有以.xls 结尾的文件。

【问题分析】

File 类提供了方法 listFiles(FilenameFilter filter)，它可以列出所有的文件，其中 FilenameFilter 接口用来限制由 listFiles()方法返回的文件数量，使之只返回符合某一过滤条件的文件。

FilenameFilter 是一个接口，该接口只定义了一个名为 accept()的方法，对于列表中的每个文件都将调用该方法。

```
Boolean accept(File dir,String filename)
```

【程序实现】

```
public class ListFilesDemo {
    public static void main(String[] args) {
        File file=new File("F:"+File.separator+"2014-2015-1");
        System.out.println(file.getAbsolutePath());
        NameFilter filter=new NameFilter("xls");
        File[] files=file.listFiles(filter);
        if (files!=null) {
            for (int i=0; i<files.length; i++)
                if (files[i].isFile()) {
                    System.out.println("file:"+files[i]);
                } else {
                    System.out.println(files[i]+"is directory");
                }
        }
    }
}
//按指定扩展名进行过滤,定义一个类实现 FilenameFilter 接口
class NameFilter implements FilenameFilter {
    private String extent;
    //接收指定的扩展名
    public NameFilter(String extent) {
        this.extent=extent;
    }
    @Override
    public boolean accept(File dir, String name) {
        return name.endsWith("."+extent);
                                        //如果文件符合指定的扩展名则返回 true,否则返回 false
    }
}
```

【运行结果】

列出 F 盘所有以.xls 结尾的文件。

12.3.3 字节流和字符流

在整个 I/O 包中,按处理单位不同,将流的操作分为两种:字节流和字符流。一个字符占两个字节。使用 I/O 操作的基本步骤如下。

(1) 使用 File 找到一个文件。

(2) 使用字节流或字符流的子类进行实例操作。

(3) 进行读或写操作。

(4) 关闭:close(),在流的操作中最终必须进行关闭。

1. 字节输出流——OutputStream

该类是抽象类,是输出字节流的所有类的超类。OutputStream 的常用方法如表 12-3 所示。

表 12-3 OutputStream 的常用方法

方　法　名	说　　明
close()	关闭此输出流并释放与此流有关的所有系统资源
flush()	刷新输出流,强制缓冲区中的输出字节被写出
write(byte[] b)	将 b.length 个字节从指定的 byte 数组写入此输出流
write(byte[] b, int off, int len)	将指定 byte 数组中从偏移量 off 开始的 len 个字节写入此输出流
write(int b)	将指定的字节写入此输出流

良好的编程习惯:在 close 之前先调用 flush()方法强制缓冲区中的输出字节被写出。

由于 OutputStream 是抽象类,不允许实例化,此时要完成文件的输出操作,则使用 FileOutputStream 为 OutputStream 进行实例化。

【例 12-3】 输出内容到指定文件。

【程序实现】

```
public class OutputStreamDemo {
    public static void main(String[] args) throws IOException {
        File file=new File("D:"+File.separator+"demo.txt");
        OutputStream os=null;
        //构建输出流通道
        os=new FileOutputStream(file);
        //\r 回车 \n 换行
        String str="Hello World!\r\n";
        byte[] b=str.getBytes();
        os.write(b);
        os.close();
    }
}
```

【运行结果】

在 D 盘 demo.txt 文件中存入了内容“Hello World!”。

注意

以上每次输出都会覆盖原来的内容,如果想以追加的方式输出到文件,可以使用:

```
os= new FileOutputStream(file,true);            //表示追加
```

2. 字节输入流——InputStream

该类也是抽象类,是输入字节流所有类的超类。InputStream 的常用方法如表 12-4 所示。

表 12-4　InputStream 的常用方法

方　法　名	说　　明
close()	关闭此输入流并释放与该流关联的所有系统资源
read()	读取一个字节数据，并返回读到的数据。如果返回－1，表示读到了输入流的末尾
read(byte[] b)	从输入流中读取一定数量的字节，并将其存储在缓冲区数组 b 中
read(byte[] b, int off, int len)	将输入流中从偏移量 off 开始读取最多 len 个字节数据读入 byte 数组

【例 12-4】 读取指定文件的内容。

【程序实现】

```
public class InputStreamDemo {
    public static void main(String[] args) {
        File file=new File("D:"+File.separator+"demo.txt");
        InputStream input=null;
        try {
            input=new FileInputStream(file);
            byte[] b=new byte[(int) file.length()];
            //读入数据到字节数组 b
            input.read(b);
            System.out.println(new String(b));
            input.close();
            System.out.println("End");
        } catch (FileNotFoundException e) {
            e.printStackTrace();
        } catch (IOException e) {
            e.printStackTrace();
        }
    }
}
```

【运行结果】

输出 demo.txt 文件中的内容。

3. 字符输出流——Writer

该类是抽象类，是输出字符流的所有类的父类。Writer 类的常用方法如表 12-5 所示。

表 12-5　Writer 类的常用方法

方　法　名	说　　明
close()	关闭此流所有相关的资源
flush()	刷新输出流，强制缓冲区中的输出字符被写出
write(char[] cbuf)	写入字符数组
write(char[] cbuf, int off, int len)	写入字符数组的一部分

续表

方 法 名	说 明
write(int c)	写入单个字符
write(String str)	写入字符串
write(String str, int off, int len)	写入字符串的一部分

【例 12-5】 输出内容到指定文件。

【程序实现】

```
//WriterDemo.java
public class WriterDemo {
    public static void main(String[] args) throws IOException {
        File file=new File("D:"+File.separator+"demo.txt");
        Writer writer=null;
        //构建输出流通道
        writer=new FileWriter(file);
        String str="Hello World!";
        //直接写入字符串
        writer.write(str);
        writer.close();
    }
}
```

【运行结果】

在 D 盘 demo.txt 文件中写入"Hello World!"字符串。

4. 字符输入流——Reader

该类是抽象类,是输入字符流的所有类的父类。Reader 类的常用方法如表 12-6 所示。

表 12-6 Reader 类的常用方法

方 法 名	说 明
close()	关闭此流所有相关的资源
read()	读取单个字符
read(char[] cbuf)	将字符读入数组
read(char[] cbuf, int off, int len)	将字符读入数组的某一部分
read(CharBuffer target)	将字符读入字符缓冲区

【例 12-6】 读取指定文件的内容。

【程序实现】

```
//ReaderDemo.java
public class ReaderDemo {
    public static void main(String[] args) throws IOException {
        File file=new File("D:"+File.separator+"demo.txt");
```

```
        Reader reader=null;
        reader=new FileReader(file);
        //根据文件的长度定义接收字符的数组的长度
        char[] b=new char[(int)file.length()];
        for(int i=0;i<b.length;i++){
            b[i]=(char)reader.read();
        }
        System.out.println(new String(b));
        reader.close();
        System.out.println("End");
    }
}
```

【运行结果】

```
Hello World!
End
```

5. 字节流还是字符流

假如将例12-3中的os.close()去掉，即

```
public class OutputStreamDemo {
    public static void main(String[] args) throws IOException {
        File file=new File("D:"+File.separator+"demo.txt");
        OutputStream os=null;
        //构建输出流通道
        os=new FileOutputStream(file);
        String str="Hello World!\r\n";
        byte[] b=str.getBytes();
        os.write(b);
        //os.close();
    }
}
```

以上代码执行后，即使没有关闭，仍然在D盘的demo.txt文件中输出"Hello World!"。再同样地修改例12-5将writer.close()去掉，再来观察结果。

```
//WriterDemo.java
public class WriterDemo {
    public static void main(String[] args) throws IOException {
        File file=new File("D:"+File.separator+"demo.txt");
        Writer writer=null;
        writer=new FileWriter(file);
        String str="Hello World!";
        writer.write(str);
        //writer.close();
    }
}
```

我们发现，如果没有关闭时，结果没有任何输出。

但是现在使用 Writer 类中的 flush()方法，再观察输出。发现 demo.txt 文件中存入了"Hello World!"。

实际上来讲，关闭时会强制刷新，刷新的是缓冲区(内存)。由此可以得出这样一个结论。

(1) 字节流在操作时是直接与文件本身关联，不使用缓冲区。

```
字节->文件
```

(2) 字符流在操作时是通过缓冲区与文件进行操作的。

```
字符->缓冲->文件
```

综合比较来讲，在传输或者在硬盘上保存的内容都是以字节的形式存在的，所以字节流的操作较多，但是在操作中文时字符流会比较好使。

12.3.4 内存操作流

为了支持在内存上的 I/O 操作，java.io 包中提供了两个类：ByteArrayOutputStream、ByteArrayInputStream。

【例 12-7】 使用内存操作流将小写字母转换为大写字母输出。

【程序实现】

```
//ByteArrayStreamDemo.java
public class ByteArrayStreamDemo {
    public static void main(String[] args) {
        String str="helloworld";
        ByteArrayOutputStream bos=null;
        ByteArrayInputStream bis=null;
        bis=new ByteArrayInputStream(str.getBytes());
        bos=new ByteArrayOutputStream();
        int temp=0;
        while ((temp=bis.read())!=-1) {
            char c=(char) temp;
            bos.write(Character.toUpperCase(c));
        }
        //使用平台默认的字符集,通过解码字节将缓冲区内容转换为字符串
        System.out.println(bos.toString()); }
}
```

【运行结果】

```
HELLOWORLD
```

注意

内存操作流现在在 Java SE 阶段感觉不出有什么用，但是在学习到 Java Web 中的 Ajax 技术时，会结合 XML 解析和 JavaScript、Ajax 完成一些动态效果时使用。

12.3.5 打印流

使用 OutputStream 可以完成数据的输出，但是现在如果有一个 float 型数据、double 型数据好输出到文件中吗？

这里给出两种解决方案。

方案 1：使用 DataOutputStream。

方案 2：使用打印流。

这里讲解打印流，DataOutputStream 留给大家去研究。

打印流分为两种：PrintStream 和 PrintWriter。

PrintStream 类是 FileOutputStream 的子类，增强了文件输出流的功能，使之能够方便地打印各种数据值表示形式。PrintStream 打印的所有字符都使用平台的默认字符编码转换为字节。在需要写入字符而不是写入字节的情况下，应该使用 PrintWriter 类。

下面以 PrintStream 为例进行讲解。

PrintStream 的常用构造方法如表 12-7 所示。

表 12-7　PrintStream 的常用构造方法

方　法　名	方 法 功 能
PrintStream(File file)	创建具有指定文件且不带自动刷新的打印流
PrintStream(File file, String csn)	创建具有指定文件名称和字符集且不带自动刷新的打印流
PrintStream(OutputStream out)	创建新的打印流。此流将不会自动刷新
PrintStream (OutputStream out, boolean autoFlush)	autoFlush 为 boolean 变量，如果为 true，则每当写入 byte 数组、调用其中一个 println 方法或写入换行符时都会刷新输出缓冲区

下面再来观察一下构造方法 PrintStream(OutputStream out)，发现这个构造方法要求传递的是 OutputStream 类型的对象，实际上 PrintStream 属于装饰流。通过 PrintStream 去装饰、包装其他流，使流的功能大大增强。这里面涉及一个非常经典的设计模式——装饰设计模式。感兴趣的同学可以去看知识拓展部分的讲解。

PrintStream 类给人们提供了重载的输出不同类型的 print()和 println()方法，方便人们输出不同类型的数据。

【例 12-8】 使用 PrintStream 往文件中输出各种类型的数据。

【问题分析】

本例中使用 PrintStream 流装饰 FileOutputStream 流，使之可以输出各种类型的数据。如图 12-6 所示。首先构建 FileOutputStream 对象，建立起关联到文件的一个流通道，即

```
FileOutputStream fos=new FileOutputStream(new File("demo.txt"));
```

然后为了增强流的功能，在 FileOutputStream 外面又套了一个管道 PrintStream，即

```
PrintStream out=new PrintStream(fos);
```

也可以合起来：

```
PrintStream out=new PrintStream(new FileOutputStream(file));
```

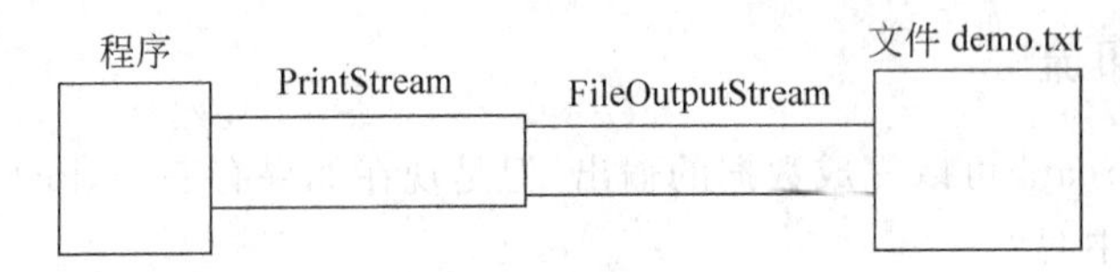

图 12-6 PrintStream 流装饰 FileOutputStream 流

【程序实现】

```
//PrintStreamDemo1.java
public class PrintStreamDemo1 {
    public static void main(String[] args) throws FileNotFoundException {
        File file=new File("D:"+File.separator+"demo.txt");
        //用 PrintStream 流装饰文件输出流 FileOutputStream
        PrintStream out=new PrintStream(new FileOutputStream(file));
        out.print("Hello");
        out.println("World");
        out.println(19);
        out.println(20.3);
        out.close();
    }
}
```

【运行结果】

D 盘 demo.txt 文件内容如下：

```
HelloWorld
19
20.3
```

注意

在 JDK 1.5 之后对打印流进行了更新，可以使用格式化输出。学过 C 语言的同学对该方法会感到很亲切。格式为

```
printf(String format, Object … args)
```

format 接收的是格式控制串，args 是可变参数，接收的是输出项，可以接收一个，可以接收两个，三个…也可以一个都不接收，如例 12-9 中：

```
out.printf("姓名:%s;年龄: %d;成绩: %3.1f;性别: %c", name,age,score,sex);
```

格式控制符和输出项一一对应，即%s→name，%d→age，%3.1f→score，%c→sex，凡是输出时格式控制符的位置都会替换为其对应变量的值。

【例 12-9】 使用 PrintStream 的格式化输出 printf()方法往文件中输出各种类型的数据。

【程序实现】

```
//PrintStreamDemo2.java
```

```
public class PrintStreamDemo2 {
    public static void main(String[] args) throws FileNotFoundException {
        File file=new File("D:"+File.separator+"demo.txt");
        PrintStream out=new PrintStream(new FileOutputStream(file));
        String name="丽丽";
        int age=23;
        float score=99.9f;
        char sex='M';
        out.printf("姓名:%s;年龄: %d;成绩: %3.1f;性别: %c", name,age,score,sex);
        out.close();
    }
}
```

【运行结果】

D 盘 demo.txt 文件中的内容如下：

```
姓名:丽丽;年龄: 23;成绩: 99.9;性别: M
```

12.3.6 缓冲流

缓冲区指的是内存中的一块区域，用来暂时储存文件 I/O 数据流中的数据，应用缓冲区的目的是提高代码中频繁进行数据读入或者写出操作的效率。当满足如下条件时，缓冲区中的数据流依次批处理读入数据或将数据写出到输出设备。

(1) 缓冲区满了。

(2) 关闭文件，即调用 close()方法。

(3) 调用 flush()方法。

Java 提供的缓冲流主要有 BufferedReader、BufferedWriter、BufferedInputStream、BufferedOutputStream。

【例 12-10】 使用 BufferedReader 接收键盘中输入的字符串。

【问题分析】

首先要构建 BufferedReader 对象，它的构造方法有哪些呢？查看 API 文档发现有两个。

BufferedReader(Reader in)：创建一个使用默认大小输入缓冲区的缓冲字符输入流。

BufferedReader(Reader in, int sz)：创建一个使用指定大小输入缓冲区的缓冲字符输入流。

在本例中使用第一个构造方法，参数要求我们传递一个 Reader 类对象，这说明 BufferedReader 又是一个装饰流。问题又来了，要求接收键盘输入，System.in 得到的是标准的键盘输入流，可是它的类型是 InputStream，那么就需要想办法将 InputStream 转换为 Reader。Java 设计者早考虑到了，设计者给我们提供了 InputStreamReader 和 OutputStreamWriter，通过它们作为中间的桥梁，可以方便地实现字节流向字符流的转换，即：

```
Reader reader=new InputStreamReader(System.in);
BufferedReader bufferReader=new BufferedReader(reader);
```

也可以合为一句：

```
BufferedReader bufferReader= new BufferedReader(new InputStreamReader(System.
in));
```

构建好了 bufferReader 对象之后，就可以利用 BufferedReader 类提供的一个很好用的方法 readLine()来读取字符串了。

【程序实现】

```
//BufferedReaderDemo.java
public class BufferedReaderDemo {
    public static void main(String[] args) throws IOException {
        BufferedReader bufferReader=new BufferedReader(new InputStreamReader(
                System.in));
        System.out.println("请输入内容：");
        String str=bufferReader.readLine();
        System.out.println("你输入的内容是："+str);
    }
}
```

【运行结果】

```
请输入内容：
nihao
你输入的内容是：nihao
```

12.3.7 又见 Scanner

Scanner 类是 JDK 1.5 版本开始出现的一个类，并且在 JDK 1.6 中有所改进。Scanner 类位于 java.util 包中，这个 API 类给编程人员读入数据提供了方便和灵活性，我们之前已经使用 Scanner 类实现从键盘中输入数据，主要代码如下：

```
Scanner scanner=new Scanner(System.in);
scanner.nextInt();                    //接收键盘输入的整数
```

我们再来观察一下这里使用的 Scanner 类的构造方法：

```
Scanner(InputStream source)
```

参数要求传递的是 InputStream 类对象，那么能不能利用 Scanner 从文件中获取内容呢？当然可以，我们只需要传 FileInputStream 对象进去。

Scanner 类的常用方法如表 12-8 所示。

表 12-8 Scanner 类的常用方法

方法名	说明
hasNext()	如果此扫描器的输入中有下一个标记，则返回 true
next()	查找并返回来自此扫描器的下一个完整标记
useDelimiter(Pattern pattern)	将此扫描器的分隔模式设置为指定模式

【例 12-11】 使用 Scanner 读取 demo.txt 文件的内容并输出，文件内容如下：

```
姓名：丽丽;年龄：23;成绩：99.9;性别：M
```

我们希望得到的输出结果如下：

```
姓名：丽丽
年龄：23
成绩：99.9
性别：M
```

【程序实现】

```
public class ScannerDemo {
    public static void main(String[] args) throws FileNotFoundException {
        File file=new File("D:"+File.separator+"demo.txt");
        Scanner input=new Scanner(new FileInputStream(file));
        StringBuffer buffer=new StringBuffer();
        //使用";"作为分隔符
        input.useDelimiter(";");
        while(input.hasNext()){
            buffer.append(input.next()).append("\n");
        }
        System.out.println(buffer);
    }
}
```

【运行结果】

```
姓名：丽丽
年龄：23
成绩：99.9
性别：M
```

12.3.8 对象序列化

之前我们所创建的对象都是瞬时状态的对象，程序运行时创建对象，程序停止运行时，对象就消失了，如果想要实现对象的持久化保存，则需要通过对象序列化。

对象序列化就是将一个对象转换为二进制的数据流，如果一个对象要想实现对象序列化，则对象所属的类必须要实现 Serializable 接口。在此接口中没有任何方法，此接口只是作为一个标识，表示本类的对象具备了序列化的能力而已。

如果要想完成对象的序列化，则还需要依靠 ObjectOutputStream 类和 ObjectInputStream 类，前者是序列化，后者是反序列化。打个比方，对象序列化就是把对象压扁了存起来，反序列化就是将对象从压扁的状态还原出来，如图 12-7 所示。

序列化对象输出的操作通过调用方法 writeObject(Object obj) 来实现，反序列化对象的输入操作通过调用 readObject()方法来实现。

【例 12-12】 存储与恢复游戏中人物的状态。

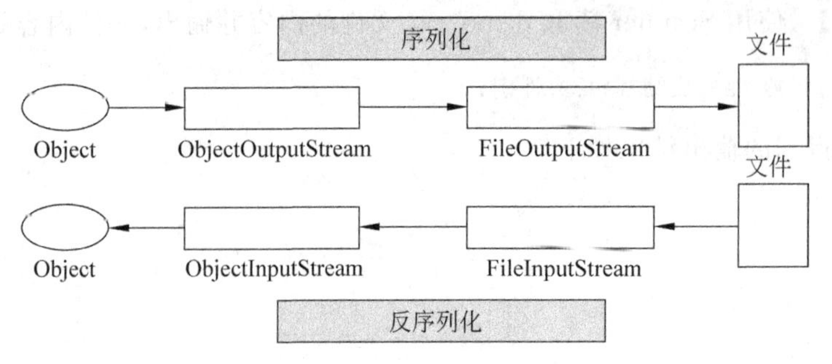

图 12-7 对象序列化和反序列化过程

【问题分析】

在玩游戏时，经常需要存储游戏中人物的当前状态，如当前能量值、人物类型和当前使用的武器以便我们继续游戏时可以方便地恢复人物的状态。本例设计如下类。

GameCharacter：封装游戏人物的属性和方法，注意该类必须实现 Serializable 接口。该类还重写了 toString()方法，目的是便于输出查看。

GameCharacterDao：封装保存游戏人物及恢复游戏人物的方法。

GameCharacterDemo：程序入口类。

【程序实现】

```
//GameCharacter.java
public class GameCharacter implements Serializable {
    private int power;                          //能量值
    private String type;                        //类型
    private String[] weapons;                   //武器
    public GameCharacter(int power, String type, String[] weapons) {
        super();
        this.power=power;
        this.type=type;
        this.weapons=weapons;
    }
    public int getPower() {
        return power;
    }
    public void setPower(int power) {
        this.power=power;
    }
    public String getType() {
        return type;
    }
    public void setType(String type) {
        this.type=type;
    }
    public String[] getWeapons() {
        return weapons;
```

```
    }
    public void setWeapons(String[] weapons) {
        this.weapons=weapons;
    }
    @Override
    public String toString() {
        return "GameCharacter [power="+power+", type="+type
                +", weapons="+Arrays.toString(weapons)+"]";
    }
}
//GameCharacterDao.java
public class GameCharacterDao {
    //保存游戏中的人物
    public void saveGameCharacter(GameCharacter[] gameCharacter){
        FileOutputStream fos=null;
        ObjectOutputStream oos=null;
        try {
            //构建文件输出流
            fos=new FileOutputStream(new File("character.ser"));
            //构建对象输出流装饰文件输出流
            oos=new ObjectOutputStream(fos);
            //存入对象
            oos.writeObject(gameCharacter);
        } catch (FileNotFoundException e) {
            e.printStackTrace();
        } catch (IOException e) {
            e.printStackTrace();
        }finally{
            try {
                oos.close();
            } catch (IOException e) {
                e.printStackTrace();
            }
        }
    }
    //恢复游戏人物
    public Object retriveGameCharacter(){
        FileInputStream fis=null;
        ObjectInputStream ois=null;
        Object gameCharacter=null;
        try {
            //构建文件输入流
            fis=new FileInputStream(new File("character.ser"));
            //构建对象输入流装饰文件输入流
            ois=new ObjectInputStream(fis);
```

```
            //恢复游戏人物
            gameCharacter=ois.readObject();

        } catch (FileNotFoundException e) {
            e.printStackTrace();
        } catch (IOException e) {
            e.printStackTrace();
        } catch (ClassNotFoundException e) {
            e.printStackTrace();
        }finally{
            try {
                ois.close();
                fis.close();
            } catch (IOException e) {
                e.printStackTrace();
            }

        }
        return gameCharacter;
    }
}
//GameCharacterDemo.java
public class GameCharacterDemo {
    public static void main(String[] args) {
        //创建 3 个游戏人物保存在数组中
        GameCharacter[] gameCharacters={
                new GameCharacter(50, "精灵", new String[] { "弓", "剑","粉剂" }),
                new GameCharacter(200, "妖怪", new String[] { "徒手","大斧头" }),
                new GameCharacter(120, "魔法师", new String[] { "咒术","隐身术" }) };
        GameCharacterDao gameCharacterDao=new GameCharacterDao();
        //保存游戏人物
        gameCharacterDao.saveGameCharacter(gameCharacters);
        //恢复游戏人物
        GameCharacter[] characterRestore=(GameCharacter[]) gameCharacterDao
                .retriveGameCharacter();
        for (GameCharacter gameCharacter : characterRestore) {
            System.out.println(gameCharacter);
        }
    }
}
```

【运行结果】

```
GameCharacter [power=50, type=精灵, weapons=[弓, 剑, 粉剂]]
GameCharacter [power=200, type=妖怪, weapons=[徒手, 大斧头]]
GameCharacter [power=120, type=魔法师, weapons=[咒术, 隐身术]]
```

12.4 任务实现

学习了输入输出流的相关知识后，让我们一起来实现本章的任务单机版的 Java 考试系统吧！

【问题分析】

这里不过多地分析界面设计部分，主要给大家分析涉及 I/O 操作的部分。

问题 1：题目从哪里得到？

我们借助于文件保存 10 道题目，包括问题、答案和正确答案，为了便于拆分字符串，以 # 号作为分隔符，文件中的题目按照如下格式进行组织：

编译 Java 程序的命令是________。

问题 2：如何获取文件中的所有题目？

这里采用面向对象的编程思想，首先将题目单独地抽出一个类来描述，单选题 Choice 类的设计如图 12-8 所示。

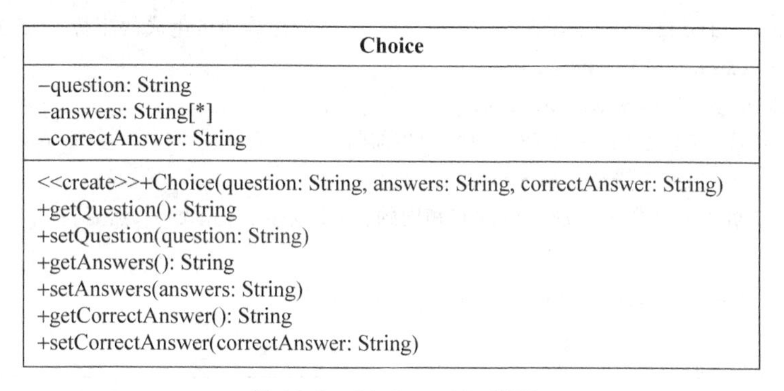

图 12-8 Choice UML 类图

属性 question 存放问题，answers 数组存放 4 个可选答案，correctAnswer 存放正确答案。

接下来就可以构造 ChoiceDao 类，里面封装获取所有单选题的方法 getAllChoices()，核心代码如下：

```
public class ChoiceDao {
    List<Choice>choices=new ArrayList<Choice>();          //存放所有单选题
    public List<Choice>getAllChoices() {
        //读取文件中的题目
        return choices;
    }
}
```

如何读取文件中的题目呢？

本例中我们要一次读取一行，然后对其进行拆分，所以借助于缓冲流 BufferedReader 来实现，核心代码如下：

```
//创建文件字符输入流
```

```
Reader reader=new FileReader(new File("choicetest.txt"));
//使用 BufferedReader 装饰 FileReader,使之带有缓冲功能
BufferedReader bufferedReader=new BufferedReader(reader);
String choiceString=null;
String[] choice=new String[6];                //存放拆分后的题目
//使用 while 循环每次读取文件的一行
while ((choiceString=bufferedReader.readLine())!=null) {
    //调用 String 类的 split()方法拆分字符串,将拆分后的结果保存在 choice 数组中
    choice=choiceString.split("#");
    //打乱可选答案的顺序
    //添加单选题到 choices 集合
}
```

如何打乱可选答案的顺序呢?

拆分后,choice[0]存放的是问题,choice[5]存放的是正确答案,我们要打乱的是 choice[1]至 choice[4],借助于 Random 类,随机生成 1～4 的下标,核心代码如下:

```
int[] randomNumber=new int[4];                //存放随机生成的下标 1、2、3、4
Random random=new Random();
for (int i=0; i<randomNumber.length; i++) {
    //随机生成 1~4 之间的一个随机数赋给当前值
    randomNumber[i]=random.nextInt(4)+1;
    //如果随机生成的数和之前生成的有相同的,则重新生成,先 i--,然后再 i++,还是当前的 i
    for (int j=0; j<=i-1; j++) {
        if (randomNumber[i]==randomNumber[j]) {
            i--;
            break;
        }
    }
}
```

问题 3:学生答完题后如何保留学生的学号和答题成绩呢?

采用面向对象的编程思想,抽出学生实体类,其 UML 类图如图 12-9 所示。

Student
-number: String -score: int
<<create>>+Student(number: String, score: int) +getNumber(): String +setNumber(number: String) +getScore(): int +setScore(score: int) +toString(): String

图 12-9 Student 的 UML 类图

该实体类要实现 Serializable 接口,实现学生对象的持久化保存,借助于对象输出流来实现,在本例中我们抽出了一个通用的对象保存和读取的类 ObjectDao,里面封装了两个方法:saveObject()和 readObject(),StudentDao 继承 ObjectDao,可以直接使用其定义的方法。

我们就分析到这里,界面部分留给大家去思考。

【程序实现】

实体类 Choice 类:

```
1  /**
2   * 单项选择题实体类
```

```
3    */
4  public class Choice {
5      private String question;                  //问题
6      private String[] answers;                 //4个可选答案
7      private String correctAnswer;             //正确答案
8      public Choice(String question, String[] answers, String correctAnswer) {
9          super();
10         this.question=question;
11         this.answers=answers;
12         this.correctAnswer=correctAnswer;
13     }
14     public String getQuestion() {
15         return question;
16     }
17     public void setQuestion(String question) {
18         this.question=question;
19     }
20     public String[] getAnswers() {
21         return answers;
22     }
23     public void setAnswers(String[] answers) {
24         this.answers=answers;
25     }
26     public String getCorrectAnswer() {
27         return correctAnswer;
28     }
29     public void setCorrectAnswer(String correctAnswer) {
30         this.correctAnswer=correctAnswer;
31     }
32 }
```

实体类 Student 类：

```
1  /**
2   * 学生实体类
3   */
4  public class Student implements Serializable{
5      private String number;                  //学号
6      private int score;                      //得分
7      public Student(String number, int score) {
8          super();
9          this.number=number;
10         this.score=score;
11     }
12     public String getNumber() {
13         return number;
```

```
14      }
15      public void setNumber(String number) {
16          this.number=number;
17      }
18      public int getScore() {
19          return score;
20      }
21      public void setScore(int score) {
22          this.score=score;
23      }
24
25      public String toString() {
26          return "Student [number="+number+", score="+score+"]";
27      }
28  }
```

数据访问类 ChoiceDao 类：

```
1   /**
2    * 单选题操作类
3    */
4   public class ChoiceDao {
5       List<Choice>choices=new ArrayList<Choice>();
6       int[] randomNumber=new int[4];        //存放随机生成的下标 1、2、3、4
7       public List<Choice>getAllChoices() {
8           //存放所有单选题
9           try {
10              readFromFile();
11          } catch (FileNotFoundException e) {
12              e.printStackTrace();
13          } catch (IOException e) {
14              e.printStackTrace();
15          }
16          return choices;
17      }
18      private void readFromFile() throws FileNotFoundException, IOException {
19          String[] choice=new String[6];   //存放拆分后的题目
20          Reader reader=new FileReader(new File("choicetest.txt"));
21          BufferedReader bufferedReader=new BufferedReader(reader);
22          String choiceString=null;
23          while ((choiceString=bufferedReader.readLine())!=null) {
24              //拆分字符串
25              choice=choiceString.split("#");
26              //随机生成下标 1、2、3、4,打乱顺序
27              shuffle();
28              //添加单选题
```

```
29              choices.add(new Choice(choice[0], new String[] {
30                      choice[randomNumber[0]], choice[randomNumber[1]],
31                      choice[randomNumber[2]], choice[randomNumber[3]] },
32                      choice[choice.length-1]));
33          }
34      }
35      private void shuffle() {
36          int[] randomNumber=new int[4];    //存放随机生成的下标 1、2、3、4
37          Random random=new Random();
38          for (int i=0; i<randomNumber.length; i++) {
39              //随机生成 1~4 之间的一个随机数赋给当前值
40              randomNumber[i]=random.nextInt(4)+1;
41  //如果随机生成的数和之前生成的有相同的,则重新生成,先 i--,然后再 i++,还是当
42  前的 i
43              for (int j=0; j<=i-1; j++) {
44                  if (randomNumber[i]==randomNumber[j]) {
45                      i--;
46                      break;
47                  }
48              }
49          }
50      }
51  }
```

对象保存和读取通用类 ObjectDao 类：

```
1   /**
2    * 对象保存和读取通用类 *
3    */
4   public class ObjectDao {
5       //保存对象
6       public static void saveObject(Object object, String fileName) {
7           ObjectOutputStream oos=null;
8           try {
9               FileOutputStream fos=new FileOutputStream(new File(fileName
10                      +".dat"));
11              oos=new ObjectOutputStream(fos);
12              oos.writeObject(object);
13          } catch (FileNotFoundException e) {
14              e.printStackTrace();
15          } catch (IOException e) {
16              e.printStackTrace();
17          } finally {
18              try {
19                  oos.close();
20              } catch (IOException e) {
```

```
21                  e.printStackTrace();
22              }
23          }
24      }
25      //读取对象
26      public static Object readObject(String fileName) {
27          ObjectInputStream ois=null;
28          Object object=null;
29          try {
30              FileInputStream fis=new FileInputStream(new File(fileName));
31              ois=new ObjectInputStream(fis);
32              object=ois.readObject();
33  
34          } catch (FileNotFoundException e) {
35              e.printStackTrace();
36          } catch (IOException e) {
37              e.printStackTrace();
38          } catch (ClassNotFoundException e) {
39              e.printStackTrace();
40          } finally {
41              try {
42                  ois.close();
43              } catch (IOException e) {
44                  e.printStackTrace();
45              }
46          }
47          return object;
48      }
49  }
```

数据访问类 StudentDao 类：

```
1   /**
2    * 学生操作类
3    */
4   public class StudentDao extends ObjectDao {
5       public static void saveStudent(Student student, String fileName) {
6           saveObject(student, fileName);
7       }
8       public static Student readStudent(String fileName) {
9           return (Student) readObject(fileName);
10      }
11      //判断用户回答是否正确
12      public static int getScore(Choice choice, String answer) {
13          int score=0;
14          String correctAnswer=choice.getCorrectAnswer();
```

```
15          if ("A".equals(answer)) {
16              score=judge(choice, 0, correctAnswer);
17          } else if ("B".equals(answer)) {
18              score=judge(choice, 1, correctAnswer);
19          } else if ("C".equals(answer)) {
20              score=judge(choice, 2, correctAnswer);
21          } else if ("D".equals(answer)) {
22              score=judge(choice, 3, correctAnswer);
23          }
24          return score;
25      }
26      private static int judge(Choice choice, int i, String correctAnswer) {
27          String userAnswer=choice.getAnswers()[i];
28          if (correctAnswer.equals(userAnswer)) {
29              return 2;
30          }
31          return 0;
32      }
33  }
```

View 层——ChoiceWindow 类：

```
1   public class ChoiceWindow extends JFrame {
2       private List<Choice> choicesList=new ArrayList<Choice>();
3       private JButton[] tihao=new JButton[10];
4       private JComboBox[] choices=new JComboBox[10];
5       private ChoiceDao choiceDao=new ChoiceDao();
6       private Choice choice=null;;
7       int j=0;
8       private int score;
9       public static void main(String[] args) {
10          new ChoiceWindow("选择题");
11      }
12      public ChoiceWindow(String title) {
13          super(title);
14          //设置窗口居中显示
15          Toolkit tk=Toolkit.getDefaultToolkit();
16          Dimension d=tk.getScreenSize();
17          setSize(d.width/2, d.height/2);
18          setLocation(d.width/4, d.height/4);
19          //设置窗口大小不可调整
20          setResizable(false);
21          //创建 10 行 15 列的文本域组件
22          final JTextArea choiceArea=new JTextArea(10, 15);
23          choiceArea.setText("请选择题号,然后在相应题号下面作答。");
24          //设置不可编辑
```

```
25          choiceArea.setEditable(false);
26          //添加到 JFrame 容器的中央区域
27          this.add(choiceArea);
28          //创建 2 行 1 列的中间容器
29          JPanel timu=new JPanel();
30          timu.setLayout(new GridLayout(2, 1));
31          //创建 1 行 10 列的子容器存放题号按钮
32          JPanel tihaoPanel=new JPanel();
33          tihaoPanel.setLayout(new GridLayout(1, 10));
34          //创建 1 行 10 列的子容器存放选项下拉列表
35          JPanel choicePanel=new JPanel();
36          choicePanel.setLayout(new GridLayout(1, 10));
37          //获取所有的单选题
38          choicesList=choiceDao.getAllChoices();
39          for (int i=0; i<tihao.length; i++) {
40              //创建 10 个按钮组件并添加到 tihaoPanel
41              tihao[i]=new JButton("第"+(i+1)+"题");
42              tihaoPanel.add(tihao[i]);
43              //注册监听
44              tihao[i].addActionListener(new ActionListener() {
45                  @Override
46                  public void actionPerformed(ActionEvent e) {
47                      choiceArea.setText(" ");
48                      //取得所单击按钮的题号,第 10 题特殊处理
49                      if (e.getActionCommand().equals("第 10 题")) {
50                          j=9;
51                          choice=choicesList.get(9);
52                      } else {
53                          //比如第 2 题,e.getActionCommand().charAt(1)取出的是字符'2',
54  //我们需要想办法将字符 2 转化为题目在集合 choicesList 中的下标 1,'2'-'1'得出的结果
    //为 1,而'1'所对应的 ASCII 码值为 49
55                          choice=choicesList.get(j);
56                          choice=choicesList
57                                  .get(e.getActionCommand().charAt(1)-49);
58                      }
59                      //在 choiceArea 区域追加问题
60                      choiceArea.append(choice.getQuestion()+"\n");
61                      //在 choiceArea 区域追加 4 个选项
62                      choiceArea.append("A."+choice.getAnswers()[0]+"\n");
63                      choiceArea.append("B."+choice.getAnswers()[1]+"\n");
64                      choiceArea.append("C."+choice.getAnswers()[2]+"\n");
65                      choiceArea.append("D."+choice.getAnswers()[3]+"\n");
66                  }
67              });
68              //创建下拉列表选项并添加到 choicePanel
```

```
69                choices[i]=new JComboBox(new String[] { "-", "A", "B", "C", "D" });
70                choicePanel.add(choices[i]);
71            }
72            timu.add(tihaoPanel);
73            timu.add(choicePanel);
74            //添加 timu 面板至南部区域
75            this.add(timu, "South");
76            //紧凑显示
77            this.pack();
78            //设置单击“关闭”按钮时什么都不做
79            this.setDefaultCloseOperation(JFrame.DO_NOTHING_ON_CLOSE);
80            setVisible(true);
81        }
82        //处理窗口事件
83        @Override
84        protected void processWindowEvent(WindowEvent e) {
85            super.processWindowEvent(e);
86            //如果窗口正在关闭
87            if (e.getID()==WindowEvent.WINDOW_CLOSING) {
88                //弹出"确认"对话框
89                int result=JOptionPane.showConfirmDialog(this,
90                        "保存答题结果吗? \n 注意: 你必须一次做完所有题目\n 选择是就
91    会覆盖以前所做的结果,选择否不保存任何内容",
92                        "保存", JOptionPane.YES_NO_CANCEL_OPTION);
93                if (result==JOptionPane.YES_OPTION) {
94                    String number=JOptionPane.showInputDialog("请输入你的学号");
95                  //计算成绩
96                    computeScore();
97                    Student student=new Student(number, score);
98                    //保存结果
99                    StudentDao.saveStudent(student, number);
100                   JOptionPane.showMessageDialog(this, "成功保存结果", "消息",
101                           JOptionPane.INFORMATION_MESSAGE);
102                   System.exit(1);
103               } else if (result==JOptionPane.NO_OPTION) {
104                   JOptionPane.showMessageDialog(this, "结果不保存", "消息",
105                           JOptionPane.INFORMATION_MESSAGE);
106                   System.exit(1);
107               } else if (result==JOptionPane.CANCEL_OPTION) {
108
109               }
110           } else {
111               //忽略其他事件,交给 JFrame 处理
112               super.processWindowEvent(e);
113           }
```

```
114        }
115        //计算得分
116        public void computeScore() {
117            for (int i=0; i<choices.length; i++) {
118                Choice choice=choicesList.get(i);
119                //获得下拉列表用户选择的答案
120                String answer=(String) choices[i].getSelectedItem();
121                score +=StudentDao.getScore(choice, answer);
122            }
123        }
124    }
```

【运行结果】

见图 12-1 至图 12-4。

12.5 知识拓展

12.5.1 文件选择器——JFileChooser

JFileChooser 为用户选择文件提供了一种简单的机制，JFileChooser 位于 javax. swing 包中，通过它可以实现打开一个文件窗口选择需要的文件。JFileChooser 类的常用构造方法如表 12-9 所示。

表 12-9 JFileChooser 类的常用构造方法

构造方法	说明
JFileChooser()	构建一个指向用户默认目录的 JFileChooser 对象
JFileChooser(File currentDirectory)	构建一个指定文件路径的 JFileChooser 对象
JFileChooser(String currentDirectoryPath)	构建一个使用字符串指定文件路径的 JFileChooser 对象

表 12-10 列出了 JFileChooser 类的常用方法。

表 12-10 JFileChooser 类的常用方法

方法	说明
getSelectedFile()	返回选择的文件
setDialogTitle(String dialogTitle)	设置显示在 JFileChooser 窗口标题栏的字符串
setFileFilter(FileFilter filter)	设置当前文件过滤器
showOpenDialog(Component parent)	弹出一个 Open File 文件选择器对话框
showSaveDialog(Component parent)	弹出一个 Save File 文件选择器对话框

showOpenDialog 等弹出对话框的方法返回一个整数，该整数可能的取值封装成了 JFileChooser 类的静态常量。

JFileChooser. CANCEL_OPTION：按了取消键退出对话框。

JFileChooser. APPROVE_OPTION：选择文件后按下确认键。

JFileChooser. ERROR_OPTION：发生错误或者该对话框已被解除。

【例 12-13】 演示文件的打开保存功能。

【程序实现】

```
public class JFileChooserDemo extends JFrame {
    private JTextArea showArea;
    public JFileChooserDemo() {
        super("JFileChooser");                //设置标题的另一种做法
        Toolkit tk=Toolkit.getDefaultToolkit();
        Dimension d=tk.getScreenSize();
        //窗口显示在整个屏幕的中央位置
        this.setLocation((d.width-d.width/2)/2,
                (d.height-d.height/2)/2);
        this.setSize(d.width/2, d.height/2);
        this.setResizable(false);
        //北部面板
        JPanel northPanel=new JPanel();
        JButton open=new JButton("Open");
        JButton save=new JButton("Save");
        northPanel.add(open);
        northPanel.add(save);
        //创建 10 行 10 列的文本域组件
        showArea=new JTextArea(10,10);
        JScrollPane jScrollPane=new JScrollPane(showArea);
        this.add(northPanel,"North");
        this.add(jScrollPane);
        open.addActionListener(new OpenHandler());
        save.addActionListener(new SaveHandler());
        this.setVisible(true);
    }
    //文件打开事件处理
    class OpenHandler implements ActionListener{
        @Override
        public void actionPerformed(ActionEvent event) {
            JFileChooser fileChooser=new JFileChooser();
            int choice=fileChooser.showOpenDialog(JFileChooserDemo.this);
            BufferedReader bufferedReader=null;
            if(choice==JFileChooser.APPROVE_OPTION){
                File selectedFile=fileChooser.getSelectedFile();
                try {
                    FileReader fileReader=new FileReader(selectedFile);
                    bufferedReader=new BufferedReader(fileReader);
                    String line=null;
                    while((line=bufferedReader.readLine())!=null){
```

```
                showAreа.append(line+"\n");
            }
        } catch (FileNotFoundException e) {
            e.printStackTrace();
        } catch (IOException e) {
            e.printStackTrace();
        }finally{
            try {
                bufferedReader.close();
            } catch (IOException e) {
                e.printStackTrace();
            }
        }
    }
  }
}
//文件保存事件处理
class SaveHandler implements ActionListener{
    @Override
    public void actionPerformed(ActionEvent event) {
        FileWriter fileWriter=null;
        JFileChooser fileChooser=new JFileChooser();
        int choice=fileChooser.showSaveDialog(JFileChooserDemo.this);
        if(choice==JFileChooser.APPROVE_OPTION){
            File selectedFile=fileChooser.getSelectedFile();
            try {
                fileWriter=new FileWriter(selectedFile);
                fileWriter.write(showArea.getText());
            } catch (FileNotFoundException e) {
                e.printStackTrace();
            } catch (IOException e) {
                e.printStackTrace();
            }finally{
                try {
                    fileWriter.close();
                } catch (IOException e) {
                    e.printStackTrace();
                }
            }
        }
    }
}
public static void main(String[] args) {
    new JFileChooserDemo();
}
```

```
}
```

【运行结果】

运行结果如图 12-10 所示。

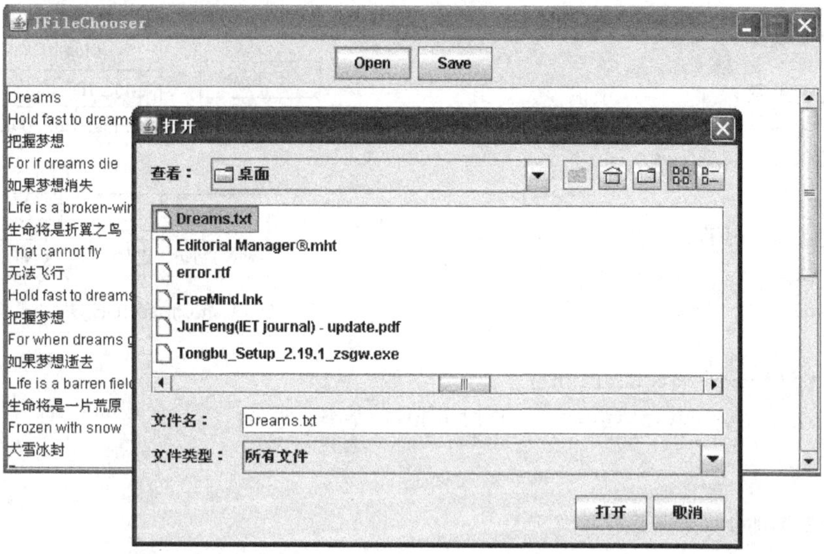

图 12-10　JFileChooser 演示

12.5.2　装饰设计模式

Java I/O 流的很多地方都用到了装饰设计模式，一个流去装饰另外一个流，使流的功能不断增强。例如：

```
//首先创建文件输入流
FileInputStream fis=new FileInputStream(new File("in.txt");
//然后用数据流 DataInputStream 包装文件流
DataInputStream dis=new DataInputStream(fis);
//再用转化流 InputStreamReader 转换为 Reader
InputStreamReader isr=new InputStreamReader(fis);
//最后缓冲流 BufferedReader 去装饰 InputStreamReader
BufferedReader br=new BufferedReader(isr);
```

通过层层装饰，流的功能不断增强。如果不想带缓冲功能，那就不用用缓冲流去包装；如果用不到数据流，那就不用用数据流去包装，可以任意地进行组合得到自己所需要的功能。

下面以集成开发环境 Eclipse 为例，模拟一下它的实现。实际上它的设计也用到装饰设计模式。Eclipse IDE 的主体部分就是 Eclipse，可以通过安装插件的方式使其功能不断增强，比如想进行 Web 开发，可以安装 Web 开发所需要的插件，这样 Eclipse 就具备了可以开发 Web 程序的功能；如果想进行可以拖曳的图形用户界面编程，就安装上可视化的插件，这些插件实际上就是对 Eclipse 的装饰，所谓装饰设计模式就是将程序的主体部分和装饰部分分离，即将变化较小的部分和容易变化的部分分开。

【例 12-14】 Eclipse IDE 模拟。

【问题分析】

Eclipse IDE UML 类图设计如图 12-11 所示。

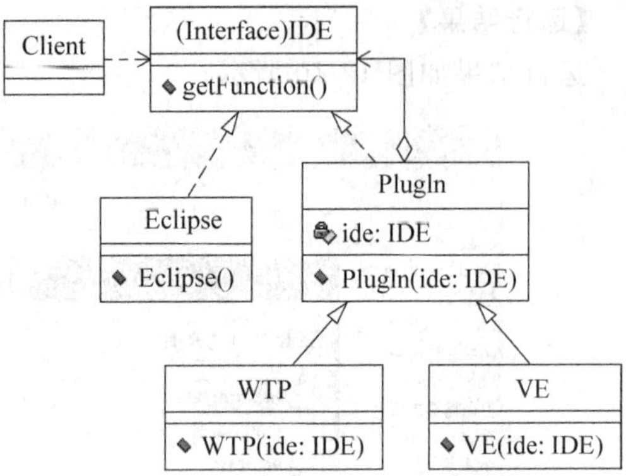

图 12-11 Eclipse IDE UML 类图

【程序实现】

```
//定义 IDE 接口
interface IDE {
    void getFunction();
}
//程序主体实现了 IDE 接口
class Eclipse implements IDE {
    public Eclipse() {
    }
    public void getFunction() {
        System.out.println("Eclipse 环境的基本功能");
    }
}
//插件装饰部分也实现了 IDE 接口
class PlugIn implements IDE {
    private IDE ide;
    public PlugIn(IDE ide) {
        super();
        this.ide=ide;
    }
    public void getFunction() {
        ide.getFunction();
    }
}
class WTP extends PlugIn {
    public WTP(IDE ide) {
        super(ide);
    }
    public void getFunction() {
        super.getFunction();
        System.out.println("具有了开发 Web 应用程序的功能!");
    }
}
class VE extends PlugIn {
    public VE(IDE ide) {
        super(ide);
    }
    public void getFunction() {
        super.getFunction();
        System.out.println("具有了开发图形用户界面程序的功能!");
```

```
    }
}
public class EclipseSimulate {
    public static void main(String[] args) {
        IDE eclipse=new Eclipse();
        IDE eclipseWithWTP=new WTP(eclipse);        //得到安装了 WTP 插件的 Eclipse
        eclipseWithWTP.getFunction();
        IDE eclipseWithWTPandVE=new VE(eclipseWithWTP);
                                                   //得到安装了 WTP 和 VE 插件的 Eclipse
                eclipseWithWTPandVE.getFunction();
    }
}
```

【运行结果】

```
Eclipse 环境的基本功能
具有了开发 Web 应用程序的功能!
Eclipse 环境的基本功能
具有了开发 Web 应用程序的功能!
具有了开发图形用户界面程序的功能!
```

大家可以思考下,如果想既具有 Web 开发功能又具有可视化图形界面功能,怎么办呢?

12.6 本章小结

本章介绍了在 Java 中如何进行输入输出操作。学习本章后,读者应该掌握及了解以下内容。

(1) File 类的使用。
(2) 字符流 Reader 和 Writer 的使用。
(3) 字节流 InputStream 和 OutputStream 的使用。
(4) 字节流和字符流的使用场合。
(5) 内存操作流。
(6) 打印流。
(7) 缓冲流。
(8) Scanner 类实现文件操作。
(9) 对象序列化。
(10) 了解装饰设计模式。

12.7 强化练习

12.7.1 判断题

1. 文件缓冲流的作用是提高文件的读/写效率。(   )
2. 通过 File 类可对文件属性进行修改。(   )

3. IOException 必须被捕获或抛出。(　　)
4. 对象序列化是指将程序中的对象转化为一个字节流,存储在文件中。(　　)
5. Serializable 接口是个空接口,它只是一个表示对象可以序列化的特殊标记。(　　)

12.7.2 选择题

1. 下列属于文件输入输出流的是(　　)。
   A. FileInputStream 和 FileOutputStream
   B. BufferInputStream 和 BufferOutputStream
   C. PipedInputStream 和 PipedOutputStream
   D. 以上都是
2. 实现字符流的写操作类是(　　)。
   A. FileReader　　B. Writer
   C. FileInputStream　　D. FileOutputStream
3. 字符流与字节流的区别在于(　　)。
   A. 前者带有缓冲,后者没有　　B. 前者是块读写,后者是字节读写
   C. 两者没有区别,可以互换使用　　D. 每次读写的字节数不同
4. 要从 file.dat 文件中读出第 10 个字节到变量 c 中,下列适合的方法是(　　)。
   A. FileInputStream in=new FileInputStream("file.dat"); int c=in.read();
   B. RandomAccessFile in = new RandomAccessFile("file.dat"); in.skip(9); int c=in.readByte();
   C. FileInputStream in=new FileInputStream("file.dat"); in.skip(9); int c=in.read();
   D. FileInputStream in= new FileInputStream("file.dat"); in.skip(10); int c=in.read();
5. 当处理的数据量很多,或向文件写很多次小数据时,一般使用(　　)流。
   A. DataOutput　　B. FileOutput
   C. BufferedOutput　　D. PipedOutput

12.7.3 简答题

1. 字符流和字节流的区别是什么?
2. 举例说明什么是缓冲以及为什么要用缓冲。
3. 什么是序列化? 为何需要序列化?
4. 什么是装饰设计模式?

12.7.4 编程题

1. 编写一个可以给源程序加入行号的程序。该程序利用 JFileChooser 提示用户选择一个源文件,利用文件输入流读入该文件,加入行号后,将这个文件另存为以 txt 为扩展名的文件中。

2. 编程实现将斐波那契数列的前 20 项并写入文本文件中。

3. 编写一个可以搜索程序中是否含有指定的关键字的程序，在图形用户界面中的文本框里面让用户输入要搜索的关键字，当用户按下搜索按钮时则进行搜索，搜索完毕时，将搜索结果关键字在程序中出现的次数显示在窗口下方合适位置，当用户单击“退出”按钮时，将结束程序的运行。

第 13 章　Java 集合框架

任务　电话号码管理程序

13.1　任务描述

现如今，科技的进步已经完全改变了人们的生活方式，原来人们还将电话号码存在纸质的电话本上，密密麻麻的一堆堆的小字，不仅记起来麻烦，想要查找某个人的电话号码更是难上加难，有了手机后，一切变得简单起来，人们可以方便地添加电话、删除电话、修改电话、查询电话。这是如何做到的呢？本章开发一款电话号码管理程序，这个程序具有电话号码的添加、删除、修改和查询的功能；在添加操作时，如果存在重复名，则显示提示信息，并提示用户输入另外的名称，如果输入的姓名不在记录中，将提示用户是否添加这个电话号码记录。

13.2　任务分析

要实现这个管理程序，首先要解决的问题是这些电话号码应该存储在什么地方？对，没错，我们可以借助于文件来存放这些电话号码。那么从文件中获取到的电话号码在程序中应该如何存储呢？数组？数组的特点是一旦定义了数组的长度就不能改变，可是我们并不能事先知道究竟会存放多少电话号码，显然使用数组并不可行。我们需要一个可变长的容器，Java 给人们提供了很多可变长的容器，下面就一起来学习 Java 集合框架吧！

13.3　相关知识

13.3.1　Java 集合框架概述

Java 集合框架为人们提供了一套性能优良、使用方便的接口和类，它们位于 java.util 包中。它支持绝大多数开发者会用到的数据结构，有了它，人们不必再重新发明轮子，只需学会如何使用它们，就可处理实际应用中的问题了。

Java 2 简化的集合框架图如图 13-1 所示。

由图 13-1 可以看出，Java 集合框架主要提供了以下 7 种接口和实现类。

(1) 单值操作接口：Collection、List、Set。

(2) 键值对的操作接口：Map。

(3) 输出的接口：Iterator、ListIterator。

(4) 比较的接口：Comparable、Comparator。

(5) List 接口的实现类：ArrayList 和 LinkedList。

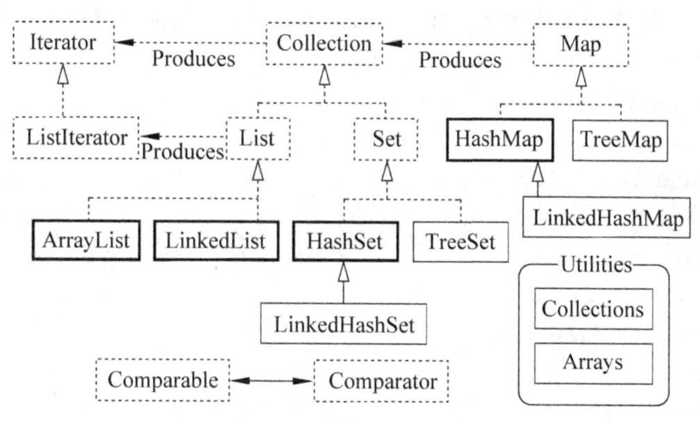

图 13-1　Java 2 简化集合框架图

(6) Set 接口的实现类：HashSet 和 TreeSet。

(7) 辅助工具类：Collections 类和 Arrays 类。

从开发的角度来看，在集合操作中已经很少去使用 Collection 来完成功能了，基本上都使用其子接口 List 和 Set，下面就从 List 接口开始介绍。

13.3.2　List 接口

List 接口的结构特点如下。

(1) 有序的 Collection，这里的有序指的是放进去的顺序和取出来的顺序是一样的。

(2) 可重复的，允许有相同的元素存在。

接口是不能直接实例化的，如果想要使用 List 接口，则要通过其子类，常用的子类有 ArrayList 和 LinkedList。

1. 可变数组——ArrayList

ArrayList 底层使用数组作为实现结构，但是元素个数不受限制，是大小可变的数组，在内存中分配连续的空间，遍历元素和随机访问元素的效率比较高，不足之处是任何不在结尾处增加元素或删除元素的操作都会引起大量元素的移位，这种情况下效率不高。

其定义如下：

```
public class ArrayList<E>extends AbstractList<E>
implements List<E>, RandomAccess, Cloneable, Serializable
```

大家肯定想问，这里的＜E＞是什么？在 JDK 1.5 之后，接口采用了泛型技术，这样做的目的可以保证接口中的操作内容更加安全，不这样做就很难避免将猫混进狗堆里。你可能会说还是不懂，太抽象了。没关系，在这里你只需要知道如果 E 的地方指定成了 String 类型，那么就只能往里面放字符串；如果指定成了 Dog 类型，就只能往里面放狗而不能放猫。

【例 13-1】 使用 ArrayList 存储字符串。

【程序实现】

```
public class ArrayListDemo1 {
    public static void main(String[] args) {
```

```
        //建立列表,默认元素数为 10,其空间会随着元素的增加和删除而自动地增加及减少
        List<String>list=new ArrayList<String>();
        //添加元素(添加在末尾)
        System.out.println("添加元素…");
        list.add("BASIC");
        list.add("C");
        list.add("Python");
        list.add("Java");
        //打印列表的字符串表示
        System.out.println(list);
        //在指定位置插入
        System.out.println("在第 2 个元素前面插入");
        list.add(2, "C++");
        System.out.println(list);
        //有下标,用起来就像数组
        System.out.println("通过下标访问元素");
        list.set(0, "Ada");                              //修改
        System.out.println(list.get(3));                 //读取
        //用下标遍历列表
        System.out.println("用下标遍历列表: ");
        for (int i=0; i<list.size(); i++) {
            System.out.println(list.get(i));
        }
    }
}
```

【运行结果】

```
添加元素…
[BASIC, C, Python, Java]
在第 2 个元素前面插入
[BASIC, C, C++, Python, Java]
通过下标访问元素
Python
用下标遍历列表:
Ada
C
C++
Python
Java
```

注意

```
List<String>list=new ArrayList<String>();
```

在 Java 中,由于提倡面向接口编程,所以此处声明是 List 接口而不是 ArrayList 类,这样做的好处是可以方便地更换子类的实现。

同时，此处使用了泛型，所有 E 的地方都会替换为 String。

【例 13-2】 使用 ArrayList 存储自定义的对象。

【程序实现】

```
public class ArrayListDemo2 {
    public static void main(String[] args) {
        //建立列表
        List<Person>list=new ArrayList<Person>();
        //添加元素
        list.add(new Person("小王"));
        list.add(new Person("张三"));
        list.add(new Person("李四"));
        System.out.println(list);
        //可以在指定位置插入
        list.add(1, new Person("王五"));                    //插队了
        //输出方式 1: 通过下标索引的方式遍历集合
        System.out.println("通过下标索引的方式输出: ");
        for (int i=0; i<list.size(); i++) {
            System.out.println(list.get(i));
        }
        //输出方式 2: forEach 方式
        System.out.println("forEach 方式输出: ");
        for (Person p : list) {
            System.out.println(p);
        }
    }
}
    //自定义的 Person 类
class Person {
        private String name;
        public Person(String name) {
            super();
            this.name=name;
        }
        //对象的字符串表示
        public String toString() {
            return name;
        }
}
```

【运行结果】

```
[小王, 张三, 李四]
通过下标索引的方式输出:
小王
王五
```

```
张三
李四
forEach 方式输出:
小王
王五
张三
李四
```

注意

```
List<Person>list=new ArrayList<Person>();
```

此处仍然使用泛型,这意味着这个集合中只能存放 Person 类型对象。

2. 链接表——LinkedList

LinkedList 底层采用链式存储结构,插入、删除元素时不会引起大量元素的移动,效率高。它专门提供了对尾部和头部添加和删除的操作方法,而且效率很高。

定义如下:

```
public class LinkedList<E>extends AbstractSequentialList<E>
implements List<E>, Deque<E>, Cloneable, Serializable
```

【例 13-3】 使用 LinkedList 在头尾添加字符串。

【程序实现】

```
public class LinkedListDemo {
    public static void main(String[] args) {
        //思考,此处为何不声明为 List 接口呢?
        LinkedList<String>list=new LinkedList<String>();
        //添加元素(添加在表尾)
        System.out.println("添加元素…");
        list.add("BASIC");
        list.add("C");
        list.addFirst("Python");                    //LinkedList 类特有的方法
        list.addLast("Java");                       //LinkedList 类特有的方法
        System.out.println("链表头:"+list.getFirst());
        System.out.println("链表尾:"+list.getLast());
    }
}
```

【运行结果】

```
添加元素…
pythox Java
```

3. List 集合排序

如果想要对 List 集合进行排序,当然首先会去查找 List 接口提供的方法,可是很不幸,在 API 里面我们没有发现能够进行排序的方法。在 Java 集合框架概述中简化的 Java 集合框架图里面有个 utilities,包含 Collections 类和 Arrays 类,Arrays 类里面有个 sort()方法可以实现对数组元素的排序，那我们一起去看看 Collections 类里面有没有我们所需要的方法吧。

相信你很快就找到如下两个方法：

```
public static<T extends Comparable<? super T>>void sort(List<T>list)
public static<T>void sort(List<T>list,Comparator<? super T>c)
```

这里又是泛型，暂且不管它，我们先一起看例子。

【例 13-4】 使用 Collections 类对存储字符串的 List 集合进行排序。

【程序实现】

```
public class SortedListDemo1 {
    public static void main(String[] args) {
        List<String>list=new ArrayList<String>();
        //添加元素(添加在末尾)
        System.out.println("添加元素…");
        list.add("BASIC");
        list.add("C");
        list.add("Python");
        list.add("Java");
        System.out.println(list);                    //打印列表的字符串表示
        Collections.sort(list);                      //对 list 集合进行排序
        System.out.println(list);                    //排序后重新输出
    }
}
```

【运行结果】

```
添加元素…
[BASIC, C, Python, Java]
[BASIC, C, Java, Python]
```

由结果可知，集合确实是按照字母顺序从小到大输出了。那么如果存储的是自定义的 Person 类型，想按照年龄从小到大排序后输出，借助 Collections 类能否实现呢?

【例 13-5】 使用 Collections 类对存储 Person 对象的 List 集合进行排序。

【程序实现】

```
public class SortedListDemo2 {
    public static void main(String[] args) {
        //建立列表
        List<Person>persons=new ArrayList<Person>();
        //添加元素
        persons.add(new Person("小王", 30));
        persons.add(new Person("张三", 10));
        persons.add(new Person("李四", 20));
        //输出方式 1: 通过下标索引的方式遍历集合
        System.out.println("通过下标索引的方式输出: ");
        for (int i=0; i<persons.size(); i++) {
```

```
            System.out.println(persons.get(i));
        }
        Collections.sort(persons);                             //此处编译都通不过
        //输出方式 2: forEach 方式
        System.out.println("forEach 方式输出: ");
        for (Person p : persons) {
            System.out.println(p);
        }
    }
}
//自定义的 Person 类
class Person {
    private String name;
    private int age;
    public Person(String name, int age) {
        super();
        this.name=name;
        this.age=age;
    }
    @Override
    public String toString() {
        return "Person [name="+name+", age="+age+"]";
    }
}
```

【程序说明】

很遗憾,编译直接通不过,在 Eclipse 环境下直接报错,如图 13-2 所示。

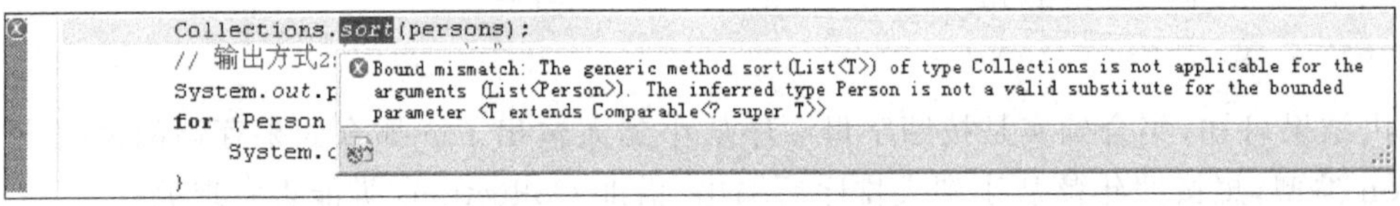

```
Collections.sort(persons);
// 输出方式2:  Bound mismatch: The generic method sort(List<T>) of type Collections is not applicable for the
System.out.p    arguments (List<Person>). The inferred type Person is not a valid substitute for the bounded
for (Person     parameter <T extends Comparable<? super T>>
    System.o
}
```

图 13-2 Eclipse 环境下的报错信息

大致意思是 Collections 类的泛型方法 sort(List<T>) 不适用于 List<Person>。类 Person 不能有效地替代受限制的参数<T extends Comparable<? Super T>>。

下面再回过头来看看 API 中对于 sort()方法的说明:

```
public static<T extends Comparable<? super T>>void sort(List<T>list)
```

根据元素的自然顺序对指定列表按升序进行排序,列表中的所有元素都必须实现 Comparable 接口。

这下你恍然大悟了吧,原来 Person 类需要去实现 Comparable 接口才行,其实分析一下这个要求也是合情合理的,Person 类里那么多属性,总得有一种方式可以告诉 sort()方法应该按什么进行排序吧。

修改例 13-5Person 类的实现,代码如下。

【程序实现】

```
//自定义的 Person 类
class Person implements Comparable<Person>{
    private String name;
    private int age;
    public Person(String name, int age) {
        super();
        this.name=name;
        this.age=age;
    }
    @Override
    public String toString() {
        return "Person [name="+name+", age="+age+"]";
    }
    //Comparable 接口要求实现的方法
@Override
    public int compareTo(Person person) {
        //按自然顺序排序,如果是-(this.age-person.age),则反序
        return this.age-person.age;    }
}
```

【运行结果】

```
通过下标索引的方式输出:
Person [name=小王, age=30]
Person [name=张三, age=10]
Person [name=李四, age=20]
forEach 方式输出:
Person [name=张三, age=10]
Person [name=李四, age=20]
Person [name=小王, age=30]
```

【程序说明】

再回过头来看看,为何 String 类可以,但 Person 类就不可以了呢?下面我们一起来观察 String 类的声明:

```
public final class String extends Object
implements Serializable, Comparable<String>, CharSequence
```

这下,明白了吧,原来 String 类实现了 Comparable 接口。

此外,实现 List 集合的排序,还可以借助于 Collections 类给我们提供的另外一个 sort 方法,代码如下:

```
public static<T>void sort(List<T>list,Comparator<? super T>c)
```

根据指定比较器产生的顺序对指定列表进行排序,此列表内的所有元素都必须可使用指定比较器相互比较。该方法需要传递实现了 Comparator 接口的类对象。

实现按年龄从小到大排序，可以创建如下年龄比较器，代码如下：

```
//自定义年龄比较器
class AgeCompare implements Comparator<Person>{
    @Override
    public int compare(Person person1, Person person2) {
        return person1.getAge()-person2.getAge();
    }
}
```

修改例 13-5，代码如下。

【程序实现】

```
public class SortedListDemo2Update2 {
    public static void main(String[] args) {
        //建立列表
        List<Person>persons=new ArrayList<Person>();
        //添加元素
        persons.add(new Person("小王", 30));
        persons.add(new Person("张三", 10));
        persons.add(new Person("李四", 20));
        System.out.println(persons);
        //输出方式 1: 通过下标索引的方式遍历集合
        System.out.println("通过下标索引的方式输出：");
        for (int i=0; i<persons.size(); i++) {
            System.out.println(persons.get(i));
        }
        Collections.sort(persons,new AgeCompare());        //使用重载的 sort()方法
        //输出方式 2: forEach 方式
        System.out.println("forEach 方式输出：");
        for (Person p : persons) {
            System.out.println(p);
        }
    }
}
//自定义年龄比较器
class AgeCompare implements Comparator<Person>{
    @Override
    public int compare(Person person1, Person person2) {
        return person1.getAge()-person2.getAge();
    }
}
//自定义的 Person 类
class Person {
    private String name;
    private int age;
    public String getName() {
        return name;
```

```
    }
    public int getAge() {
        return age;
    }
    public Person(String name, int age) {
        super();
        this.name=name;
        this.age=age;
    }

    @Override
    public String toString() {
        return "Person [name="+name+", age="+age+"]";
    }
}
```

13.3.3 Set 接口

Set 接口与 List 接口相比,结构特点如下。

(1) 无序的,即放进去的顺序和出来的顺序不同。

(2) 不可重复的,注重独一无二的性质。

Set 接口有两个重要的实现类:HashSet 和 TreeSet。

1. HashSet

定义如下:

```
public class HashSet<E>extends AbstractSet<E>
implements Set<E>, Cloneable, Serializable
```

【例 13-6】 使用 HashSet 存储字符串。

【程序实现】

```
public class HashSetDemo1 {
    public static void main(String[] args) {
        Set<String>set=new HashSet<String>();
        set.add("A");
        set.add("B");
        set.add("C");
        set.add("C");               //添加重复字符串 C,大家观察输出结果会不会添加进去
        set.add("D");
        set.add("E");
        System.out.println(set);
    }
}
```

【运行结果】

```
[D, E, A, B, C]
```

【程序说明】

观察结果发现，Set 集合是无序的，添加的顺序和输出的顺序不同；同时还验证了 Set 集合是不允许重复的，试图添加重复元素 C 时没有成功。

【例 13-7】 使用 HashSet 存取自定义对象。

【程序实现】

```
public class HashSetDemo2 {
    public static void main(String[] args) {
        //使用 HashSet 这个大仓库来存放自定义的狗狗对象
        Set<Dog>dogWare=new HashSet<Dog>();
        Dog lele=new Dog("乐乐", "拉布拉多犬", 2, 10);
        Dog xixi=new Dog("西西", "藏獒", 3, 5);
        Dog qiuqiu=new Dog("球球","哈士奇",1,20);
        Dog dingding=xixi;                          //引用相等性
        dogWare.add(lele);
        dogWare.add(xixi);
        dogWare.add(qiuqiu);
        boolean result=dogWare.add(dingding);
        System.out.println("引用相等性: 加入成功?"+result);     //false
        //下面创建的狗 duoduo 和 qiuqiu 指向的狗具有完全相同的特征
        Dog duoduo=new Dog("球球","哈士奇",1,20);
        boolean result2=dogWare.add(duoduo);
        System.out.println("对象本身是相等的: 加入成功?"+result2)
        //遍历 Dog 集合,输出狗的自我介绍
        for(Dog dog:dogWare){
            dog.introduction();
        }
    }
}
//自定义的 Dog 类
class Dog {
    private String name;                            //狗的名字
    private String breed;                           //狗的品种
    private int age;                                //狗龄
    private int love;                               //狗与主人的亲密度
    public Dog(String name, String breed, int age, int love) {
        super();
        this.name=name;
        this.breed=breed;
        this.age=age;
        this.love=love;
    }
    /* *
     * 狗的自白
     */
```

```
    public void introduction() {
        System.out.println("我的名字是"+this.name+",我的品种是"+this.breed+"\n"
                +"我"+this.age+"岁了,我和主人的亲密度为"+this.love);
        System.out.println("============================");
    }
}
```

【运行结果】

```
引用相等性:加入成功? false
对象本身是相等的:加入成功? true
我的名字是乐乐,我的品种是拉布拉多犬
我 2 岁了,我和主人的亲密度为 10
============================
我的名字是西西,我的品种是藏獒
我 3 岁了,我和主人的亲密度为 5
============================
我的名字是球球,我的品种是哈士奇
我 1 岁了,我和主人的亲密度为 20
============================
我的名字是球球,我的品种是哈士奇
我 1 岁了,我和主人的亲密度为 20
============================
```

【程序说明】

下面一起来分析一下为何会出现以上运行结果。

首先要搞清楚两个问题:引用相等性和对象相等性。

(1) 引用相等性:引用堆上同一个对象的两个引用是相等的,如图 13-3 所示。

引用相等性调用 hashCode()结果相同。

判断两个引用是否相等,可以使用==来比较变量上的字节组合。引用到相同的对象,字节组合也必定会是一样的。

(2) 对象相等性:堆上的两个不同对象在意义上是相同的,如图 13-4 所示。

图 13-3 引用相等性

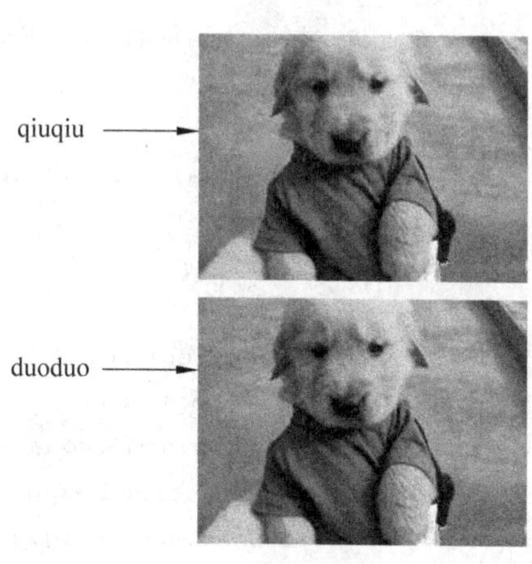

图 13-4 对象本身相等性

通过例 13-7 的运行结果，我们发现引用相等性，HashSet 认为是重复的元素，但是对象相等性 HashSet 并不认为是重复的。如何让 Set 添加不进去对象本身是相等的对象呢？可按如下步骤进行。

(1) 覆盖从 Object 继承下来的 hashCode()方法。hashCode()方法主要用来缩小寻找的成本，hashcode 相同并不一定能够保证对象是相等的，因为 hashCode()方法所使用的杂凑算法可能凑巧使得多个对象传回相同的 hashcode，越糟糕的算法，碰撞的几率越大。

(2) 在 hashcode 相同的前提下，还要通过重写 equals()方法来认定是否真正找到了相同的对象。

在例 13-7 的基础上修改 Dog 类，重写 hashCode()方法和 equals()方法。

【程序实现】

```
public class Dog {
    private String name;                        //狗的名字
    private String breed;                       //狗的品种
    private int age;                            //狗龄
    private int love;                           //狗与主人的亲密度
    public Dog(String name, String breed, int age, int love) {
        super();
        this.name=name;
        this.breed=breed;
        this.age=age;
        this.love=love;
    }
    /**
     * 第 1 步：重写 hashCode()方法，保证 hashCode 值是一样的
     */
    @Override
    public int hashCode() {
        return name.hashCode();
    }
    /**
     * 第 2 步：重写 equals()方法，保证内容真的相等
     */
    @Override
    public boolean equals(Object obj) {
        if (this==obj) {
            return true;
        }
        if (obj instanceof Dog) {
            Dog dog=(Dog) obj;
            return this.name.equals(dog.getName())
                && this.breed.equals(dog.getBreed())
                && this.age==dog.getAge() && this.love==dog.getLove();
        }
```

```
            return false;
        }
        /**
         * 狗的自白
         */
        public void introduction() {
            System.out.println("我的名字是"+this.name+",我的品种是"+this.breed+"\n"
                    +"我"+this.age+"岁了,我和主人的亲密度为"+this.love);
            System.out.println("============================");
        }
    }
```

【运行结果】

```
引用相等性:加入成功? false
对象本身是相等的:加入成功? false
我的名字是乐乐,我的品种是拉布拉多犬
我 2 岁了,我和主人的亲密度为 10
============================
我的名字是球球,我的品种是哈士奇
我 1 岁了,我和主人的亲密度为 20
============================
我的名字是西西,我的品种是藏獒
我 3 岁了,我和主人的亲密度为 5
============================
```

2. TreeSet

先来思考一个问题:Set 集合如何排序?

使用前面讲的 Collections 类的 sort()方法可以做到吗?再来看一下方法的声明:

```
public static<T extends Comparable<? super T>>void sort(List<T>list)
```

显然,该方法只能传递 List 接口的实现类对象,无法做到对 Set 集合的排序。那么想对 Set 集合排序怎么办呢?那就只能靠 TreeSet 了。

TreeSet 是 Set 接口的另外一个实现类,它和 HashSet 很相似,也是不可重复的,但是有一点不同,它会一直保持集合处于有序状态。

定义如下:

```
public class TreeSet<E>extends AbstractSet<E>
implements NavigableSet<E>, Cloneable, Serializable
```

这里的 NavigableSet 是 SortedSet 的子接口,其定义如下:

```
public interface NavigableSet<E>extends SortedSet<E>
```

【例 13-8】 使用 TreeSet 存储字符串。

【程序实现】

```
public class TreeSetDemo1 {
```

```
    public static void main(String[] args) {
        Set<String>set=new TreeSet<String>();
        set.add("D");
        set.add("E");
        set.add("C");
        set.add("C");
        set.add("A");
        set.add("B");
        System.out.println(set);
    }
}
```

【运行结果】

```
[A, B, C, D, E]
```

【程序说明】

通过运行结果,可以看出 TreeSet 中的元素是不可重复的,试图添加字符串"C"没有添加进去,同时发现结果按字母顺序进行了排序。如果 TreeSet 中存储的是自定义类型的对象呢?

【例 13-9】 使用 TreeSet 存储自定义类型的对象。

【程序实现】

```
public class TreeSetDemo2 {
    public static void main(String[] args) {
        Set<Dog>dogWare=new TreeSet<Dog>();    //使用 TreeSet 存储自定义的 Dog 对象
        Dog lele=new Dog("乐乐", "拉布拉多犬", 2, 10);
        Dog xixi=new Dog("西西", "藏獒", 3, 5);
        Dog qiuqiu=new Dog("球球","哈士奇",1,20);
        dogWare.add(lele);
        dogWare.add(xixi);                     //报错位置
        dogWare.add(qiuqiu);
        for(Dog dog:dogWare){
            dog.introduction();
        }
    }
}
public class Dog {
    private String name;                       //狗的名字
    private String breed;                      //狗的品种
    private int age;                           //狗龄
    private int love;                          //狗与主人的亲密度
    public Dog(String name, String breed, int age, int love) {
        super();
        this.name=name;
        this.breed=breed;
        this.age=age;
```

```
        this.love=love;
    }
    @Override
    public int hashCode() {
        return name.hashCode();
    }
    @Override
    public boolean equals(Object obj) {
        if (this==obj) {
            return true;
        }
        if (obj instanceof Dog) {
            Dog dog= (Dog) obj;
            return this.name.equals(dog.getName())
                    && this.breed.equals(dog.getBreed())
                    && this.age==dog.getAge() && this.love==dog.getLove();
        }
        return false;
    }
    /**
     * 狗的自白
     */
    public void introduction() {
        System.out.println("我的名字是"+this.name+",我的品种是"+this.breed+"\n"
                +"我"+this.age+"岁了,我和主人的亲密度为"+this.love);
        System.out.println("============================");
    }
    public String getName() {
        return name;
    }
    public String getBreed() {
        return breed;
    }
    public int getAge() {
        return age;
    }
    public int getLove() {
        return love;
    }
}
```

【运行结果】

报如图 13-5 所示的错误。

单击最后一行会跳到报错所在的行“dogWare.add(xixi);”,也就意味着程序运行到“dogWare.add(xixi);这”句时报错,为什么呢?因为当 dogWare 添加完第 1 个元素,如果

```
Console ✕
<terminated> TreeSetDemo2 [Java Application] C:\Program Files\Java\jre6\bin\javaw.exe (2014-9-4 下午10:58:27)
Exception in thread "main" java.lang.ClassCastException: jcf.Dog cannot be cast to java.lang.Comparable
        at java.util.TreeMap.put(Unknown Source)
        at java.util.TreeSet.add(Unknown Source)
        at jcf.TreeSetDemo2.main(TreeSetDemo2.java:13)
```

图 13-5 Eclipse 环境运行报错

再添加第 2 个元素时就会寻找合适的插入位置，可是究竟插在什么位置呢？肯定得有种方式告诉它按类的什么属性进行排序。

下面再来分析一下第一句报的异常 ClassCastException：类型转换异常，Dog 类不能被转换为 Comparable 接口的实例。再结合之前对 Collections 排序方法的分析，你是否能够想到应该让 Dog 类去实现 Comparable 接口呢？修改 Dog 类的代码如下：

```
public class Dog implements Comparable<Dog>{
    @Override
    public int compareTo(Dog o) {
        return this.getAge()-o.getAge();            //按年龄从小到大排序
    }
}
```

【运行结果】

```
我的名字是球球,我的品种是哈士奇
我 1 岁了,我和主人的亲密度为 20
============================
我的名字是乐乐,我的品种是拉布拉多犬
我 2 岁了,我和主人的亲密度为 10
============================
我的名字是西西,我的品种是藏獒
我 3 岁了,我和主人的亲密度为 5
============================
```

除了以上方式，还可以使用带 Comparator 参数的构造函数来创建 TreeSet。代码如下，Dog 类不变。

```
public class TreeSetDemo2 {
    public static void main(String[] args) {
        //使用带 Comparator 参数的构造函数来创建 TreeSet
        Set<Dog>dogWare=new TreeSet<Dog>(new AgeComparator());
        Dog lele=new Dog("乐乐", "拉布拉多犬", 2, 10);
        Dog xixi=new Dog("西西", "藏獒", 3, 5);
        Dog qiuqiu=new Dog("球球","哈士奇",1,20);
        dogWare.add(lele);
        dogWare.add(xixi);
        dogWare.add(qiuqiu);
        for(Dog dog:dogWare){
            dog.introduction();
```

```
        }
    }
}
//自定义年龄比较器
class AgeComparator implements Comparator<Dog>{
    @Override
    public int compare(Dog o1, Dog o2) {
        return o1.getAge()-o2.getAge();
    }
}
```

13.3.4 迭代器——Iterator

Iterator 的常用方法如表 13-1 所示。

表 13-1 Iterator 的常用方法

方 法	说 明
boolean hasNext()	判断是否还有下一个元素，如果有，返回真；否则返回假
E next()	返回下一个元素
void remove()	删除迭代器当前指向的集合中的元素

在例 13-2 中增加使用迭代器的输出方式，代码如下：

```
System.out.println("Iterator 迭代的方式输出：");
Iterator<Person>iterator=list.iterator();
                                        //调用 iterator 方法可以得到迭代器 Iterator
while (iterator.hasNext()) {
    Person p=iterator.next();
    System.out.println(p);
}
```

13.3.5 Map 接口

前面介绍的 Collection 接口、List 接口、Set 接口及其实现类一次只能存储一个值，是单值集合，而本节给大家介绍的 Map 接口保存的内容是键值对，以 key→value 的形式保存。例如词典的 key 就是单词，value 就是词的解释，再比如电话本 key 就是人名，value 就是对应的电话号码。Map 集合常用于查找的操作，如果查找到了则返回内容，否则返回空。

结构特点有两个。

(1) 键(Key)不允许重复。

(2) 一个键(Key)只能映射到一个值(Value)。

Map 接口本身有 3 个常用的子类：HashMap、HashTable、TreeMap，HashTable 已经标为过时，我们重点分析 HashMap 和 TreeMap。

1. HashMap

HashMap 底层的实现利用了哈希表结构，因而集合中的元素仍然不会按次序排列，常用方法如表 13-2 所示。

表 13-2　HashMap 的常用方法

方　　法	说　　明
void clear()	清除所有映射单元
Set<K> keySet()	返回所有 key 的集合
Collection<V> values()	返回所有值的集合
Set<Map. Entry<K,V>> entrySet()	返回键值对的集合
V get(Object key)	根据键取得值
V put(K key,V value)	存值
V remove(Object key)	删除指定键所对应的值
void putAll(Map<? extends K,? extends V> m)	集合复制
boolean containsKey(Object key)	判断是否包含某个键
boolean containsValue(Object value)	判断是否包含某个值

【例 13-10】 使用 HashMap 存储名字和电话信息。

【程序实现】

```
public class HashMapDemo1 {
    public static void main(String[] args) {
        //使用泛型
        Map<String, String>map=new HashMap<String, String>();
        map.put("zhangsan", "15254305006");
        map.put("zhangsan", "152543050663");          //如果键相同,会覆盖原来的
        map.put("lisi", "15254305068");
        map.put("wangwu", "13405786007");
        System.out.println(map);
    }
}
```

【运行结果】

```
{wangwu=13405786007, lisi=15254305068, zhangsan=152543050663}
```

【例 13-11】 使用 3 种方式输出 Map 集合的值。

【程序实现】

```
public class HashMapDemo2 {
    public static void main(String[] args) {
        //使用了泛型
        Map<String, String>map=new HashMap<String, String>();
        map.put("zhangsan", "15254305006");
        map.put("lisi", "15254305068");
        map.put("wangwu", "13405786007");
        //方式 1  使用 keySet 得到所有的键值
```

```
        Set<String>keySet=map.keySet();
        Iterator<String>iterator=keySet.iterator();              //得到迭代器
        System.out.println("方式 1 输出:");
        while (iterator.hasNext()) {
            String key=iterator.next();
            String value=map.get(key);
            System.out.println(key+"->"+value);
        }
        //方式 2  使用 values 得到所有的值
        System.out.println("方式 2 输出:");
        Collection<String>collection=map.values();
        for (String value : collection) {
            System.out.println(value);
        }
        //方式 3  使用 entrySet 得到键值对集合
        System.out.println("方式 3 输出:");
        Set<Entry<String, String>>keyVaues=map.entrySet();
        for (Map.Entry<String, String>entries : keyVaues) {
            System.out.println(entries.getKey()+"->"+entries.getValue());
        }
    }
}
```

【运行结果】

```
方式 1  输出:
wangwu->13405786007
lisi->15254305068
zhangsan->15254305006
方式 2  输出:
13405786007
15254305068
15254305006
方式 3  输出:
wangwu->13405786007
lisi->15254305068
zhangsan->15254305006
```

2. TreeMap

TreeMap 与 HashMap 非常相似,不同之处有两点。

(1) TreeMap 底层采用红黑树结构,而 HashMap 使用哈希表结构。

(2) TreeMap 中的元素按 Key 自动排序,而 HashMap 是无序的。

【例 13-12】 使用 TreeMap 存储名字和电话信息。

【程序实现】

```
public class TreeMapDemo1 {
```

```
    public static void main(String[] args) {
        //使用了泛型
        Map<String, String>map=new TreeMap<String, String>();
        map.put("zhangsan", "15254305006");
        map.put("zhangsan", "152543050663");
        map.put("lisi", "15254305068");
        map.put("wangwu", "13405786007");
        System.out.println(map);
    }
}
```

【运行结果】

```
{lisi=15254305068, wangwu=13405786007, zhangsan=152543050663}
```

【程序说明】

通过结果发现,TreeMap 仍然不允许键重复,如果重复,则会覆盖。同时发现 TreeMap 实现了将集合中的元素进行了排序,本例是按照字母次序从小到大排序。

13.3.6 再谈泛型

首先一起观察一下对象数组是如何工作的。

```
public class GenericsDemo1 {
    public static void main(String[] args) {
        Animal[] animals={new Dog(),new Cat(),new Dog()};
        Dog[] dogs={new Dog(),new Dog(),new Dog()};
        takeAnimals(animals);                    //传递 Animal 类型的对象数组
        takeAnimals(dogs);                       //传递 Dog 类型的对象数组
    }
    public static void takeAnimals(Animal[] animals){
        for(Animal animal:animals){
            animal.eat();
        }
    }
}
public abstract class Animal {
    public abstract void eat();
}
public class Cat extends Animal{
    @Override
    public void eat() {
        System.out.println("猫吃鱼");
    }
}
public class Dog extends Animal{
    @Override
```

```
    public void eat() {
        System.out.println("狗吃骨头");
    }
}
```

【运行结果】

狗吃骨头
猫吃鱼
狗吃骨头
狗吃骨头
狗吃骨头
狗吃骨头

如果把数组换成 List 集合呢？先创建 Animal 类型的 List 集合。

```
public class GenericsDemo2 {
    public static void main(String[] args) {
        //创建 Animal 集合
        List<Animal>animals=new ArrayList<Animal>();
        animals.add(new Dog());
        animals.add(new Cat());
        animals.add(new Dog());
        takeAnimals(animals);
    }
    public static void takeAnimals(List<Animal>animals){
        for(Animal animal:animals){
            animal.eat();
        }
    }
}
```

【运行结果】

狗吃骨头
猫吃鱼
狗吃骨头

再来创建 Dog 类型的集合：

```
public class GenericsDemo3 {
    public static void main(String[] args) {
        //创建 Dog 类型的集合
        List<Dog>dogs=new ArrayList<Dog>();
        dogs.add(new Dog());
        dogs.add(new Dog());
        dogs.add(new Dog());
        takeAnimals(dogs);                    //编译报错
    }
```

```
    public static void takeAnimals(List<Animal>animals){
        for(Animal animal:animals){
            animal.eat();
        }
    }
}
```

编译时 Eclipse 就报错，错误结果如图 13-6 所示。

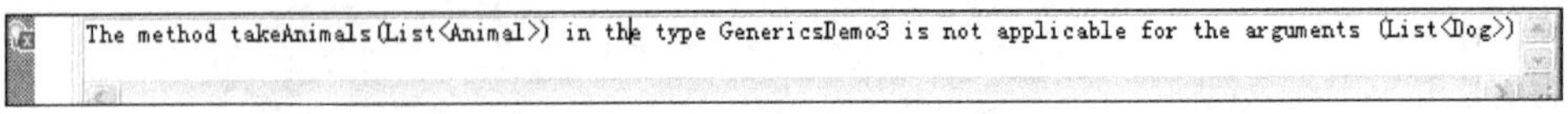

The method takeAnimals(List<Animal>) in the type GenericsDemo3 is not applicable for the arguments (List<Dog>)

图 13-6　Eclipse 环境运行报错

大致意思是方法 takeAnimals(List<Animal>)不能接收 List<Dog>类型的参数。
这时，你可能会有个疑问，Dog 类是 Animal 的子类，为何就不能传递过来呢？
假如允许，就会出现如下情况：在狗群里混进了猫。

```
public class GenericsDemo3 {
    public static void main(String[] args) {
        List<Dog>dogs=new ArrayList<Dog>();
        dogs.add(new Dog());
        dogs.add(new Dog());
        dogs.add(new Dog());
        takeAnimals(dogs);
    }
    public static void takeAnimals(List<Animal>animals){
        for(Animal animal:animals){
            animals.add(new Cat());                //狗群里混进了猫，危险的操作
        }
    }
}
```

如果我们想接收狗又不想狗群里混进猫怎么办？
方法 1　Java 提供了万用字符，可以修改方法的声明如下：

```
private static void takeAnimals(List<? extends Animal>animals)
<? extends Animal>
```

<? extends Animal>的意思是只要是 Animal 的子类，统统可以接收。

你肯定会问，那不也能把 Cat 传进来吗？传确实可以，但是把 Cat 加入到集合里面是办不到的。因为 Java 规定：在使用任何带有<?>的声明时，编译器不允许将任何东西加入到集合中！

方法 2　还可以这样写：

```
private static<T extends Animals> void takeAnimals(List<T>animals)
```

13.4 任务实现

学习了这么多 Java 集合框架的知识，应该很容易就可以实现本章提出的电话号码管理程序。

【问题分析】

首先要考虑的是电话号码应该存储在什么地方呢？

第 12 章学习了 I/O 流，所以可以借助于文件来存储电话信息。文件上列出电话信息，每行代表一个联系人的信息，名字和电话之间用斜线隔开。在项目文件夹下建立 phonebook.txt 文件，内容如下：

```
zhangsan/13475089008
lisi/15254305055
wangwu/13475089006
```

如果想操作里面的数据，必须要读取文件获取数据，读出来的数据通过什么样的集合来存储呢？

考虑到这是很典型的键值对，name->phone，选择使用 Map 接口，又因为我们希望按人名排序，所以最终选择 TreeMap 集合来存放读出来的数据。在程序中定义 PhoneBook 类专门对电话号码进行管理，定义 phones 成员来存放读取到的电话信息，语句如下：

```
private Map<String, String>phones=new TreeMap<String, String>();
```

readPhoneBooks()方法定义如下：

```
private void readPhoneBooks() throws IOException {
        File file=new File("phonebook.txt");
        BufferedReader reader=new BufferedReader(new FileReader(file));
        String line=null;
        while ((line=reader.readLine())!=null) {
            String[] tokens=line.split("/"); //split()方法会用反斜线来拆分电话信息
            phones.put(tokens[0], tokens[1]);//调用 put()方法存放名字和电话
        }
}
```

接下来再来看如何显示读取到的电话信息呢？其实就是 Map 集合的输出问题，相信通过之前的学习这个实现起来应该不难。在 PhoneBook 类里面定义方法 displayAllPhones()如下：

```
public void displayAllphones() {
        //得到键的集合,即名字集合
        Set<String> keySet=phones.keySet();
        //使用 StringBuffer 来拼接字符串
        StringBuffer stringBuffer=new StringBuffer("你的电话本上有如下记录:\n");
        // 遍历 set 集合,根据名字取得电话
        for(String name:keySet){
```

```
            String phone=phones.get(name);
            stringBuffer.append(name+"-->"+phone+"\n");
        }
        JOptionPane.showMessageDialog(null, stringBuffer.toString());
}
```

在电话本中添加一条记录又该如何实现呢？首先应该提示用户输入名字和电话信息，输入完成之后不能上来就添加到集合里，应该检查是不是已经有同名的用户存在了，如果存在的话应该提示用户重新输入，此外除了添加到集合中，还要考虑将新的记录添加到文件里，实现已有文件数据的更新。在 PhoneBook 类里面定义方法 addNewPhone()如下：

```
public void addNewPhone() throws IOException {
        name=JOptionPane.showInputDialog("请输入名字：");
        phone=JOptionPane.showInputDialog("请输入电话号码：");
        //调用处理名字重复的方法
        processNameDuplicate();
        phones.put(name, phone);
        //更新文件记录,插入一条新的记录
        updatePhonebook(name, phone);
        String message="添加新的记录成功\n 名字："+name
                        +"\n 电话号码："+phone;
        JOptionPane.showMessageDialog(null, message);
}
```

处理名字重复的方法 processNameDuplicate()定义如下：

```
private void processNameDuplicate() {
        while (phones.containsKey(name)) {          //循环直到不包含重复的名字为止
            String message="在电话本上存在同名的记录\n 请使用另外的名字";
            name=JOptionPane.showInputDialog(message);
        }
}
```

更新文件记录的方法 updatePhonebook()定义如下：

```
private void updatePhonebook(String name, String phone) throws IOException {
    PrintWriter printWriter=new PrintWriter(new FileWriter(new File(
                "phonebook.txt"), true));            //此处 true 意味着追加到文件末尾
    printWriter.println(name+"/"+phone);
    printWriter.close();
}
```

添加新的电话记录完成了，下面再一起来想想查询的实现思路，首先要提示用户输入想要查询的名字，如果存在，则显示其电话号码，如果不存在还应该提示用户是否添加该用户。search()方法定义如下：

```
public void search() throws IOException {
        String choice=null;
```

```
        name=JOptionPane.showInputDialog("请输入你要查询的名字");
        if (phones.containsKey(name)) {
            phone=phones.get(name);
            display(name, phone);
        } else {
            String message="这个名字在你的电话本中不存在\n你想添加这条记录吗? (y/n)";
            choice=JOptionPane.showInputDialog(message);
            if (choice.matches("[y|Y]")) {
                addNewPhone();
            }
        }
}
```

上面的 display()方法定义如下：

```
private void display(String name, String phone) {
        String message="name:"+name+"\n"+"phone:"+phone;
        JOptionPane.showMessageDialog(null, message);
}
```

电话本程序还应该提供给用户一个选择菜单，让用户选择想要对电话本进行的操作。makeChoice()方法定义如下：

```
public String makeChoice() {
        String choice=null;
        String message="欢迎使用电话本程序…\n"
                +"1 查看所有电话\n"
                +"2 添加电话\n"
                +"3 查询电话\n"+"4 退出\n";
        boolean done=false;
        while (!done) {
            choice=JOptionPane.showInputDialog(message);
            if (choice.matches("[1|2|3|4]"))
                done=true;
            else
                JOptionPane.showMessageDialog(null,
                        "输入错误");
        }
        return choice;
    }
```

由于在实际应用中，电话号码记录是通过数据库来存储的，所以我们并没有实现电话号码的更新和删除操作。

【程序实现】

```
public class PhoneBook {
    private String name, phone;
```

```
    private Map<String, String>phones=new TreeMap<String, String>();
    public PhoneBook() throws IOException{
        readPhoneBooks();
    }
    public String makeChoice() {
        String choice=null;
        String message="欢迎使用电话本程序…\n"
                +"1 查看所有电话\n"
                +"2 添加电话\n"
                +"3 查询电话\n"+"4 退出\n";
        boolean done=false;
        while (!done) {
            choice=JOptionPane.showInputDialog(message);
            if (choice.matches("[1|2|3|4]"))
                done=true;
            else
                JOptionPane.showMessageDialog(null,
                        "输入错误");
        }
        return choice;
    }
    private void readPhoneBooks() throws IOException {
        File file=new File("phonebook.txt");
        BufferedReader reader=new BufferedReader(new FileReader(file));
        String line=null;
        while ((line=reader.readLine())!=null) {
            String[] tokens=line.split("/");
            phones.put(tokens[0], tokens[1]);
            System.out.println(tokens[0]+"->"+tokens[1]);
        }
    }
    public void addNewPhone() throws IOException {
        name=JOptionPane.showInputDialog("请输入名字：");
        phone=JOptionPane.showInputDialog("请输入电话号码：");
        //调用处理名字重复的方法
        processNameDuplicate();
        phones.put(name, phone);
        //更新文件记录,插入一条新的记录
        updatePhonebook(name, phone);
        String message="添加新的记录成功\n 名字："+name+"\n 电话号码："+phone;
        JOptionPane.showMessageDialog(null, message);
    }
    private void updatePhonebook(String name, String phone) throws IOException {
        PrintWriter printWriter=new PrintWriter(new FileWriter(new File(
                "phonebook.txt"), true));
        printWriter.println(name+"/"+phone);
        printWriter.close();
```

```
    }
    private void processNameDuplicate() {
        System.out.println("name="+name);
        System.out.println(phones.containsKey(name));
        while (phones.containsKey(name)) {            //循环直到不包含重复的名字为止
            String message="在电话本上存在同名的记录\n 请使用另外的名字";
            name=JOptionPane.showInputDialog(message);
        }
    }
    public void search() throws IOException {
        String choice=null;
        name=JOptionPane.showInputDialog("请输入你要查询的名字");
        if (phones.containsKey(name)) {
            phone=phones.get(name);
            System.out.println("phone="+phone);
            display(name, phone);
        } else {
            String message="这个名字在你的电话本中不存在\n 你想添加这条记录吗? (y/n)";
            choice=JOptionPane.showInputDialog(message);
            if (choice.matches("[y|Y]")) {
                addNewPhone();
            }
        }
    }
    private void display(String name, String phone) {
        String message="name:"+name+"\n"+"phone:"+phone;
        JOptionPane.showMessageDialog(null, message);
    }
    public void goodBye() {
        JOptionPane.showMessageDialog(null, "谢谢你使用本电话本程序,再见!");
        System.exit(0);
    }
    public void displayAllphones() {
        Set<String> keySet=phones.keySet();
        StringBuffer stringBuffer=new StringBuffer("你的电话本上有如下记录:\n");
        for(String name:keySet){
            String phone=phones.get(name);
            stringBuffer.append(name+"-->"+phone+"\n");
        }
        JOptionPane.showMessageDialog(null, stringBuffer.toString());
    }
}
//电话号码管理程序入口类
public class PhoneBookEntry {
    public static void main(String[] args) throws IOException {
```

```
        String again="y";
        PhoneBook phonebook=new PhoneBook();
        while (again.matches("[y|Y]")) {
            String choice=phonebook.makeChoice();
            switch (Integer.parseInt(choice)) {
            case 1:
                phonebook.displayAllphones();
                break;
            case 2:
                phonebook.addNewPhone();
                break;
            case 3:
                phonebook.search();
                break;
            case 4:
                phonebook.goodBye();
            }
            again=JOptionPane.showInputDialog("是否继续？ (y/n): ");
        }
        phonebook.goodBye();
    }
}
```

【运行结果】

运行结果如图 13-7～图 13-18 所示。

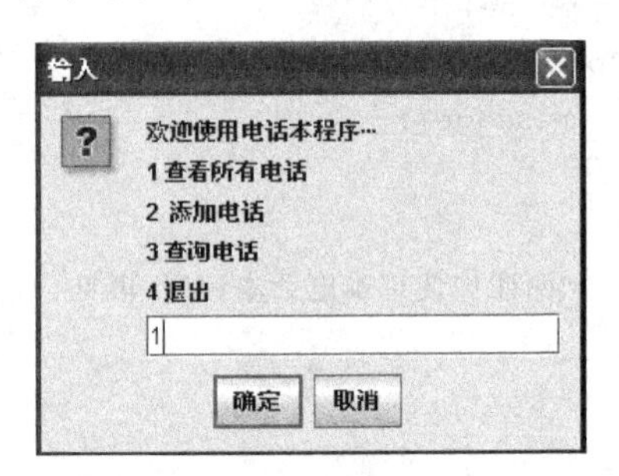

图 13-7　菜单界面

图 13-8　显示所有电话记录

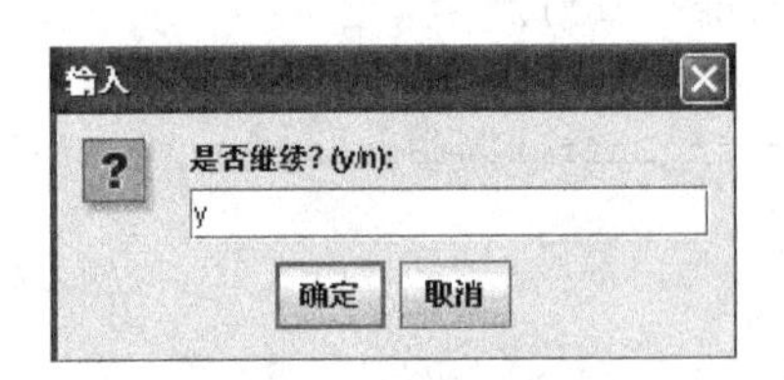

图 13-9　是否继续界面

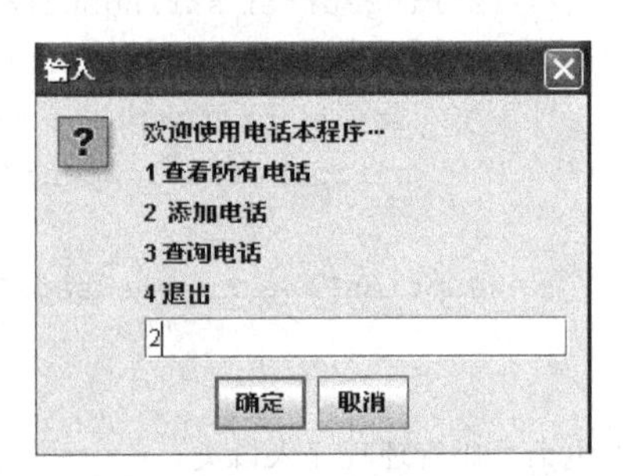

图 13-10　输入 y 后，再次进入菜单界面

图 13-11　提示输入姓名

图 13-12　提示输入电话号码

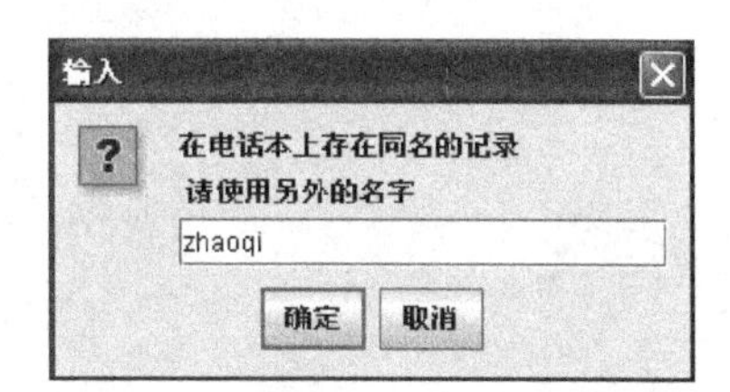

图 13-13　zhangsan 已经存在，提示输入其他名字

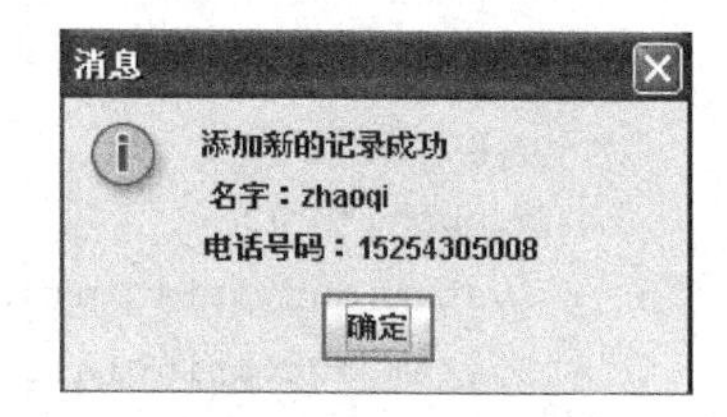

图 13-14　添加新记录成功

图 13-15　查询

图 13-16　如果存在，显示查询结果

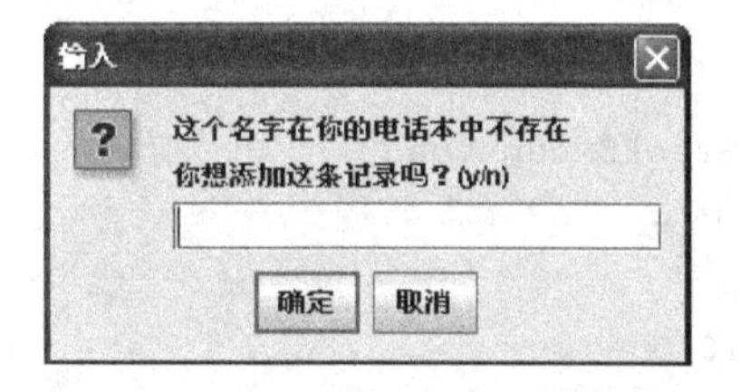

图 13-17　如果不存在，提示是否添加

图 13-18　退出程序界面

13.5　知识拓展

13.5.1　Stack

Stack 是用 Java 实现栈的一种操作。

栈的特点：先进后出(First In Last Out,FILO)，所有内容从栈顶取出，之后每次新增加的内容都保存在栈顶之中。

Stack 的定义如下：

```
public class Stack<E>extends Vector<E>
```

主要方法如下。

入栈：public E push(E item)

出栈：public E pop()

【例 13-13】 Stack 的入栈出栈。

【程序实现】

```
public class StackDemo {
    public static void main(String[] args) {
        Stack<String>s=new Stack<String>();
        s.push("A");
        s.push("B");
        s.push("C");
        s.push("D");
        System.out.println(s.pop());
        System.out.println(s.pop());
        System.out.println(s.pop());
        System.out.println(s.pop());
        System.out.println(s.pop());          //如果栈空的话就会抛出异常
    }
}
```

【运行结果】

```
D
C
B
A
Exception in thread "main" java.util.EmptyStackException
    at java.util.Stack.peek(Unknown Source)
    at java.util.Stack.pop(Unknown Source)
    at jcf.StackDemo.main(StackDemo.java:16)
```

【程序说明】

从结果来看，出栈的顺序和入栈的顺序相反，即后进先出，栈里没有元素时，执行出栈操作会抛出 EmptyStackException 异常。

13.5.2 Queue

Queue 是 Java 实现的队列。

队列的特点是先进先出(First In First Out, FIFO)好比食堂排队买饭，排在前面的买完饭先出来。

Queue 的定义如下：

```
public interface Queue<E>extends Collection<E>
```

Queue 是 Collection 接口的子接口，Queue 的实现类很多，LinkedList 就是其实现类之一。

【例 13-14】 LinkedList 实现队列操作。

【程序实现】

```
public class QueueDemo {
    public static void main(String[] args) {
        Queue<String>queue=new Queue<String>();
        queue.enqueue("one");
        queue.enqueue("two");
        queue.enqueue("three");
        System.out.println("queue.size():"+queue.size());
        System.out.println(queue);
        while(queue.size()>0){
            System.out.println(queue.delqueue());
        }
    }
}
//使用 LinkedList 实现 Queue 接口,使用泛型
class Queue<E>{
    private LinkedList<E>queue=new LinkedList<E>();
    //入队操作
    public void enqueue(E element) {
        queue.addLast(element);
    }
    //出队操作
    public E delqueue() {
        return queue.removeFirst();
    }
    //队列长度
    public int size() {
        return queue.size();
    }
    //判断队列是否为空
    public boolean isEmpty() {
        return queue.isEmpty();
    }
    public String toString() {
        return queue.toString();
    }
}
```

【运行结果】

```
queue.size():3
[one, two, three]
one
two
three
```

13.6 本章小结

本章介绍了 Java 集合框架的常用的接口及其实现类，学习本章后，读者应该掌握以下内容。

(1) List 接口的特点。

(2) ArrayList 和 LinkedList 的特点及使用场合。

(3) List 集合如何排序。

(4) Set 接口的特点。

(5) HashSet 和 TreeSet 的特点及使用场合。

(6) 引用相等性和对象相等性。

(7) Map 接口的特点。

(8) HashMap 和 TreeMap 的特点及使用场合。

(9) 泛型。

13.7 强化练习

13.7.1 填空题

1. List 接口的特点是元素________(有|无)顺序，________(可以|不可以)重复。

2. Set 接口的特点是元素________(有|无)顺序，________(可以|不可以)重复。

3. Map 接口的特点是元素是________，其中________可以重复，________不可以重复。

4. 关于下列 Map 接口中常见的方法：

put()方法表示放入一个键值对，如果键已存在则________，如果键不存在则________；

remove()方法接收________个参数，表示________；get()方法表示________，get()方法的参数表示________，返回值表示________；要想获得 Map 中所有的键，应该使用方法________，该方法返回值类型为________；要想获得 Map 中所有的值，应该使用方法________，该方法返回值类型为________；要想获得 Map 中所有的键值对的集合，应该使用方法________，该方法返回一个________类型所组成的 Set。

13.7.2 读程序并回答问题

1. 有如下代码

```
import java.util.*;
public class TestList{
    public static void main(String args[]){
        List list=new ArrayList();
        list.add("Hello");
        list.add("World");
        list.add(1, "Learn");
        list.add(1, "Java");
```

```
        printList(list);
    }
    public static void printList(List list){
        //1
    }
}
```

要求：

(1) 把//1 处的代码补充完整，要求输出 list 中所有元素的内容。

(2) 写出程序执行的结果。

(3) 如果要把实现类由 ArrayList 换为 LinkedList，应该改哪里？ArrayList 和 LinkedList 使用上有什么区别？

2. 写出下面程序的运行结果。

```
import java.util.*;
public class TestList{
    public static void main(String args[]){
        List list=new ArrayList();
        list.add("Hello");
        list.add("World");
        list.add("Hello");
        list.add("Learn");
        list.remove("Hello");
        list.remove(0);
        for(int i=0; i<list.size(); i++){
            System.out.println(list.get(i));
        }
    }
}
```

13.7.3 简答题

1. 什么是 Java 集合 API？
2. 什么是 Iterator？
3. List 和 Set 的区别是什么？
4. Map 集合有几种输出方式？

13.7.4 编程题

1. 创建一个 List，在 List 中增加 3 个工人，基本信息如下：

```
姓名 年龄 工资
zhang3 18 3000
li4 25 3500
wang5 22 3200
```

(1) 在 li4 之前插入一个工人,信息为"姓名：zhao6,年龄：24,工资 3300"。

(2) 删除 wang5 的信息。

(3) 利用 for 循环遍历,打印 Lis 中所有工人的信息。

(4) 利用迭代遍历,对 List 中所有的工人调用 work()方法。

(5) 为 Worker 类添加 equals()方法。

2. 为上一题的 Worker 类,在添加完 equals()方法的基础上,添加一个 hashCode()方法。

3. 在第 1 题的 Worker 类基础上,为 Worker 类增加相应的方法,使得 Worker 放入 HashSet 中时,Set 中没有重复元素。

4. 在前面的 Worker 类基础上,为 Worker 类添加相应的代码,使得 Worker 对象能正确放入 TreeSet 中。并编写相应的测试代码。

注：比较时,先比较工人年龄大小,年龄小的排在前面。如果两个工人年龄相同,则再比较其收入,收入少的排前面。如果年龄和收入都相同,则根据字典顺序比较工人的姓名。例如,有 3 个工人,基本信息如下：

```
姓名、年龄、工资
zhang3 18 1500
li4 18 1500
wang5 18 1600
zhao6 17 2000
```

放入 TreeSet 排序后结果为

```
zhao6 li4 zhang3 wang5
```

5. 已知某学校的教学课程内容安排如表 13-3 所示。

表 13-3　课程内容安排

老　师	课　程	老　师	课　程
Tom	CoreJava	Jim	Unix
John	Oracle	Kevin	JSP
Susam	Oracle	Lucy	JSP
Jerry	JDBC		

完成下列要求。

(1) 使用一个 Map,以老师的名字作为键,以老师教授的课程名作为值,表示上述课程安排。

(2) 增加了一位新老师 Allen 教 JDBC。

(3) Lucy 改为教 CoreJava。

(4) 遍历 Map,输出所有的老师及老师教授的课程。

(5) 利用 Map,输出所有教 JSP 的老师。

6. 使用泛型,改写第 5 题。

7. 使用泛型和 Map. Entry 接口,改写第 5 题的前 4 个问题。

第 14 章　Java 网络编程

任务　对话百度服务器

14.1　任务描述

当今社会，网络已经成为人们工作、生活、休闲、娱乐的一部分，网络编程就是为用户提供网络服务的实用程序。本章的任务是编写程序与百度服务器进行交互（如查询北京的天气），通过程序提交查询要求，交给百度服务器去做查询，并返回查询结果。完成这个任务后，读者可以制作网页内容分析器、网络爬虫这类的应用功能了。

14.2　任务分析

根据任务描述可知，这个程序是要与远程的 Web 服务器进行交互。大家都有过在浏览器（Browser）客户端中使用百度服务器的经验：用户在客户端发出查询访问请求，百度服务器根据请求进行查询处理，并将查询结果响应给客户端；本章的这个对话百度服务的任务与在浏览器中访问百度服务的过程类似，只是这个任务不借助浏览器，而是在控制台中完成查询与显示的交互功能。完成这个任务，需要解决几个问题：如何连接到百度服务器；如何向百度服务器发送查询请求；如何获取百度服务器返回的结果数据；如何解析与处理百度服务器返回的结果数据。要解决上面几个问题，就要用到网络编程的相关知识，使用 java.net 包中的接口和类所提供的网络访问与交互功能。

14.3　相关知识

14.3.1　URL 基础知识

统一资源定位器（Uniform Resource Locator，URL）是对可以从互联网上得到的资源的位置和访问方法的一种简洁的表示，是互联网上标准资源的地址。互联网上的每个文件都有一个唯一的 URL，它包含的信息指出文件的位置以及浏览器应该怎么处理它。

URL 地址格式排列为 scheme://host：port/path。该地址各个组成部分的含义如下。

（1）Internet 资源类型（scheme）：指出 WWW 客户程序用来操作的工具。如 http:// 表示 WWW 服务器，ftp://表示 FTP 服务器，gopher://表示 Gopher 服务器，而 news://表示 Newsgroup 新闻组。

（2）服务器地址（host）：指出 WWW 页面所在的服务器域名或 IP 地址。

（3）端口（port）：可选项，如果使用默认端口（如 HTTP 的默认端口为 80）则可以省略，对非默认端口的访问来说，需给出相应的服务器的端口号。

(4) 路径(path)：指明服务器上某个资源的位置(其格式与DOS系统中的格式一样，通常有目录/子目录/文件名这样结构组成)。与端口一样，路径并非总是需要的，未写路径时，一般访问都是默认的文件，写上了路径，则访问具体的文件。

URL是一种比较直接的网络定位方式。使用URL符合人们的语言习惯，容易记忆，因此应用比较广泛。使用URL进行网络编程，不需要对协议本身有太多的了解，功能也相对比较弱，相对而言是比较简单的。

14.3.2 URL类

URL类的路径为java.net.URL，它是一个公有最终类，由该类派生的URL对象可用于从URL指定的网页下载数据，URL类的构造方法如下。

(1) public URL(String spec)：创建一个由字符文本指定的定位器。例如：

```
URL url=new URL("http://www.baidu.com");
```

(2) public URL(String protocol, String host, String file)：通过将URL字符串分解成它对应的组成部分来创建一个URL对象。例如：

```
URL url=new URL("http", "www.baidu.com", "index.html");
```

(3) public URL(String protocol, String host, int port, String file)：创建一个指定协议、主机、端口和文件名的文件定位器。例如：

```
URL url=new URL("http", "www.baidu.com", 80, "index.html");
```

(4) public URL(String protocol, String host, int port, String file, URLStreamHandler handler)：创建一个指定协议、主机、端口、文件名和URL流处理器的定位器。handler为null时，表示URL应使用协议的默认流处理程序。例如：

```
URL url=new URL("http", "www.baidu.com", 80, "index.html", null);
```

(5) public URL(URL context, String spec)：生成一个基本URL和相对URL构造一个URL对象。例如：

```
URL url=new URL("http://www.baidu.com");
URL index=new URL(url, "index.html");
```

(6) public URL(URL context, String spec, URLStreamHandler handler)：通过在指定的上下文中用指定的处理程序对给定的spec进行解析来创建URL。如果处理程序为null，则使用两参数构造方法进行解析。例如：

```
URL url=new URL("http://www.baidu.com");
URL index=new URL(url, "index.htm", null);
```

注意

类URL的构造方法都声明抛出非运行时异常，因此生成URL对象时，必须要对这一异常进行处理，通常是用try-catch语句进行捕获。try-catch异常处理格式如下：

```
//构造 URL 对象时用到的 try-catch 异常处理格式
try {
    URL url=new URL(…);
} catch (MalformedURLException ex) {
    ex.printStackTrace();
}
```

使用 URL 类对象可以连接并访问一个指定的服务器上的资源，在连接到网络资源后，可以读取和显示 URL 实例对象的各类属性，可以使用 openStream()方法读取资源内容，也可以使用 URLConnection 类读写 URL 资源。

1. 获取 URL 对象属性

一个 URL 对象生成后，可以通过 URL 类所提供的方法来获取 URL 对象的属性。

public String getAuthority()：获取 URL 对象的权限信息。

public Object getContent()：获取 URL 对象的内容，要处理 IOException。

public int getDefaultPort()：获取与此相关的 URL 协议的默认端口号。

public String getFile()：获取 URL 的文件名。

public String getHost()：获取 URL 的主机名。

public String getPath()：获取 URL 的路径。

public int getPort()：获取 URL 的端口号，如果没有设置端口号，返回－1。

public String getProtocol()：获取 URL 的协议名。

public String getQuery()：获取 URL 的查询信息。

public String getRef()：获取 URL 的锚点(也称为"参考"点)。

public String getUserInfo()：获取使用者信息。

【例 14-1】 编写程序获取 URL 对象的各个属性。

【问题分析】

要获取 URL 对象的各个属性，首先要创建 URL 对象，然后再通过 URL 实例对象的方法获取各个属性，在使用过程中要注意处理各个异常。

【程序实现】

```
import java.io.IOException;
import java.net.MalformedURLException;
import java.net.URL;
/**编写程序获取 URL 对象的各个属性**/
public class URLTest {
    public static void main(String[] args) {
        try {
            //实例化 URL 对象
            URL url=new URL("http://www.baidu.com/index.htm? sw=java");
            System.out.println("权限信息："+url.getAuthority());          //权限信息
            try {
                //获取 URL 对象内容
                System.out.println("对象内容："+url.getContent());
            } catch (IOException e) {                          //处理 I/O 异常
```

```
            e.printStackTrace();
        }
        System.out.println("默认端口号："+url.getDefaultPort()); //获取默认端口号
        System.out.println("文件名："+url.getFile());           //获取文件名
        System.out.println("主机名："+url.getHost());           //获取主机名
        System.out.println("URL 路径："+url.getPath());         //获取 URL 路径
        System.out.println("端口号："+url.getPort());           //获取端口号
        System.out.println("协议名："+url.getProtocol());       //获取协议名
        System.out.println("查询信息："+url.getQuery());        //获取查询信息
        System.out.println("URL 锚点："+url.getRef());          //获取 URL 的锚点
        System.out.println("使用者："+url.getUserInfo());       //获取使用者信息
    } catch (MalformedURLException e) {
        e.printStackTrace();
    }
  }
}
```

【运行结果】

获取 URL 对象的各个属性的程序运行结果如图 14-1 所示。

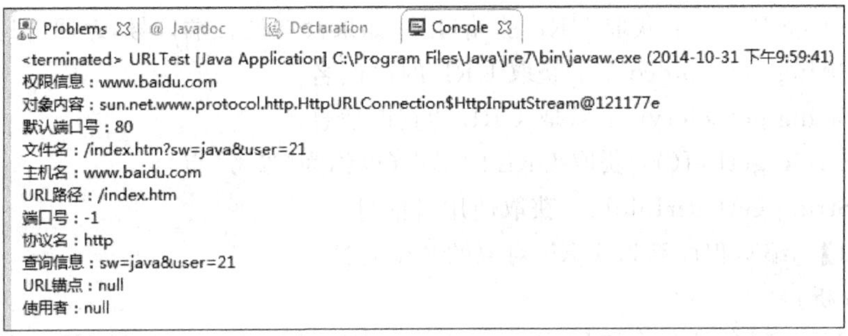

```
Problems  @ Javadoc  Declaration  Console
<terminated> URLTest [Java Application] C:\Program Files\Java\jre7\bin\javaw.exe (2014-10-31 下午9:59:41)
权限信息：www.baidu.com
对象内容：sun.net.www.protocol.http.HttpURLConnection$HttpInputStream@121177e
默认端口号：80
文件名：/index.htm?sw=java&user=21
主机名：www.baidu.com
URL路径：/index.htm
端口号：-1
协议名：http
查询信息：sw=java&user=21
URL锚点：null
使用者：null
```

图 14-1　获取 URL 对象的各个属性的程序运行结果

2. 使用 openStream()读取网络资源

实例化 URL 对象后，可以通过实例对象读取指定 URL 地址的网络资源。读取网络资源时，要用到 URL 类的 openStream()方法。其定义格式为

```
public final InputStream openStream() throws IOException
```

【例 14-2】 编写程序获取百度网站首页的 HTML 文件内容。

【问题分析】

实例化 URL 类后，即可以连接到网络资源，若要把网络资源读出来的话，还要用到文件读写对象，在开发过程中要注意处理 IOException 异常与 MalformedURLException 异常。

【程序实现】

```
import java.io.BufferedReader;
import java.io.IOException;
```

```java
import java.io.InputStreamReader;
import java.net.MalformedURLException;
import java.net.URL;
/**读取百度服务器首页的 HTML 文件内容**/
public class ReadURLHtml {
    public static void main(String[] args) {
        try {
            URL url=new URL("http://www.baidu.com");
            try {
                //使用 URL 实例的 openStream()创建缓冲区读取器
                BufferedReader reader=new BufferedReader(new
                        InputStreamReader(url.openStream()));
                String htmlLine;                          //定义 HTML 行字符串变量
                while((htmlLine=reader.readLine())!=null){
                    System.out.println(htmlLine);     //把每行 HTML 都输出
                }
                reader.close();                           //关闭读取器
            } catch (IOException e) {                     //处理 I/O 异常
                e.printStackTrace();
            }
        } catch (MalformedURLException e) {
            e.printStackTrace();
        }
    }
}
```

【运行结果】

获取到的百度网站首页的 HTML 文件内容如图 14-2 所示。

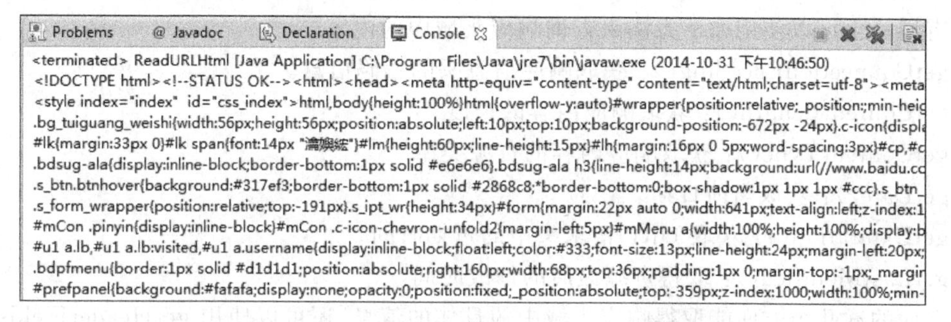

图 14-2 获取到的百度网站首页的 HTML 文件内容

大家可能会觉得图 14-2 中百度首页的代码格式有些混乱，无法看清楚，这里显示的内容其实是网页的内容压缩版本，是百度这类的大型网站，为了提高网站和网页的访问及响应速度，而去掉了开发过程中各个标签元素之间进行区分的空行、空格等符号而形成的压缩版本的 HTML 页面文件。

3. 使用 URLConnection 读写网络资源

URLConnection 的定义为 public abstract class URLConnection，表示 Java 程序和

URL 在网络上的通信连接，该类不能被直接实例化，可以通过调用 URL 对象上的方法 openConnection()生成对应的实例对象。URLConnection 对象可以向所代表的 URL 发送请求和读取 URL 的资源。程序设计时常用的是 getInputStream()和 getOutputStream()，定义格式为“InputStream getInputStream();”和“OutStream getOutputStream();”。

通常，使用 URLConnection 访问 URL 资源的步骤如下。

(1) 调用 URL 类的 openConnection()方法，得到一个 URLConnection 实例：

```
URLConnection urlConn=url.openConnection();
```

(2) 调用以下方法，设置相关的属性。

① setAllowUserInteraction()：设置连接中 allowUserInteraction 的值，或是 True，则在允许用户交互(例如弹出一个验证对话框)的上下文中对此 URL 进行检查。

② setDoInput()：设置 doInput 的值。

③ setDoOutput()：设置 doOutput 的值。

④ setIfModifiedSince()：设置连接中的 ifModifiedSince 的值，一些协议支持跳过对象的抓取，设置了 ifModifiedSince 的值后，则不会跳过。

⑤ setUserCaches()：设置用户缓存 userCaches 的值。

⑥ setRequestProperty()：设置请求的属性集。

(3) 调用 connect()方法连接 URL 资源：

```
urlConn.connect();
```

该方法创建一个连接指定服务器套装字连接，如果尚未建立这样的连接，则打开到此 URL 引用的资源的通信连接。如果在已打开连接(此时 connected 字段的值为 true)的情况下调用 connect()方法，则忽略该调用。另外这个方法还可以查询服务器以获取相应的头信息(header information)。

(4) 打开连接后，使用 getHeaderFieldKey()和 getHeaderField()方法来枚举出头信息的所有域。也可以使用如下方法来查询响应头域中的内容。

getConnectionEncoding()：获取响应信息头的编码信息。

getContentLength()：获取响应内容的长度。

getContentType()：获取响应内容的资源类型。

getDate()：获取当前日期。

getExpiration()：获取 URL 请求头中的过期时间。

getLastModified()：取得资源最后的修改时间。

上面的这几个方面能取得响应头域中的具体的信息，还可以使用 getHeaderFields()方法，返回 Map<String, List<String>>类型的响应信息字段集合，可以通过遍历该方法返回的数据查看上面各个方法所查看的内容。

(5) 使用 getInputStream()方法访问 URL 资源数据。使用 getInputStream()方法将返回一个输入流，这个输入流和 URL 类的 openStream()方法返回的输入流是相同的。

在连接和处理 HTTP 服务器和处理 HTTP 资源时，也可以使用 URLConnection 的子类 HttpURLConnection 来进行处理。

【例 14-3】 使用 URLConnection 编写程序获取页面信息。

【问题分析】

该问题要用到 URL 对象和 URLConnection 对象的相关属性及操作方法，程序中使用两种方法来读取服务器返回的响应信息的属性。

【程序实现】

```
import java.io.*;
import java.net.*
import java.util.*;
public class UrlConnectionTest {
    public static void main(String[] args) throws IOException {
        try{
            //1. 创建 URLConnction.
            URL url=new URL("http://www.baidu.com/index.htm");
            URLConnection urlConn=url.openConnection();
            //2. 设置 connection 的属性
            urlConn.setConnectTimeout(10000);                //10s 后超时
            urlConn.setReadTimeout(10000);                   //10s 后超时
            //3.连接
            urlConn.connect();
            //4. 获取头部信息之一：获取所有头部信息后再遍历
            System.out.println("使用 getHeaderFields 取到的属性集合开始-------");
            Map<String, List<String>>headers=urlConn.getHeaderFields();
            for(Map.Entry<String,List<String>>entry : headers.entrySet()){
                for(String value : entry.getValue()){
                    System.out.println(entry.getKey()+": "+value+" , ");
                }
            }
            System.out.println("使用 getHeaderFields 取到的属性集合结束-------");
            //5. 获取头部信息之二：使用简便方法
            System.out.println("使用方法取到的单一属性开始----------");
            System.out.println("getContentType: "+urlConn.getContentType());
            System.out.println("getContentLength: "+urlConn.getContentLength());
            System.out.println("getContentEncoding: "+urlConn.getContentEncoding());
            System.out.println("getDate: "+new Date(urlConn.getDate()));
            System.out.println("getExpiration: "+urlConn.getExpiration());
            System.out.println("getLastModifed: "+new Date(urlConn.getLastModified()));
            System.out.println("使用方法取到的单一属性----------");
            //6. 获取内容
            InputStream is=urlConn.getInputStream();
            Scanner sc=new Scanner(is);
            while(sc.hasNextLine()){
                System.out.println(sc.nextLine());
            }
            sc.close();
            is.close();
```

```
        }catch(IOException e){
            e.printStackTrace();
        }
    }
}
```

【运行结果】

URLConnection 获取到的百度网站首页的 HTML 文件内容如图 14-3 所示。

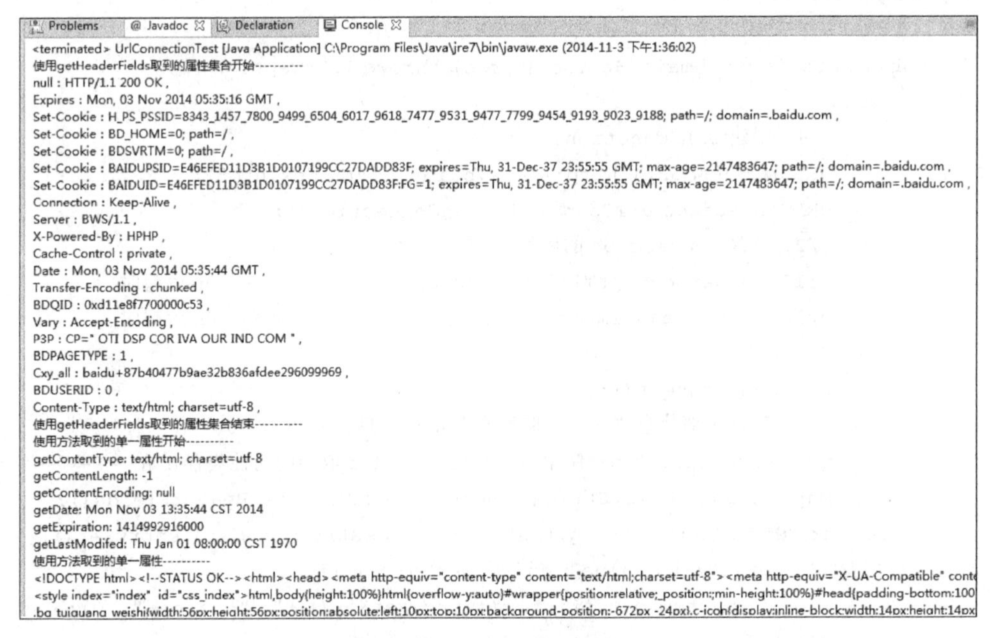

图 14-3 URLConnection 获取到的百度网站首页的 HTML 文件内容

14.3.3 InetAddress 类

InetAddress 类的引用路径为 java.net.InetAddress，此类表示互联网协议(IP)地址。IP 地址是 IP 使用的 32 位(IPv4 使用的地址)或 128 位(IPv6 使用的地址)无符号数字，它是一种低级协议，UDP 和 TCP 都是在它的基础上构建的。InetAddress 的实例包含 IP 地址，还可能包含相应的主机名(取决于它是否用主机名构造或者是否已执行反向主机名解析)。Java API 中该类常用的方法如下。

(1) equals(Object obj)：将当前对象与指定对象进行比较。返回值为 true 表示相同，返回值为 false 表示不同。

(2) getAddress()：以网络地址顺序来返回 IP 地址。返回值存在于 Byte[]类型的字节数组中，其中最高序字节位于标值为 0 的元素中。

(3) getAllByName(String host)：返回指定主机名的所有 InetAdress 对象。参数 host 是指定的主机，返回值存放于 InetAddress[]数组中。

(4) getByAddress(byte[] addr)：返回 IP 地址所对应的 InetAddress 对象，参数按网络字节顺序定义，最高位命令字节位于 getAddress()下标为 0 的数组元素中。

(5) getByName(String host)：返回指定主机名的网络地址。如果主机名为 null，则返回本机机器的默认地址。为了加速对地址的访问，使用一个本地的 Cache。如果地址未知，则会引发 unknowHostException 异常。参数 host 表示指定的主机，返回值为 InetArress 对象。

(6) getHostAddress()：以%d%d%d%d 的形式返回 IP 地址串，返回值的类型为 String。

(7) getHostName()：返回当前 IP 的主机名。返回值为 String 类型。

(8) getLocalHost()：返回本地主机的 InetAddress 对象。如果无法决定主机名，则会引发 unknowHostException 异常。

(9) getLoopbackAddress()：取得本机的内部循环地址，也就是 localhost/127.0.0.1。

(10) toString()：将 InetAddress 对象以字符串的形式表示出来，返回值为 String 对象类型。

(11) InetAddress 类没有构造函数，因此创建 InetAddress 类不用构造函数(即不使用 new 关键字来创建实例)，它的实例对象需要通过方法 getByName()、getLocalHost()及 getAllByName()来建立。

【例 14-4】 编写程序获取本机的名称与 IP 地址。

【问题分析】

要获取本机地址，就要使用 InetAddress 类及其相关的方法，因为 InetAddress 类没有构造函数，因此要通过 getLocalHost()或 getAllByName()来获取 InetAddress 类的实例，然后再通过实例获取本机的名称与 IP 地址。

【程序实现】

```
import java.net.InetAddress;
import java.net.UnknownHostException;
/** InetAdress 获取本机的名称和 IP 地址的方法应用测试 */
public class UseInetAddress {
    public static void main(String[] args) throws UnknownHostException {
        InetAddress localhost=null;                    //定义 InetAddress 对象
        InetAddress[] addrList=null;                   //InetAddress 数组
        localhost=InetAddress.getLocalHost();          //取得本机 InetAddress 对象实例
        //显示 InetAddress 信息
        System.out.println("getLocalHost()取得的值为: "+localhost);
        //使用 InetAddress 对象实例获取本机的名称
        System.out.println("getHostName()获取的本机的名称: " +localhost.getHostName());
        //使用 InetAddress 对象实例获取本机的第一个 IP 地址
         System.out.println("getHostAddress()获取的本地的地址: " + localhost.
         getHostAddress());
         System.out.println(InetAddress.getLoopbackAddress());
                                                                        //取得内部循环地址
        //取得本机主机名所对应的所有的地址
        addrList=InetAddress.getAllByName("admin-PC");
        //在循环中把地址输出
```

```
        System.out.println("getAllByName()取得的地址数组的值如下：");
        for(InetAddress addr : addrList){
            System.out.println(addr);
        }
    }
}
```

【运行结果】

获取本机的名称和 IP 地址的程序运行结果如图 14-4 所示。

```
Problems  @ Javadoc  Declaration  Console
<terminated> UseInetAddress [Java Application] C:\Program Files\Java\jre7\bin\javaw.exe (2014-10-31 上午7:11:17)
getLocalHost()取得的值为：admin-PC/192.168.91.1
本机的名称：admin-PC
本地的地址：192.168.91.1
localhost/127.0.0.1
getAllByName()取得的地址数组的值如下：
admin-PC/192.168.91.1
admin-PC/192.168.48.1
admin-PC/192.168.1.106
admin-PC/fe80:0:0:0:64d0:b090:c15f:dbab%16
admin-PC/fe80:0:0:0:dd50:5ec:50a7:e731%13
```

图 14-4　获取本机的名称和 IP 地址的程序运行结果

14.4　任务实现

学习了网络编程的相关知识后，就可以完成本章开头提出的对话百度服务器的任务了。

【问题分析】

通过前面的任务分析可知，URL 类能实现与服务端的连接这个功能，URLConnection 类（或其子类 HttpURLConnection）能实现向服务端发送请求、并读取服务端返回的响应数据的功能，使用 InputStream 和 OutputStream 输入与输出流可以解决对返回的数据的读取与解析功能，因此本章的任务"对话百度服务器"，可以通过使用 URLConnection 类（或其子类 HttpURLConnection）来完成。

通过分析浏览器地址栏中的百度的查询结果可知，在百度 URL 地址中使用参数可以达到直接查询的目的，下面是百度的一种查询 URL 方式：

```
http://www.baidu.com/s? wd=北京天气
```

【程序实现】

```
import java.io.*;
import java.net.*;
public class HttpURLConnectionSearch {
    public static void main(String[] args) {
        String url="http://www.baidu.com/s? wd=北京天气";
        try {
            URL myURL=new URL(url);                //实例化 URL 对象
            //1.创建 HttpURLConnection 对象
```

```
            HttpURLConnection conn=(HttpURLConnection) myURL.openConnection();
            //2.设置 HttpURLConnection 的属性
            conn.setDoInput(true);
            conn.setDoOutput(true);
            conn.setUseCaches(false);
            conn.setRequestMethod("GET");    //要注意使用 GET 请求
conn.setRequestProperty("Content-Type","application/x-www-form-urlencoded;
charset=utf-8");
            //3.连接
            conn.connect();
            //4.以输入输出流来读写数据
            InputStream in=conn.getInputStream();
            byte[] b=new byte[1];
            ByteArrayOutputStream byteArr=new ByteArrayOutputStream();
            int result=0;
            //5.获取内容并进行处理
            result=in.read( b );
            while( result!=-1 ){
                byteArr.write(b);
                result=in.read( b );
            }
            in.close();                             //关闭流
            //读取来的内容过长,在控制台中显示不完整,将内容写入一个文件中
            FileWriter fileWrite=new FileWriter("C:\baiduSearch.txt");
            //将查询的与显示对应的内容写入一个文件中
            FileWriter fileWriteShow=new FileWriter("C:\baiduSearchShow.txt");
            String strFile="";
            //进行字符集转换,处理中文
            String str=new String(byteArr.toByteArray(),"utf-8");
            if(!str.trim().equals("")){
                strFile +=str+"\n\r";           //进行内容换行
            }
            fileWrite.write(strFile);           //向文件输出
            //查询指定内容
            int iBegin=strFile.indexOf("百度为您找到相关结果约");
            int iEnd=strFile.indexOf("中国气象局");
            String strShow=strFile.substring(iBegin, iEnd);
            fileWriteShow.write(strShow);
        }catch (MalformedURLException e) {
            System.out.println("异常:MalformedURLException");
        }catch (IOException e) {
            e.printStackTrace();
        }
    }
}
```

【运行结果】

从百度中查询返回的内容过长，控制台中无法完整显示，因此将内容输出到了文件(下面所用到的文件 baiduSearch.txt 和 baiduSearchShow.txt 在所附代码 ch14 目录下包含)中，baiduSearch.txt 对应的是百度服务器返回的第 1 个结果页面的所有响应代码，baiduSearchShow.txt 则对应的是如图 14-5 所示的页面中某个区域的页面代码。

图 14-5　baiduSearchShow.txt 内容所对应的查询结果页面中的显示区域

14.5　知识拓展

14.5.1　OSI 与 TCP/IP 体系模型

1. OSI 模型

在网络历史的早期，国际标准化组织(ISO)和国际电报电话咨询委员会(CCITT)共同出版了开放系统互连(OSI)的七层参考模型。一台计算机操作系统中的网络过程包括从应用请求(在协议栈的顶部)到网络介质(底部)，OSI 参考模型把功能分成 7 个分立的层次。该模型的体系结构图如图 14-6 所示。

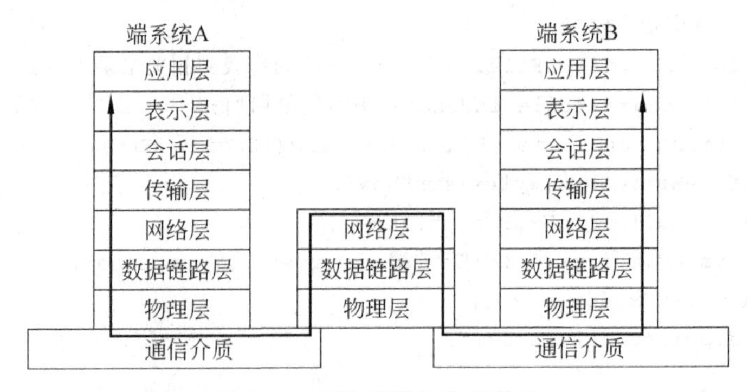

图 14-6　OSI 模型的体系结构

2. TCP/IP 模型

TCP/IP 参考模型 ARPANET 网和其后继的因特网使用的参考模型。ARPANET 是由美国国防部赞助的研究网络。逐渐地它通过租用的电话线连接了数百所大学和政府部门。当无线网络和卫星出现以后,现有的协议在和它们相连的时候出现了问题,所以需要一种新的参考体系结构。这个体系结构在它的两个主要协议出现以后,称为 TCP/IP 参考模型(TCP/IP reference model)。

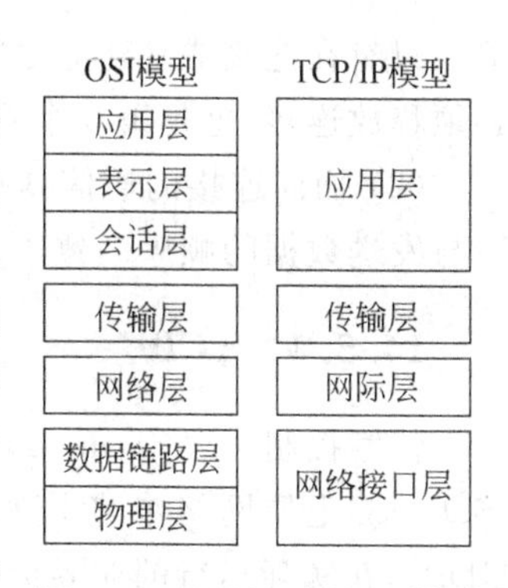

图 14-7　TCP/IP 与 OSI 模型的对应关系

TCP/IP 模型各层由下到上分别为网络接口层、网际层、传输层、应用层,TCP/IP 模型与 OSI 模型的对应关系如图 14-7 所示,TCP/IP 模型中各层的关键协议如图 14-8 所示。

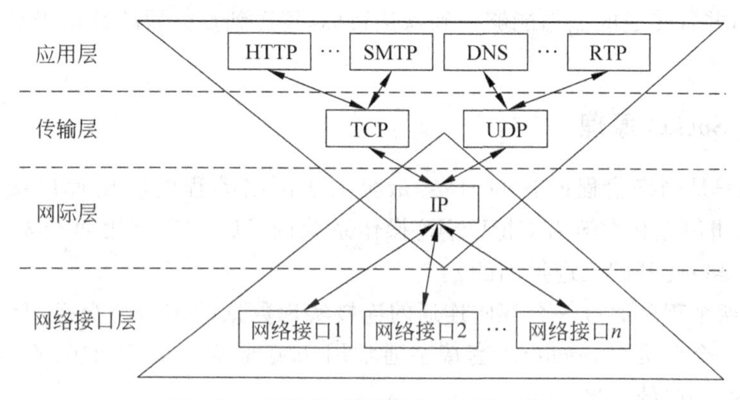

图 14-8　TCP/IP 模型中各层的关键协议

14.5.2　IP 与端口

IP 在互联网中能唯一标识一台计算机,是每一台计算机的唯一标识(身份证);网络编程是和远程计算机的通信,所以必须先能定位到远程计算机;IP 帮助解决此问题;一台计算机中可能有很多进程,具体和哪一个进程进行通信,这就得靠端口来识别。

IP 和端口能唯一定位到需要通信的进程。这里的 IP 表示地址,区别于 IP 协议。在 OSI 体系还是 TCP/IP 体系中,IP 协议位于网际层,用来封装 IP 地址到报文中。

注意

端口号代表了特定的服务,因此必须保证所请求的端口号没有被其他的应用程序或服务所占用。端口号的范围为 0~65535,其中 0~1023 为默认端口号,已经分配给了特定的应用协议,如 80 代表 HTTP 服务,23 代表 Telnet 服务,21 代表 FTP 服务,25 代表 SMTP 服务,53 代表 DNS 服务等(计算机中如果没有安装或开启这些服务,则可以使用这些端口,否则不能使用)。在编写程序时,为了安全起见,应使用 1024 以上的端口号。

14.5.3　面向连接与面向无连接

面向连接与面向无连接的区别主要有如下两条。

(1) 面向连接分为 3 个阶段,第一阶段是建立连接,在此阶段,发出一个建立连接的请求。只有在连接成功建立之后，才能开始数据传输，这是第二阶段。接着，当数据传输完毕，必须释放连接，这是第 3 个阶段。而面向无连接没有这么多阶段，它直接进行数据传输。

(2) 面向连接的通信具有数据的保序性，而面向无连接的通信不能保证接收数据的顺序与发送数据的顺序一致。

14.5.4 TCP

传输控制协议(Transmission Control Protocol，TCP)，主要负责数据的分组和重组，在 ISO/OSI 七层网络参考模型标准中，是传输层中的重要协议(传输层还有一个协议是 UDP)，在实际运行的业界标准 TCP/IP 网络参考模型中，它与 IP 组合使用，称为 TCP/IP。

TCP 是面向连接的协议，适合于对可靠性要求比较高的运行环境，因为 TCP 是严格的、安全的。它以固定连接为基础，提供计算机之间可靠的数据传输，计算机之间可以凭借连接交换数据，并且传送的数据能够正确抵达目标，传送到目标后的数据仍然保持数据送出时的顺序。

14.5.5 Socket 原理

Socket 编程是网络编程的核心内容，最早关于网络编程的应用程序接口是 20 世纪 80 年代美国加州伯克利大学为支持UNIX 操作系统的 TCP/IP 应用而开发的。之后的网络编程接口都是在此基础改进得到的。

网络上的两个程序通过一个双向连通的连接实现数据的访问与交换，双向连通的链路的每一端称为一个套接字 Socket。套接字通常用来实现客户方(请求服务的一访)与服务方(提供服务的一方)的连接。

一台计算机上的 Socket 同另一台计算机通话创建一个通信信道，程序员可以使用这个信道在机器之间发送数据。在 Java 环境中，套接字编程主要是指基于 TCP/IP 的网络编程，一个套接字由一个 IP 地址和一个端口号唯一确定。

Socket 通信的基本结构都是一样的，具体的过程如图 14-9 所示。通信过程为：Server 端首先在某个端口创建一个监听 Client 请求的监听服务并处于监听状态，当 Client 向 Server 端的这个端口提出连接请求时，Server 端和 Client 端就建立了一个连接和一条传输数据的通道，通信结束时，这个连接通道将被销毁。

具体来说，客户端程序必须遵守下面的步骤。

(1) 建立客户端 Socket 连接。

(2) 得到 Socket 的输入与输出读写流。

(3) 使用读写流与服务端进行通信。

(4) 关闭流。

(5) 关闭 Socket。

服务端必须遵守的步骤如下。

(1) 建立一个 ServerSocket 并进行监听。

(2) 使用 accept()方法取得新的连接。

(3) 得到 Socket 的输入与输出读写流。

(4) 根据客户端的请求，在已有的协议上进行通信会话。

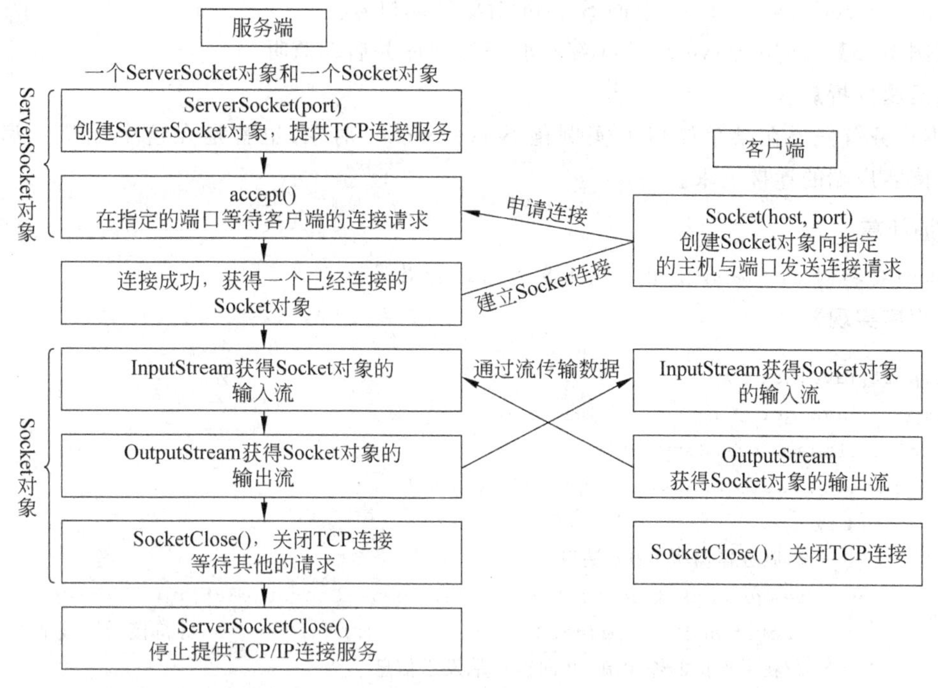

图 14-9 Java 中 Socket 通信流程

(5) 关闭 Socket,关闭 TCP 连接。

(6) 回到第(2)步进行监听,或到第(7)步结束。

(7) 关闭 ServerSocket。

14.5.6 ServerSocket 类

ServerSocket 工作在服务端,用来监听指定的端口并接收客户端的连接请求。ServerSocket 的常用构造方法如下:

public ServerSocket(int port)throws IOException:创建一个具有确定端口 ServerSocket 对象。

创建 ServerSocket 对象的格式如下:

```
//构造 ServerSocket 对象的一般格式
try {
    ServerSocket serverSocket=new ServerSocket(8888);
} catch (IOException ex) {
    ex.printStackTrace();
}
```

创建 ServerSocket 对象后,就可以利用其提供的方法进行各种操作了,ServerSocket 常用的方法如下。

(1) Socket accept() throws IOException:接收客户端的连接请求,并将与客户端的连接封装成不念旧恶 Socket 对象,服务器端便可以使用这个 Socket 对象与客户端进行通信。

(2) void close() throws IOException:关闭 Socket。

(3) int getLocalPort()：返回 Socket 对象的端口号。

【例 14-5】 使用 ServerSocket 编写服务端程序并启动监听。

【问题分析】

本任务首先要在某个端口上实例化 ServerSocket 对象，也就是在这个端口上启动监听，等待客户端的连接请求。

注意

本例要和例 14-6 联合使用才能正常查看运行效果。

【程序实现】

```
import java.io.*;
import java.net.*;
public class ServerService {
    public static void main(String[] args) {
        try {
            //服务器监听 8888 端口
            ServerSocket serverSocket=new ServerSocket(8888);
            Socket socket=serverSocket.accept();              //等待接受连接请求
            //获得连接的输出流,并向客户端发送信息
            PrintWriter out=new PrintWriter(socket.getOutputStream());
            out.println("<h1>Hello Server start…</h1>");    //HTML 格式的 Hello 提示
            out.flush();                                      //刷新输出流
            out.close();                                      //关闭连接的流
            socket.close();                                   //关闭套接字
        } catch (IOException e) {
            e.printStackTrace();
        }
    }
}
```

【运行结果】

运行本程序后，会发现程序没有打印出任何内容，也没有结束，一直在等待，这就是监听状态，服务端程序在等待客户端的连接请求。当运行例 14-6 客户端程序，启动了客户端请求时，本程序为对应的客户端提供服务，但是在服务端还是不会显示任何内容，当为客户端的服务完成后，结束程序。

14.5.7 Socket 类

客户端与服务端建立连接，首先要创建一个 Socket 对象。其常用的构造方法如下。

public Socket(InetAddres address, int port) throws IOExcption：创建一个指定 IP 地址、指定端口的 Socket 对象，address 为要连接的服务器端的 IP 地址，port 为指定的端口。

public Socket(String host, int port) throws UnknownHostException, IOException：创建一个指定主机、指定端口的 Socket 对象，host 为指定的服务端的主机名或 IP 地址字符串，port 为指定的端口。

创建 Socket 对象的一般格式如下：

```
//构造 Socket 对象的一般格式
try {
    Socket socket=new Socket("127.0.0.1", 8888);
} catch (IOException ex) {
    ex.printStackTrace();
}
```

创建或获取 Socket 对象后，可以利用其的方法进行相应的操作，其常用的方法如下。

(1) int getInetAddress()：返回这个 Socket 连接到的服务端的 IP 地址。

(2) int getPort()：返回这个 Socket 连接到的服务端的端口。

(3) Boolean isConnected()：返回连接状态。

(4) InputStream getInputStream() throws IOException：返回此 Socket 对象的输入流。

(5) OutputStream getOutputStream() throws IOException：返回此 Socket 对象的输出流。

(6) void close() throws IOException：关闭 Socket。

【例 14-6】 使用 Socket 编写客户端程序与例 14-5 的服务端程序进行交互。

【问题分析】

本任务要使用本机内部循环地址(127.0.0.1 或 localhost)和上例所用的端口 8888 创建 Socket 对象，创建客户端的 Socket 对象后，再与服务端程序进行交互。

注意

本例要和例 14-5 联合使用方能查看效果。

【程序实现】

```
import java.io.*;
import java.net.*;
public class SocketClientTest {
    public static void main(String[] args) {
        try {
            //建立连接到服务器的套接字
            Socket socket=new Socket("localhost", 8888);
            //获得连接的输出流，并向服务器发送信息
            PrintWriter out=new PrintWriter(socket.getOutputStream());
            String message="Hello from client…";
            System.out.println("向服务器发送："+message);
            out.println(message);              //发送消息
            out.flush();                       //刷新输出流
            //获得连接的输入流，并读取服务器响应
            BufferedReader in=new BufferedReader(
                    new InputStreamReader(socket.getInputStream()));
            String reply=in.readLine();
            System.out.println("服务器响应："+reply);
```

```
            //关闭连接
            in.close();
            out.close();
            socket.close();
        } catch (UnknownHostException e) {
            e.printStackTrace();
        } catch (IOException e) {
            e.printStackTrace();
        }
    }
}
```

【运行结果】

```
向服务器发送: Hello from client.
服务器响应:<h1>Hello Server start…</h1>
```

14.5.8 UDP

用户数据报协议(User Datagram Protocol,UDP)和 TCP 不同,UDP 是一种非持续连接的通信协议,它不保证数据能够正确抵达目标,UDP 是一种面向无连接的协议。虽然 UDP 可能会因网络连接等各种原因,无法保证数据的安全传送,而且多个数据包抵达目标的顺序可能和发送时的顺序不同,但是它比 TCP 更轻量一些,TCP 认证会耗费额外的资源,可能导致传输速度的下降。在正常的网络环境中,数据都可以安全地抵达目标计算机中,所以使用 UDP 会更加适合一些对可靠性要求不高的环境,如在线影视、聊天等。

UDP 将数据打包,也就是通信中所传递的数据包,然后将数据包改善到指定的目的地,对方接收数据包,然后查看数据包中的数据。

14.5.9 UDP 编程的一般步骤

1. UDP 服务端与客户端的通信步骤

UDP 需要使用 DatagramSocket 来实现,UDP 服务端与客户端通信的步骤如图 14-10 所示。

具体来说,客户端(发送端)需要经过如下步骤。

(1) 创建套接字(socket)。

(2) 向服务器发送数据(sendto)。

(3) 关闭套接字。

服务端(接收端)按如下步骤进行处理。

(1) 创建套接字(socket)。

(2) 将套接字绑定到一个本地地址和端口上(bind)。

(3) 等待接收数据(recvfrom)。

(4) 关闭套接字。

2. DatagramPacket

该类是 UDP 所传递的数据包,即打包后的数据。数据包用来实现无连接包投递服务。

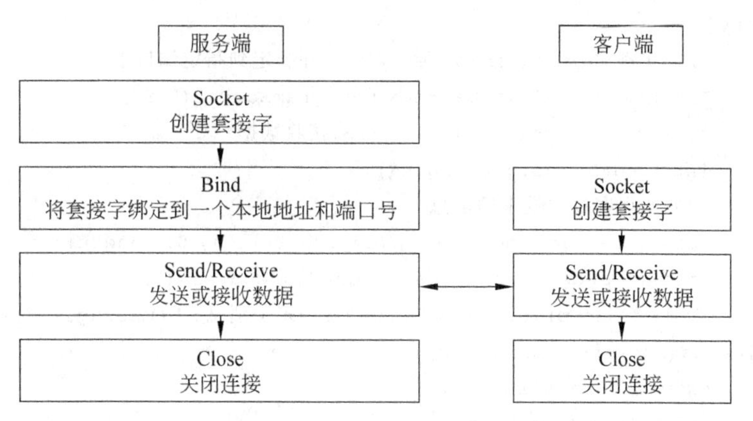

图 14-10　UDP 通信流程

每个数据包仅根据包中包含的信息从一台计算机传达到另一台计算机,传递的多个包可能选择不同的路由,也可能按不同的顺序到达。常用的构造方法如下。

(1) DatagramPacket(bytep[] buf, int length):创建数据包实例,这个数据包实例将接收长度为 length 的数据包。

(2) DatagramPacket(byte[] buf,int length, InetAddress address, int port):创建数据包实例,用来将长度为 length 的数据包发送到 address 参数指定的地址和 port 参数指定的端口号的主机,length 参数必须小于等于 buf 数组的长度。

3. DatagramSocket 的常用构造方法

(1) DatagramSocket():创建一个默认的套接字,并绑定到本地地址和一个随机的端口号。

(2) DatagramSocket(int port):创建一个默认的套接字,绑定到特定端口号。

(3) DatagramSocket(int port, InetAddress iad):创建一个套接字,绑定到特定的端口号及指定地址。

(4) DatagramSocket(SocketAddress sad):创建一个套接字,绑定到特定的套接字地址。

【例 14-7】 编程实现简单的 UDP 通信。

【问题分析】

UDP 的通信功能也是由 Server 和 Client 两个部分程序组成的,要分别编写两个部分的程序。

【程序实现】

Server 端:

```
import java.io.IOException;
import java.net.*;
public class UDPServer {
    public static void main(String[] args) {
        byte[] buf=new byte[1024];
        //实例化 DatagramPacket
        DatagramPacket dgp=new DatagramPacket(buf, buf.length);
```

```
        try{
            //1.实例化 DatagramSocket      2.并绑定到指定端口上
            DatagramSocket socket=new DatagramSocket(8888);
            socket.receive(dgp);       //3.接收数据
            int length=dgp.getLength();
            //3.取得客户端发来的消息
            String message=new String(dgp.getData(), 0, length);
            String ip=dgp.getAddress().getHostAddress();
            System.out.println("从"+ip+"发送来了消息:"+message);
        }catch(SocketException ex){
            ex.printStackTrace();
        }catch(IOException ex){
            ex.printStackTrace();
        }
    }
}
```

【运行结果】

服务端的程序运行后,一直处于监听状态,等有客户端发来请求或数据时,才会给出响应。

【程序实现】

Client 端:

```
import java.io.IOException;
import java.net.*;
public class UDPClient {
    public static void main(String[] args) {
        try{
            //1.取得服务器的地址
            InetAddress address=InetAddress.getByName("127.0.0.1");
            //2.创建绑定随机端口的 socket
            DatagramSocket socket=new DatagramSocket();
            //创建支持中文的数据
            byte[] data="hello,我这是第 1 次访问服务器".getBytes();
            //创建数据包
            DatagramPacket dgp=new DatagramPacket(data, data.length, address, 8888);
            //3.发送数据
            socket.send(dgp);
        }catch(UnknownHostException ex){
            ex.printStackTrace();
        }catch(IOException ex){
            ex.printStackTrace();
        }
    }
}
```

【运行结果】

客户端程序运行后，服务端的监听会终止，控制台中显示如下效果：

```
从 127.0.0.1 发送来了消息：hello,我这是第 1 次访问服务器
```

14.6 本章小结

本章介绍了网络编程的相关技术，以及使用 URL 的相关类连接百度服务器进行搜索并分析查询结果的方法。学习本章后，读者可以掌握以下内容。

(1) 两种网络模型结构。

(2) IP 与端口的概念。

(3) URL 类及 URLConnection 类、HttpURLConnection 类的用法。

(4) InetAddress 类的用法。

(5) TCP 与 UDP 的特点和区别。

(6) Socket 编程原理及 TCP 通信编程步骤。

(7) UDP 编程原理与 UDP 通信编程步骤。

14.7 强化练习

14.7.1 判断题

1. 已经建立的 URL 对象属性不能被改变。(　　)
2. TCP 是面向连接的协议。(　　)
3. UDP 是面向连接的协议。(　　)
4. 数据报传输是可靠的，并按先后达到。(　　)
5. 端口 1024 是默认端口号。(　　)

14.7.2 选择题

1. 如果在关闭 Socket 时发生一个 I/O 错误，会抛出(　　)。

A. IOException　　B. UnkwonHostException

C. SocketException　　D. MalformedURLException

2. 使用(　　)类建立一个 Socket，用于不可靠的数据报的传输。

A. Applet　　B. DatagramSocket

C. InetAddress　　D. AppletContext

3. (　　)类的上包含有 Internet 地址。

A. InputStream　　B. InetAddress

C. OutputStream　　D. Datagramsocket

4. InetAddress 类的 getLocalHost()方法返回一个(　　)对象，它包含了运行该程序的计算机的主机名。

A. InputStream　　B. InetAddress

C. OutputStream D. Datagramsocket

14.7.3 简答题

1. URL 地址包含哪些部分？各个部分代表什么含义？

2. 说出网络模型的参考标准和事实标准。

3. IP 的作用是什么？本地计算机的端口有多少个？哪个是默认端口？说出 3 个常用的默认端口及其用途。

4. 介绍一下 TCP 通信与 UDP 通信的编程步骤。

14.7.4 编程题

1. 为一个网站的主页创建一个 URL，然后检查它的属性。

2. 编程获取一个 Socket 的信息。

第15章　多　线　程

任务　龟兔赛跑

15.1　任务描述

小时候，我们都听过龟兔赛跑的故事(见图 15-1)，故事中塑造了一只骄傲的兔子和一只坚持不懈的小乌龟。有一天，兔子和乌龟赛跑，兔子嘲笑乌龟爬得慢，乌龟说，总有一天他会赢。兔子说，我们现在就开始比赛。乌龟拼命地爬，兔子认为比赛太轻松了，它要先睡一会，并且自以为是地说很快就能追上乌龟。而乌龟呢，它一刻不停地爬行，当兔子醒来的时候乌龟已经到达终点了。这个故事告诉大家：不可轻易小视他人。虚心使人进步，骄傲使人落后。要踏踏实实地做事情，不要半途而废，就能取得成功。本章的任务是一起来模拟龟兔赛跑的故事。

图 15-1　龟兔赛跑

15.2　任务分析

如何用程序来模拟龟兔赛跑的故事呢?

之前我们所编写的程序从头到尾只有一条执行线索，龟兔赛跑比赛涉及乌龟和兔子两个对象，这两个比赛对象要同时出发，并行前进，程序中至少存在两条线索同时执行，显然单线程没办法做到，那怎么办呢?可以利用本章将要讲到的多线程技术来实现。多线程就是指同时存在几个执行体，按几条不同的执行线索共同工作的情况，这与我们的要求刚好吻合。

通过本章的学习，将掌握在 Java 中线程创建和启动的两种方式，线程控制的基本方法，线程的同步和死锁问题，wait()、notify()、notifyAll()等方法的使用，大家会理解并掌握经典的生产者-消费者问题。

15.3 相关知识

15.3.1 多线程概述

1. 程序、进程和线程

程序：程序是一段静态的代码，通常以文件的形式存在磁盘上。

进程：进程是指运行中的应用程序，每一个进程都拥有自己独立的内存空间，都会独占一套资源，对一个应用程序可以同时启动多个进程。如对于记事本应用程序，可以同时打开多个，即启动了多个进程，如图 15-2 所示。

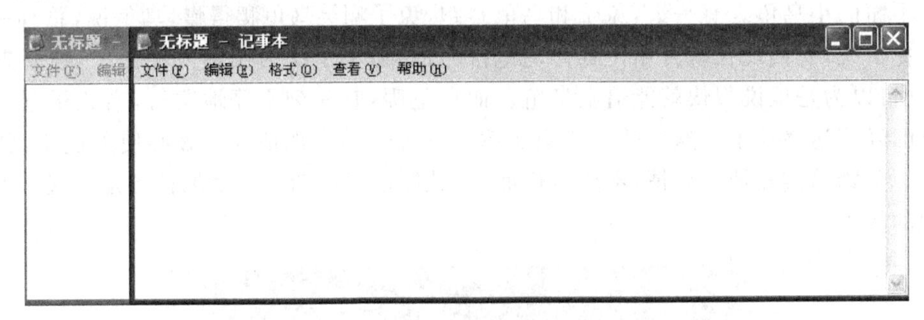

图 15-2 启动了两个记事本

在启动的任务管理里，可以看到两个进程为 notepad. exe，如图 15-3 所示。

Windows 任务管理器

文件(F) 选项(O) 查看(V) 关机(U) 帮助(H)

应用程序 进程 性能 联网 用户

映像名称	用户名	CPU	内存使用
WinWord. exe	Administrator	00	42,900 K
Fetion. exe	Administrator	00	11,256 K
notepad. exe	Administrator	00	9,976 K
POWERPNT. EXE	Administrator	00	2,464 K
taskmgr. exe	Administrator	01	11,612 K
eclipse. exe	Administrator	00	174,196 K
notepad. exe	Administrator	00	10,044 K
I3BSvr_ABC. exe	Administrator	00	1,948 K
WDCertM_ABC. exe	Administrator	00	7,828 K
QLBCtrl. exe	Administrator	00	2,572 K
HpqToaster. exe	Administrator	00	3,380 K
HPWAMain. exe	Administrator	00	9,000 K
SynTPEnh. exe	Administrator	00	2,824 K
360Tray. exe	Administrator	01	18,684 K
EXPLORER. EXE	Administrator	00	20,332 K
TXPlatform. exe	Administrator	00	888 K
QQ. exe	Administrator	00	7,492 K
Com4QLBEx. exe	SYSTEM	00	800 K

显示所有用户的进程(S)　　结束进程(E)

进程数: 65　CPU 使用: 2%　提交更改: 1288M / 2971M

图 15-3 两个 notepad.exe 进程

线程：程序里面不同的执行线索，有时候也称为轻量级的进程。一个进程在执行过程中，可以产生多个线程，从而形成多条执行线索。与进程不同的是，线程间可以共享资源。

我们经常会听到多进程、多线程，它们究竟有什么区别呢？

多进程：在操作系统中能同时运行多个任务。比如我们可以一边打字一边听歌。

多线程：在同一个应用程序中可以有多条不同的执行线索。比如我们使用的网络音乐播放器软件，除了播放音频，还得不断地从网上下载缓冲数据，从网上下载对应的歌词等。

2. 分时共享原理

CPU 在同一时刻真的能执行多个线程吗？对于单 CPU 的操作系统而言，那是不可能的。

为什么人们感觉可以呢？这是因为操作系统会把时间分成很多非常细小的时间片，给每个线程分配一个时间片，这是一个很短很短的时间间隔。当第 1 个线程运行到时间片终止时，操作系统就会随机地选择另外一个线程来运行，因为时间片很短，操作系统在多个线程之间频繁地进行切换，所以给人们的感觉好像是几个线程在同时运行一样。

现在的计算机大都有多个 CPU，也就是所说的多核系统，甚至不需要进行分时处理，就能很好地同时处理多个工作了。

3. 线程的状态

线程在一定条件下，状态会发生变化。线程变化的状态转换图如图 15-4 所示。

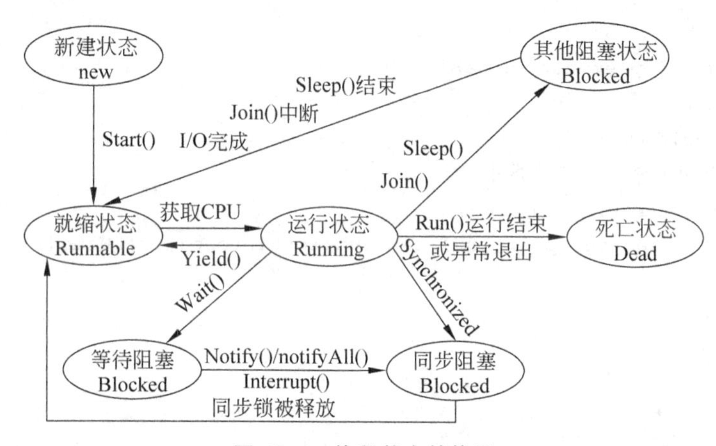

图 15-4　线程状态转换图

1）新建状态(new)

当创建了一个线程对象时，该线程处于新建状态。

2）就绪状态或称可运行状态(Runnable)

当一个线程被创建后，调用 start()方法就进入了可运行状态，该状态是指 Java 的线程调度器已经通知操作系统，将这个线程安排到执行队列，等待获取 CPU 的使用权。

3）运行状态(Running)

就绪状态的线程获取了 CPU，就进入运行状态，执行程序代码。

4）阻塞状态(Blocked)

阻塞状态是线程因为某种原因放弃 CPU 使用权，暂时停止运行，直到线程进入就绪状态，才有机会转到运行状态。阻塞的情况分 3 种。

(1) 等待阻塞：运行的线程执行 wait()方法，JVM 会把该线程放入等待池中。

(2) 同步阻塞：运行的线程在获取对象的同步锁时，若该同步锁被别的线程占用，则 JVM 会把该线程放入锁池中。

(3) 其他阻塞：运行的线程执行 sleep()或 join()方法，或者发出了 I/O 请求时，JVM

会把该线程置为阻塞状态。当 sleep()状态超时、join()等待线程终止或者超时,或者 I/O 处理完毕时,线程重新转入就绪状态。

5) 死亡状态(Dead)

线程执行完了或者因异常退出了 run()方法,该线程结束生命周期。

【例 15-1】 模拟两个线程交替轮流执行。

【程序实现】

```
//ThreadStateDemo.java
public class ThreadStateDemo {
    public static void main(String[] args) {
        System.out.println(Thread.currentThread().getName());
        //创建两个线程并运行
        new Thread(new Printer(), "线程 1").start();
        new Thread(new Printer(), "线程 2").start();
    }
}
class Printer implements Runnable {
    @Override
    public void run() {
        //打印 0~9 共 10 个数字
        for(int i=0; i<10; i++)
            System.out.println(Thread.currentThread().getName()+" 打印 "+i);
    }
}
```

【运行结果】

```
main
线程 1 打印 0
线程 1 打印 1
线程 1 打印 2
线程 1 打印 3
线程 1 打印 4
线程 1 打印 5
线程 2 打印 0
线程 2 打印 1
线程 2 打印 2
线程 2 打印 3
线程 2 打印 4
线程 2 打印 5
线程 2 打印 6
线程 2 打印 7
线程 2 打印 8
线程 2 打印 9
线程 1 打印 6
线程 1 打印 7
```

```
线程 1 打印 8
线程 1 打印 9
```

【程序说明】

让我们一起来分析一下上面的运行结果。

JVM 首先将 CPU 的使用权交给了主线程，每个 Java 程序都有一个默认的主线程，Java 应用程序总是从 main()方法开始执行，当 JVM 加载代码，发现 main()方法之后，就会启动一个线程，这个线程称为"主线程"，该线程负责执行 main()方法。接着 JVM 又将 CPU 的使用权交给线程 1，线程 1 执行 6 次循环体，打印 0～6，紧接着 JVM 又将 CPU 的使用权切换给线程 2，线程 2 执行 10 次循环体，打印 0～9，之后又轮到线程 1 使用 CPU，继续打印 7～9。

上述程序在不同计算机运行或者在同一台计算机反复多次运行结果不尽相同。通过上述程序，可以了解如下几点。

(1) 一个线程创建后，处于新建状态，当调用 start()方法后就会进入可运行状态，等待 Java 线程调度器与操作系统协调，安排 CPU 执行队列来运行。

(2) 每个处于可运行状态的线程一旦轮到 CPU 的使用权就会进入运行状态，执行 run()方法里面的代码，执行其指定的任务。

(3) 当线程处于相同执行优先权时，某个线程执行一段时间后，系统自动切换到另外一个线程交替执行。交替时间的安排由 Java 线程调度器和操作系统实时决定。

15.3.2 线程的创建和启动

线程的创建有两种方式，继承 Thread 类或者实现 Runnable 接口，线程的执行体放在 run()方法里面。

1. 继承 Thread 类

通过继承 Thread 类的方式来创建线程是一种最直接的创建线程的方式，主要有如下步骤。

(1) 继承 Thread 类。

(2) 重写 Thread 类的 run()方法，实现待完成的任务。

(3) 创建线程对象。

(4) 调用 Thread 类的 start()方法执行线程。

【例 15-2】 每隔 1s 打印一次系统时间，实现时钟效果。

【程序实现】

```
//ClockThreadDemo.java
public class ClockThreadDemo extends Thread {
    @Override
    public void run() {
        //线程一直运行
        while (true) {
            //打印系统时间
            System.out.println(new Date());
            try {
                //线程休眠 1000ms,把 CPU 的使用权交给主线程
```

```
                Thread.sleep(1000);
            } catch (InterruptedException e) {
                //注：线程休眠期间被中断时抛出此异常
                e.printStackTrace();
            }
        }
    }
    public static void main(String[] args) {
        //创建时钟线程
        ClockThreadDemo clock=new ClockThreadDemo();
        //启动线程
        clock.start();
    }
}
```

【运行结果】

```
Sat Oct 04 22:21:28 CST 2014
Sat Oct 04 22:21:29 CST 2014
Sat Oct 04 22:21:30 CST 2014
Sat Oct 04 22:21:31 CST 2014
Sat Oct 04 22:21:32 CST 2014
Sat Oct 04 22:21:33 CST 2014
Sat Oct 04 22:21:34 CST 2014
Sat Oct 04 22:21:35 CST 2014
Sat Oct 04 22:21:36 CST 2014
Sat Oct 04 22:21:37 CST 2014
Sat Oct 04 22:21:38 CST 2014
Sat Oct 04 22:21:39 CST 2014
Sat Oct 04 22:21:40 CST 2014
Sat Oct 04 22:21:41 CST 2014
Sat Oct 04 22:21:42 CST 2014
…
```

2. 实现 Runnable 接口

通过实现 Runnable 接口的方式来创建线程主要有如下步骤。

(1) 实现 Runnable 接口。

(2) 实现 Runnable 接口的 run()方法，实现待完成的任务。

(3) 用 Thread 类传递 Runnable 接口的构造方法 Thread(Runnable)创建线程。

(4) 调用 Thread 类的 start()方法执行任务。

在不方便继承 Thread 类时，通过实现 Runnable 接口实现多线程会更加灵活。

【例 15-3】 通过实现 Runnable 接口的方式来实现时钟效果。

【程序实现】

```
//ClockRunnableDemo.java
public class ClockRunnableDemo implements Runnable {
```

```
    @Override
    public void run() {
        while (true) {
            //打印系统时间
            System.out.println(new Date());
            try {
                //休眠 1000ms
                Thread.sleep(1000);
            } catch (InterruptedException e) {
                e.printStackTrace();
            }
        }
    }
    public static void main(String[] args) {
        //新建 Runnable 对象
        ClockRunnableDemo clock=new ClockRunnableDemo();
        //用 Runnable 对象建立线程
        Thread thread=new Thread(clock);
        //启动线程
        thread.start();
    }
}
```

【运行结果】

运行结果同例 15-2。

【例 15-4】 使用多线程实现猜数字游戏：一个线程充当计算机的角色负责产生 1～100 之间的随机数，给出猜大了还是猜小了的提示；另一个线程使用折半查找法负责猜。

【程序实现】

```
public class GuessNumberGameDemo {
    public static void main(String[] args) {
        GuessNumberGame game=new GuessNumberGame();
        Thread give=new Thread(game);
        give.setName("give");          //给线程命名为 give
        Thread guess=new Thread(game);
        guess.setName("guess");        //给线程命名为 guess
        give.start();
        guess.start();
    }
}
class GuessNumberGame implements Runnable {
    private int realNumber;            //随机产生的数
    private int guessNumber;           //猜的数
    public int message;                //猜大、猜小还是猜对
    public static final int Larger=1;
```

```
public static final int Smaller=-1;
public static final int Success=8;
int min=0;                          //折半查找最小值指向 0
int high=100;                       //折半查找最大值指向 100
public void run() {
    for (int count=1; true; count++) {
        if (Thread.currentThread().getName().equals("give")) {
            //如果是第一次运行
            if (count==1) {
                //产生 1~100 之间的随机数
                realNumber=(int) (Math.random() * 100)+1;
                System.out.println("随机给你一个数,你猜是多少?");
            } else {
                if (guessNumber>realNumber) {
                    System.out.println("你猜大了");
                    message=Larger;
                } else if (guessNumber <realNumber) {
                    System.out.println("你猜小了");
                    message=Smaller;
                } else {
                    System.out.println("恭喜你,你猜对了");
                    message=Success;
                    return;        //run()方法执行结束
                }
            }
            try {
                Thread.sleep(1500);
            } catch (InterruptedException e) {
                e.printStackTrace();
            }
        }
        if (Thread.currentThread().getName().equals("guess")) {
            if (count==1) {
                guessNumber=(min+high)/2;
                System.out.println("我第 1 次猜这个数,这个数是: "+
                guessNumber);
            } else {
                if (message==Smaller) {
                    min=guessNumber;
                    guessNumber=(min+high)/2;
                    System.out.println("我第"+count+"次猜这个数,这个数是:
                    "+guessNumber);
                } else if (message==Larger) {
                    high=guessNumber;
                    guessNumber=(min+high)/2;
```

```
                    System.out.println("我第"+count+"次猜这个数,这个数是:
                    "+guessNumber);

                } else if (message==Success) {
                    System.out.println("我成功了");
                    return;
                }
            }
            try {
                Thread.sleep(1500);
            } catch (InterruptedException e) {
                e.printStackTrace();
            }
        }
    }
  }
}
```

【运行结果】

```
我第 1 次猜这个数,这个数是: 50
随机给你一个数,你猜是多少?
你猜大了
我第 3 次猜这个数,这个数是: 25
你猜大了
我第 4 次猜这个数,这个数是: 12
你猜大了
你猜大了
我第 5 次猜这个数,这个数是: 6
我第 6 次猜这个数,这个数是: 3
恭喜你,你猜对了
我成功了
```

【程序说明】

上面只是某一次的运行结果,发现运行结果和我们想象的很不一样,我们希望的输出结果如下:

```
随机给你一个数,你猜是多少?
我第 1 次猜这个数,这个数是: 50
你猜大了
我第 2 次猜这个数,这个数是: 25
你猜大了
我第 3 次猜这个数,这个数是: 12
你猜小了
我第 4 次猜这个数,这个数是: 18
恭喜你,你猜对了
我成功了
```

可是上面程序的运行结果却是乱七八糟，明明程序中先启动的是 give 线程，可输出结果却是 guess 线程先执行，先启动的线程不一定先运行，这样有可能出现先猜再产生随机数的情况。通过本例我们发现没有协调控制的多线程程序是多么可怕，在后面讨论了线程控制和线程协调后，读者可以再来修改本例。

15.3.3 线程的控制

1. 线程的休眠——sleep()

Thread 类提供了一个很形象的实现线程休眠的方法 sleep()，方法声明如下：

```
public static void sleep(long millis)
              throws InterruptedException
```

在指定的毫秒数内让当前正在执行的线程休眠，暂停执行，休眠时间超过指定时间后，线程调度器将其设置为就绪状态，进入就绪队列等待获得 CPU 的使用权，该方法会抛出 InterruptedException 异常，该异常属于受检查的异常，必须对该异常进行处理。

【例 15-5】 演示线程休眠。

【程序实现】

```
//ThreadSleepDemo.java
public class ThreadSleepDemo {
    public static void main(String[] args) {
        //创建两个线程
        Thread t1=new SleepingThread("线程 1");
        Thread t2=new SleepingThread("线程 2");
        //启动线程
        t1.start();
        t2.start();
        //主线程休眠 1s
        try {
            System.out.println("主线程休眠 1s…");
            Thread.sleep(1000);
            System.out.println("主线程休眠结束。");
        } catch (InterruptedException e) {
            e.printStackTrace();
        }
    }
}
//演示线程休眠
class SleepingThread extends Thread {
    public SleepingThread(String name) {
        super(name);
    }
    @Override
    public void run() {
        try {
```

```
            System.out.println(Thread.currentThread().getName()+" 睡着了…");
            sleep(3000);                        //线程休眠
            System.out.println(Thread.currentThread().getName()+" 睡醒了。");
        } catch (InterruptedException e) {
            //注：休眠过程中被中断时抛出此异常
            e.printStackTrace();
            System.out.println(Thread.currentThread().getName()+" 被中断了。");
        }
    }
}
```

【运行结果】

```
线程 1 睡着了…
主线程休眠 1s…
线程 2 睡着了…
主线程休眠结束。
线程 1 睡醒了。
线程 2 睡醒了。
```

2. 线程中断——interrupt()

Thread 类提供了一个方法 interrupt()，用来中断当前正在运行的线程，方法声明如下：

```
public void interrupt()
```

另外，还提供了一个方法用于判断当前线程是否已经中断，方法声明如下：

```
public static boolean interrupted()
```

【例 15-6】 监控线程监控用户的输入，如果用户输入为 stop，则停止监控。

【程序实现】

```
//ThreadInterruptDemo.java
public class ThreadInterruptDemo {
    public static void main(String[] args) {
        InputMonitor inputMonitor=new InputMonitor();
        inputMonitor.start();                   //启动监控线程
        Scanner scanner=new Scanner(System.in);
        String choice="";
        if(!choice.equals("stop")){
            choice=scanner.next();
        }
        inputMonitor.interrupt();               //如果是 stop,中断线程运行
    }
}
//监控用户输入的线程
class InputMonitor extends Thread{
    private int count=1;                        //监控次数
```

```
    @Override
    public void run() {
        super.run();
        while(!isInterrupted()){
            System.out.println(getName()+"Monitoring…"+count++);
            try {
                Thread.sleep(3000);          //休眠 2s
            } catch (InterruptedException e) {
                break;                       //停止执行
            }
        }
        System.out.println("Monitoring is stopped by user");
    }
}
```

【运行结果】

```
Thread-0Monitoring…1
Thread-0Monitoring…2
Thread-0Monitoring…3
stop
Monitoring is stopped by user
```

3. 线程优先——setPriority()

Java 中线程的优先级由低到高分为 1～10 共 10 个不同的优先级。线程默认的优先级是 5，即 Thread. NORM_PRIORITY。一般而言，优先级高的线程会比优先级低的线程获得处理机的机会更多一些。

尽管 Java 提供了 10 种不同的优先级，但它与多数操作系统都不能映射得很好。具有可移植性的做法是，需要调整线程的优先级时，只使用 Thread. MIN_PRIORITY、Thread. NORM_PRIORITY 和 Thread. MAX_PRIORITY。

但是，Java 的线程调度机制是与平台相关的，不同平台下的表现可能差别很大。例如，在 Linux 和 UNIX 操作系统中，线程的执行完全基于优先权队列。当 JVM 线程调度器将标有优先权的线程送至操作系统执行时，操作系统的线程调度器将根据优先等级，把它置于相应的优先队列，等待执行，排在队列最前面的首先被执行。这样做的缺点是，优先权低的线程有可能永远得不到执行的机会。而在 Windows 操作系统中，使用优先权加时间片的处理机制，即使是优先权高的线程，也不能垄断 CPU 的使用权，当时间片超时，也必须让步给优先权低的线程，从而所有线程都有执行的机会。

Thread 类提供了方法 setPriority()用于设置线程的优先级，方法声明如下：

```
public final void setPriority(int newPriority)
```

【例 15-7】 演示线程的优先级。

【程序实现】

```
//ThreadPriorityDemo.java
```

```
public class ThreadPriorityDemo {
    public static void main(String[] args) {
        //创建线程
        Thread minPriority=new Thread(new Printer(), "最低优先级线程");
        Thread norPriority=new Thread(new Printer(), "正常优先级线程");
        Thread maxPriority=new Thread(new Printer(), "最高优先级线程");
        //设置不同的优先级
        minPriority.setPriority(Thread.MIN_PRIORITY);
        norPriority.setPriority(Thread.NORM_PRIORITY);
        maxPriority.setPriority(Thread.MAX_PRIORITY);
        //执行线程
        minPriority.start();
        norPriority.start();
        maxPriority.start();
    }
}
//打印数字
class Printer implements Runnable {
    @Override
    public void run() {
        for(int i=0; i<10; i++) {
            System.out.println(Thread.currentThread().getName()+" 打印 "+i);
        }
        System.out.println(Thread.currentThread().getName()+" 运行结束");
    }
}
```

【运行结果】

```
正常优先级线程 打印 0
最高优先级线程 打印 0
最高优先级线程 打印 1
最高优先级线程 打印 2
最高优先级线程 打印 3
最高优先级线程 打印 4
最高优先级线程 打印 5
最高优先级线程 打印 6
最高优先级线程 打印 7
最高优先级线程 打印 8
最高优先级线程 打印 9
最高优先级线程 运行结束
正常优先级线程 打印 1
正常优先级线程 打印 2
正常优先级线程 打印 3
正常优先级线程 打印 4
正常优先级线程 打印 5
```

```
正常优先级线程 打印 6
正常优先级线程 打印 7
正常优先级线程 打印 8
正常优先级线程 打印 9
正常优先级线程 运行结束
最低优先级线程 打印 0
最低优先级线程 打印 1
最低优先级线程 打印 2
最低优先级线程 打印 3
最低优先级线程 打印 4
最低优先级线程 打印 5
最低优先级线程 打印 6
最低优先级线程 打印 7
最低优先级线程 打印 8
最低优先级线程 打印 9
最低优先级线程 运行结束
```

【程序说明】

上述运行结果在你的机器上可能不同,上述结果说明最高优先级的并不一定就一定先运行。因此,在实际编程时,不提倡使用线程的优先级来保证算法的正确执行。

4. 线程加入——join()

线程 1 在执行过程中,如果线程 2 调用 join()方法加入进来,那么线程 1 就会立即中断执行,直到线程 2 执行完毕,线程 1 才重新排队等待获得 CPU 的使用权。join()方法声明如下:

```
public final void join() throws InterruptedException
```

【例 15-8】 演示线程加入。

【程序实现】

```
//ThreadJoinDemo.java
public class ThreadJoinDemo {
    public static void main(String[] args) throws Exception {
        //创建两个线程
        Thread th1=new Thread(new Printer(), "线程 1");
        Thread th2=new Thread(new Printer(), "线程 2");
        //启动线程
        th1.start();
        th2.start();
        //等待线程 1 结束,然后再继续执行下面的代码
        th1.join();
        //此时线程 th1 一定结束了,而线程 th2 则未必
        //测试两个线程是否结束
        System.out.println("在主线程中测试: "+th1.getName()+"还在活动吗? "
                +th1.isAlive());                    //必定结束
        System.out.println("在主线程中测试: "+th2.getName()+"还在活动吗? "
```

```
                    +th2.isAlive());              //未必结束
    }
}
class Printer implements Runnable {
    @Override
    public void run() {
        String name=Thread.currentThread().getName();
        System.out.println(name+"开始");
        for (int i=0; i<5; i++) {
            System.out.println(name+" 打印 "+i);
        }
        System.out.println(name+"结束。");
    }
}
```

【运行结果】

如下是某个运行结果：

```
线程 1 开始
线程 1 打印 0
线程 1 打印 1
线程 1 打印 2
线程 1 打印 3
线程 1 打印 4
线程 1 结束。
在主线程中测试：线程 1 还在活动吗？ false
在主线程中测试：线程 2 还在活动吗？ true
线程 2 开始
线程 2 打印 0
线程 2 打印 1
线程 2 打印 2
线程 2 打印 3
线程 2 打印 4
线程 2 结束。
```

5．守护线程——setDaemon ()

当正在运行的线程都是守护线程时，Java 虚拟机退出。反之，只要还有非守护线程在运行，程序就不会退出。

一般线程默认为非守护线程，调用 Thread 类的方法 setDaemon(boolean) 可以设置线程为守护线程(或非守护线程)，但必须在线程启动之前设置。

Thread 类还提供了方法 isDaemon()，它可以判断一个线程是否是守护线程。

【例 15-9】 设置时钟线程为守护线程。

【程序实现】

```
public class DaemonThreadDemo {
    public static void main(String[] args) {
```

```
        //创建线程
        Thread clock=new Clock();
        //设置线程为守护线程
        clock.setDaemon(true);
        //启动线程
        clock.start();
        //主线程休眠 5s
        try {
            Thread.sleep(5000);
        } catch (InterruptedException e) {
            e.printStackTrace();
        }
        //主线程结束后,只剩下一个守护线程 clock,程序会退出
        System.out.println("主线程结束");
    }
}
//时钟线程,每隔 1s 打印系统时间
class Clock extends Thread {
    @Override
    public void run() {
        //无限循环打印时间
        while(true) {
            System.out.println(new Date());
            try {
                sleep(1000);
            } catch (InterruptedException e) {
            }
        }
    }
}
```

【运行结果】

```
Sun Oct 05 11:15:25 CST 2014
Sun Oct 05 11:15:26 CST 2014
Sun Oct 05 11:15:27 CST 2014
Sun Oct 05 11:15:28 CST 2014
Sun Oct 05 11:15:29 CST 2014
主线程结束
```

15.3.4 线程的同步

一对夫妻在银行存了 3000 块钱,男的拿着存折,女的拿着卡。有一天,两个人同时去取钱,结果在两个人的密切配合下,竟然取出了 4000 块,甚至账户上还有 1000 块！你一定迫不及待地想知道他们是如何做到的吧？赶快研究一下下面的程序吧！

【例 15-10】 演示未使用同步的夫妻二人取钱操作所导致的严重问题。

【问题分析】

本程序主要涉及如下类和方法。

(1) BankAccount：银行账户。

(2) BankAccount.withdraw(int)：银行账户的取款方法。

(3) Withdraw：从银行账户中取钱的操作。

(4) Withdraw.run()：详细描述了从银行账户中取钱的操作过程。

【程序实现】

首先是BankAccount类的代码：

```
/**
 * 漏洞百出的银行账户核心业务代码。
 */
class BankAccount {
    private int balance;                    //余额
    //新开户
    public BankAccount(int balance) {
        this.balance=balance;
    }
    //查询余额
    public int getBalance() {
        return balance;
    }
    /**
     * 银行账户的取款操作。
     * @param amount 取款数额
     * @return true,取款成功;false,取款失败。
     */
    public boolean withdraw(int amount) {
        //银行执行取款操作
        String name=Thread.currentThread().getName();
        //提示信息中的固定内容
        String msg="银行记录："+name+"取款"+amount+",余额";
        //首先检查账户余额是否充足
        System.out.println(msg+balance+"——检查余额…");
        if (balance>=amount) {
            //余额充足,开始划款
            System.out.println(msg+balance+"——余额充足,开始划款…");
            sleepSometime();
            balance=balance-amount;
            //划款完成,准备钞票
            System.out.println(msg+balance+"——划款完成,正在准备钞票…");
            sleepSometime();
            System.out.println(msg+balance+"——钞票准备好");
            //钞票准备好,提示取钱
```

```
            System.out.println(msg+balance+"——系统提示：取款完成,请取出钞票。");
                //取款成功
                return true;
            } else {
                //余额不足,不能取款
            System.out.println(msg+balance+"——系统提示：余额不足,取款失败。");
                //取款失败
                return false;
            }
        }
        //模拟执行耗时操作
        private void sleepSometime() {
            try {
                Thread.sleep(500);
            } catch (InterruptedException e) {
                e.printStackTrace();
            }
        }
    }
```

银行账户在执行提款操作时,查询账户余额足够时,每操作一步就休眠一下,就会给其他线程获得 CPU 使用权的机会。

接下来一起看一下 WithDraw 类的实现,它代表夫妇两人都有的行为,都会查询余额进行提款操作,在这过程中两人都还会偷偷地睡一觉。

```
    /**
     * 聪明人的稀里糊涂银行账户取款操作秘籍。
     */
    class Withdraw implements Runnable {
        private final BankAccount bankAccount;
        private final int amount;
        //新建一个从银行账户中取款的操作
        public Withdraw(BankAccount bankAccount, int amount) {
            this.bankAccount=bankAccount;
            this.amount=amount;
        }
        /**
         * 稀里糊涂取款过程。
         */
        @Override
        public void run() {
            //稀里糊涂取款过程
            String name=Thread.currentThread().getName();
            //首先查询余额
            System.out.println(name+"查询余额");
            if(bankAccount.getBalance()>=amount) {
```

```
            //余额充足,则开始取款
            System.out.println(name+"发现余额充足,开始取款…");
            //输入取款数额
            System.out.println(name+"正在输入取款数额…");
            sleepSometime();
            //按下"确认"
            System.out.println(name+"输入取款数额"+amount+",按下"确认"…");
            //等待银行操作
            System.out.println(name+"正在等待银行操作…");
            if ( bankAccount.withdraw(amount) ) {
                //取款成功
                System.out.println(name+"取款成功,取款"+amount+"元。有钱了$有钱了
                $不知道怎么花$");
            } else {
                //取款失败
                System.out.println(name+"刚刚查询余额充足,但取款却失败——奇怪?!");
            }
        } else {
            //查询余额不足
            System.out.println(name+"发现余额不足,放弃取款——郁闷@");
        }
    }
    //模拟执行耗时操作
    private void sleepSometime() {
        try {
            Thread.sleep(500);
        } catch (InterruptedException e) {
            e.printStackTrace();
        }
    }
}
```

最后是测试驱动类:

```
public class ThreadWithoutSynchronization {
    public static void main(String[] args) throws Exception {
        //夫妻两人共同的银行账户,余额 3000 元
        BankAccount account=new BankAccount(3000);
        //两个人都要取 2000 元钱
        Thread husband=new Thread(new Withdraw(account, 2000), "丈夫");
        Thread wife=new Thread(new Withdraw(account, 2000), "    妻子");
        //两人同时开始取钱
        husband.start();
        wife.start();
        //等待两人取钱结束
```

```
        husband.join();
        wife.join();
        //查询账户余额
        System.out.println("最后余额"+account.getBalance());
    }
}
```

【运行结果】

以下运行结果是详细的夫妻二人都取出2000元钱的操作步骤实录(一般人我不告诉他),一定要仔细分析一下啊。

```
丈夫查询余额
丈夫发现余额充足,开始取款…
丈夫正在输入取款数额…
    妻子查询余额
    妻子发现余额充足,开始取款…
    妻子正在输入取款数额…
    妻子输入取款数额 2000,按下"确认"…
丈夫输入取款数额 2000,按下"确认"…
丈夫正在等待银行操作…
    妻子正在等待银行操作…
银行记录:       妻子取款 2000,余额 3000——检查余额…
银行记录:       妻子取款 2000,余额 3000——余额充足,开始划款…
银行记录:丈夫取款 2000,余额 3000——检查余额…
银行记录:丈夫取款 2000,余额 3000——余额充足,开始划款…
银行记录:       妻子取款 2000,余额 1000——划款完成,正在准备钞票…
银行记录:丈夫取款 2000,余额 1000——划款完成,正在准备钞票…
银行记录:       妻子取款 2000,余额 1000——钞票准备好
银行记录:丈夫取款 2000,余额 1000——钞票准备好
银行记录:丈夫取款 2000,余额 1000——系统提示:取款完成,请取出钞票。
丈夫取款成功,取款 2000 元。有钱了$有钱了$不知道怎么花$
银行记录:       妻子取款 2000,余额 1000——系统提示:取款完成,请取出钞票。
    妻子取款成功,取款 2000 元。有钱了$有钱了$不知道怎么花$
最后余额 1000
```

如果银行使用你开发的这套程序,那岂不是都要"关门大吉"了。下面来分析一下为何会出现上面的结果呢?

两个线程在执行取款的过程中,同时在访问同一个资源银行账户,如果线程协调不好的话,就会发生意想不到的状况,如何协调多个线程呢?就要对线程进行同步。一个线程在进行取款操作时独占账户,只有取款整个过程:查询余额、提款、修改余额等操作全部完成后其他线程才有机会进行取款操作。在Java语言中,引入对象互斥锁的概念,保证共享数据操作的完整性。每个对象都对应于一个可称为"互斥锁"的标记,这个标记保证在任一时刻,只能有一个线程访问该对象。

关键字synchronized来与对象的互斥锁联系。当某个对象被synchronized修饰时,表明该对象在任意时刻只能由一个线程访问。

在 Java 中实现线程同步有两种方式：同步代码块和同步方法。

1. 同步代码块

接上面，不用多说了，很快银行就发现了！正在高薪聘请一个懂线程同步的程序员！这就是面试题！这不，你正学 Java 呢，听说用 synchronized 就行，你来试试。于是，你想原来一个账户一卡、一折多么危险啊，如何解决呢？干脆，把那女的卡给收了吧。以后让他们再取钱时，只能用一个存折，这样一来他们就不能同时取钱了。说干就干！以后谁再想取钱 Withdraw.run() 的时候，必须先拿到存折(账户)：

```
synchronized(bankAccount) {
    //谁得到账户的唯一的控制权——存折,谁就能取钱,否则靠边站
}
```

修改例 15-10 中的 WithDraw 中的 run()方法，将其执行体变成同步代码块，run()方法修改后如下：

```
/**
 * 只有唯一一个获得账户控制权的用户可以取款。
 */
@Override
public void run() {
    //谁得到账户的唯一的控制权,谁就能取钱
    synchronized (bankAccount) {
        String name=Thread.currentThread().getName();
        System.out.println(name+"得到了账户的控制权——开始");
        //首先查询余额
        System.out.println(name+"查询余额");
        if(bankAccount.getBalance()>=amount) {
            //余额充足,则开始取款
            System.out.println(name+"发现余额充足,开始取款…");
            //输入取款数额
            System.out.println(name+"正在输入取款数额…");
            sleepSometime();
            //按下"确认"
            System.out.println(name+"输入取款数额"+amount+",按下"确认"…");
            //等待银行操作
            System.out.println(name+"正在等待银行操作…");
            if (bankAccount.withdraw(amount)) {
                //取款成功
                System.out.println(name+"取款成功,取款"+amount+"元。有钱了$有钱了
                $不知道怎么花$");
            } else {
                //取款失败
                System.out.println(name+"刚刚查询余额充足,但取款却失败——奇怪?!");
            }
```

```
        } else {
            //查询余额不足
            System.out.println(name+"发现余额不足,放弃取款——郁闷@");
        }
        System.out.println(name+"释放了账户的控制权——结束");
    }
}
```

【运行结果】

```
丈夫得到了账户的控制权——开始
丈夫查询余额
丈夫发现余额充足,开始取款…
丈夫正在输入取款数额…
丈夫输入取款数额 2000,按下"确认"…
丈夫正在等待银行操作…
银行记录: 丈夫取款 2000,余额 3000——检查余额…
银行记录: 丈夫取款 2000,余额 3000——余额充足,开始划款…
银行记录: 丈夫取款 2000,余额 1000——划款完成,正在准备钞票…
银行记录: 丈夫取款 2000,余额 1000——钞票准备好
银行记录: 丈夫取款 2000,余额 1000——系统提示: 取款完成,请取出钞票。
丈夫取款成功,取款 2000 元。有钱了$有钱了$不知道怎么花$
丈夫释放了账户的控制权——结束
    妻子得到了账户的控制权——开始
    妻子查询余额
    妻子发现余额不足,放弃取款——郁闷@
    妻子释放了账户的控制权——结束
最后余额 1000
```

2. 同步方法

接上面,在你的建议下,银行干脆把那女的卡给收了。以后让他们再取钱时,只能用一个存折,谁抢到就算谁的,这样一来他们就不能同时取钱,问题解决了。

但是,银行很快又发现问题。虽然自从收了卡以后那夫妻俩再没出问题,但是,银行发的卡实在是太多了,总不能都收起来吧。再说,现在是信息化社会,没准那夫妻俩都改网上转账了。请问,如何解决?

分析一下问题的根源,在允许存在多种方式同时访问一个账户取款的情况下,我们必须保证,同一个银行账户的每一次取款过程 BankAccount.withdraw(int) 只允许一个用户(即一个线程)进行操作。幸亏学了 Java,修改例 15-10,将 BankAccount 类中的 withdraw()方法改成同步方法就行了:

```
public synchronized boolean withdraw(int amount) {
    //只允许获得账户的用户执行此操作
}
```

【运行结果】

```
丈夫查询余额
    妻子查询余额
丈夫发现余额充足,开始取款…
    妻子发现余额充足,开始取款…
丈夫正在输入取款数额…
    妻子正在输入取款数额…
    妻子输入取款数额 2000,按下"确认"…
丈夫输入取款数额 2000,按下"确认"…
    妻子正在等待银行操作…
丈夫正在等待银行操作…
    妻子得到了账户的控制权——开始
银行记录:      妻子取款 2000,余额 3000——检查余额…
银行记录:      妻子取款 2000,余额 3000——余额充足,开始划款…
银行记录:      妻子取款 2000,余额 1000——划款完成,正在准备钞票…
银行记录:      妻子取款 2000,余额 1000——钞票准备好
银行记录:      妻子取款 2000,余额 1000——系统提示:取款完成,请取出钞票。
    妻子释放了账户的控制权——结束
丈夫得到了账户的控制权——开始
    妻子取款成功,取款 2000 元。有钱了$有钱了$不知道怎么花$
银行记录:丈夫取款 2000,余额 1000——检查余额…
银行记录:丈夫取款 2000,余额 1000——系统提示:余额不足,取款失败。
丈夫释放了账户的控制权——结束
丈夫刚刚查询余额充足,但取款却失败——奇怪?!
最后余额 1000
```

请仔细分析一下,其中丈夫刚刚查询余额充足,但取款却失败。其实不难理解,就在丈夫等待自动取款机取钱但刚好还未操作账户时,妻子用网上银行抢先一步把钱转走了。

15.3.5 等待和通知

每个对象除了有一个锁之外,还有一个等待队列,当一个对象刚创建时,它的等待队列是空的。我们应该在当前线程锁住对象的锁后,去调用该对象的 wait()方法。当调用对象的 notify()方法时,将从该对象的等待队列中删除一个任意选择的线程,这个线程将再次成为可运行的线程。当调用对象的 notifyAll()方法时,将从该对象的等待队列中删除所有等待的线程,这些线程将成为可运行的线程。

wait()和 notify()主要用于 producer-consumer 这种关系中。

【例 15-11】 演示未同步未等待的生产者-消费者问题。

【问题分析】

在本例中,生产者 Producer 和消费者 Consumer 共享一个缓冲区 Buffer。生产者向缓冲区中写入数据,消费者从缓冲区中取出数据进行求和运算。

本例中未采取任何同步措施,结果可想而知,错误百出。

本程序主要涉及如下类。

(1) Buffer 类:生产者和消费者进程共享的缓冲区(没有采取任何同步措施)。

(2) Producer 类:生产者,向缓冲区写入 1～10。

(3) Consumer 类：消费者，从缓冲区中依次取出 10 个数并累加求和。

(4) ProducerConsumerNoSynNoWait：测试驱动类。

【程序实现】

先来看 Buffer 类的实现：

```
public class Buffer {
    private int value=-1;               //缓冲区中的数据
    /**
     * 向缓冲区中写入数据。
     * @param value 待写入数据
     */
    public void setValue(int value) {
        //写入数据
        System.out.println(Thread.currentThread().getName()+" 写入数据 "+value);
        this.value=value;
    }
    /**
     * 从缓冲区中取出数据。
     * @return 取出的数据
     */
    public int getValue() {
        //取出数据
        System.out.println(Thread.currentThread().getName()+" 取出数据 "+value);
        return value;
    }
}
```

观察以上代码，不管是向缓冲区中写入数据，还是从缓冲区中取出数据，都是直接操作，没有采取任何同步措施：没有考虑缓冲区中是否有数据，数据是否取走，读取数据和写入数据操作都不是同步方法。

再来看 Producer 类和 Consumer 类的实现：

```
public class Producer implements Runnable {
    //生产者写入数据的缓冲区
    private final Buffer buffer;
    public Producer(Buffer buffer) {
        this.buffer=buffer;
    }
    @Override
    public void run() {
        //依次向缓冲区中写入 1～10
        for(int i=1; i<=10; i++)
            buffer.setValue(i);
    }
}
```

```
public class Consumer implements Runnable {
    //用以取出数据的缓冲区
    private final Buffer buffer;
    private int sum;
    public Consumer(Buffer buffer) {
        this.buffer=buffer;
    }
    @Override
    public void run() {
        sum=0;
        for(int i=1; i<=10; i++) {
            sum +=buffer.getValue();
            System.out.println(Thread.currentThread().getName()+" sum="+sum);
        }
    }
}
```

最后一起来看一下测试驱动类的实现：

```
public class ProducerConsumerNoSynNoWait {
    public static void main(String[] args) {
        //建立一个缓冲区
        Buffer buffer=new Buffer();
        //新建生产者和消费者线程,并让两者共享该缓冲区
        Thread producer=new Thread(new Producer(buffer), "生产者");
        Thread consumer=new Thread(new Consumer(buffer), "     消费者");
        //启动生产者和消费者线程
        producer.start();
        consumer.start();
        //结果：出现错误
    }
}
```

【运行结果】

```
消费者 取出数据-1
生产者 写入数据 1
生产者 写入数据 2
生产者 写入数据 3
生产者 写入数据 4
生产者 写入数据 5
生产者 写入数据 6
生产者 写入数据 7
生产者 写入数据 8
生产者 写入数据 9
生产者 写入数据 10
     消费者 sum=10
```

```
消费者 取出数据 10
消费者 sum=20
消费者 取出数据 10
消费者 sum=30
消费者 取出数据 10
消费者 sum=40
消费者 取出数据 10
消费者 sum=50
消费者 取出数据 10
消费者 sum=60
消费者 取出数据 10
消费者 sum=70
消费者 取出数据 10
消费者 sum=80
消费者 取出数据 10
消费者 sum=90
消费者 取出数据 10
```

通过上面的运行结果，我们发现生产者还没写入数据，消费者就开始取数据，结果取出了－1，然后生产者开始不断地写入数据 1～10，消费者才开始取数据，所以取出的数据是 10，最终导致结果错误百出。下面我们开始修改例 15-11。

1. 将 Buffer 类中的方法变为同步方法

```
public class Buffer {
    private int value=-1;                   //缓冲区中的数据
    /**
     * 向缓冲区中写入数据(同步方法)。
     * @param value 待写入数据
     */
    public synchronized void setValue(int value) {
        //写入数据
        System.out.println(Thread.currentThread().getName()+" 写入数据 "+value);
        this.value=value;
    }
    /**
     * 从缓冲区中取出数据(同步方法)。
     * @return 取出的数据
     */
    public synchronized int getValue() {
        //取出数据
        System.out.println(Thread.currentThread().getName()+" 取出数据 "+value);
        return value;
    }
}
```

本例中虽然令缓冲区的读写操作都是同步方法，但只能保证同一时刻，只能有一个线程读写缓冲区，不能保证生产者和消费者两个线程之间的同步。例如，生产者可以持续写入数据，而不管数据是否被消费者取走，同样，消费者可以持续读取数据，而不管生产者是否写入。因此本例的执行结果仍将是一团糟。读者可以自己分析一下将方法变为同步方法后的运行结果。

2. 加入 wait()方法和 notify()方法

生产者 Producer 和消费者 Consumer 共享一个缓冲区 Buffer。生产者向缓冲区中写入数据，消费者从缓冲区中取出数据。两者通过 Object. wait()和 Object. notifyAll()方法实现同步。

首先修改 Buffer 类的实现，向缓冲区中写入数据时，如果缓冲区被占用，则等待缓冲区取出数据通知，收到通知后再试图写入，写入数据后发出写入数据通知。

从缓冲区中取出数据时，如果缓冲区已空，则等待写入数据通知，收到通知后再试图取出数据，取出数据后发出缓冲区取出数据通知。

注意使用 Object. wait()和 Object. notify()及 Object. notifyAll()的场合：必须在同步方法或同步块中才能调用，否则会抛出异常。

修改后的 Buffer 类如下：

```
public class Buffer {
    private int value=-1;                //缓冲区中的数据
    private boolean occupied=false;      //标志缓冲区中是否有数据
    /**
     * 向缓冲区中写入数据。如果缓冲区被占用，则等待缓冲区取出数据通知，收到通知后再试图
       写入。
     * 写入数据后发出写入数据通知。
     * @param value 待写入数据
     * @throws InterruptedException 线程等待通知时被中断抛出此异常。
     */
    public synchronized void setValue(int value) throws InterruptedException {
        //准备写入数据
        System.out.println(Thread.currentThread().getName()+" 准备写入数据…");
        while(occupied) {
        //当缓冲区被占用时，当前线程暂时释放缓冲区的锁，等待数据取出通知
            System.out.println(Thread.currentThread().getName()+" 等待写入数据");
            wait();
        }
        //收到取出数据通知后，发现缓冲区为空，继续写入数据
        System.out.println(Thread.currentThread().getName()+" 写入数据 "+value);
        this.value=value;
        //设置缓冲区中有数据的标志
        occupied=true;
        //发出写入数据通知，通知等待取出数据的线程
        notifyAll();
    }
    /**
     * 从缓冲区中取出数据。如果缓冲区已空，则等待写入数据通知，收到通知后再试图取出
```

```
     数据。
     * 取出数据后发出缓冲区取出数据通知。
     * @return 取出的数据
     * @throws InterruptedException 线程等待通知时被中断抛出此异常。
     */
    public synchronized int getValue() throws InterruptedException {
        //准备取出数据
        System.out.println(Thread.currentThread().getName()+" 准备取出数据…");
        while(!occupied) {
            //当缓冲区为空时,当前线程暂时释放缓冲区的锁,等待数据写入通知
            System.out.println(Thread.currentThread().getName()+" 等待取出数据");
            wait();
        }
        //收到写入数据通知后,发现缓冲区中有数据,继续取出数据
        System.out.println(Thread.currentThread().getName()+" 取出数据 "+value);
        //设置缓冲区为空的标志
        occupied=false;
        //发出取出数据通知,通知等待写入数据的线程
        notifyAll();
        //返回取出的数据
        return value;
    }
}
```

【运行结果】

```
生产者 准备写入数据…
生产者 写入数据 1
生产者 准备写入数据…
生产者 等待写入数据
    消费者 准备取出数据…
    消费者 取出数据 1
    消费者 sum=1
    消费者 准备取出数据…
    消费者 等待取出数据
生产者 写入数据 2
生产者 准备写入数据…
生产者 等待写入数据
    消费者 取出数据 2
    消费者 sum=3
    消费者 准备取出数据…
    消费者 等待取出数据
生产者 写入数据 3
生产者 准备写入数据…
生产者 等待写入数据
    消费者 取出数据 3
```

```
生产者 写入数据 4
生产者 准备写入数据…
生产者 等待写入数据
    消费者 sum=6
    消费者 准备取出数据…
    消费者 取出数据 4
生产者 写入数据 5
生产者 准备写入数据…
生产者 等待写入数据
    消费者 sum=10
    消费者 准备取出数据…
    消费者 取出数据 5
    消费者 sum=15
    消费者 准备取出数据…
    消费者 等待取出数据
生产者 写入数据 6
生产者 准备写入数据…
生产者 等待写入数据
    消费者 取出数据 6
    消费者 sum=21
    消费者 准备取出数据…
    消费者 等待取出数据
生产者 写入数据 7
    消费者 取出数据 7
    消费者 sum=28
生产者 准备写入数据…
生产者 写入数据 8
生产者 准备写入数据…
生产者 等待写入数据
    消费者 准备取出数据…
    消费者 取出数据 8
    消费者 sum=36
    消费者 准备取出数据…
    消费者 等待取出数据
生产者 写入数据 9
生产者 准备写入数据…
生产者 等待写入数据
    消费者 取出数据 9
    消费者 sum=45
    消费者 准备取出数据…
    消费者 等待取出数据
生产者 写入数据 10
    消费者 取出数据 10
    消费者 sum=55
```

生产者和消费者线程都是通过判断缓冲区的 occupied 标志来决定是否等待通知。问题是：用 if 和用 while 进行判断的区别是什么？读者可以将程序中的 while 换成 if 试一下，观察输出结果并分析，然后继续修改程序，引入多个生产者和消费者，正常情况下，两个消费者最终的累加结果之和应该是 110，将 while 改为 if 后会怎样呢？这些问题就留给读者了。

大家明白了生产者-消费者是怎么回事后，再回过头来看看之前的猜数字，一个线程负责产生随机数，判断大了、小了还是猜对了，另外一个线程负责猜，是不是就是典型的生产者-消费者问题呢？开动脑筋思考一下对之前的程序好好地改造一下吧！

15.3.6 同步引发的死锁问题

线程同步可以协调多个线程，但有时候一不留神就会引发死锁问题，在下面的例子中，假设只有同时拥有了筷子和碗才可以吃饭，可是拿着碗的人偏偏拿着碗不放，拿着筷子的人也不让出自己的筷子，结果可想而知，谁都吃不了饭，只能饿肚子了。

【例 15-12】 演示死锁。

【程序实现】

```
public class Deadlock {
    public static void main(String[] args) {
        //两个对象(资源)
        final String chopsticks="筷子";
        final String bowl="碗";
        //线程 1 先锁住筷子再锁住碗,然后才能吃饭
        new Thread(new Runnable() {
            @Override
            public void run() {
                System.out.println("我要筷子…");
                synchronized (chopsticks) {
                    System.out.println("我得到了筷子");
                    System.out.println("我要碗…");
                    sleep();
                    synchronized (bowl) {
                        System.out.println("我得到了碗");
                        sleep();
                        System.out.println("我吃饭了");
                    }
                }
            }
        }).start();
        //注意:可能造成死锁
        //线程 2 先锁住碗再锁住筷子,然后才能吃饭
        new Thread(new Runnable() {
            @Override
            public void run() {
                System.out.println("        你要碗…");
                synchronized(bowl) {
                    System.out.println("        你得到了碗");
```

```
                sleep();
                System.out.println("        你要筷子…");
                synchronized(chopsticks) {
                    System.out.println("        你得到了筷子");
                    sleep();
                    System.out.println("        你吃饭了");
                }
            }
        }
    }).start();
}
static void sleep() {
    try {
        Thread.sleep(new Random().nextInt(500));
    } catch (InterruptedException e) {
        e.printStackTrace();
    }
}
}
```

【运行结果】

```
我要筷子…
我得到了筷子
我要碗…
    你要碗…
    你得到了碗
    你要筷子…
```

程序没有停止,陷入僵局。

如何解决上面的僵局呢？下面给出死锁问题的一种解决方案：修改线程2,使其也是先锁住筷子,再锁住碗。

```
//一种解决死锁的方法
//线程 2 同样先锁住筷子再锁住碗,然后才能吃饭
    new Thread(new Runnable() {
        @Override
        public void run() {
            System.out.println("        你要筷子…");
            synchronized(chopsticks) {
                System.out.println("        你得到了筷子");
                System.out.println("        你要碗…");
                sleep();
                synchronized(bowl) {
                    System.out.println("        你得到了碗");
                    sleep();
                    System.out.println("        你吃饭了");
```

```
            }
        }
    }
}).start();
```

15.4 任务实现

学习了多线程的相关知识后，下面一起来模拟龟兔赛跑的故事。

【问题分析】

为了模拟龟兔赛跑，我们用两个带图片的 JLabel 对象分别表示兔子和乌龟，在兔子、乌龟移动过程中不断改变相对窗体的 x 坐标，兔子速度快，改变的幅度比乌龟大。由于兔子轻视乌龟，所以它睡眠的时间比乌龟长。本程序主要涉及如下 3 个类。

(1) Move 类：表示乌龟和兔子移动的线程类。

(2) TortoiseAndRabbitRace 类：窗体类。

(3) TortoiseAndRabbitStoryDemo 类：测试驱动类。

【程序实现】

首先看一下窗体类的设计和实现：

```
1   class TortoiseAndRabbitRace extends JFrame {
2       public static final int WIDTH=400;
3       public static final int HEIGHT=280;
4       private JLabel labelRabbit;
5       private JLabel labelTortoise;
6       private JButton btnStart;
7       private Thread rabbitThread;
8       private Thread tortoiseThread;
9       public TortoiseAndRabbitRace() {
10          super("乌龟和兔子赛跑");
11          this.setLayout(null);             //取消默认布局,使用绝对布局
12          //屏幕居中
13          Dimension d=this.getToolkit().getScreenSize();
14          this.setLocation((d.width-WIDTH)/2, (d.height-HEIGHT)/2);
15          this.setSize(WIDTH, HEIGHT);
16          //带图片的 JLabel 对象表示兔子
17          labelRabbit=new JLabel("rabbit");
18          labelRabbit.setIcon(new ImageIcon("images/rabbit.jpg"));
19          labelRabbit.setBounds(0, 20, 70, 70);
20          //兔子线程,兔子睡眠时间比较长为 200ms,速度比较快,为 4
21      rabbitThread=new Thread(new Move(labelRabbit, WIDTH, 20, 200, 4),"兔子");
22          //带图片的 JLabel 对象表示乌龟
23          labelTortoise=new JLabel("tortoise");
24          labelTortoise.setIcon(new ImageIcon("images/tortoise.jpg"));
25          labelTortoise.setBounds(0, 90, 70, 70);
26          //乌龟线程,乌龟睡眠时间比较短,为 50ms,速度较慢为 2
```

```
27      tortoiseThread=new Thread(new Move(labelTortoise, WIDTH, 90, 50, 2),"乌龟");
28          btnStart=new JButton("开始");
29          btnStart.setBounds(180, 180, 60, 40);
30          add(labelRabbit);
31          add(labelTortoise);
32          add(btnStart);
33          btnStart.addActionListener(new ActionListener() {
34              @Override
35              public void actionPerformed(ActionEvent event) {
36                  rabbitThread.start();               //启动兔子线程
37                  tortoiseThread.start();             //启动乌龟线程
38                  btnStart.setEnabled(false);         //开始按钮变得不可用
39              }
40          });
41          this.setVisible(true);
42      }
43  }
```

接下来一起来看一下 Move 类的设计与实现：

```
1   /**
2    * 向前移动线程 乌龟和兔子运动线程
3    */
4   class Move implements Runnable {
5       private JLabel currentLabel;                        //当前标签
6       private int width;                                  //移动距离
7       private int y;                                      //纵坐标
8       private int sleeptime;                              //休眠时间
9       private int speed;                                  //移动速度
10      public Move(JLabel currentLabel, int width, int y, int sleeptime, int speed) {
11          this.currentLabel=currentLabel;
12          this.width=width;
13          this.y=y;
14          this.sleeptime=sleeptime;
15          this.speed=speed;
16      }
17      @Override
18      public void run() {
19          int x=0;
20          while (true) {
21              x+=speed;                                       //根据速度改变 x 坐标
22              currentLabel.setLocation(x, y);                 //改变标签出现的位置
23              sleepsometime(sleeptime);                       //休眠一段时间
24              //当移到最右端时,线程终止,显示获胜方并退出程序
25              if (x>=width-70) {
26                  String name=Thread.currentThread().getName();
27                  JOptionPane.showMessageDialog(null,name+"获胜");
```

```
28                 System.exit(0);
29             }
30         }
31     }
32     //休眠一段时间
33     private void sleepsometime(int sleeptime) {
34         try {
35             Thread.sleep(sleeptime);
36         } catch (InterruptedException e) {
37             e.printStackTrace();
38         }
39     }
40 }
```

最后是测试驱动类，很简单，就是创建窗体对象：

```
1  public class TortoiseAndRabbitStoryDemo {
2      public static void main(String[] args) {
3          new TortoiseAndRabbitRace();
4      }
5  }
```

【运行结果】

运行结果如图 15-5～图 15-7 所示。

图 15-5　龟兔赛跑初始界面

图 15-6　龟兔赛跑行进中界面

图 15-7　龟兔赛跑结果界面

15.5 知识拓展

15.5.1 并行类包

从 JDK 1.5 开始，增加了 java. util. concurrent 包，它的引入大大简化了多线程程序的开发。它提供了大量高级工具，可以帮助开发者编写高效、易维护、结构清晰的 Java 多线程程序。下面简要描述主要的组件。

1. 执行程序

接口 Executor 是一个简单的标准化接口，用于定义类似于线程的自定义子系统，包括线程池、异步 I/O 和轻量级任务框架。根据所使用的具体 Executor 类的不同，可能在新创建的线程中，现有的任务执行线程中，或者调用 execute()的线程中执行任务，并且可能顺序或并发执行。ExecutorService 提供了多个完整的异步任务执行框架。ExecutorService 管理任务的排队和安排，并允许受控制的关闭。ScheduledExecutorService 子接口添加了对延迟的和定期任务执行的支持。ExecutorService 提供了安排异步执行的方法，可执行由 Callable 表示的任何函数，结果类似于 Runnable。Future 返回函数的结果，允许确定执行是否完成，并提供取消执行的方法。

2. 实现

ThreadPoolExecutor 和 ScheduledThreadPoolExecutor 提供可调的、灵活的线程池。Executors 类提供大多数 Executor 的常见类型和配置的工厂方法，以及使用它们的几种实用工具方法。其他基于 Executor 的实用工具包括具体类 FutureTask，它提供 Future 的常见可扩展实现，以及 ExecutorCompletionService，它有助于协调对异步任务组的处理。

3. 队列

java. util. concurrent ConcurrentLinkedQueue 类提供了高效的、可伸缩的、线程安全的非阻塞 FIFO 队列。java. util. concurrent 中的 5 个实现都支持扩展的 BlockingQueue 接口，该接口定义了 put 和 take 的阻塞版本：LinkedBlockingQueue、ArrayBlockingQueue、SynchronousQueue、PriorityBlockingQueue 和 DelayQueue。这些不同的类覆盖了生产者-使用者、消息传递、并行任务执行和相关并发设计的大多数常见使用的上下文。

4. 计时

TimeUnit 类为指定和控制基于超时的操作提供了多重粒度(包括纳秒级)。该包中的大多数类除了包含不确定的等待之外，还包含基于超时的操作。在使用超时的所有情况中，超时指定了在表明已超时前该方法应该等待的最少时间。在超时发生后，实现会“尽力”检测超时。但是，在检测超时与超时之后再次实际执行线程之间可能要经过不确定的时间。

5. 同步器

4 个类可协助实现常见的专用同步语句。Semaphore 是一个经典的并发工具。CountDownLatch 是一个极其简单但又极其常用的实用工具，用于在保持给定数目的信号、事件或条件前阻塞执行。CyclicBarrier 是一个可重置的多路同步点，在某些并行编程风格中很有用。Exchanger 允许两个线程在集合点交换对象，它在多流水线设计中是有用的。

15.5.2 CyclicBarrier 类的使用

CyclicBarrier 类是一个同步辅助类,它允许一组线程互相等待,直到到达某个公共屏障点(common barrier point)。在涉及一组固定大小的线程的程序中,这些线程必须不时地互相等待,此时 CyclicBarrier 很有用。因为该 barrier 在释放等待线程后可以重用,所以称它为循环的 barrier。

CyclicBarrier 支持一个可选的 Runnable 命令,在一组线程中的最后一个线程到达之后(但在释放所有线程之前),该命令只在每个屏障点运行一次。若在继续所有参与线程之前更新共享状态,此屏障操作很有用。

举一个很简单的例子,今天晚上 4 个人相约去 Happy。就互相通知了一下:晚上八点准时到某酒吧门前集合,不见不散!。有的住的近,早早就到了。有的事务繁忙,刚好踩点到了。无论怎样,先来的都不能独自行动,只能等待所有人。

【例 15-13】 模拟朋友聚会。

【程序实现】

```
import java.util.Random;
import java.util.concurrent.BrokenBarrierException;
import java.util.concurrent.CyclicBarrier;
import java.util.concurrent.ExecutorService;
import java.util.concurrent.Executors;
public class CyclicBarrierDemo {
    public static void main(String[] args) {
        ExecutorService exec=Executors.newCachedThreadPool();
        final Random random=new Random();
        final CyclicBarrier barrier=new CyclicBarrier(4,new Runnable(){
            @Override
            public void run() {
                System.out.println("大家都到齐了,开始 Happy 去");
            }});
        for(int i=0;i<4;i++){
            exec.execute(new Runnable(){
                @Override
                public void run() {
                    try {
                        Thread.sleep(random.nextInt(1000));
                    } catch (InterruptedException e) {
                        e.printStackTrace();
                    }
                    String name=Thread.currentThread().getName();
                    System.out.println(name+"到了,其他人呢");
                    try {
                        barrier.await();                    //等待其他人
                    } catch (InterruptedException e) {
```

```
                    e.printStackTrace();
                } catch (BrokenBarrierException e) {
                    e.printStackTrace();
                }
            }});
        }
        exec.shutdown();
    }
}
```

【运行结果】

```
pool-1-thread-3 到了,其他人呢
pool-1-thread-4 到了,其他人呢
pool-1-thread-1 到了,其他人呢
pool-1-thread-2 到了,其他人呢
大家都到齐了,开始 Happy 去
```

注意

关于 await()方法要特别注意,它有可能在阻塞的过程中由于某些原因被中断。CyclicBarrier 就是一个栅栏,等待所有线程到达后再执行相关的操作。barrier 在释放等待线程后可以重用。

在并行类包中,还提供了很多用来进行多线程编程的类及接口,大家参照 API 文档好好地去研究下吧。

15.6 本章小结

本章介绍了 Java 中的多线程机制,学习本章后,读者应该掌握以下内容。

(1) 多进程和多线程的区别。

(2) 线程创建的两种方式。

(3) 线程同步的两种方式。

(4) 等待和通知的灵活使用。

(5) 同步引发的死锁问题。

15.7 强化练习

15.7.1 判断题

1. 如果线程死亡,它便不能运行。(　　)。
2. 在 Java 中,高优先级的可运行线程会抢占低优先级线程。(　　)。
3. 线程可以用 yield()方法使低优先级的线程运行。(　　)。
4. 程序开发者必须创建一个线程去管理内存的分配。(　　)。
5. 一个线程可以调用 yield()方法使其他线程有机会运行。(　　)。

15.7.2 选择题

1. Java 语言中提供了一个(　　)线程,自动回收动态分配的内存。

   A. 异步　　B. 消费者　　C. 守护　　D. 垃圾收集

2. 有 3 种原因可以导致线程不能运行,它们是(　　)。

   A. 等待　　B. 阻塞

   C. 休眠　　D. 挂起及由于 I/O 操作而阻塞

3. 线程通过(　　)方法可以使具有相同优先级的线程获得处理器。

   A. run()　　B. setPrority()　　C. yield()　　D. sleep()

4. 线程通过(　　)方法可以休眠一段时间,然后恢复运行。

   A. run()　　B. setPrority()　　C. yield()　　D. sleep()

15.7.3 简答题

1. 简述程序、进程和线程之间的关系。什么是多线程程序?
2. 线程有哪几个基本状态?它们之间如何转化?简述线程的生命周期。
3. 什么是线程调度?Java 的线程调度采用什么策略?
4. 如何在 Java 程序中实现多线程?
5. 试简述 Thread 类的子类或实现 Runnable 接口两种方法的异同。
6. 什么是线程同步问题?
7. 等待和通知用于解决什么问题?应该注意什么?
8. 什么情况下会发生线程死锁?

15.7.4 编程题

1. 模拟左右手轮流写字。

2. 修改文中的猜数字游戏,一个线程负责产生随机数,判断大了、小了,还是猜对了,另外一个线程负责猜。

3. 编程实现龟兔赛跑。

第 16 章　数据库访问

任务　英语学习好帮手

16.1　任务描述

社会生活的信息化和经济的全球化，使英语的重要性日益突出。英语作为最重要的信息载体之一，已成为人类生活各个领域中使用最广泛的语言。英文词典无疑是学习英语的好帮手，借助英文词典，可以方便地查阅单词，掌握单词及相关用法。本章将带着大家设计这样一款英文词典，将大量的英语单词存储在数据库中，再设计一个漂亮的图形用户界面，通过使用自己设计的英文词典，能够掌握更多的英语词汇和计算机相关知识，为以后阅读计算机专业文献和书籍打下坚实的基础，为以后在工作中解决与计算机专业英语相关的问题提供必要的知识保证。

你一定迫不及待地想要开发一款属于自己的英汉词典了吧？让我们赶紧开始吧！

16.2　任务分析

通过前面的学习，可以将相关信息存储在文件中实现读取，但是大量的单词要从文件中读取是十分麻烦的，因此将单词相关信息储存在数据库中实现单词的添加、删除、查询，其数据保存、修改、安全等方面比其他数据处理手段都有优势。

使用 Java 中的 JDBC 操作数据库，可以选用多种不同的数据库，即通过使用 JDBC 技术和不同数据库进行连接，建立连接后发送不同的 SQL 语句实现与数据库交互信息，实现对数据的不同操作，还可以进行事务处理。

16.3　相关知识

16.3.1　使用 JDBC 访问数据库

1. JDBC 概述

JDBC 是一组能够执行 SQL 语句的 Java API，为数据库开发人员提供了一组用 Java 编写的类和接口，可以实现数据库应用程序的开发。JDBC 包括 3 种组件：JDBC 驱动程序管理器、JDBC 驱动程序测试工具包和 JDBC-ODBC 桥。

(1) JDBC 驱动程序管理器可以将 Java 应用程序连接到正确的 JDBC 驱动程序上。

(2) JDBC 驱动程序测试工具包对 JDBC 驱动程序提供测试，通过测试的驱动程序可用。

(3) JDBC-ODBC 桥使 ODBC 驱动程序作为 JDBC 驱动，连接不同数据库。

2. JDBC 的工作原理

通过 JDBC 接口能够实现将 Java 程序与数据库系统进行互连，通过该接口可以发送 SQL 语句给数据库，对返回的结果进行处理。JDBC 使数据库开发人员能够用纯 Java API 来编写数据库应用程序，可以实现对不同数据库的访问，并且实现起来也比较容易。

通过加载相应数据的 JDBC 驱动程序，编写标准 SQL 语句，实现对特定数据库的操作。具体实现分为以下三步。

(1) 加载驱动，建立与数据库系统的连接。

(2) 提交数据执行的 SQL 语句。

(3) 处理返回的结果集。

3. JDBC 常用的连接方式

1) JDBC-ODBC 桥接

通过 ODBC 数据源与数据库进行连接，如图 16-1 所示。

图 16-1 JDBC-ODBC 桥接驱动程序连接

具体实现步骤如下。

(1) 创建数据库。

(2) 配置数据源。

① 打开“控制面板”中“管理工具”的“数据源(ODBC)”，如图 16-2 所示。

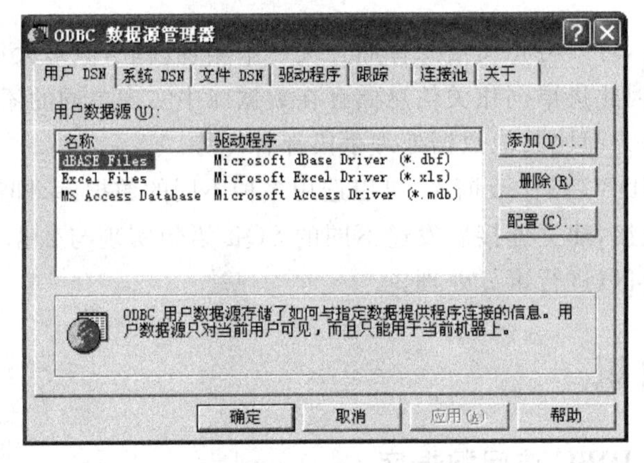

图 16-2 ODBC 数据源管理器

② 单击“添加”按钮，如图 16-3 所示，根据不同数据库类型，创建新数据源。

如果是 SQL Server 数据库，则选择 SQL Server 驱动程序，单击“完成”按钮。

③ 配置数据源，设置数据源名称，连接服务器名称，如本地可以设置为 local，如图 16-4 和图 16-5 所示。

更改要连接的数据库名称，如图 16-6 所示。

根据提示，单击“下一步”按钮，进入到图 16-7 所示界面，单击“完成”按钮，出现图 16-8，即可完成数据源创建。

(3) 测试数据源配置，如图 16-9 所示，说明配置连接成功。

图 16-3　创建新数据源

创建到 SQL Server 的新数据源
此向导将帮助建立一个能用于连接 SQL Server 的 ODBC 数据源。
您想用什么名称来命名数据源?
名称(M): dictionary
您希望如何描述此数据源?
描述(D):
您想连接哪一个 SQL Server?
服务器(S): (local)
完成　下一步(N) >　取消　帮助

图 16-4　创建数据源名和选择服务器

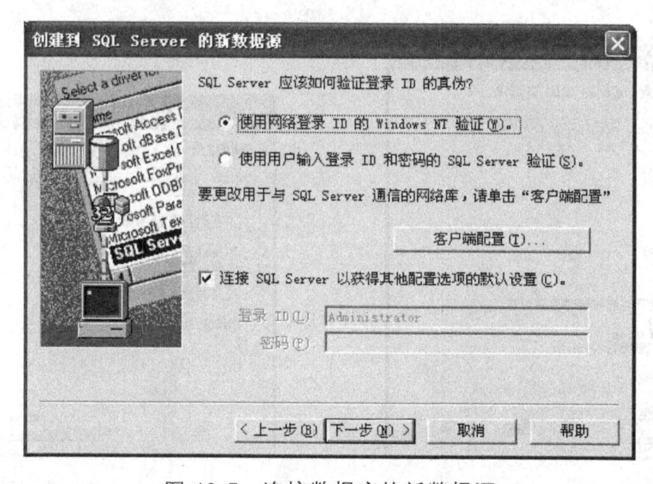

图 16-5　连接数据库的新数据源

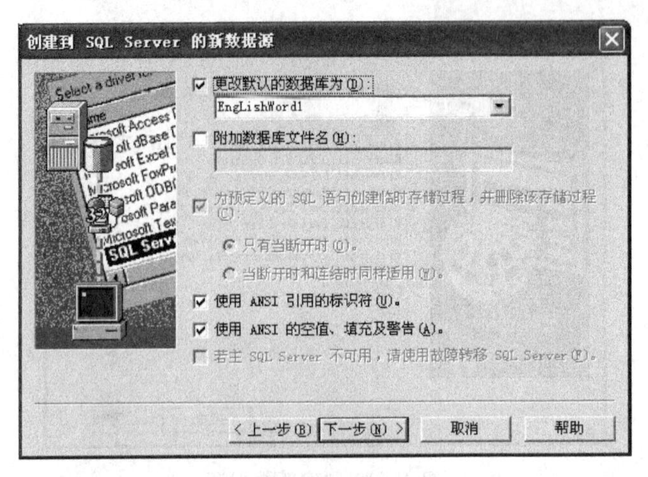

图 16-6　设置连接数据源中的数据库

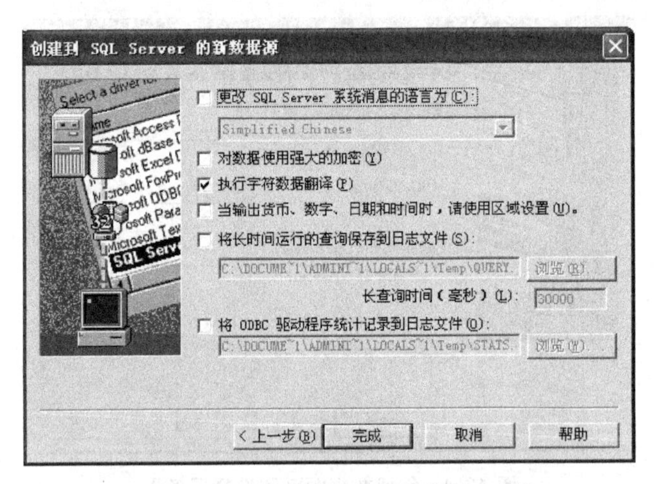

图 16-7　设置连接数据源中的数据库操作

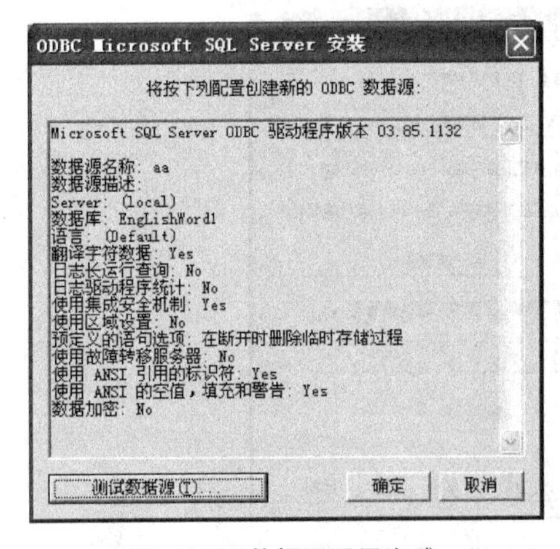

图 16-8　数据源配置完成

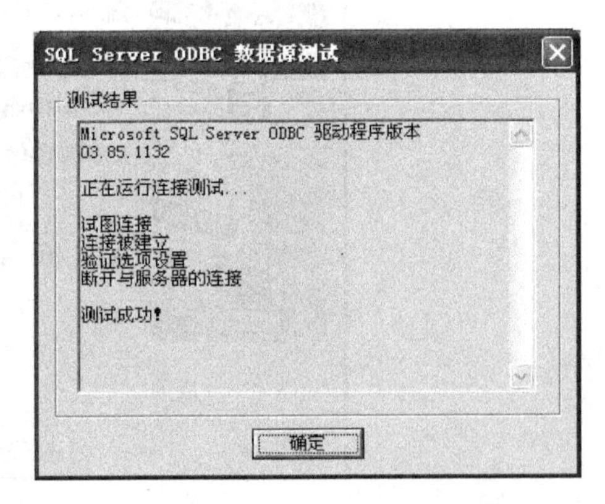

图 16-9　测试数据源配置成功

(4) 程序编写代码：

① 加载 JDBC-ODBC 桥接驱动程序：

```
private static String driverName="sun. jdbc. odbc.JdbcOdbcDriver";
Class.forName(driverName);
```

② 创建与数据源连接

```
Connection con=DriverManager.getConnection("jdbc: odbc: 数据源名",用户名,密码);
```

2) 纯 Java 驱动程序

完全用 Java 程序编写驱动程序，不再使用其他驱动程序，由数据库厂商提供。不用配置数据源，如图 16-10 所示。

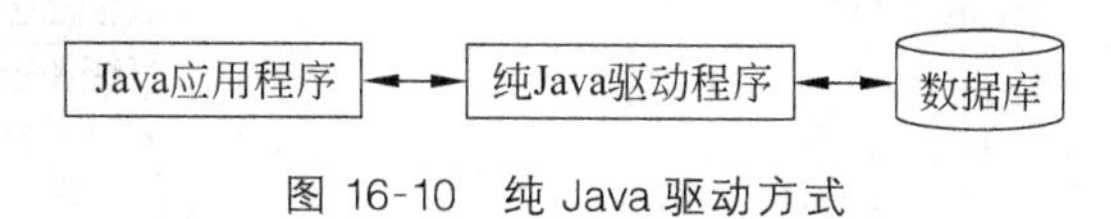

图 16-10 纯 Java 驱动方式

不同数据库下载不同驱动程序，加载不同驱动程序，实现与数据库直连。加载驱动程序的基本语句如下：

```
Class.forName(驱动程序名称);
```

如果使用的是 Oracle 数据库，下载 Oracle 驱动程序，加载 Oracle 驱动程序的语句如下：

```
private static String driverName="oracle.jdbc .driver .OracleDriver ";
   Class.forName(driverName);
```

本书中用 SQL Server 数据库，具体加载过程如下。

(1) 下载 SQL Server 驱动程序包 sqljdbc4. jar。

(2) 在项目中加载，右击 Java Project，选择属性 properties，如图 16-11 所示。

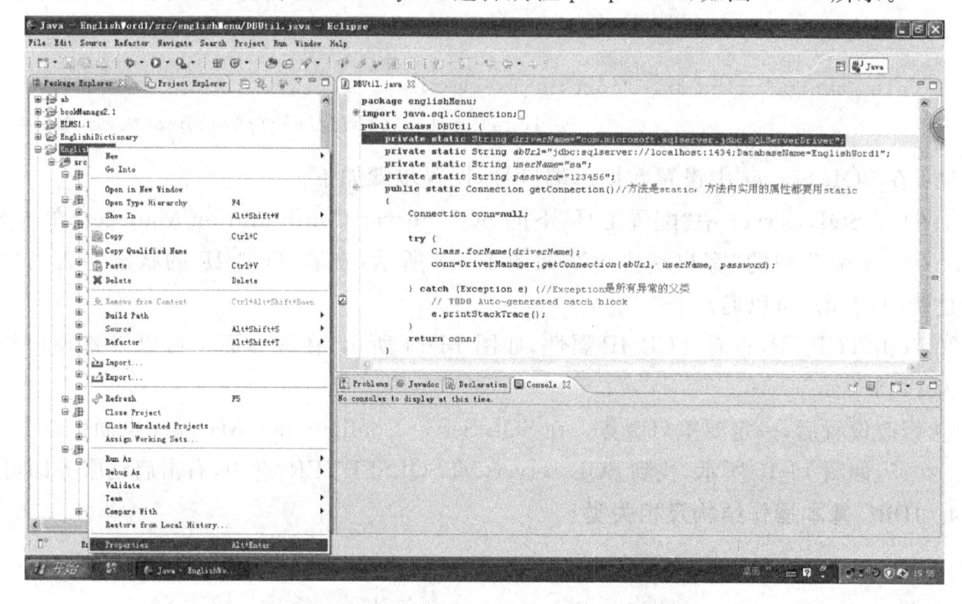

图 16-11 在 Eclipse 中打开属性对话框

(3) 打开属性对话框，选择 Java Build Path 中的 Libraries 选项卡，添加驱动程序，单击 Add External JARs(添加外部 JAR 包)，选择 JAR 包路径，进行添加，完成后单击 OK 按钮，如图 16-12 所示。

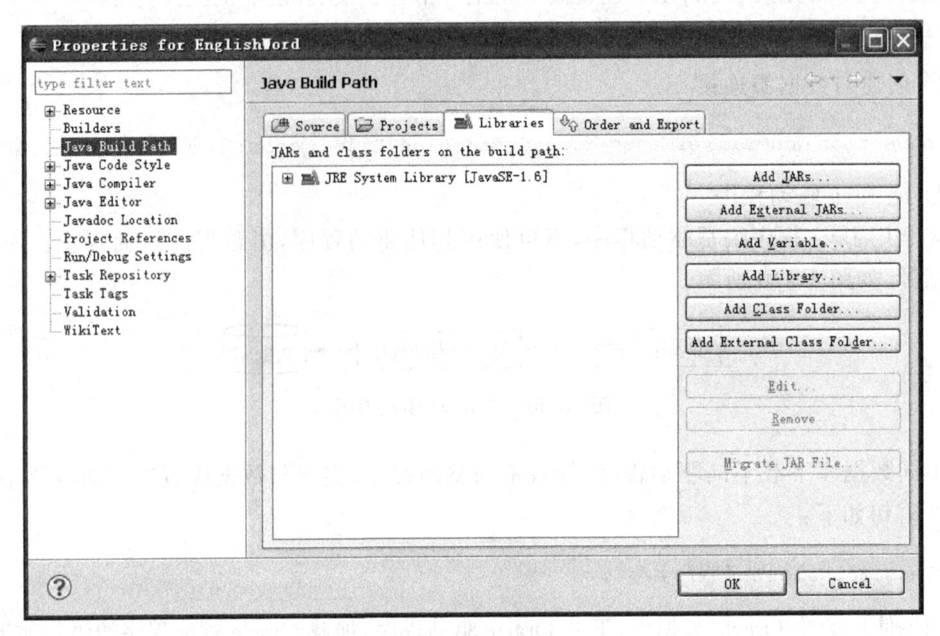

图 16-12　添加驱动程序包

(4) 在程序中实现加载。

① 加载 SQL Server 连接驱动程序：

```
private static String driverName="com. microsoft. sqlserver. jdbc. SQLServerDriver";
Class.forName(driverName);
```

② 创建连接

```
private static String url="jdbc: sqlserver:
                        //localhost: 1433(端口号);DatabaseName=数据库名";
```

注：在 SQL Server 中设置数据库端口号，设置步骤如下。

① 打开 SQL Server 中"配置工具"下的 SQL Server Configuration Manager，单击 SQL Native Client 配置中的"客户端协议"，如图 16-13 所示，查看 TCP/IP 的状态是否为启用，如果是禁用，右击，可以启用。

② 双击 TCP/IP，查看 TCP/IP 属性，如图 16-14 所示，在该界面中可以设置端口号，默认值为 1433。

③ 修改设置后，一定要重启服务。在 SQL Server Configuration Manager 页面中双击 SQL Server 2005，如图 16-15 所示，找到 SQL Server(MSSQLSERVER)选中，右击启动服务即可。

4. JDBC 基本操作结构及相关类

```
Connection con;                         //连接对象
Statement sql;                          //语句对象
```

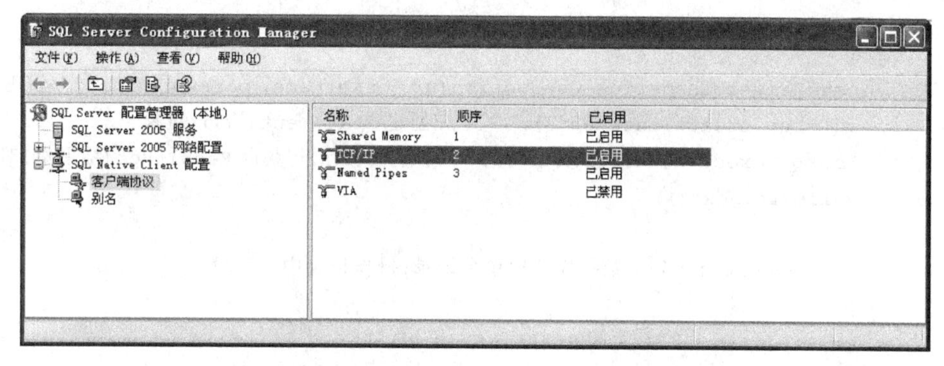

图 16-13 SQL Server Configuration Manager 界面

TCP/IP 属性

协议

General

保持活动状态	30000
保持活动状态的间隔	1000
默认端口	1433
已启用	是

保持活动状态

TCP 检查空闲连接是否仍保持原样的频率

确定 取消 应用(A) 帮助

图 16-14 “TCP/IP 属性”界面

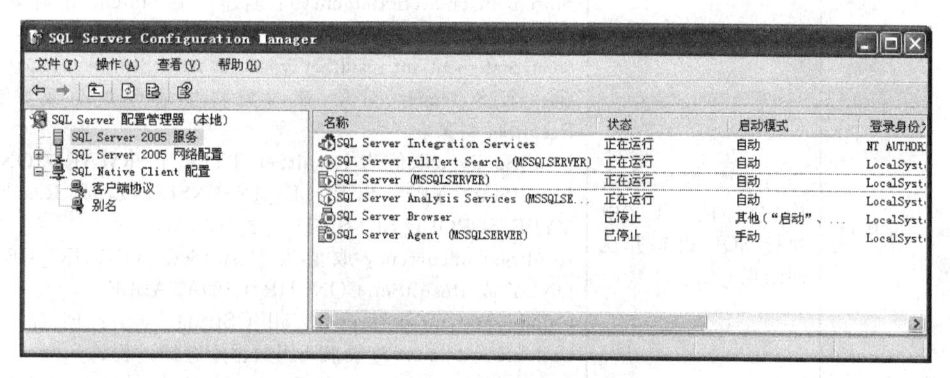

图 16-15 “SQL Server 2005 服务”界面

```
ResultSet rs;                          //结果集对象
String url;                            //数据连接地址
String userName;                       //数据库登录用户名
String password;                       //数据库登录密码
    try {
        Class.forName(JDBC 驱动类);     //加载驱动程序
    } catch (ClassNotFoundException e) {
        System.out.print("加载驱动程序出错!");
```

```
    }
    try {
        con=DriverManager.getConnection(url, userName, password);     //创建连接
        sql=con.createStatement();      //创建 Statement(语句)对象
        rs=sql.executeQuery(SQL 语句);  //执行 SQL 语句获得 ResultSet(结果集)对象
        while(rs.next())
        {
            //利用循环语句对数据库获取单个记录,操作记录中的字段
        }
        sql.close();    //关闭 Statement(语句)对象
        con.close();                        //关闭连接对象
    }
    catch (SQLException e) {
            e.printStackTrace();
    }
```

JDBC 的基本操作涉及的主要类及接口在 java. sql. * 包中,具体用法如表 16-1 所示。

表 16-1　JDBC 中的主要类介绍

类名/接口	含　　义	常 用 方 法
Class 类	加载数据库中的驱动程序	forName(String DriverName)
DriverManager 类	管理 JDBC 驱动程序的基本服务	static Connection getConnection (String url, String user, String password):试图建立到给定数据库 URL 的连接。 其中,URL 格式为 jdbc:子协议:子名称
Connection 接口	与特定数据库的连接,在连接上下文中执行 SQL 语句并返回结果	Statement createStatement():创建一个 Statement 对象来将 SQL 语句发送到数据库。 createStatement(int resultSetType, int resultSetConcurrency):创建一个 Statement 对象,该对象将生成可滚动或操作的 ResultSet 对象。 resultSetType 取值为 ResultSet. TYPE_FORWARD_ONLY、ResultSet. TYPE_SCROLL_INSENSITIVE 或 ResultSet. TYPE_SCROLL_SENSITIVE 之一。 resultSetConcurrency 取值为 ResultSet. CONCUR_READ_ONLY 或 ResultSet. CONCUR_UPDATABLE。 CallableStatement prepareCall (String sql):创建一个 CallableStatement 对象来调用数据库存储过程。 PreparedStatement prepareStatement(String sql):y 创建一个 PreparedStatement 对象将参数化的 SQL 语句发送到数据库。 close():立即释放连接对象的数据库和 JDBC 资源
Statement 接口	用于执行静态 SQL 语句并返回它所生成结果的对象	ResultSet executeQuery(String sql):执行给定的 SQL 语句,该语句返回 ResultSet 对象。 int executeUpdate(String sql):执行给定 SQL 语句,该语句可能为 INSERT、UPDATE 或 DELETE 语句。 boolean execute(String sql):执行给定的 SQL 语句可能返回多个结果。 close():立即释放此 Statement 对象的数据库和 JDBC 资源

续表

类名/接口	含　义	常用方法
ResultSet 接口	表示数据库结果集的数据表	next()：将光标从当前位置向前移一行。 getXXX(参数)：从当前行获取列值的获取方法，参数可以使用列的索引编号或列的名称获取值，列从 1 开始编号。 在可滚动的 ResultSet 对象中，可以向前和向后移动光标，将其置于绝对位置或相对于当前行的位置，可以进行数据列更新。 absolute(int row)：将光标移动到此 ResultSet 对象的给定行编号。 first()：将光标移动到此 ResultSet 对象的第一行。 updateXXX(参数 1，参数 2)：更新某一列的值，参数 1 指定列号或列名，参数 2 为更新的值。 updateRow()：用此 ResultSet 对象的当前行的新内容更新底层数据库

16.3.2 查询操作

假设在 SQL Server 数据库中创建一个关于手机销售的数据库 MobileSale，创建表 MobilePhone，记录有关手机信息，其各个字段如表 16-2 所示。

表 16-2 MobilePhone 数据表结构信息

字段名	字段类型	长　度	含　义	是否主键
mpid	varchar	10	手机编号	是
mpbrand	varchar	20	手机品牌	
mptype	varchar	20	手机类型	
price	int	4	单价	
os	varchar	30	操作系统	
madetime	datetime	8	生产日期	

在 SQL Server 中建表界面如图 16-16 所示。

在表 MobilePhone 中添加相关手机信息记录，如图 16-17 所示。

1. 顺序查询

使用 JDBC 查询数据库中表的记录，可以利用 ResultSet 接口中的 next()方法使结果集中游标下移，依次顺序地查询每条记录，通过 getXXX()方法查看该条记录中的字段值。

【例 16-1】 查询手机表(MobilePhone)中手机的品牌、类型和价格信息。

【程序实现】

```
import java.sql.*;
public class OrderQuery {
    private static String driverName =" com. microsoft. sqlserver. jdbc.
    SQLServerDriver";
    private static String url="jdbc:sqlserver://localhost:1433;DatabaseName=
```

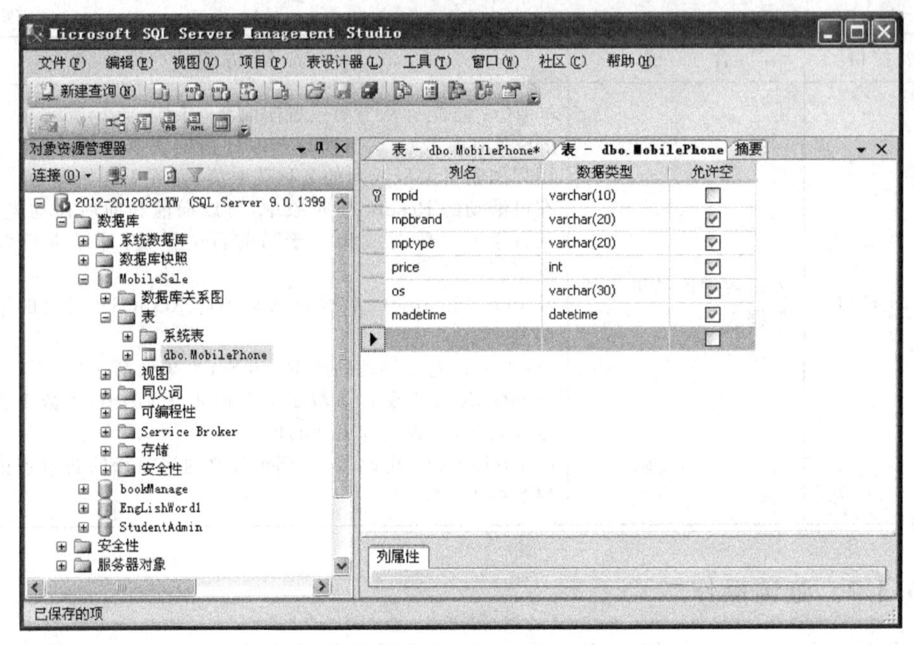

列名	数据类型	允许空
mpid	varchar(10)	☐
mpbrand	varchar(20)	☑
mptype	varchar(20)	☑
price	int	☑
os	varchar(30)	☑
madetime	datetime	☑

图 16-16　在 SQL Server 中创建表 MobilePhone

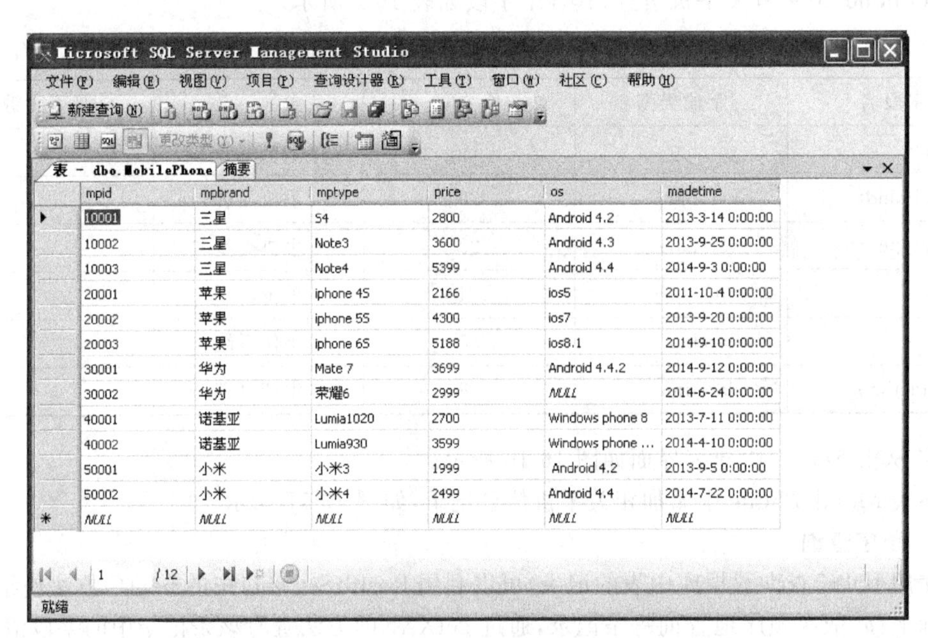

mpid	mpbrand	mptype	price	os	madetime
10001	三星	S4	2800	Android 4.2	2013-3-14 0:00:00
10002	三星	Note3	3600	Android 4.3	2013-9-25 0:00:00
10003	三星	Note4	5399	Android 4.4	2014-9-3 0:00:00
20001	苹果	iphone 4S	2166	ios5	2011-10-4 0:00:00
20002	苹果	iphone 5S	4300	ios7	2013-9-20 0:00:00
20003	苹果	iphone 6S	5188	ios8.1	2014-9-10 0:00:00
30001	华为	Mate 7	3699	Android 4.4.2	2014-9-12 0:00:00
30002	华为	荣耀6	2999	NULL	2014-6-24 0:00:00
40001	诺基亚	Lumia1020	2700	Windows phone 8	2013-7-11 0:00:00
40002	诺基亚	Lumia930	3599	Windows phone ...	2014-4-10 0:00:00
50001	小米	小米3	1999	Android 4.2	2013-9-5 0:00:00
50002	小米	小米4	2499	Android 4.4	2014-7-22 0:00:00
NULL	NULL	NULL	NULL	NULL	NULL

图 16-17　MobilePhone 中手机信息记录

```
MobileSale";
 private static String userName="sa";
 private static String password="123456";
 public static void main(String args[]) {
     Connection con;                          //连接对象
     Statement sql;                           //语句对象
```

```
        ResultSet rs;                               //结果集对象
        try {
            Class.forName(driverName);              //加载驱动程序
        } catch (ClassNotFoundException e) {
            System.out.print("加载驱动程序出错!");
        }
        try {
            con=DriverManager.getConnection(url, userName, password); //创建连接
            sql=con.createStatement();              //创建 Statement(语句)对象
                rs = sql. executeQuery ( " select  mpbrand, mptype, price  from
                MobilePhone");              //执行 SQL 语句,获得 ResultSet(结果集)对象
            System.out.print("手机品牌     ");
            System.out.print("手机类型      ");
            System.out.println("单价");
            while (rs.next()) {
                System.out.print(rs.getString(1)+"     ");
                System.out.print(rs.getString("mptype")+" ");
                System.out.println(rs.getInt("price"));
            }
            sql.close();                            //关闭 Statement(语句)对象
            con.close();                            //关闭连接对象
        } catch (SQLException e) {
            e.printStackTrace();
        }
    }
}
```

【运行结果】

顺序查询结果如图 16-18 所示。

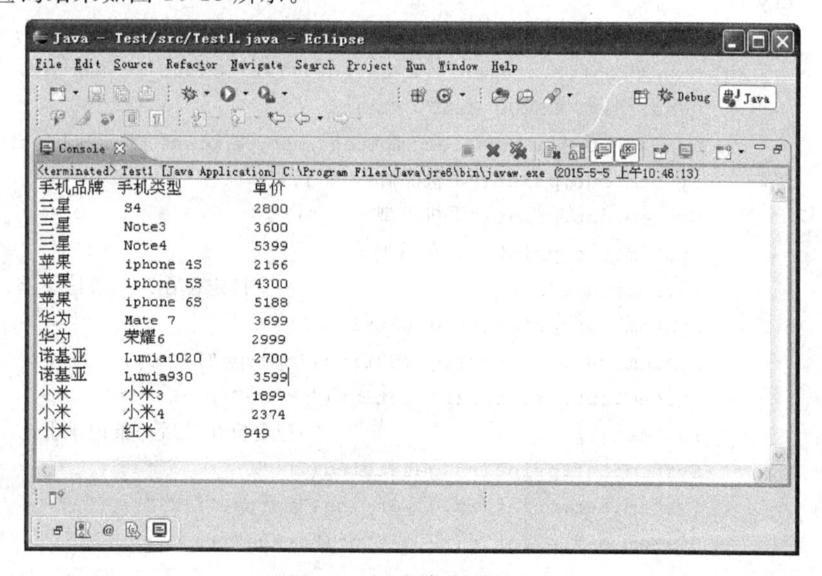

图 16-18 顺序查询结果

2. 随机查询

在查询过程中如果想直接定位在某一条记录上，或者在结果集中让游标前后移动随机显示某条记录，怎样实现呢？通过调用 Connection 接口的 createStatement(int resultSetType, int resultSetConcurrency)方法，根据参数设置，可以获得滚动结果集，然后利用结果集对象的相关方法可以向前和向后移动游标，将其置于绝对位置或相对于当前行的位置，可以进行数据列查询或更新。

【例 16-2】 查询手机表(MobilePhone)中第 3 条和最后一条记录手机的品牌、类型和价格信息。

【程序实现】

```
import java.sql.*;
public class RandomQuery {
    private static String driverName =" com. microsoft. sqlserver. jdbc.
    SQLServerDriver";
    private static String url="jdbc:sqlserver://localhost:1433;DatabaseName=
   MobileSale";
    private static String userName="sa";
    private static String password="123456";
    public static void main(String args[]) {
        Connection con;
        Statement sql;
        ResultSet rs;
        try {
            Class.forName(driverName);          //加载驱动程序
        } catch (ClassNotFoundException e) {
            System.out.print("加载驱动程序出错!");
        }
        try {
            con=DriverManager.getConnection(url, userName, password);
            sql=con.createStatement(ResultSet.TYPE_SCROLL_SENSITIVE,
                ResultSet.CONCUR_READ_ONLY);
            rs=sql.executeQuery("select mpbrand,mptype,price from MobilePhone");
                System.out.print("手机品牌      ");
                System.out.print("手机类型      ");
                System.out.println("单价");
                rs.absolute(3);                  //直接定位在第三条记录上
                System.out.print(rs.getString(1)+"         ");
                System.out.print(rs.getString("mptype")+" ");
                System.out.println(rs.getInt("price"));
                rs.last();                       //定位在最后一条记录上
                System.out.print(rs.getString(1)+"         ");
                System.out.print(rs.getString("mptype")+" ");
                System.out.println(rs.getInt("price"));
                sql.close();
```

```
            con.close();
        } catch (SQLException e) {
                e.printStackTrace();
        }
    }
}
```

【运行结果】

随机查询结果如图 16-19 所示。

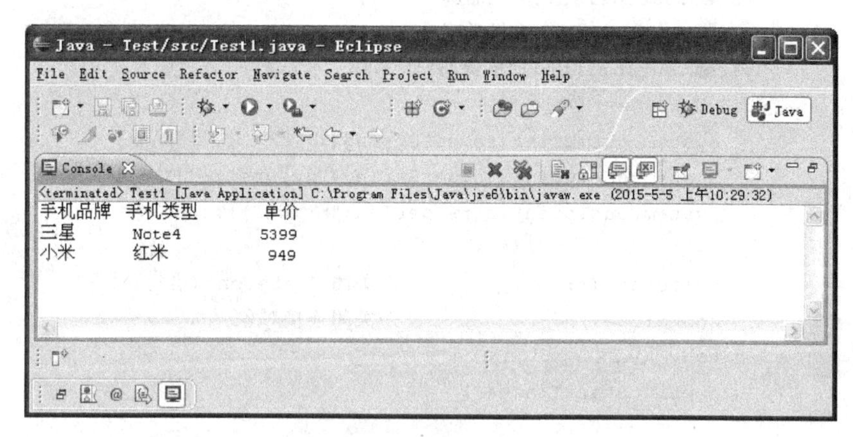

图 16-19 随机查询结果

3. 条件查询

1）精确查询

在查询中可以根据一定条件进行精确查询，查找满足该条件的记录进行显示。其实现方法就是调用 Statement 对象的 executeQuery(String sql)方法，在该方法中给定条件查询 SQL 语句，返回满足条件的 ResultSet 对象。

【例 16-3】 查询手机表(MobilePhone)中价格大于 5000 元手机的品牌、类型和价格信息。

【程序实现】

```
import java.sql.*;
public class ConditionQuery {
    private static String driverName="com.microsoft.sqlserver.jdbc.SQLServerDriver";
    private static String url="jdbc:sqlserver://localhost:1433;DatabaseName=
    MobileSale";
    private static String userName="sa";
    private static String password="123456";
    public static void main(String args[]) {
        Connection con;
        Statement sql;
        ResultSet rs;
        try {
            Class.forName(driverName);
```

```
        } catch (ClassNotFoundException e) {
            System.out.print("加载驱动程序出错!");
        }
        try {
            con=DriverManager.getConnection(url, userName, password);
            sql=con.createStatement();
            rs=sql.executeQuery("select mpbrand,mptype,price from MobilePhone
            where price>=5000");
            System.out.print("手机品牌      ");
            System.out.print("手机类型       ");
            System.out.println("单价");
            while (rs.next()) {
                System.out.print(rs.getString(1)+"          ");
                System.out.print(rs.getString("mptype")+" ");
                System.out.println(rs.getInt("price"));
            }
                sql.close();               //关闭 Statement(语句)对象
                con.close();               //关闭连接对象
            } catch (SQLException e) {
                e.printStackTrace();
            }
        }
    }
```

【运行结果】

精确查询结果如图 16-20 所示。

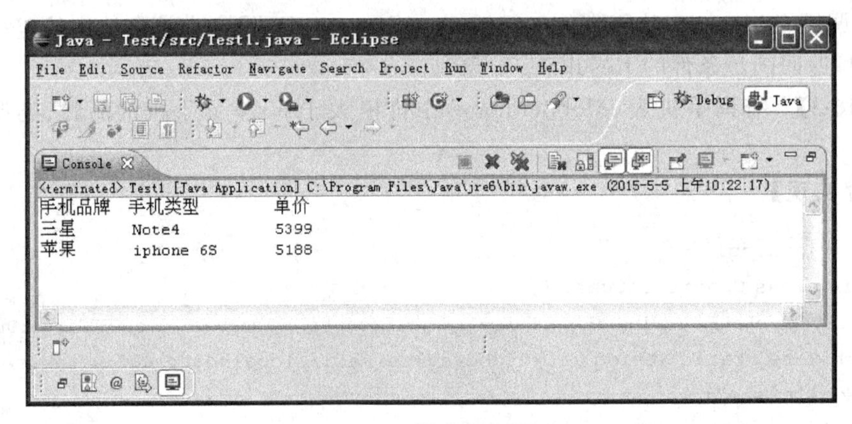

图 16-20 精确查询结果

2）模糊查询

在给定条件查询 SQL 语句中使用 like 操作符可以进行模糊查询，使用通配符%代表是零个或多个字符，通配符—代表一个字符。使用时注意单引号、双引号的嵌套。

【例 16-4】 查询手机表(MobilePhone)中采用 Android 操作系统的手机品牌、类型和价格信息。

【程序实现】

```
import java.sql.*;
public class ConditionQuery {
    private static String driverName="com.microsoft.sqlserver.jdbc.SQLServerDriver";
    private static String url="jdbc:sqlserver://localhost:1433;DatabaseName=
   MobileSale";
    private static String userName="sa";
    private static String password="123456";
      public static void main(String args[]) {
        Connection con;
        Statement sql;
        ResultSet rs;
        try {
            Class.forName(driverName);
        } catch (ClassNotFoundException e) {
            System.out.print("加载驱动程序出错!");
        }
        try {
            con=DriverManager.getConnection(url, userName, password);
            sql=con.createStatement();
            rs=sql.executeQuery ("select mpbrand, mptype, price from MobilePhone
            where os like '%Android%'");
            System.out.print("手机品牌      ");
            System.out.print("手机类型       ");
            System.out.println("单价");
            while (rs.next()) {
                System.out.print(rs.getString(1)+"          ");
                System.out.print(rs.getString("mptype")+" ");
                System.out.println(rs.getInt("price"));
            }
            sql.close();                    //关闭 Statement(语句)对象
            con.close();                    //关闭连接对象
            } catch (SQLException e) {
                e.printStackTrace();
            }
        }
}
```

【运行结果】

模糊查询结果如图 16-21 所示。

4. 排序查询

利用 SQL 语句中的 order by 可以实现对记录的排序,asc 表示升序,desc 表示降序,排序后可以显示相关信息。

【例 16-5】 按照手机发布时间查询手机表中手机品牌、类型和价格信息。

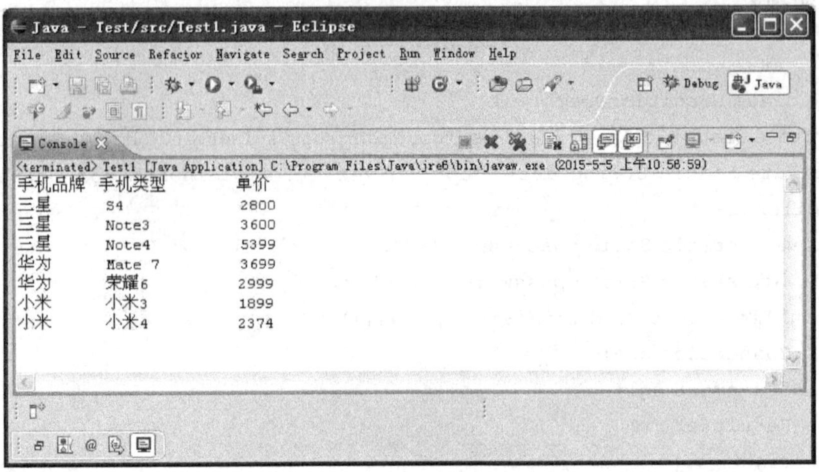

```
手机品牌 手机类型      单价
三星      S4          2800
三星      Note3       3600
三星      Note4       5399
华为      Mate 7      3699
华为      荣耀6       2999
小米      小米3       1899
小米      小米4       2374
```

图 16-21　模糊查询结果

【程序实现】

```
import java.sql.*;
public class ConditionQuery {
    private static String driverName="com.microsoft.sqlserver.jdbc.SQLServerDriver";
    private static String url="jdbc:sqlserver://localhost:1433;DatabaseName=
   MobileSale";
    private static String userName="sa";
    private static String password="123456";
      public static void main(String args[]) {
        Connection con;
        Statement sql;
        ResultSet rs;
        try {
            Class.forName(driverName);
        } catch (ClassNotFoundException e) {
            System.out.print("加载驱动程序出错!");
        }
        try {
            con=DriverManager.getConnection(url, userName, password);
            sql=con.createStatement();
            rs=sql.executeQuery ("select mpbrand, mptype, price from MobilePhone
            order by madetime desc");
            System.out.print("手机品牌      ");
            System.out.print("手机类型      ");
            System.out.println("单价");
            while (rs.next()) {
                System.out.print(rs.getString(1)+"          ");
                System.out.print(rs.getString("mptype")+" ");
                System.out.println(rs.getInt("price"));
```

```
            }
                sql.close();                    //关闭 Statement(语句)对象
                con.close();                    //关闭连接对象
            } catch (SQLException e) {
                e.printStackTrace();
            }
        }
}
```

【运行结果】

排序查询结果如图 16-22 所示。

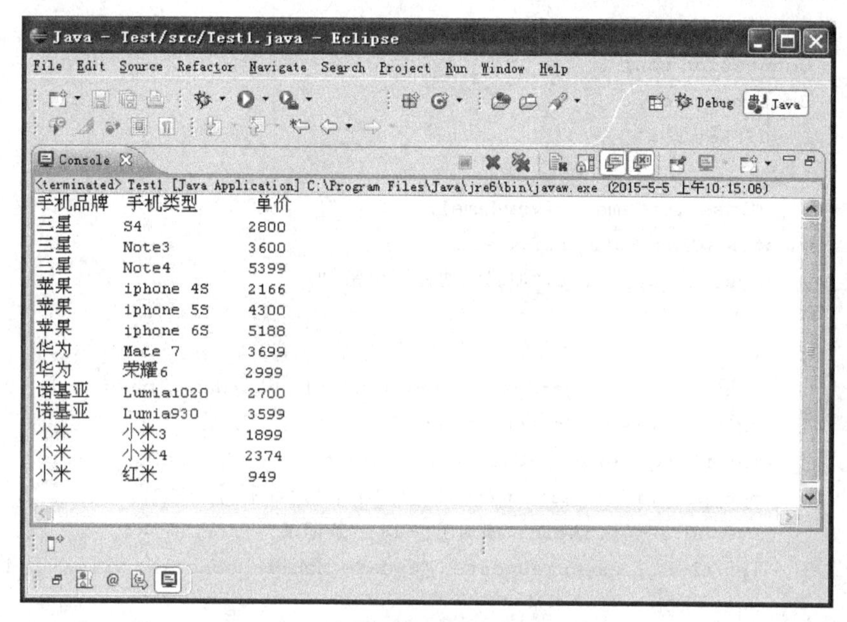

图 16-22 排序查询结果

16.3.3 增删改操作

在 SQL 查询中使用 insert、delete、update 命令来实现记录的增加、删除和更新。调用 Statement 对象的 executeUpdate(String sql)方法，执行 SQL 语句，返回执行相应操作后的记录个数；调用 execute(String sql)方法，执行 SQL 语句，返回是否执行该操作的布尔类型。

SQL 命令具体用法有 3 个。

(1) 增加记录：

```
insert into 表(字段列表) values (对应字段值)
```

(2) 删除记录：

```
delete from 表名 where<条件子句>
```

(3) 更新记录：

```
update 表名 set<字段名>=新值 where<条件子句>
```

【例 16-6】 向手机表(MobilePhone)中并添加一条新记录("50003","小米","红米",999),并将小米手机的售价下调5%。

【程序实现】

```
import java.sql.* ;
public class InsertAndUpdate {
    private static String driverName="com.microsoft.sqlserver.jdbc.SQLServerDriver";
    private static String url="jdbc:sqlserver://localhost:1433; DatabaseName=
   MobileSale";
    private static String userName="sa";
    private static String password="123456";
        public static void main(String args[]) {
        Connection con;
        Statement sql;
        ResultSet rs;
        try {
            Class.forName(driverName);
        } catch (ClassNotFoundException e) {
            System.out.print("加载驱动程序出错!");
        }
        try {
            con=DriverManager.getConnection(url, userName, password);
            sql=con.createStatement();
            int i1=sql.executeUpdate ( " insert  into  MobilePhone (mpid, mpbrand,
            mptype,price) values ('50003','小米','红米',999)");
            System.out.println("添加了"+i1+"条记录");
            int i2=sql.executeUpdate("update MobilePhone set price=price * 0.95
            where mpbrand='小米'");
            System.out.println("修改了"+i2+"条记录");
        rs=sql.executeQuery("select * from MobilePhone where mpbrand='小米' ");
            while (rs.next()) {
                System.out.print(rs.getString(1)+"          ");
                System.out.print(rs.getString(2)+" ");
                System.out.println(rs.getInt("price"));
            }
            sql.close();                       //关闭 Statement(语句)对象
            con.close();                       //关闭连接对象
        } catch (SQLException e) {
            e.printStackTrace();
        }
    }
}
```

【运行结果】

修改查询结果如图16-23所示。

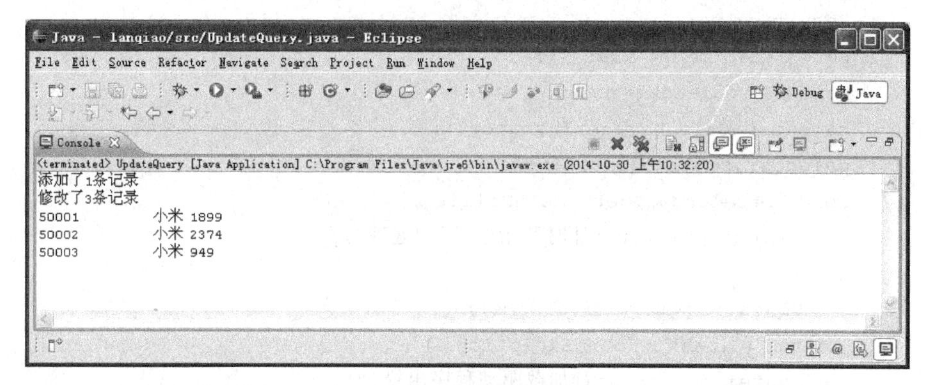

图 16-23 修改查询结果

16.3.4 预处理操作

使用 JDBC 中 Connection 接口的 prepareStatement(String sql)方法,创建一个 PreparedStatement 对象,该方法中将带有通配符的 SQL 语句发送到数据库,生成预处理语句,可以提高数据库操作效率。数据库中的 SQL 解释器要不断将提交给数据库的 SQL 语句进行解释,生成数据库底层命令,执行该命令,完成数据库操作,但如果反复提交、解释,将影响执行速度,使用预处理语句可以先将命令提交给 SQL 解释器进行解释,等待参数的传入,再去执行该命令,这样,大大提高了数据库访问的速度。

实现过程如下。

(1) 产生 PreparedStatement 对象,参数 SQL 语句使用通配符"?"代替相应字段值。

(2) 通过 setXXX(int index, 数据类型 值)方法给通配符"?"指定值进行赋值。参数 1 指第几个通配符,按照 SQL 语句中从左到右的顺序排序;参数 2 指出赋值类型相应的值。

【例 16-7】 在手机表(MobilePhone)中查询两次手机价格,第一次查询大于 5000 元的手机信息,第二次查询大于 3000 元的手机信息。

【问题分析】

在本例题中使用 Date 类、Calendar 类,测试了程序运行的耗时,将使用预处理语句的查询和没有使用预处理的查询进行了比较。

【程序实现】

方案 1:

```
import java.sql.*;
public class PrepareQuery {
    private static String driverName="com.microsoft.sqlserver.jdbc.SQLServerDriver";
    private static String url="jdbc:sqlserver://localhost:1433; DatabaseName=
   MobileSale";
    private static String userName="sa";
    private static String password="123456";
    public static void main(String args[]) {
        Connection con;
        PreparedStatement sql;
```

```
ResultSet rs;
Date datetime=new Date();
Calendar calendar=null;
calendar=Calendar.getInstance();
calendar.setTime(datetime);
long l1=calendar.getTimeInMillis();
System.out.println("计时开始"+l1+"毫秒");
try {
    Class.forName(driverName);
} catch (ClassNotFoundException e) {
    System.out.print("加载驱动程序出错!");
}
try {
    con=DriverManager.getConnection(url, userName, password);
    sql=con.prepareStatement("select mpbrand,mptype,price from MobilePhone
    where price>=?");
    sql.setInt(1, 5000);
    rs=sql.executeQuery();
    System.out.print("手机品牌     ");
    System.out.print("手机类型     ");
    System.out.println("单价");
    while (rs.next()) {
        System.out.print(rs.getString(1)+"          ");
        System.out.print(rs.getString("mptype")+" ");
        System.out.println(rs.getInt("price"));
    }
    sql.setInt(1, 3000);
    rs=sql.executeQuery();
    System.out.print("手机品牌     ");
    System.out.print("手机类型     ");
    System.out.println("单价");
    while (rs.next()) {
        System.out.print(rs.getString(1)+"          ");
        System.out.print(rs.getString("mptype")+" ");
        System.out.println(rs.getInt("price"));
    }
    sql.close();
    con.close();
    calendar.setTime(new Date());
    long l2=calendar.getTimeInMillis();
    System.out.println("计时结束"+l2+"毫秒");
    long l3=l2-l1;
    System.out.println("耗时为: "+l3+"毫秒");
} catch (SQLException e) {
    e.printStackTrace();
```

```
        }
    }
}
```

【运行结果】

预处理查询结果如图 16-24 所示。

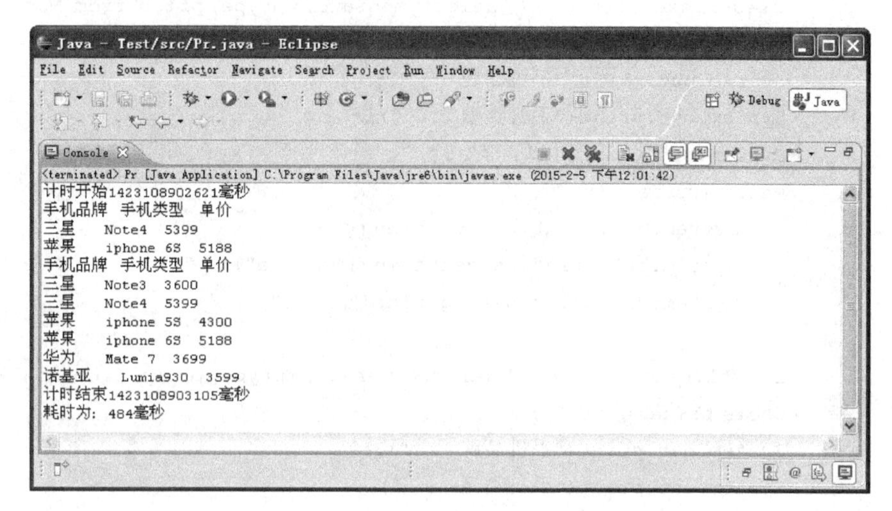

图 16-24 预处理查询结果

方案 2:

```
import java.sql.*;
import java.util.Calendar;
import java.util.Date;
public class ConditionQuery {
    private static String driverName="com.microsoft.sqlserver.jdbc.SQLServerDriver";
    private static String url="jdbc:sqlserver://localhost:1433;DatabaseName=
    MobileSale";
    private static String userName="sa";
    private static String password="123456";
    public static void main(String args[]) {
        Connection con;
        PreparedStatement sql;
        ResultSet rs;
        Date datetime=new Date();
        Calendar calendar=null;
        calendar=Calendar.getInstance();
        calendar.setTime(datetime);
        long l1=calendar.getTimeInMillis();
        System.out.println("共耗时"+l1+"毫秒");
        try {
```

```
            Class.forName(driverName);
        } catch (ClassNotFoundException e) {
            System.out.print("加载驱动程序出错!");
        }
        try {
            con=DriverManager.getConnection(url, userName, password);
            sql=con.createStatement();
            rs=sql.executeQuery("select mpbrand,mptype,price from MobilePhone
        where price>=5000");
            System.out.print("手机品牌     ");
            System.out.print("手机类型      ");
            System.out.println("单价");
            while (rs.next()) {
                System.out.print(rs.getString(1)+"          ");
                System.out.print(rs.getString("mptype")+" ");
                System.out.println(rs.getInt("price"));
            }
            rs=sql.executeQuery("select mpbrand,mptype,price from MobilePhone
        where price>=3000");
            System.out.print("手机品牌     ");
            System.out.print("手机类型      ");
            System.out.println("单价");
            while (rs.next()) {
                System.out.print(rs.getString(1)+"          ");
                System.out.print(rs.getString("mptype")+" ");
                System.out.println(rs.getInt("price"));
            }
            sql.close();
            con.close();
            calendar.setTime(new Date());
            long l2=calendar.getTimeInMillis();
            System.out.println("共耗时"+l2+"毫秒");
            long l3=l2-l1;
            System.out.println("共耗时"+l3+"毫秒");
        } catch (SQLException e) {
            e.printStackTrace();
        }
    }
}
```

【运行结果】

一般条件查询结果如图 16-25 所示。

通过比较可以更好地了解预处理语句的作用,有效减少数据库工作负担,提高工作效率。

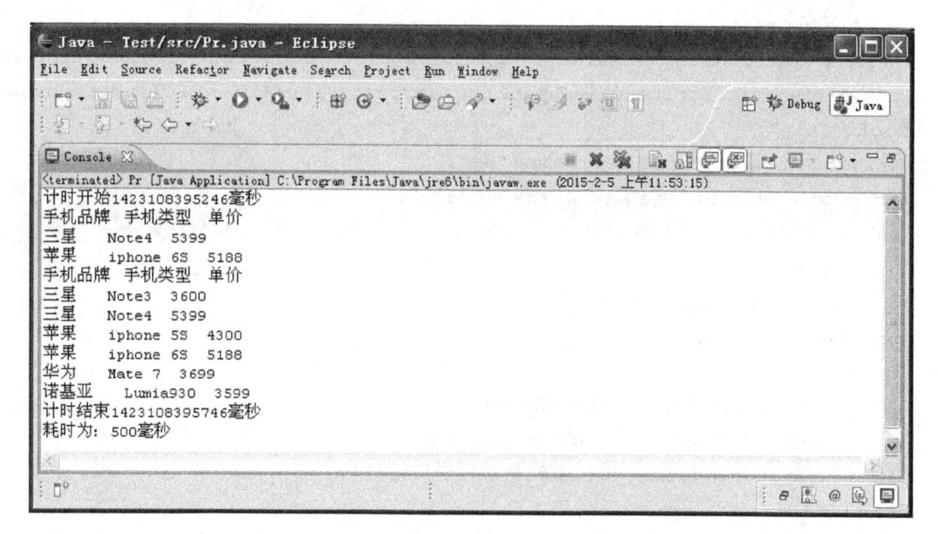

图 16-25 一般条件查询结果

16.3.5 存储过程

存储过程就是将一些 SQL 语句和控制语句封装起来,驻留在数据库中,很方便地被客户应用程序调用,参数可以被传递和返回。在数据库中创建存储过程,数据库对其进行解析和优化,执行速度更快,而且在应用程序中调用存储过程,能减少通信量,如果存储过程包含上百行 SQL 语句,那比一条一条地调用 SQL 语句效率要高。使用存储过程还能提高数据库的安全性,总之使用存储过程有 3 个主要的好处:简单、安全、高性能。

使用 JDBC 中 Connection 接口的 prepareCall(String sql)方法,创建一个 CallableStatement 对象来调用数据库存储过程,实现过程如下。

(1) 产生 CallableStatement 对象,参数中调用存储过程,并使用通配符“?”代替相应字段值。

(2) 通过 setXXX(int index, 数据类型 值)方法给通配符“?”指定值进行赋值。

【例 16-8】 使用存储过程,在手机表中查询“小米 4”手机的价格。

【程序实现】

在 SQL Server 中编写存储过程:

```
CREATE PROCEDURE [dbo].[FindPrice]-存储过程名
    @mobiletype varchar(10)-定义变量
AS
BEGIN
--编写 SQL 语句
        select mptype, price from MobilePhone where mptype like '%'+@mobiletype+'%'
END
GO
```

在 Java 程序中:

```
import java.sql.*;
```

```
public class CallQuery {
    private static String driverName="com.microsoft.sqlserver.jdbc.SQLServerDriver";
    private static String url="jdbc:sqlserver://localhost:1433;DatabaseName=
MobileSale";
    private static String userName="sa";
    private static String password="123456";
    public static void main(String args[]) {
        Connection con;
        Statement sql;
        ResultSet rs;
        try {
            Class.forName(driverName);
        } catch (ClassNotFoundException e) {
            System.out.print("加载驱动程序出错!");
        }
        try {
            con=DriverManager.getConnection(url, userName, password);
            CallableStatement c=con.prepareCall("{call FindPrice(?)}");
            c.setString(1, "小米 4");
            rs=c.executeQuery();
            while (rs.next()) {
                String type=rs.getString(1);
                String price=rs.getString("price");
                System.out.println(type+" "+price);
            }
            c.close();
        } catch (SQLException e) {
            e.printStackTrace();
        }
    }
}
```

【运行结果】

存储过程查询结果如图 16-26 所示。

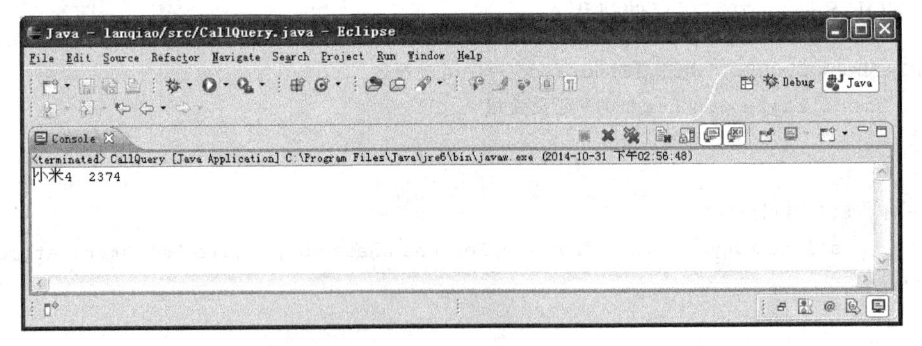

图 16-26 存储过程查询结果

16.4 任务实现

通过数据库的学习，能够很容易实现英汉词典的设计和实现。

【问题分析】

1. 数据库表设计

在英汉词典设计中，创建 EnglishDictionary 数据库，设计单词表 Word，确定表中字段和各个字段类型，以实现英汉词典的功能，字段类型和含义如表 16-3 和图 16-27 所示。

表 16-3 Word 数据表结构信息

字段名	字段类型	长度	含义	是否主键
wordid	int	4	单词编号	是
name	nvarchar	50	单词	
note	nvarchar	50	解释	
count	int	4	查询次数	
yinbiao	nvarchar	50	音标	
fayin	nvarchar	max	发音	

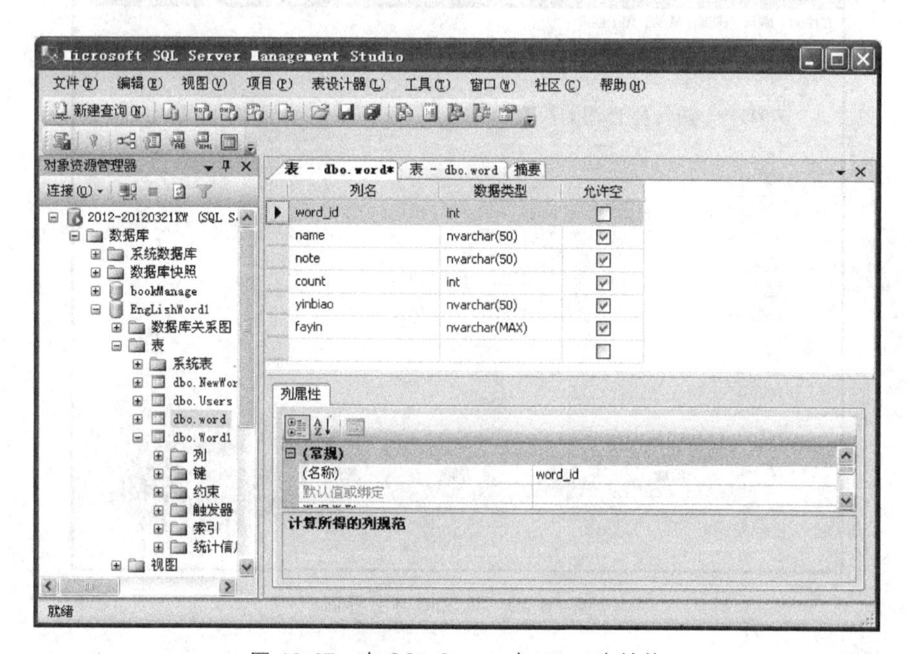

图 16-27 在 SQL Server 中 Word 表结构

在数据库 Word 表中保存相关单词信息，如图 16-28 所示。

2. 英汉词典界面设计

按照 MVC 设计模式，根据前面学习的图形界面设计的知识，完成英汉词典界面设计。英汉词典主界面设计如图 16-29 所示。

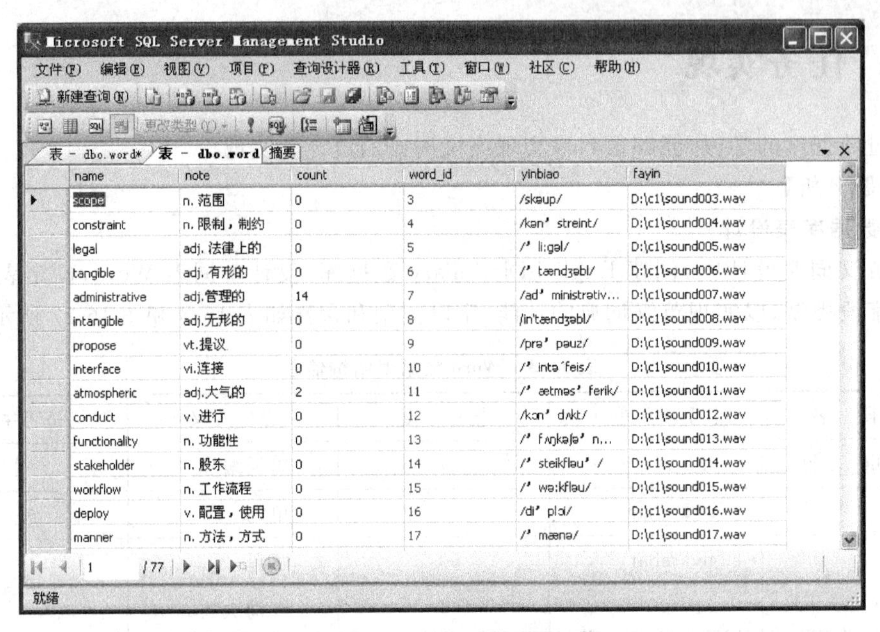

图 16-28 Word 表中的相关记录

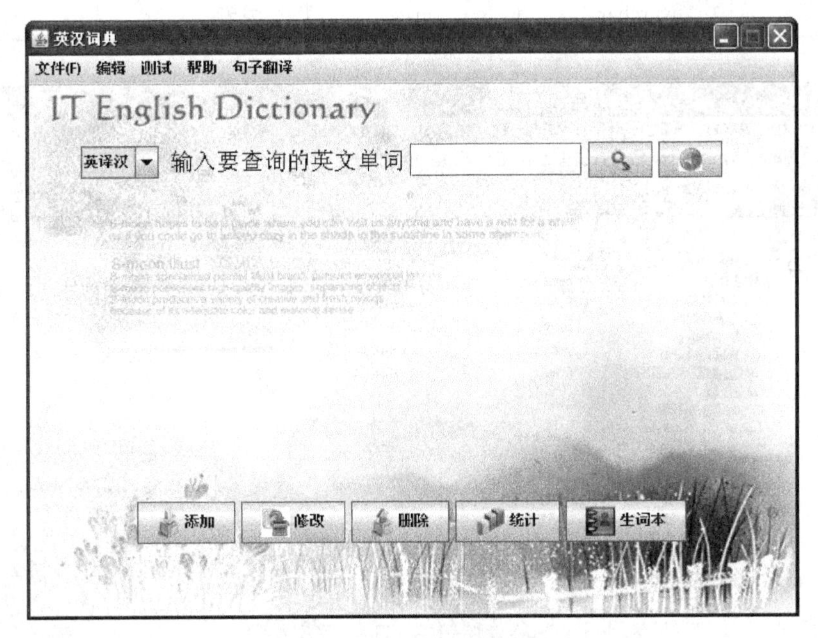

图 16-29 英汉词典主界面

英汉词典“添加”、“修改”、“删除”界面分别如图 16-30～图 16-32 所示。

3. 功能实现设计

1) 数据库连接通用方法

在英汉词典中需要频繁访问数据库，将常用的数据库访问和操作以类的形式进行封装，这样需要进行数据库访问和操作时，只需要调用相应的类库就可以，减少频繁连接和关闭，提高开发效率，减少错误。

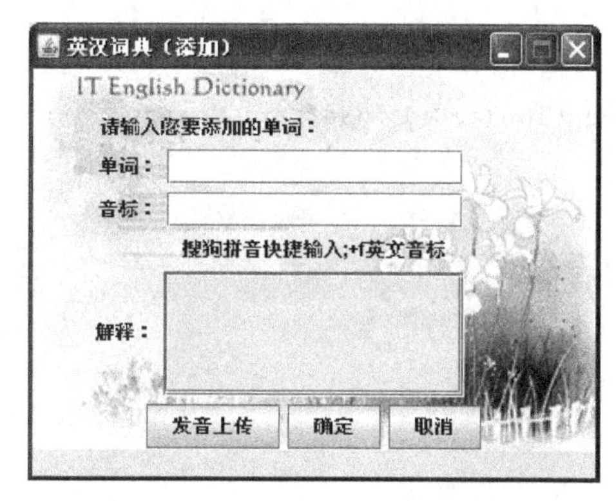

图 16-30　添加英汉单词界面

图 16-31　修改英汉单词界面

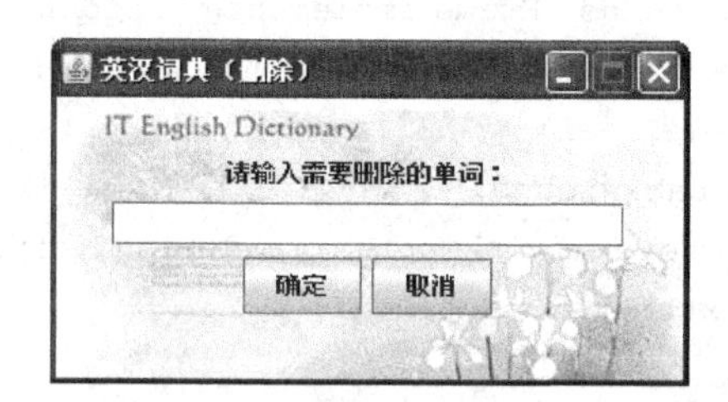

图 16-32　删除英汉单词界面

2）查询记录方法

输入相关单词可以实现模糊查询，将相关单词添加在下方对应列表框中，双击列表框中的单词也可查询单词，查询单词含义和发音。

3）插入新记录方法

实现向表中添加数据记录，可以添加单词、解释、发音等信息。

4）修改记录方法

可以修改表中数据记录，完善单词信息。

5）删除记录方法

将多余单词可以进行删除。

【程序实现】

数据库通用类：

```
import java.sql.Connection;
import java.sql.DriverManager;
public class DBUtil {
    private static String driverName =" com. microsoft. sqlserver. jdbc.
    SQLServerDriver";
    private static String abUrl="jdbc:sqlserver://localhost:1434;DatabaseName=
    EnglishWord1";
    private static String userName="sa";
    private static String password="123456";
    public static Connection getConnection()
        Connection conn=null;
```

```
        try {
            Class.forName(driverName);
            conn=DriverManager.getConnection(abUrl, userName, password);
            } catch (Exception e) {
                e.printStackTrace();
            }
        return conn;
    }
}
```

插入记录界面设计实现：

```
//导入程序所需要的包,此处省略
public class AddWord extends JFrame implements ActionListener{
    private JFrame frame2=new JFrame("英汉词典(添加)");
    private JPanel imagePanel;
    private ImageIcon background;
    JLabel wordtext,notetext,yinbiaotext,add,tishi,fayin;
    JTextField wordtexttf,yinbiaotexttf;
    JScrollPane js;
    JTextArea notetextta,ta1,ta2,ta3,ta4,ta5,ta6,ta7,ta8,ta9,ta0,ta11;
    JButton queding,quxiao,submit;
    MetalBorders.TextFieldBorder b=new MetalBorders.TextFieldBorder();
    JFileChooser openfile;
    String str;
    AddWord(){
        openfile=new JFileChooser();
        ta1=new JTextArea("",1,375);
        ta2=new JTextArea(1,3);
        ta3=new JTextArea(1,7);
        ta4=new JTextArea(1,7);
        ta5=new JTextArea(1,3);
        ta6=new JTextArea(1,2);
        ta7=new JTextArea(1,3);
        ta8=new JTextArea(1,15);
        ta9=new JTextArea(1,8);
        ta0=new JTextArea(1,8);
        ta11=new JTextArea(1,6);
        tishi=new JLabel("搜狗拼音快捷输入;+f 英文音标");
        add=new JLabel("请输入您要添加的单词：");
        wordtext=new JLabel("单词：");
        notetext=new JLabel("解释：");
        yinbiaotext=new JLabel("音标：");
        wordtexttf=new JTextField(17);
        notetextta=new JTextArea(4,17);
        notetextta.setLineWrap(true);
```

```java
yinbiaotexttf=new JTextField(17);
js=new JScrollPane(notetextta);
js.setViewportBorder(b);
queding=new JButton("确定");
queding.addActionListener(this);
quxiao=new JButton("取消");
quxiao.addActionListener(this);
submit=new JButton("发音上传");
submit.addActionListener(this);
background=new ImageIcon("img/bg.jpg");
JLabel label=new JLabel(background);
label.setBounds(0, 0, background.getIconWidth(), background.getIconHeight());
imagePanel=(JPanel) frame2.getContentPane();
imagePanel.setOpaque(false);
imagePanel.setLayout(new FlowLayout());
ta1.setOpaque(false);
imagePanel.add(ta1);
imagePanel.add(ta1);
ta7.setOpaque(false);
ta7.setEditable(false);
imagePanel.add(ta7);
add.setOpaque(false);
imagePanel.add(add);
ta8.setOpaque(false);
imagePanel.add(ta8);
ta2.setOpaque(false);
ta2.setEditable(false);
imagePanel.add(ta2);
wordtext.setOpaque(false);
imagePanel.add(wordtext);
imagePanel.add(wordtexttf);
ta3.setOpaque(false);
ta3.setEditable(false);
imagePanel.add(ta3);
ta5.setOpaque(false);
ta5.setEditable(false);
imagePanel.add(ta5);
yinbiaotext.setOpaque(false);
imagePanel.add(yinbiaotext);
imagePanel.add(yinbiaotexttf);
ta4.setOpaque(false);
ta4.setEditable(false);
imagePanel.add(ta4);
ta0.setOpaque(false);
ta0.setEditable(false);
```

```
    imagePanel.add(ta0);
    tishi.setOpaque(false);
    imagePanel.add(tishi);
    ta9.setOpaque(false);
    ta9.setEditable(false);
    imagePanel.add(ta9);
    ta6.setOpaque(false);
    ta6.setEditable(false);
    imagePanel.add(ta6);
    notetext.setOpaque(false);
    imagePanel.add(notetext);
    notetextta.setOpaque(false);
    imagePanel.add(js);
    ta11.setOpaque(false);
    ta11.setEditable(false);
    imagePanel.add(ta11);
    submit.setOpaque(false);
    imagePanel.add(submit);
    queding.setOpaque(false);
    imagePanel.add(queding);
    quxiao.setOpaque(false);
    imagePanel.add(quxiao);
    frame2.getLayeredPane().setLayout(null);
    frame2.getLayeredPane().add(label, new Integer(Integer.MIN_VALUE));
    frame2.setResizable(false);
    frame2.setBounds(400,200,370,290);
    frame2.setTitle("英汉词典(添加)");
    frame2.setVisible(true);
}
public void actionPerformed(ActionEvent e) {
        if(e.getSource()==submit){
        int x=openfile.showOpenDialog(this);
        if(x==JFileChooser.CANCEL_OPTION){ }
        if(x==JFileChooser.APPROVE_OPTION){
            File file=openfile.getSelectedFile();
            str="D:\c1\"+file.getName();
            String lujing=file.getAbsolutePath();
            System.out.println("s未替换的值:"+lujing);
            lujing=lujing.replace('\', '/');
            yinpindq yinpin=new yinpindq();
            yinpin.yinpindq1(lujing,file.getName());
            System.out.println("s替换后的值:"+lujing);
        }
    }
    if(e.getSource()==queding){
```

```
            String danci=wordtexttf.getText();
            if(!danci.equals("")){
                Select se=new Select();
                if(se.select(danci)==1){
                    System.out.println("返回值"+se.select(danci));
                    JOptionPane.showMessageDialog(null, "这个单词已存在", "状态",
                    JOptionPane.INFORMATION_MESSAGE);
                }
                else{
                    System.out.println("返回值"+se.select(danci));
                    String jieshi=notetextta.getText();
                    System.out.println("单词: "+danci);
                    System.out.println("解释: "+jieshi);
                    String yinbiao=yinbiaotexttf.getText();
                    System.out.println("音标: "+yinbiao);
                    System.out.println("发音: "+str);
                    InnerWords inner=new InnerWords();
                    inner.innerword(danci, jieshi, yinbiao,str);
                    JOptionPane.showMessageDialog (null, "添加成功", "状态",
                    JOptionPane.INFORMATION_MESSAGE);
                }
            }
        }
        if(e.getSource()==quxiao){
            wordtexttf.setText("");
            yinbiaotexttf.setText("");
            notetextta.setText("");
        }
        }
    }
```

修改界面类设计实现主要代码:

```
//导入程序所需要的包,此处省略
public class updateWord extends JFrame implements ActionListener{
    private JFrame frame=new JFrame("英汉词典(修改)");
    private JPanel imagePanel;
    private ImageIcon background;
    JLabel updateword,updatenote,updateyinbiao,update;
    static JTextField wordtexttf,yinbiaotexttf;
    JScrollPane js;
    JTextArea notetextta,ta1,ta2,ta3,ta4,ta5,ta6,ta7,ta8,ta11;
    JButton queding,quxiao;
    MetalBorders.TextFieldBorder b=new MetalBorders.TextFieldBorder();
    updateWord(){
        ta1=new JTextArea("",1,375);
```

```
ta2=new JTextArea(1,3);
ta3=new JTextArea(1,7);
ta4=new JTextArea(1,7);
ta5=new JTextArea(1,3);
ta6=new JTextArea(1,3);
ta7=new JTextArea(1,3);
ta8=new JTextArea(1,15);
ta11=new JTextArea(1,6);
update=new JLabel("请输入您要修改的单词: ");
updateword=new JLabel("单词: ");
updatenote=new JLabel("解释: ");
updateyinbiao=new JLabel("音标: ");
wordtexttf=new JTextField(17);
notetextta=new JTextArea(4,16);
notetextta.setLineWrap(true);
js=new JScrollPane(notetextta);
js.setViewportBorder(b);
yinbiaotexttf=new JTextField(17);
js=new JScrollPane(notetextta);
queding=new JButton("确定");
queding.addActionListener(this);
quxiao=new JButton("取消");
quxiao.addActionListener(this);
background=new ImageIcon("img/ss_副本.jpg");
JLabel label=new JLabel(background);
label.setBounds(0, 0, background.getIconWidth(), background
.getIconHeight());
imagePanel=(JPanel) frame.getContentPane();
imagePanel.setOpaque(false);
imagePanel.setLayout(new FlowLayout());
ta1.setEditable(false);
ta1.setOpaque(false);
    imagePanel.add(ta1);
    ta7.setEditable(false);
    ta7.setOpaque(false);
    imagePanel.add(ta7);
    update.setOpaque(false);
    imagePanel.add(update);
    ta8.setEditable(false);
    ta8.setOpaque(false);
    imagePanel.add(ta8);
    ta2.setEditable(false);
    ta2.setOpaque(false);
    imagePanel.add(ta2);
    updateword.setOpaque(false);
```

```
		imagePanel.add(updateword);
		imagePanel.add(wordtexttf);
		ta3.setEditable(false);
		ta3.setOpaque(false);
		imagePanel.add(ta3);
		ta5.setEditable(false);
		ta5.setOpaque(false);
		imagePanel.add(ta5);
		updateyinbiao.setOpaque(false);
		imagePanel.add(updateyinbiao);
		imagePanel.add(yinbiaotexttf);
		ta4.setEditable(false);
		ta4.setOpaque(false);
		imagePanel.add(ta4);
		ta6.setEditable(false);
		ta6.setOpaque(false);
		imagePanel.add(ta6);
		updatenote.setOpaque(false);
		imagePanel.add(updatenote);
		imagePanel.add(js);
		ta11.setOpaque(false);
		imagePanel.add(ta11);
		queding.setOpaque(false);
		imagePanel.add(queding);
		quxiao.setOpaque(false);
		imagePanel.add(quxiao);
		frame.getLayeredPane().setLayout(null);
		frame.getLayeredPane().add(label, new Integer(Integer.MIN_VALUE));
		frame.setResizable(false);
		frame.setVisible(true);
		frame.setBounds(400,200,370,270);
		frame.setTitle("英汉词典(更新)");
		frame.setVisible(true);
		}
	public void actionPerformed(ActionEvent e) {
		if(e.getSource()==queding){
		String word=wordtexttf.getText();
		Select upse=new Select();
		try {
			if(upse.select(word)==1){
				String note=notetextta.getText();
				Connection conn=DBUtil.getConnection();
				String yinbiao=yinbiaotexttf.getText();
				Statement sm=conn.createStatement();
String sql="update Word set name='"+word+"',note='"+note+"',yinbiao='"+
```

```
yinbiao+"' where name='"+word+"'";
                    sm.executeUpdate(sql);
                JOptionPane. showMessageDialog (null, "修改成功!", "状态",
                JOptionPane.INFORMATION_MESSAGE);
                    conn.close();
                }else{
                JOptionPane.showMessageDialog(null,"没有您要修改的单词,请添加",
                "状态",JOptionPane.INFORMATION_MESSAGE);
                }
            } catch (SQLException e1) {
                    e1.printStackTrace();
            }
        }
        if(e.getSource()==quxiao){
            wordtexttf.setText("");
            yinbiaotexttf.setText("");
            notetextta.setText("");
        }
    }
}
```

删除界面类设计实现主要代码：

```
//导入程序所需要的包,此处省略
public class deleteWord extends JFrame implements ActionListener{
    private JFrame frame=new JFrame("英汉词典(删除)");
    private JPanel imagePanel;
    private ImageIcon background;
    JLabel delect;
    JTextField delecttf;
    JButton queding,quxiao;
    JTextArea ta1;
    delectWord(){
        ta1=new JTextArea("",1,320);
        delect=new JLabel("请输入需要删除的单词：");
        delecttf=new JTextField(23);
        queding=new JButton("确定");
        queding.addActionListener(this);
        quxiao=new JButton("取消");
        quxiao.addActionListener(this);
        background=new ImageIcon("img/s1_副本.jpg");
        JLabel label=new JLabel(background);
        label.setBounds(0, 0, background.getIconWidth(), background.getIconHeight());
        imagePanel=(JPanel) frame.getContentPane();
        imagePanel.setOpaque(false);
        imagePanel.setLayout(new FlowLayout());
```

```
    frame.getLayeredPane().setLayout(null);
    frame.getLayeredPane().add(label, new Integer(Integer.MIN_VALUE));
    frame.setResizable(false);
    ta1.setOpaque(false);
    imagePanel.add(ta1);
    delect.setOpaque(false);
    imagePanel.add(delect);
    imagePanel.add(delecttf);
    queding.setOpaque(false);
    imagePanel.add(queding);
    quxiao.setOpaque(false);
    imagePanel.add(quxiao);
    frame.setLocation(100,20);
    frame.setSize(100,20);
    frame.setBounds(400,200,320,170);
    frame.setTitle("英汉词典(删除)");
    frame.setVisible(true);
}
public void actionPerformed(ActionEvent e) {
    if(e.getSource()==queding){
        String word=delecttf.getText();
        Select s=new Select();
        try {
            if(s.select(word)==1){
                if(word!=null){
                    Connection conn=DBUtil.getConnection();
                    Statement sm=conn.createStatement();
                        String sql="delete Word where name='"+word+"'";
                        sm.executeUpdate(sql);
                JOptionPane.showMessageDialog(null, "您已成功删除此单词", "状
                态", JOptionPane.INFORMATION_MESSAGE);
                        conn.close();
                        delecttf.setText("");
                }
            }else{
                JOptionPane.showMessageDialog(null, "没有您要删除的单词", "状
                态", JOptionPane.INFORMATION_MESSAGE);
                delecttf.setText("");
            }
        } catch (SQLException e1) {
                    e1.printStackTrace();
        }
    }
    if(e.getSource()==quxiao){
        delecttf.setText("");
```

```
        }
      }
    }
```

主界面类及查询设计实现主要代码:

```
    //导入程序所需要的包,此处省略
public class Window extends JFrame implements ActionListener, TextListener,
        KeyListener, ItemListener {
    //声明图形界面设计所需要的对象
    public static int state=0;
    private JFrame frame=new JFrame("英汉词典 ");
    private JPanel imagePanel, jpe, jpa, jpc;
    private ImageIcon background;
    boolean loop;
    JMenuBar mb;
    JButton chaxun, fayin, tianjia, xiugai, shanchu, tongji, shengciben;
    JMenu file, n, help, test, fy;
    JMenuItem about, bz, item4, item5, item6;;
    JLabel username;
    JTextField name;
    JTextArea ta1, ta2, ta3, ta4, ta5,ta6, ta7 window1, window2;
    JScrollPane jp, jp1;
    String usernameText, word_id=null,ad=null,cd=null;
    JComboBox comBox;
    JPanel p1;
    List li;
    JOptionPane jop;
    public Window() {
        jop=new JOptionPane();
        jpa=new JPanel();
        jpa.setLayout(new FlowLayout());
        jpe=new JPanel();
        jpc=new JPanel();
        jpc.setLayout(new FlowLayout());
        li=new List(14);
        li.addActionListener(this);
        li.setVisible(false);
        ta1=new JTextArea("", 2, 100);
        ta2=new JTextArea("", 1, 2);
        ta3=new JTextArea("", 1, 4);
        ta4=new JTextArea("", 4, 2);
        ta6=new JTextArea("", 17, 9);
        ta7=new JTextArea("", 5, 100);
        window1=new JTextArea();
        window2=new JTextArea("", 13, 35);
```

```
window2.setLineWrap(true);
window2.setOpaque(false);
window2.setFont(new Font(null, Font.BOLD, 14));
file=new JMenu("文件(F)");
n=new JMenu("编辑");
item4=new JMenuItem("添加", new ImageIcon("img/iadd.png"));
item4.addActionListener(this);
item5=new JMenuItem("修改", new ImageIcon("img/imodify.png"));
item5.addActionListener(this);
item6=new JMenuItem("删除", new ImageIcon("img/idelete.jpg"));
item6.addActionListener(this);
n.add(item4);
n.add(item5);
n.add(item6);
test=new JMenu("测试");
fy=new JMenu("句子翻译");
help=new JMenu("帮助");
comBox=new JComboBox();
comBox.addItem("英译汉");
comBox.addItem("汉译英");
comBox.addItemListener(new ItemListener() {
public void itemStateChanged(ItemEvent e) {
        if (comBox.getSelectedIndex()==0) {
            username.setText("输入要查询的英文单词");
        }
        if (comBox.getSelectedIndex()==1) {
            username.setText("输入要查询的汉语词汇");
        }
    }
});
p1=new JPanel();
p1.add(comBox);
mb=new JMenuBar();
username=new JLabel("输入要查询的英文单词");
username.setFont(new Font("宋体", Font.PLAIN, 20));
name=new JTextField(13);
name.setFont(new Font(null, Font.PLAIN, 20));
name.addKeyListener(this);
name.setFont(new Font("宋体", Font.BOLD, 20));
chaxun=new JButton(new ImageIcon("img/find.png"));
chaxun.addActionListener(this);
fayin=new JButton(new ImageIcon("img/fayin1.png"));
fayin.addActionListener(this);
tianjia=new JButton("添加", new ImageIcon("img/add.png"));
tianjia.addActionListener(new ActionListener() {
```

```
    public void actionPerformed(java.awt.event.ActionEvent e) {
        new AddWord();
    }
});
xiugai=new JButton("修改", new ImageIcon("img/aa.jpg"));
xiugai.addActionListener(new ActionListener() {
    public void actionPerformed(java.awt.event.ActionEvent e) {
        new updateWord();
        }
});
shanchu=new JButton("删除", new ImageIcon("img/43_副本.png"));
shanchu.addActionListener(new ActionListener() {
    public void actionPerformed(java.awt.event.ActionEvent e) {
        new delectWord();
    }
});
jp=new JScrollPane(li);
jp1=new JScrollPane(window2);
setLayout(new FlowLayout());
ta5.add(jp);
background=new ImageIcon("img/bg.jpg");
JLabel label=new JLabel(background);
label.setBounds(0, 0, background.getIconWidth(),background.getIconHeight());
imagePanel=(JPanel) frame.getContentPane();
imagePanel.setOpaque(false);
imagePanel.setLayout(new BorderLayout());
jpe.setOpaque(false);
jpe.setLayout(new FlowLayout());
ta1.setEditable(false);
ta1.setOpaque(false);
jpc.add(ta1);
ta2.setEditable(false);
ta2.setOpaque(false);
jpc.add(ta2);
p1.setOpaque(false);
jpc.add(p1);
username.setOpaque(false);
jpc.add(username);
jpc.add(name);
chaxun.setOpaque(false);
jpc.add(chaxun);
fayin.setOpaque(false);
jpc.add(fayin);
ta3.setEditable(false);
ta3.setOpaque(false);
```

```
        jpc.add(ta3);
        ta4.setEditable(false);
        ta4.setOpaque(false);
        jpc.add(ta4);
        jpc.setOpaque(false);
        imagePanel.add(jpc, BorderLayout.NORTH);
        jpa.add(li);
        ta6.setEditable(false);
        ta6.setOpaque(false);
        jpa.add(ta6);
        window2.setEditable(false);
        jpa.add(window2);
        jpa.setOpaque(false);
        imagePanel.add(jpa, BorderLayout.CENTER);
        tianjia.setOpaque(false);
        jpe.add(tianjia);
        xiugai.setOpaque(false);
        jpe.add(xiugai);
        shanchu.setOpaque(false);
        jpe.add(shanchu);
        tongji.setOpaque(false);
        jpe.add(tongji);
        shengciben.setOpaque(false);
        jpe.add(shengciben);
        ta7.setEditable(false);
        ta7.setOpaque(false);
        jpe.add(ta7);
        imagePanel.add(jpe, BorderLayout.SOUTH);
        frame.getLayeredPane().setLayout(null);
        frame.getLayeredPane().add(label, new Integer(Integer.MIN_VALUE));
        frame.setDefaultCloseOperation(JFrame.EXIT_ON_CLOSE);
        frame.setResizable(false);
        mb.add(file);
        mb.add(n);
        frame.setJMenuBar(mb);
        mb.add(test);
        mb.add(help);
        mb.add(fy);
        frame.setLocation(100, 100);
        frame.setBounds(400, 140, 660, 500);
        frame.setVisible(true);
        jp.setVisible(false);
    }
public void find(String str,JTextArea w)
    {
```

```
        if (username.getText()=="输入要查询的英文单词") {
            Connection conn=DBUtil.getConnection();
            try {
                Statement sm=conn.createStatement();
String sql1="select note,yinbiao,word_id,name from word where name like ' "  +str+"%' ";
                ResultSet rs1=sm.executeQuery(sql1);
                w.setText("");
                if (rs1.next()) {
                    word_id=rs1.getString(3);
                    w.append("\n\r"+rs1.getString(1)+"      "+rs1.getString(2));
                    name.setText(rs1.getString(4));
                } else {
            JOptionPane.showMessageDialog(this, "呵呵,该单词还没有,记得添加哦!",
            "提示对话框",JOptionPane.INFORMATION_MESSAGE);
                }
        } catch (SQLException ex) {
                ex.printStackTrace();
            } finally {
                try {
                    conn.close();
                } catch (SQLException eee) {
                        eee.printStackTrace();
                }
            }
        }
    }
}
    public void actionPerformed(ActionEvent e) {
            if (e.getSource()==chaxun) {
                find(name.getText(),window2);
        }
        if (e.getSource()==li) {
            find(e.getActionCommand(),window2);
        }
    public void keyTyped(KeyEvent ee) {
        char c=ee.getKeyChar();
        String str=String.valueOf(c);
        if (c>=KeyEvent.VK_A+32 && c<=KeyEvent.VK_Z+32||c>=KeyEvent.VK_A &&
        c<=KeyEvent.VK_Z) {
            ad=ad+str;
                }
 else if (c==KeyEvent.VK_BACK_SPACE) {
            ad=name.getText();
        } else {
            ad=ad+str;
```

```
}
if (username.getText()=="输入要查询的英文单词") {
    Connection conn=DBUtil.getConnection();
    try {
        Statement sm=conn.createStatement();
String sql1="select note,yinbiao from Word where name like' "  +ad+"%'";
        ResultSet rs1=sm.executeQuery(sql1);
        window2.setText("");
        if (rs1.next()) {
            window2.append(rs1.getString(1)+" "+rs1.getString(2));
        }
    } catch (SQLException ex) {
        ex.getStackTrace();
    } finally {
        try {
            conn.close();
        } catch (SQLException eee) {
            eee.printStackTrace();
        }
    }
    Connection co=DBUtil.getConnection();
    try {
        Statement sm=co.createStatement();
    String sql2="select top 14 name from Word where name like '"  +ad+"%' ";
        ResultSet rs2=sm.executeQuery(sql2);
        window1.setText("");
        while (rs2.next()) {
            window1.append((rs2.getString(1)).trim()+"/");
        }
        String aaa=window1.getText();
        ArrayList<String>list=new ArrayList<String>();
        for (String temp : aaa.split("/")) {
            list.add(temp);
        }
        Collections.sort(list);
        li.removeAll();
        for (int i=0; i<list.size(); i++) {
            li.add(list.get(i), i+1);
                        }
    } catch (SQLException ex) {
        ex.getStackTrace();
    } finally {
        try {
            co.close();
        } catch (SQLException eee) {
```

```java
                    eee.printStackTrace();
                }
            }
        }
    }
    public void keyReleased(KeyEvent ee) {
        li.setVisible(true);
        jp.setVisible(true);
        ta6.setVisible(false);
        if (name.getText().equals("")) {
            ta6.setVisible(true);
            li.setVisible(false);
            jp.setVisible(false);
        }
    }
    public void textValueChanged(TextEvent e) {}
    public void itemStateChanged(ItemEvent e) {}
}
```

【运行结果】

打开英汉词典,可以进行单词的查询,如图 16-33 所示。

图 16-33 精确查询单词效果图

在查询时输入单词,在列表框中会显示相近单词,如图 16-34 所示。

添加单词实现效果,如图 16-35 所示,其他功能不一一列出。

【程序说明】

(1) 在程序中灵活运用各种布局和容器对象进行界面设计,将各类组件添加到 JPanel 中,使用不同布局方式添加到 JFrame 容器中。

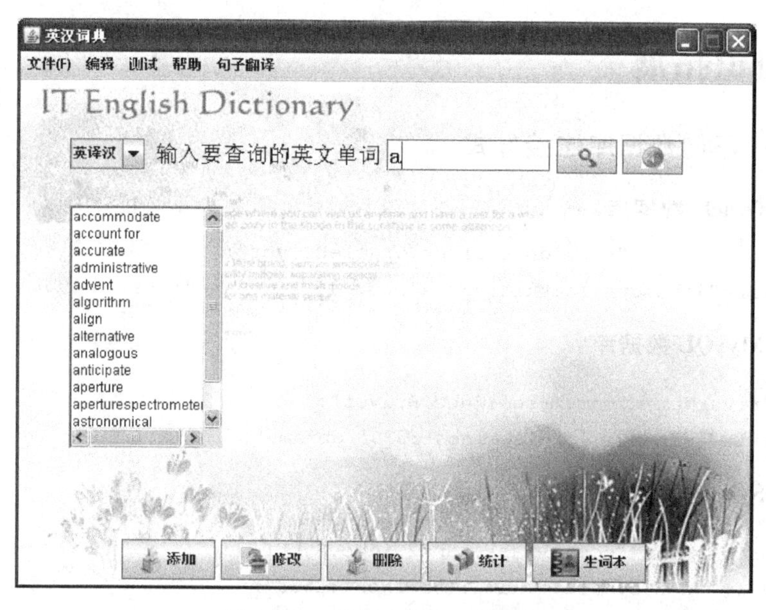

图 16-34 模糊查询单词效果图

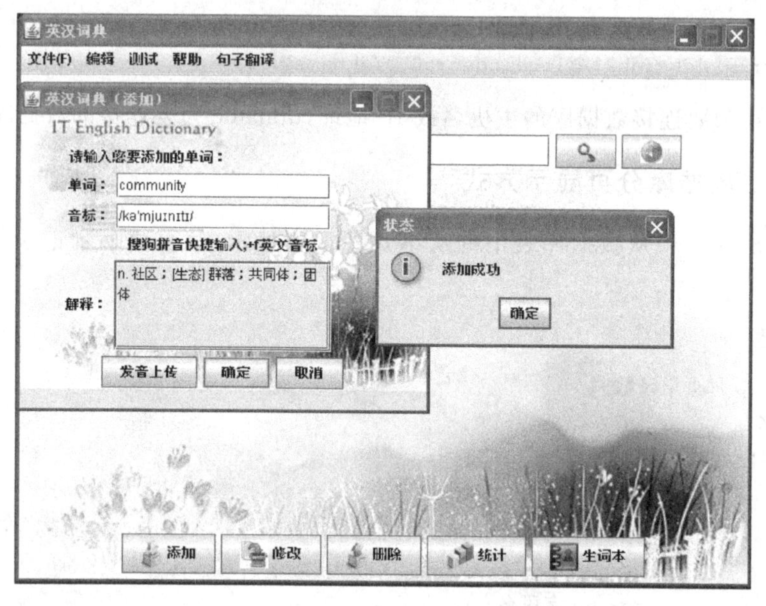

图 16-35 添加单词效果图

(2) 与数据库建立连接，使用恰当的 SQL 命令实现数据的添加、修改、删除操作。

(3) 在查询界面的文本框中，增加键盘事件的监听，当在文本框中按下字母时，进行模糊查询，将查询出的单词使用 ArrayList＜String＞添加到列表 List 中显示出来；在列表上增加鼠标事件监听，双击后可以直接显示对应单词解释。

这样，学生就可以使用本程序来进行英语单词的学习了，通过实现该程序既可以提高 Java 编程能力，又可以提高英语的学习水平，一举两得！

16.5 知识拓展

16.5.1 不同数据库连接方式

1. 连接 Oracle 数据库

```
String driverName="org.jdbc.driver.OracleDriver";
String url="jdbc:oracle:thin:@localhost:1521:dbname";
```

2. 连接 MySQL 数据库

```
String driverName="com.mysql.jdbc.Driver";
String url="jdbc:mysql://localhost:3306/dbname";
```

3. 连接 Sybase 数据库

```
String driverName="com.sybase.jdbc2.jdbc.SybDriver";
String url="jdbc:sybase:dbname:localhost:2638";
```

4. 连接 DB2 数据库

```
String driverName="com.ibm.db2.jdbc.net.DB2Driver";
String url="jdbc:db2://localhost:5000/dbname";
```

其中,localhost 为要连接数据库的主机名或 IP 地址,dbname 为要连接的数据库名。

16.5.2 数据库分页显示方式

在 SQL Server 中从数据库表中的从第几条记录显示,每页要显示记录数,实现分页效果。

1. 方式一

```
select top 每页记录数 *
from 表名
where (字段名>
    (select max(字段名)
        from (select top 第几条记录序号 字段名
            from 表名
                order by 字段名)))
    order by 字段名
```

2. 方式二

```
select top 每页记录数 *
from 表名
where (字段名 not in
        (select top 第几条记录序号 字段名
        from 表名
    order by 字段名))
```

```
order by 字段名
```

注：第几条记录序号为要显示记录的序号减 1。

例如，从第 5 条记录开始，且每页显示 3 条手机表 MobilePhone 中记录信息。

```
use MobileSale
select top 3 *
from MobilePhone
where (mpid not in
        (select top 4 mpid
        from MobilePhone
        order by mpid))
order by mpid
```

16.6 本章小结

本章介绍了如何使用 JDBC 技术在数据库中操作数据。学习本章后，读者应该掌握以下内容。

(1) JDBC 的工作原理。

(2) JDBC 数据库常用数据连接方式。

(3) JDBC 中与数据操作相关的类和接口的常用方法。

(4) 灵活使用 SQL 语句实现数据的增、删、改、查功能。

(5) 预处理对象和存储过程的使用。

16.7 强化练习

16.7.1 判断题

1. Statement 对象用 Connection 的方法 createStatement()创建。(   )

2. DriverManager 类是 JDBC 的应用层，作用于数据库和驱动程序之间。(   )

3. PreparedStatement 接口中自己的 executeQuery()、executeUpdate()和 execute()方法。(   )

4. 数据库的关闭顺序为从下到上，即关闭顺序为 ResultSet、Statement、Connection。(   )

5. 可滚动结果集对象是在创建 Statement 对象之后被创建的。(   )

16.7.2 选择题(不定项)

1. 关于 DriverManager 类下列程序段正确的是(   )。

   A. Class. forName("acme. db. Driver")；

   B. DriverManager. registerDriver(new acme. db. Driver())；

   C. Class. forName(new acme. db. Driver())；

   D. DriverManager. registerDriver("acme. db. Driver")；

2. 下列关于 ResultSet 接口的说法正确的是(　　)。

A. ResultSet 接口被用来提供访问查询结果的数据表,查询结果被当作 ResultSet 对象返回

B. ResultSet 对象提供"指针",指针每次访问数据库表的一行

C. ResultSet 的 next()方法用来移动指针到数据表的下一行,如果到达表尾,next()方法返回假的布尔值——false,否则为真

D. ResultSet 接口提供大量的获得数据的方法,这些方法返回数据表中任意位置的数据,不论是基本数据类型或引用数据类型的数据

3. 关于 Statement 常用的方法,下列说法正确的是(　　)。

A. 方法 execute()和 executeQuery()一样都返回单个结果集

B. 方法 executeUpdate()用于执行 insert、update 或 delete 语句以及 SQL DDL(数据定义语言)语句

C. 方法 execute()用于执行返回多个结果集、多个更新计数或两者组合的语句

D. 方法 executeQuery()用于产生单个结果集的语句

4. 要删除 students 表中学生平均成绩(avg)小于 60 分的记录, 下列 SQL 语句正确的是(　　)。

A. delete from students

B. delete from students where avg<60

C. delete from students where avg<=60

D. delete * students where avg<60

5. 关于 PreparedStatement 对象的使用,下列说法正确的是(　　)。

A. PreparedStatement 是个类

B. PreparedStatement 继承了 Statement

C. PreparedStatement 是预编译的,效率高

D. PreparedStatement 可以绑定参数,防 SQL 注入问题

6. 关于 CallableStatement 对象,说法正确的是(　　)。

A. CallableStatement 对象用于执行对数据库已存储过程的调用

B. CallableStatement 对象中,有一个通用的成员方法 call(),这个方法用于以名称的方式调用数据库中的存储过程

C. 在数据库调用过程中,可以通过设置 out 参数向调用的存储过程提供执行所需的参数

D. CallableStatement 对象用于执行对数据库所有的调用

16.7.3　简答题

1. 使用 JDBC 编程的常用步骤有哪些?
2. 简述 Statement 和 PreparedStatement 之间的差别在何处。
3. 如何在 JDBC 中设定可滚动结果集?
4. JDBC 中主要涉及哪些类与接口?

16.7.4 编程题

在 SQL Server 中创建数据库 MyERP,创建的表 ERP_EMPLOYEE 如表 16-4 所示。

表 16-4 ERP_EMPLOYEE 表

字段名	类型	说明
EmployeeId	varchar(20)	员工账号
Password	varchar(20)	登录密码
EmployeeName	varchar(50)	姓名
Age	int	年龄
Tel	varchar(20)	电话

1. 编写数据库连接类 DBConnection,静态方法 public static Connection getConnection() throws Exception,实现与数据库连接并返回此连接。

2. 编写员工值类 EmployeeValue,封装员工表 ERP_EMPLOYEE 的各个字段。每个属性一对 get/set 方法。

3. 编写员工业务操作类 IEmployeeBusiness,方法如下:

```
void add(String id,String password String name, int age, String tel);
void modify(String id,String password String name, int age, String tel);
void delete(String id);
EmployeeValue get(String id);
List getAllList();
boolean isValite(String id,String password);
```

4. 编写测试类 Test.java,用户使用键盘输入,测试业务方法,完成员工的增加、修改、删除、查看、取得员工列表、验证员工是否合法等操作。

参 考 文 献

[1] [美]高永强. Java编程艺术[M]. 北京：清华大学出版社，2009.
[2] 郑莉，刘兆宏. Java语言程序设计案例教程[M]. 北京：清华大学出版社，2007.
[3] Kathy Sierra，Bert Bates. Head first Java(中文版). 北京：中国电力出版社，2007.
[4] 郝焕. Java轻松入门[M]. 北京：人民邮电出版社，2009.
[5] 杨佩理，周洪斌. Java程序设计基础教程[M]. 北京：机械工业出版社，2009.
[6] 孙卫琴. Java面向对象编程[M]. 北京：电子工业出版社，2006.